数字油田在中国

——理论、实践与发展

高志亮 等 编著

科 学 出 版 社

北 京

内 容 简 介

本书在梳理和总结我国数字油田建设成就的基础上，系统地介绍了数字油田理论、实践与发展。全书共三篇十三章三个附录，是我国第一部以数字油田理论探索、数字油田技术与经济学以及数字油田发展与战略作为核心研究内容的专著，对我国数字油田建设和未来发展具有重要的指导作用。

本书可供油田企业领导者、决策者参考，也是石油地质、油藏工程专家的重要参考资料；可供石油院校、地质院校广大师生教学、科研参考，更是广大数字化、智能化管理者、建设者和IT界读者的必读之书。

图书在版编目（CIP）数据

数字油田在中国：理论、实践与发展/高志亮等编著．—北京：科学出版社，2011

ISBN 978-7-03-032482-5

I. ①数…　II. ①高…　III. ①数字技术-应用-油田开发-研究-中国　IV. ①TE319

中国版本图书馆CIP数据核字（2011）第201030号

责任编辑：韦　沁　朱海燕/责任校对：林青梅

责任印制：徐晓晨/封面设计：耕者设计工作室

科学出版社 出版

北京东黄城根北街16号

邮政编码：100717

http://www.sciencep.com

北京九州迅驰传媒文化有限公司印刷

科学出版社发行　各地新华书店经销

*

2011年10月第　一　版　　开本：787×1092　1/16

2025年 2 月第五次印刷　　印张：26 3/4

字数：607 000

定价：138.00元

（如有印装质量问题，我社负责调换）

序

我对油田企业不是太了解，但是，我对数字油田倒是很熟悉。因为，数字油田是数字地球提出后，在我国很活跃的一个新生事物。从1999年“数字油田”被提出，到长庆油田的数字化管理，再到胜利油田获得国家863计划项目——“数字油田关键技术研究”和新疆油田“全面建成数字油田”，开启智能油田建设及中海油的“海上大庆”的数字海洋等，相继都有很多的报道，我对这些事件印象深刻。

2009年，我应邀出席长安大学数字油田研究所在西安举行的数字油田高峰论坛，对数字油田有了更深入的了解；看到了由长安大学数字油田研究所高志亮等编著的《数字油田在中国——理论、实践与发展》一书的初稿，很是欣慰。据了解，这是截至目前我国唯一一本全面梳理和总结数字油田的著作。阅读全书对数字油田的来源，数字油田概念的内涵、外延，数字油田的理论、技术和发展趋势的介绍，使人更加全面地知晓我国数字油田的建设与发展过程。该书不但对数字油田的理论、技术、方法进行了深入的总结，而且还有很多的创新。这在数字油田领域是一本难得的好书，值得一读。

能源建设在我国国民经济建设中占有重要的地位。我国长期以来依靠化石能源支持国民经济发展，随着化石能源需求不断提高，油气资源产量在逐年增长的同时，勘探开发的难度也在增加。近年来，我国油田企业提出二次创业，油气资源勘探开发向“深、老、边、贫、隐”进军，这样就需要先进思想引领，先进理论指导和先进技术作支持，数字油田技术正是21世纪以来，油田企业出现的最重要的先进技术之一，这对油田企业很重要。

数字油田是将油田全面数字化，整理集成了油田企业所有的数据，把数据作为资源和资产管理并有效利用；将数字油田作为平台，实现勘探开发一体化、地上地下一体化、经营管理一体化；利用数字油田先进技术对油藏进行精细化动态管理和精细化描述、研究，从而发现更多的剩余油，提高采收率。由此可见，数字油田对油田企业二次创业具有很重要的意义。希望数字油田能健康发展，数字油田研究不断深入，数字油田为我国油田企业建设与发展中作出更大的贡献。

最后，祝贺《数字油田在中国——理论、实践与发展》的完成，并希望该书能成为我国数字油田的奠基之作。

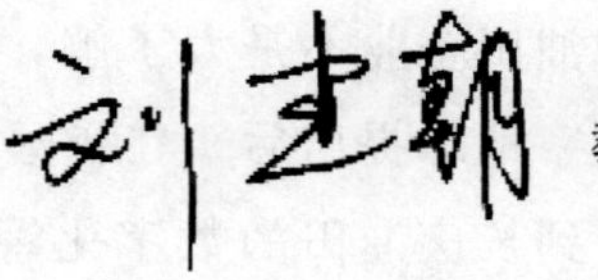
教授

2011年8月30日

前　言

本书是一部总结分析我国数字油田建设与发展历史过程的著作。我们按照提出问题、探讨分析、给出路径的原则，从学术研究的立场出发，围绕我国数字油田建设的实践，客观地阐述事实、分析问题，力争做到不恭维，不批判，不带任何偏见。

数字油田的出现是石油石化信息化建设与发展的必然。不管数字油田这个概念由谁提出，也无论它诞生于何年，重要的是，它一经出现，就受到如此广泛的关注和认可，甚至在人们还没有准确界定内涵和外延的时候，数字油田的实践就已方兴未艾，并成就斐然。

十年来，伴随着我国各大油田轰轰烈烈的数字油田建设热潮，也出现了不少关于数字油田的学术争论。尽管我国学术界围绕数字油田进行了广泛而深入的研究，发表了不少相关著作与论文，但遗憾的是，至今尚未出现一部能够全面反映我国数字油田建设与研究成果的专著，这一方面反映出我国数字油田学术研究落后于数字油田的建设，另一方面也说明数字油田研究的难度所在。作为我国唯一一个从事数字油田研究的专业机构，长安大学数字油田研究所责无旁贷地承担了这一重任——编著《数字油田在中国——理论、实践与发展》。尽管我们深知这是一项具有挑战性的并且是前所未有的工作，在一定程度上超出了我们能力范围，但我们愿意大胆地尝试。之所以如此，一方面是不辜负我们研究所服务国家与社会的愿景；另一方面，也希望通过对我国数字油田建设的梳理和研究，抛砖引玉，为今后数字油田研究作出有意义的铺垫。

数字油田内容庞大，涉猎学科与专业众多，要对我国数字油田的建设实践和学术研究进行系统的梳理总结，其难度之大可想而知。加上本研究时间短促，研究团队水平有限，存在的问题和不足肯定不少。对于呈现在读者面前的这本专著，我们既深感欣慰，又忐忑不安。我们希望本专著能够在剖析我国数字油田建设与研究、提出我国数字油田的走向和趋势、分析我国数字油田建设的未来战略等方面有所贡献。我们愿意成为未来所有数字油田的支持者、建设者、研究者们的铺路基石，为推动我国数字油田走向辉煌尽绵薄之力。

全书共计40余万字，包括三篇十三章和三个附件。其中，总论篇分四章，概述了数字油田及其理论产生与发展过程；专题篇分六章，从数字油田技术、数据、安全、管理、经济、价值与风险，论述了数字油田的建设与发展；战略·趋势篇分三章，探讨了数字油田的走向与未来。另外，还有关于数字油田建设总图、透明油田和评估体系等相关课题的三个附件。这些附件是我们研究所近年来关注和研究的问题，现初步成体系，还有部分课题正在研究与完善中。由于附件所涉及的内容无法在正文中占用过多篇幅，故而作为附件出现，供有兴趣的读者参考。

本书著者分工如下：

顾问：刘建朝教授。

章节分工和作者分别为：第1章、第2章由高志亮研究员、李峰研究员、康丽芳研究生完成；第3章、第4章部分章节及第11章由高志亮研究员、惠立研究生、郑琪研究生完成；第5章由晁会霞博士、张伟博士、宋艳萍研究生完成；第6章由付国民教授、宋昌顺工程师完成；第7章、第4章部分章节由张琦教授、刘大伟讲师、孙阳研究生完成；第8章由樊根耀教授、高倩研究生完成；第9章、第10章由高志亮研究员、王聪副教授、常象宇博士完成；第12章由陈石博士、梁宝娟博士完成；第13章由孙少波博士、谈继强高级工程师、支焕研究生完成。

书稿总体架构由李峰研究员、高志亮研究员设计，并制定了相应的写作标准。成稿后由张琦教授、樊根耀教授、高志亮研究员、王聪副教授通审了全稿，最终由高志亮研究员全面审定。所有英文目录翻译、文字校对和排版由郑琪、康丽芳、孙阳三位研究生完成，程国建教授通审了全部英文。

我们是研究数字油田的群体，大家不同程度地都具有从事油田工作、石油专业教学、油田技术研究的经历，但却没有一个人是数字油田专业出身的人。因为，我国还没有这样的学科培养专门的数字油田人才，所以，我们都还在学习与探索之中。长安大学数字油田研究所就是数字油田的“大讲堂”，我们每个人都在这个“大讲堂”中既当学生，又当先生。我们把数字油田研究作为事业，大家一起仰望星空，追求真理。今天，我们终于将这样一份不尽完美的研究成果奉献给读者。它是我们这个“大讲堂”多年来研习的结果，如果能为我国的数字油田建设事业作出一点贡献的话，那是我们莫大的荣幸。

我们希望，这本著作能够对所有关心我国数字油田的读者有所助益。对于没有接触过数字油田的读者，能够达到普及数字油田知识的效果；对于从事过数字油田建设的人群，能够成为全方位总结分析数字油田建设历程的重要资料；对于探索、研究数字油田的研究者们，能够给予新的启迪；对于数字油田的高层领导们，可提供决策参考。但是，由于我们的水平有限，很有可能达不到这样的高度，希望广大读者多提宝贵意见。

在此，我们由衷地感谢国内各大油田的领导与同仁，没有他们的鼓励与支持，我们就不可能写出本书；我们要感谢那些已经毕业的硕士、博士研究生，他们是高鹏、王钰、郭花利、王亚妮、高原、王正良等，他们虽然没有参加本书的撰写，但却承担了大量的前期研究工作。

在本书撰写过程中，我们参考了众多学者、专家的研究专著、论文、会议报告、微博等公开与未公开的资料，在此表示感谢。主要文献在书中大多都有注释，但也有一些重要文献因未找到出处等原因没有在书中给予注释，这些疏漏，请各位作者见谅。如果有可能的话，我们将在以后适当的时候专门予以补登。

最后，在本书出版之际，我们特别要感谢长安大学各位领导、长安大学科技处、长安大学研究生部、长安大学地球科学与资源学院的全力支持与帮助。感谢科学出版社为此书操劳的工作人员。

长安大学数字油田研究所

2011年8月

目　录

专 题 篇

战略·趋势篇

Contents

Specific Topics

Strategies and Trends

总　论　篇

第1章 从数字地球到数字油田

1.1 数字油田的由来

数字油田是20世纪给油田企业的最后一个礼物，它导引着油田企业进行信息化建设，并取得了辉煌的成就。但是，数字油田的概念一直是业界争论的问题，因此，有必要对数字油田产生的背景和基本概念等予以分析。

1.1.1 数字地球的概念

数字地球最初起源于1997年下半年的科技界，当时数字地球已成为美国科技界的热门话题。早在1993年和1994年，美国政府就以总统令的形式提出建立国家信息基础设施（national information infrastructure，NII）及国家空间数据基础设施（national spatial data infrastructure，NSDI）。NII的提出和实施实现了覆盖全美的高速计算机网络，构建了信息高速公路。NSDI的实施则进一步实现了在信息高速公路上表示查询与地理、地球有关的空间信息，以使信息高速公路上的“车流”、“物流”满荷运行。以上两项计划是美国占领信息产业新的制高点和主动权的两个重大战略步骤。

1998年1月31日，时任美国第45任副总统的戈尔在加利福尼亚州科学中心所作的题为“数字地球——新世纪人类星球之认识”的讲话，比较系统地阐述了数字地球的概念；此后，迅速得到全球的石油公司、技术服务公司、能源咨询服务公司以及发达国家政府的广泛关注。英国、法国、德国、意大利、俄罗斯等国家相继制订了本国的信息社会发展计划、方针和政策，推动了信息社会发展；加拿大、澳大利亚、日本紧追不舍，大力推进信息基础设施建设，实施信息高速公路计划，从而掀起了全球信息化的浪潮。

所谓数字地球，是指在全球范围内按地理坐标和空间位置将所有的信息对应地组织存储起来，构造成一个统一的信息模型，并提供一种直观、方便、有效、快速、交互的检索、显示和使用方式，为全人类服务。

数字地球的概念包括狭义和广义两个内涵。数字地球，从狭义上讲，只将地球表面每一个地理坐标上的相对固定的静态信息，如地形、地貌、植被、水质、建筑等数字化，形成一个两维或三维的数字地球；从广义上讲，是在狭义的基础上，扩展或嵌入与空间位置相关的所有信息，既包括静态信息，又包括动态信息，如人文、经济、政治、军事、科技、历史以及生产、经营等信息，构架成一个意义更广泛的多维数字地球。在数字地球思想的影响下，数字区域、数字国家、数字城市、数字社区、数字农业、数字工业，包括数字油田等概念，从不同层面、不同角度、不同领域相继产生。

1.1.2 从"数字地球"到"数字中国"

我们对"数字地球"的关注始于1998年，在国家领导人的重视下，成立了"数字地球"战略研究组，组织相关院士和专家对这个新课题进行了深入的研究。

1999年1月20日由中国科学院地学部向国务院提交了"中国数字地球发展战略"的建议，认为："数字地球"是一个全局性的战略发展目标，我国应利用"数字地球"提供的机遇，推动信息科学技术、空间科学技术和地球科学技术的整合，实现我国科学技术的"跨越式发展"。从此先后有一批中国科学院院士和资深专家学者，或发表文章，或著书立说，从地球科学发展战略的角度分析了"数字地球"对中国的挑战以及"数字地球"本身所面临的挑战，论述了发展"中国数字地球"的必要性和可能性，提出了发展"中国数字地球"的战略措施和对策。这些高层次的研究成果，不仅为"中国数字地球"或"数字中国"成为国家战略目标提供了理论依据，而且为首届数字地球大会在北京召开进行了充分的思想理论准备。

同年11月29日至12月2日，第一届数字地球国际会议在北京举行。我国政府高度重视"数字地球"的作用，制定了"需求牵动，统筹规划，阶段发展，共建共享"的方针，力争在"数字地球"的建设中实现跨越式发展。同时，我国从"数字地球"的战略高度上提出，要在全球、国家和区域三个层次上，长远地规划地球表层信息的获取、处理和应用等相关工作；从系统化和一体化的角度整合已有的或者正在发展的与“数字地球”相关的工作，从而更广泛深入地为社会提供服务，造福人类。他强调，我国将努力加强与世界各国的合作，为建设“数字地球”作出自己的积极贡献。他呼吁，让我们共识“数字地球”，共享信息资源，共创数字世界，共建人类美好的家园。第一届“数字地球”国际会议通过了《“数字地球”北京宣言》，呼吁在建立数字地球过程中，优先考虑解决环保、灾害管理、自然资源保护、经济与社会的可持续发展以及提高人类生活质量等方面的问题，并形成了每两年举办一届“数字地球”国际会议的决议。

自 1999 年“数字地球”国际会议在北京召开以来，第二、第三、第四、第五、第六届“数字地球”国际会议分别于 2001 年、2003 年、2005 年、2007 年、2009 年在加拿大、捷克、日本、美国、中国召开（图 1.1）。

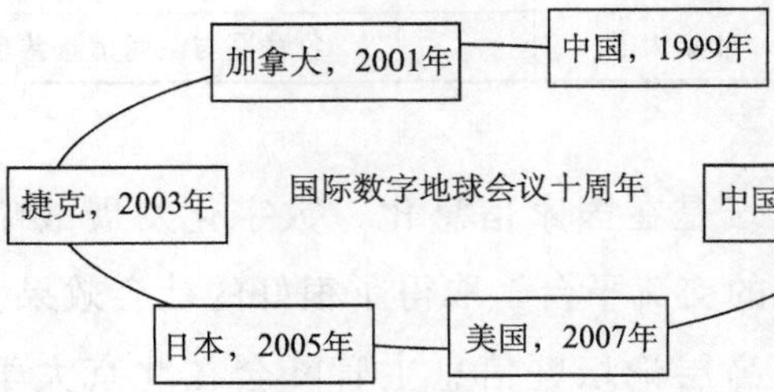

图 1.1 “数字地球”国际会议召开时间、地点

2009 年 9 月由我国科学家发起，在北京召开的第六届“数字地球”国际会议的一个重要组织成果是成立了国际数字地球学会（International Society for Digital Earth，ISDE），旨在把有关地球的海量数据集成起来，形成一个“数字地球”，力争为全球经济和社会可持续发展提供科学的解决方案。

2006 年 8 月，国际数字地球学会在新西兰举办了“数字地球：面向可持续发展的国际峰会”。

自 2006 年第一届国际“数字地球”峰会在新西兰的奥克兰举行以来，第二、第三届峰会于 2008 年、2010 年分别在德国波茨坦、保加利亚内塞巴尔举行。国际社会对“数字地球”的关注持续高涨。

2007 年 6 月，在香山科学会议以“数字中国发展战略”为主题的讨论会上，与会代表认为“数字中国”即实体中国在虚拟环境下的再现，是以整个中国为对象、以地理空间坐标为基础、以空间信息技术为主要手段；通过集成和整合各类数据、信息和知识所构建的三维数字化资源平台和信息资源开发利用环境。

数字中国发展高层论坛自2004年在北京大学举行以来，已经举办了七届，见表1.1。

表1.1 历届数字中国发展高层论坛时间、地点

届别	时间（年-月-日）	地点	主题
第一届	2004-12-19	北京大学	数字地球到数字中国
第二届	2005-11-24	深港产学研基地	数字城市建设
第三届	2006-11-11	重庆	数字乡村建设
第四届	2007-12-16	北京大学	从全球网络化到网络化地球——数字中国的新机遇与挑战
第五届	2008-12-06	北京大学	促进工业化与信息化融合的“数字中国”战略与实践
第六届	2009-12-12	北京中苑宾馆	数字减灾与应急管理
第七届	2010-12-11	北京大学	物联网与空间信息共享服务创新

数字中国发展高层论坛是在国家信息化、数字化发展战略层面上，展示数字中国成果的国内高水平的交流平台，取得了很好的社会效果。2010年12月11日，第七届数字中国发展高层论坛暨信息主管峰会在北京大学召开。会议的主题是“物联网与空间信息共享服务创新”，会议包括“数字地球与物联网应用”、“空间信息共享服务创新”、“数字园区”和“全国数字城市经验交流会”四个分论坛，重点讨论了数字城市与物联网的结合及全国数字城市建设经验的交流。会议的议题覆盖了“数字中国”理论探索与发展战略、“数字中国”技术创新、“数字中国”工程实践、“数字中国”和“数字地球”平台与服务模式创新等主题，涉及数字减灾与应急管理、无线城市与电子政务、数字园区、数字海洋、数字流域、数字经济与产业、数字能源与资源、数字健康、卫星导航应用与位置服务等众多领域。

1.1.3 数字油田应运而生

1999年末，中国石油大庆油田有限责任公司（简称大庆油田）首次提出了数字油田的概念。2000年6月，数字油田的概念和建设目标被正式确认，并被作为企业发展的一个战略目标，其基本理念得到了业内普遍认同。从1999年开始，在国内外石油和 IT 领域，数字油田概念得到进一步的研讨和发展。大庆油田不仅首先提出了数字油田的概念，而且还创建了数字油田参考架构，如图 1.2 所示。

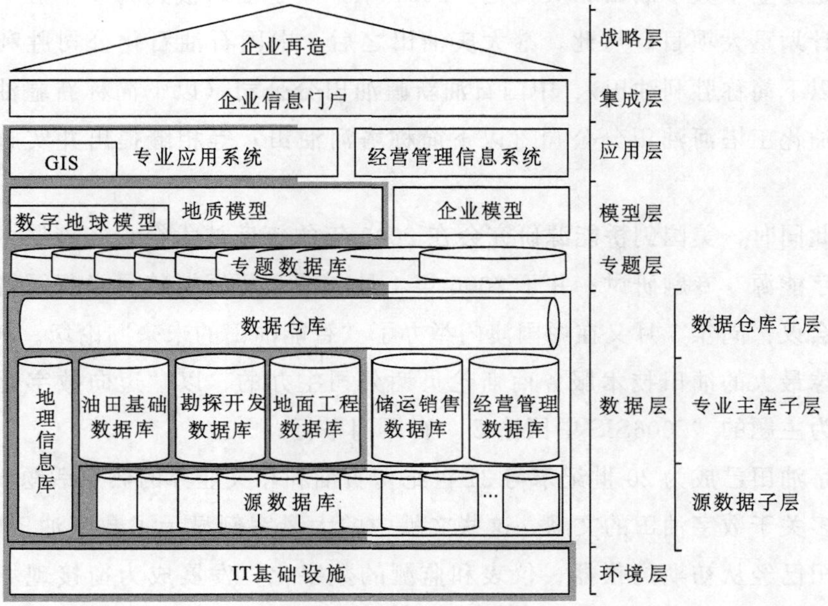

图 1.2　大庆油田数字油田总体结构框架

阴影部分为狭义数字油田

大庆油田的这一模型对数字油田的深入研究、建设和推广应用，发挥了很好的示范引领作用。

对于数字油田概念的提出，有的学者持不同的看法，认为在国际上更早。1999 年美国石油工程师协会举办了“智能井技术”论坛，而智能井技术在国际上被认为是“数字油田技术”或“数字油田”的代名词。2000 年美国剑桥能源研究会组织了一个全球范围的多用户研讨会，议题就是“数字油田——新一代油藏管理技术”。会后发布的研究报告对数字油田技术将会给石油工业带来的影响、作用给予了高度评价。

其实，数字油田的概念在我国何时提出、由谁提出并不十分重要；重要的是数字油田一经提出，得到了国家相关部门高度重视，并于 2001 年组织有关科研力量开始了“塔里木数字油田”研究工作。截至目前，“塔里木数字油田”研究主要进行了数字油田框架体系、基础平台、数据中心、应用系统、制度与标准五个方面的研究工作，取得了四个方面的成果：一是初步形成了数字油田框架体系；二是建成了数字油田网络基础平台；三是建设了一批数字油田应用系统；四是建立了数字油田相关规范。2001 年，数字油田被列为“十五”国家科技攻关计划重大项目。从此，继大庆油田之后，中国石油石化公司胜利油田分公司（以下简称胜利油田）、中国石油新疆油田分公司（以下简称新疆油田）和中国石油化工塔河油田分公司（以下简称塔河油田）等相继提出并实施数字油田规划。

与此同时，美国剑桥能源研究会在 2005 年的年度技术会议和展览上，进行了“数字能源”专题研讨；并于 2006 年 4 月在荷兰阿姆斯特丹举行了智能井能源技术会议；同年 5 月又在中国澳门举办了“智能油田的未来”论坛。2006 年 7 月由全球最大的油田技术服务商斯伦贝谢公司主办的、以“迈向数字化油田的通途”为主题的“2006SIS 中国论坛”在厦门举行。

数字油田已成为 20 世纪末与 21 世纪初石油和相关业界的热点话题。国内外已有很多关于数字油田的文献，这些文献中的大量案例显示了数字油田的价值。数字油田已经从初期的仪器、仪表和监测的数字化，发展成为衔接现场作业和各业务部门作业的闭环工作流程。通过这些业务流程的整合衔接，数字化油田的潜能不断得以发挥和实现。随着计算机技术、互联网和物联网技术的飞速发展，数字化油田技术日臻完善并展现出广阔的前景。

1.2 数字油田的背景

数字油田之所以在世纪之交诞生，有其深刻的历史背景。对于这一背景虽然众说纷纭，但其主要认识是比较一致的。大庆油田研究人员认为数字油田构想的提出，既有技术背景，又有需求背景；是从油田建设实际出发的，更多考虑的是对于数字油田的巨大需求，有其充分的理由。李剑峰的《数字油田》虽然没有对数字油田概念的背景作专门论述，但是对数字地球提出的大背景作了阐述，他认为数字地球是全球信息化背景下的必然产物，数字油田是数字地球概念的引伸，是数字地球技术的应用，是全球数字化浪潮的产物。他描述了数字地球概念提出的背景，也就诠释了数字油田产生的大背景。

我们认为，数字油田构想的提出有其深刻的社会需求和技术背景，认真研究、深入探讨数字油田诞生的背景，有利于加深对数字油田概念的理解和认识，有利于更好地指导和把握数字油田的建设和实践。

1.2.1　数字油田的需求背景

从内因和外因来考察，如果说实际需求是内因，技术背景是外因，那么，需求背景就是数字油田概念产生的根据，而技术背景则是其产生的必不可少的条件，两者缺一不可。若没有石油石化企业提出要求，先进的信息化和数字化技术就缺乏实现的需求依据；同样，若没有必要的成熟技术作为支撑，再强烈的需求也会因缺少实现的条件而难以得到满足。因此，实际需求是建设数字油田的内因，而技术进步为数字油田的发展创造了条件。

（1）数字油田为满足油田企业数据应用提供了科学有效的方法和途径。油田生产涉及勘探、开发和管理等各个环节，每个环节都有海量的数据需要处理。为了提高油田的数据管理水平和应用效率，必须建立一种科学、统一、高效的数据管理体系。油气数据是一种时空跨度大，结构复杂的多源、异构系统，传统的数据查询手段使数据应用极为不便，严重制约了专业数据的应用效率和水平。数字油田运用集成、整合、融合、可视化等技术手段实现数据的快速采集、信息的快速传输和准确表达及直观展示，为油气数据应用提供了崭新的途径。

（2）数字油田为满足油气田各项业务、信息的迫切需求，提供信息服务。油气田各个生产经营领域迫切需要先进的科学技术手段提供信息的有效供给保障。在目前的油气田生产、科研和经营管理工作中，信息技术手段已经不可或缺，离开信息技术的保障支持，正常的生产经营管理活动就难以运行。而且这种需求越来越迫切，越来越大。数字油田可以而且能够提供科学可行的解决方案，使油田企业看到数字油田能满足其业务需求，实现油田企业流程再造，提升企业管理水平，寻找更多剩余油气资源，提升企业地位和企业竞争力。

1.2.2　数字油田的社会、技术背景

如果说油气田企业的迫切需求是数字油田诞生和建设的内因和依据，那么信息科学技术的发展，则为数字油田的诞生和发展创造了前所未有的条件。从社会大背景、大环境来考察，数字油田的诞生与以下几点密切相关。

（1）与全球数字化浪潮密切相关。全球数字化浪潮是指 20 世纪与 21 世纪之

交发端于美国，继而在世界大多数国家和地区得到迅速反应的，波及各行各业、各个领域、各个区域的，强大的世界性数字化浪潮。其反应速度之快，规模之大，影响之深远，为人类历史所罕见。由中国发起的首届数字地球国际会议于1999年11月底至12月初在北京隆重召开，在全球数字化浪潮的强烈冲击下，数字中国、数字区域、数字城市和数字行业等概念如雨后春笋般出现。随即，数字油田概念在我国大庆油田问世，大庆油田开了我国数字油田之先河。

大庆人之所以能够率先提出数字油田这一概念并制定规划、付诸实施，与大庆油田自20世纪60年代起，以科学计算为主，建立专业应用系统和网络框架所奠定的油田企业良好信息化基础不无关系。几十年来，大庆人持之以恒、开拓创新、辛勤耕耘所奠定的基础和计算机、网络建设飞速发展的物质条件，在远离现代经济文化中心、广袤无垠的松辽平原上仅靠个人的努力，很难提出数字油田的构想，即使提出也难以付诸实践。

(2) 与以互联网为主导的信息产业第二次浪潮密切相关。以互联网为主导的信息产业的第二次浪潮（或信息化浪潮），是指发端于美国、日本及欧洲部分发达国家，并在中国和其他发展中国家蓬勃兴起的世界性的信息化浪潮。这个浪潮兴起于20世纪90年代中期，延续到21世纪前10年。期间经历了互联网泡沫的“涨落”，最终互联网在发达国家和发展中国家，尤其是在以中国、印度为代表的新兴经济体狂飙式的增长。这种增长催生了石油石化企业对数字化技术的强烈需求，而互联网的出现为满足这种需求提供了必要的数据传输供给条件。互联网又需要新理论、新方法、新技术作支撑。超级计算机、存储技术、检索技术、空间技术和卫星定位等通信技术的全方位、多领域立体发展，使具有海量数据信息需要存储、处理、传输、检索和应用的油田企业看到了希望的曙光。互联网已经从20世纪60年代实验室的几台电脑连接、70年代初的几十台电脑互联互通，发展到了数以万计的个人电脑同时在线、分布式存在，并使人类进入了集群式利用的超级运算时代。从一定意义上来说，如果没有互联网的飞速发展，没有光纤通信等一系列新材料、新技术的广泛应用，没有计算机技术的突飞猛进，没有数字传输速率的大幅度提高，数字油田概念的问世是无法想象的。

(3) 与国际石油天然气市场价格在波动中持续走高这一市场走向密切相关。数字油田建设具有大规模、高投入、跨学科、全局性、综合性、系统性和阶段性的特点。数字油田建设客观上为油田企业提供了前所未有的机遇，同时也构成了严峻的挑战。从战略上讲，油田企业不进行数字油田建设，则有可能在市场竞争中陷入被动，而建设数字油田则需要大量的技术力量和经费投入。从战术上讲，采用以引进为主的发展思路，将直接影响自主发展能力的形成和保持，并有可能威胁到科学技术的整体可持续发展，而以独立发展为主，则无法实现应有的发展速度。投资建设数字油田有很大风险，在油价低迷时，很多中小油田企业是不敢冒这个投资风险的。而十多年来，国际石油天然气市场价格虽然起落波动，但基本是在高位运行，甚至居高不下，最高时达每桶 147 美元。继 2011 年 3 月初收盘价再度“破百”后，受日本地震、核危机和中东地区政治影响，市场不确定因素增加，纽约市场原油期货价格 2011 年 3 月 23 日创出两年半以来的收盘最高，达每桶 105.75 美元。另外，世界石油资源的发现和开采速度不成比例、严重失调。国际原油市场价格的这种走向为数字油田建设提供了难得的机遇。

（4）与油气田资源和产量递减的走向密切相关。油气田开发的一个普遍规律是随着时间的推移，产量逐年递减，含水率逐渐上升，油气开采成本上升，要素投入不断攀升，投入产出比越来越低，经济效益明显下降并趋于盈亏平衡的临界状态。由于受油气资源生产可能性边界的硬约束，任何一个油田都不可能持续地高产开采下去。在我国排名很靠前的一批骨干老油田也不例外，从发现开采至今，大庆油田已有 52 年的勘探开发历史，胜利油田刚刚度过了 50 岁生日，这些油田在为国家作出很大贡献的同时，都面临着资源枯竭、高含水和产量递减等问题。

目前我国各主力骨干油田油藏的开发大多数已进入了后期的高含水阶段，产量逐年递减，开采难度加大。大庆油田在稳产高产 27 年后，采油含水率已达 90%以上，不得不在 2002 年将原油年产量调减到 4000 万吨。原因在于开发难度增大，而后备资源严重不足。因此，大庆油田在“十一五”期间，原油产量平均每年的递减幅度在 170 万吨左右。当然，我们有理由相信，大庆油田将用自己的智慧和包括数字油田在内的先进技术创造出新的奇迹，给人们一个满意的答案。胜利油田在 1996～2010 年连续 15 年年产量稳定在 2700 万吨，之前，曾经有连续 9 年年产量 3000 万吨的历史。2007 年也不得不作出在今后若干年把产量稳定在 2700 万吨的调整。

产量递减的趋势反映出老油田接替资源的不足，从而引出这些油田已探明剩余油气枯竭之后，数十万的油田职工出路在何方的重要课题。因此，寻找更多的剩余油，探索提高油气采收率，延缓老油田资源枯竭和产量递减速率的有效途径和手段，依靠科技进步实现愿景目标是唯一的办法，从而也就成就了数字油田，数字油田技术为很多进入后期的油田开启了二次创业的征途。在这些科技手段中，不论是精细挖潜、运用三维地震数据成果、加强多学科集成化油藏研究，还是对水驱、聚驱和三元复合驱等三次采油技术进行优化、优选把采收率从目前的50%（大庆油田）提高到60%，都离不开数字化、可视化、远程监控和专家系统远程及时决策等一系列数字油田技术的支持。由此，不难发现各大油田对数字油田技术重视的根本动因。

上述“两个浪潮”、“两个走向”共同构成了数字油田诞生和发展的历史背景。

但是，从目前发展态势看，“智慧地球”进一步推动数字油田的发展趋向更加明显。例如，数字油田的提升发展与云计算、物联网等新型技术为主导的信息产业构成第三次浪潮。

云计算概念是在2006年8月9日，由Google首席执行官埃里克·施密特（Eric Schmidt）在搜索引擎大会上首次提出的，被认为是一个美丽的网络应用模式。狭义的云计算是指IT基础设施的交付和使用模式，指通过网络以按需、易扩展的方式获得所需的资源；广义的云计算是指服务的交付和使用模式，指通过网络以按需、易扩展的方式获得所需的服务。这种服务可以是IT和软件、互联网相关的，也可以是任意其他的服务，它具有超大规模、虚拟化和可靠安全等独特功效。有关云计算图书版本也很多，都从理论和实践上介绍了云计算的特性与功用。

有学者认为云计算带来了新一轮的信息革命和技术浪潮。2009年以来，我国云计算开始进入实质性发展阶段，掀起了蓬勃发展浪潮，各方力量在云计算发展浪潮形成中起着推动作用。推动者包括以IBM、EMC、Intel等为代表的跨国公司或云计算解决方案提供商；以北京、上海、天津、无锡、东营等为代表的地方政府建立政府公务云及面向中小企业的公有云；以新浪、腾讯、阿里巴巴、世纪互联等为代表的国内互联网企业；以中国移动、中国电信为代表的传统电信运营商；以金蝶、金算盘等为代表的软件公司及中央政府对云计算发展的关注等。

云计算的出现是多种技术和商业模式演进的结果，如计算技术的发展演进、软件技术的发展演进、IT 产品的发展演进等。从 IT 产品的发展演进来看，最初的 IT 产品主要是具备计算能力的产品。计算机的发展经历了漫长的历史阶段，伴随着人类文明的演进和需求的变迁发展到了电子计算机时代，又经历了集中计算的大型计算机及超级计算机时代；个人计算机的出现将只在特定行业中应用的大型主机变成每个人都负担得起的个人电脑，大幅度提高了个人生产效率和企业效率；在 20 世纪 90 年代互联网出现后，数以亿万计的信息孤岛被汇集成庞大的信息网络，极大地提高了人类沟通、共享和协作的效率，丰富了社交和娱乐生活；互联网深度发展又推动了计算和储存技术的变革，进而又推动了整个 IT 系统的革命，云计算的出现使得 IT 的服务从硬件向软件转化，IT 基础设施转变为像水和煤气一样的社会公用基础设施，而超级数据中心成为 IT 资源和服务的提供者。

物联网是新一代信息技术的重要组成部分，其英文名称是“the internet of things”。由此，顾名思义，“物联网就是物物相连的互联网”。这有两层意思：第一，物联网的核心和基础仍然是互联网，是在互联网基础上的延伸和扩展的网络；第二，其用户端延伸和扩展到了任何物品与物品之间，进行信息交换和通信。因此，物联网的定义是通过射频识别（radio frequency identification，RFID）、红外感应器、全球定位系统、激光扫描器等信息传感技术和设备，按约定的协议，把任何物品与互联网相连接，进行信息交换和通信，以实现对物品的智能化识别、定位、跟踪、监控和管理的一种网络（百度百科，2010）。

物联网的概念，其内涵和外延还在深入地探讨中，然而，物联网的发展，已远远超越了这一内涵。由新华社编写的《中国物联网年度发展报告》认为，2009 年以来，以中国在无锡设立国家传感网创新示范区为标志，物联网发展逐步上升为中国的国家战略。中国的物联网政策环境不断改善，技术进步明显加快，市场培育持续深化，标准制定全面提速，示范工程显著增多，市场规模大幅增长，中国物联网开始进入实质性推进的发展新阶段。

有的学者认为，物联网的元年是 2010 年，当然，还有的学者认为物联网是老技术、新概念，他们认为如果用传感器采集数据都是物联网的话，那么传感器的历史可达几十年，甚至百年，所以，这是一项老技术。但是，物联网除了“感知”事物外，还有射频识别技术、无线传输技术、互联网技术和数据智能化管理分析等，是数字化、信息化、智能化技术的集成。物联网与互联网结合将会发挥更大的作用。

物联网在数字油田的应用被称为油田物联网，油田物联网已进入了实质性的发展阶段，目前其重点在油井生产远程监控系统。通过传感器、视频服务器等设备对油气井生产数据进行采集，通过 CDMA 等传输终端把信息发送至生产管理部门，以便其对信息进行分析管理，以掌握油井生产状况，并进行必要的远程控制。油田物联网还应用在智能完井技术发展等方面。目前，油田物联网还在深入的发展之中。

云计算和物联网被认为是继计算机、互联网的应用与普及之后，蓬勃兴起的世界信息技术革命的第三次浪潮，是 20 世纪人类社会以信息技术应用为核心的技术革命的延展与升华。物联网为 21 世纪的全球工业化、城市化进程提供了革命性的信息技术和智能技术，将通过与传统产业的全面融合，成为全球新一轮社会经济发展的主导力量之一，也是数字油田的重要支撑技术之一，对推动数字油田的发展具有重要的作用和意义。

1.3 数字油田的概念

1.3.1 关于数字油田

数字油田的定义有很多，在这里我们仅就典型代表的几个定义加以引述，供大家研究和讨论。

何生厚、毛锋（2001）认为数字油田主要由三个部分构成：一是基础地理信息，包括国家基础地理信息和油田地理空间信息；二是油田企业的专业数据库；三是一个数字地球产品或数字地球实现方案。空间数据仓库是空间数据模型与关系数据模型两者之间的信息交换枢纽，通过空间数据仓库实现基础地理信息与多源异构的油田专业信息之间的集成，从而可以实现“参照地球的空间数据管理，基于空间的数据处理和图形展示，以空间实体为对象组织和查询数据库。”这是一种基于 GIS 应用的数字油田概念。

陈强、王宏琳（2002）等学者认为“数字油田是油田的一种虚拟表示，使人们可以探查汇集有关该油田的自然和人文信息，并与之互动”。这是一种基于油田虚拟现实的数字油田概念。

王权等（2003）认为，数字油田分为广义和狭义的概念。广义数字油田，是全面信息化的油田，即指油田企业实现以计算机为核心全面数字化、网络化、智能化和可视化的全部过程。数字油田的根本目标是油田的全面信息化。狭义数字油田，是指以数字地球为技术导向的技术系统，它是以油田为对象，以地理空间坐标为依据，具有多分辨率、海量数据和多种数据的融合，并可用多媒体和虚拟技术进行多维的（立体的和动态的）表达，具有空间化、数字化、网络化、智能化和可视化特征的技术系统。这是比较完善地阐述数字油田概念的一种表述。

李剑峰等（2006）认为，数字油田是数字地球的一个子系统，是油田油气地质特征、勘探开发过程和生产经营过程的数字化的虚拟体，该虚拟体会在整个油田生命周期中不断完善，人类通过与该虚拟体的互动，不断加深对油田地质特征的理解、优化勘探开发过程、提升经营管理能力，从而为油田企业赢得最大的经济效益。

段鸿杰（2004）认为，数字油田是以油田资源的数字化为基础，以网络为依托，以信息技术为手段，以推动科研创新、优化生产运行和规范经营管理为目的的综合系统，是现实油田的虚拟数字化。这是在综合了各种观点后提出的一个比较简洁、完整的概念。

陈新发（2010）认为，数字油田是油气田业务与信息技术高度融合的产物。“基于数字新疆油田的建设实践，我们认为，数字油田就是实体油田在计算机中的虚拟表示，通过在计算机上研究和管理油田，提高油田的核心竞争力。”

对于数字油田概念的研究和论述还有很多，我们将这些典型的论述悉数列举于此，供大家对比研究。

我们认为，数字油田是关于油气田勘探、开发和生产等过程的数字化。油田企业借助数字化技术寻找更多的油气资源，提高采收率和改变生产运行方式，即全面数字化了的油气田。

这样表述的理由是：

数字油田就是在勘探、开发等业务过程中的全面数字化；

数字技术将会成为一种先进技术，为油气田寻找更多油气资源、提高采收率提供技术支持；

用一句更简单、更简洁的话表述，即全面数字化了的油气田，就是数字油田，比较容易记忆。

概括起来，关于数字油田的定义可以归纳为如下几类：一种观点认为“数字油田就是油田的信息化、数字化和标准化。它是以数字化信息为资源、计算机因特网交互为动脉、知识管理为特征，集信息、硬件、软件和功能为一体的综合管理信息系统”。另一种观点认为“数字油田不仅是技术目标，更是管理目标，是油田公司总体发展战略的一部分”。持这种观点的学者进而从狭义和广义两个方面来界定，他们认为狭义的数字油田“是某油田的虚拟表示，能够汇集该油田的自然和人文信息，人们可以对该虚拟体进行探查和互动”；广义的数字油田“是数字地球模型在油田的具体应用；数字油田是油田自然状态的数字化信息虚拟体；数字油田是油田应用系统的集成体；数字油田是企业的数字化模型；数字油田是数字化的企业实体；数字油田的能动者是数字化的人”。

BP公司认为：“数字油田是技术和业务流程的集合，他们对油田的所有资产，从油藏到销售终端，实时地获取、监视和分析油田数据，提供实时的、连续的、远程的监控和管理。可以频繁地获取油藏图像；快速地浏览集成的油藏、井筒和设备单元的记录；使用门户工具等可视化工具方便地访问数据，并对其解释和模拟。”张卫东、袁文奎在《未来石油勘探开发技术展望》一书中提出数字油田涉及的特殊技术，有空间地理信息系统技术、虚拟现实技术、数据仓库与数据挖掘技术、信息集成共享管理技术或集成平台技术、高性能计算、并行计算和网格计算技术以及油田勘探开发专用的测量、分析、解释、判断、优化、转化和控制等勘探数据地质资料处理与管理技术，实时钻井、智能完井、三维可视化和遥感遥测遥控技术，实施生产优化、集成资产等一系列数字化技术。

在今天看来，数字油田就是全面数字化了的油田，即油田企业利用数字化技术实现油田企业全面数字化管理，提高油田企业寻找更多油气资源和采收率的能力，以延长油田企业的生命周期。

1.3.2 数字油田的内涵与外延

任何一个概念都有内涵和外延两个方面，这是概念的两个基本特征。概念的内涵是指概念所反映对象的特性和本质属性，外延是指概念所反映对象的具体范围。要掌握一个概念，必须要把握这个概念的确切含义和所指的对象范围。

1. 数字油田的内涵

什么是数字油田，十多年来，国内外专家学者给它下了不少定义。虽然这些定义的表述不一，内容各异，但都对数字油田的概念从不同角度进行了描述和界定。

综合国内外关于数字油田的研究成果，我们发现：①国外关于数字油田的描述比较注重强调“实时获取、监视和分析油田数据”，“同时提供实时远程监控和管理”。这一点可以从 BP 公司、壳牌公司的资料得到证实。②国外关于数字油田的描述比较注重或强调智能完井技术对于提高剩余油回采率的作用。“今天，无论是智能井还是进行自动化管理的油田，其目的都是为了提高可采储量和产量。”而国内关于数字油田的论述一般都比较抽象。根据其知识构成背景和强调的侧重面可以分为如下几种：一种是基于地理信息知识构成背景的，虽然认为数字油田是数字地球技术在油田应用的延伸，是油田企业信息基础设施和企业管理的基础信息平台，但注重和强调的是数字油田的空间架构和构建，而忽视数字空间里的地质、物探及其他勘探手段获取的信息内容，缺乏系统综合与集成；另一种是基于地球物理知识和石油地质知识背景的学者，不仅坚持数字油田的空间架构，重视地理信息系统对于数字油田的重要作用，而且强调油田自然状态的数字化信息虚拟，重视油田应用系统的集成、系统综合及油田企业的数字化等。

我们认为，数字油田的内涵包括以下五个方面。

(1) 从油气田勘探开发经营管理的流程来考察，数字油田是关于油气藏发现、勘探、开采和管理全过程的数字化、可视化、智能化。它包括油气田地质、油气田地理信息、勘探、开发、经营管理海量信息的数字化；油气田采、集、输过程数字化，远程监控智能化，管理决策的实时化。

(2) 数字油田是油气田企业的全面数字化，或者说是数字化、实体油气田虚拟化、微缩化了的油田。比尔·盖茨曾经提出过一个宏伟的目标：让每个人的桌面都有一台个人电脑。经过 27 年的发展，微软的这个梦想实现了。数字油田的梦想不仅是将油气田实体以数字化的方式装入每一个油气田企业管理者的电脑里，更重要的是要把油田勘探、开发、生产、经营管理的过程数字化，远程监控智能化，管理决策实时化。这个目标比盖茨的目标更加宏伟。十多年来，我国数字油田建设的实践证明，油气田企业的全面数字化，是油气田企业实现信息化的重要内容和途径；数字油田发展战略，是油气田企业发展战略不可或缺的重要组成部分。

（3）数字油田概念的内涵是极其深刻的，数字油田是数据流、信息流和业务流的集合体。数据流、信息流和业务流涵盖了油田全部的业务范围以及与油田业务相关、相近的一切社会事物，油田企业的业务范围延伸、延展到哪，数字油田就延伸、延展到哪，因此与数字油田密切相关的事物非常多。

（4）数字油田建设的最终目的是寻找更多的油气资源和提高剩余油气的采收率，为全面提升油田企业的勘探开发、经营管理水平，提高油田企业的经济效益服务。数字油田的实现将会从根本上改变传统油田生产经营管理模式，以一种全新的数字化、自动化作业方式，替代传统的手工或半手工工作方式，形成知识经济背景下的数字油田经济，增强油田企业的竞争力和可持续发展能力。数字油田作为技术，已经并将继续向人们展示油气勘探与开发、生产经营管理过程的自动化、智能化、可视化、实时化和现代化。

（5）数字油田的本质内涵是实现数字转化为数据，数据转化为信息，信息转化为知识，知识转化为智慧。转化技术是数字油田的关键技术之一。这与油气田发现资源、开采油气资源有很大的关系。油气田在勘探过程中要采集海量的数据，工程技术人员们采集到的是数字，通过计算机处理变成可用的各种有效数据。这些数据构成了各种图件的研究报告，提供给工程技术人员研读，工程技术人员根据自己的经验、知识和智慧，从而判断油气在哪里。综合来自地质专家、地球物理勘探家、钻探专家、油气开发专家的智慧，就可以确定井位，从事钻探、录井、测井和分析化验等一系列业务工程。数字油田就是为这些转化提供技术支持。

2. 数字油田的外延

数字油田概念的外延是极其广泛的，数字油田包含着众多学科知识、技术，是一个巨大的开放的系统。数字油田的建设是一个庞大的系统工程，数字油田建设需要油田企业高层领导的高度重视，更需要企业各部门、各方面的通力合作，不可能一蹴而就，也不会一劳永逸。它必将随着科学技术的发展进步而不断完善、不断发展，由初始的、不成熟的阶段，逐步走向比较成熟、更加完善的发展阶段或形态，最主要的包括以下三点。

（1）数字油田数据建设的延展，使数字油田的数据发生了革命性变化，其作用和意义远远超越了油田企业数据本身。数据是资产，数据是资源，油田数据只有在数字油田时代被历史地提高到最重要的地位。

数据来源于油田业务之中。数字油田与油田业务是最为紧密的一个关系，油田业务对量的要求十分严格，没有量的概念，就没有油田的建设与发展。例如，油气产量，在油气田，对油田产量的追求和重视基本被当做油田的生命，不但追求每年的总产量，还追求月产量、日产量，更追求各种产量的准确度。因此，单井产量将成为关键目标。

在很多人看来，追求产量就是了为了完成上级部门规定的生产任务，因此，在生产一线其工作中心就是采取各种措施提高采收率，保证产量，不但要完成生产任务，还想超额完成任务。

但是，对数字油田来说，一个简单的数据背后，隐藏着极大的科学与技术问题。数字油田通过研制油气田油水井生产数据管理系统，除为工程技术人员、管理者提供日报、月报外，更多的是提供数据分析与辅助决策平台，使工程技术人员便于在第一时间看到每一口井的产量变化情况，作出正确的决策，实施调整和相应的措施。

更重要的是这些生产数据动态地反映了油井、地质、储层和油藏的变化情况，实施间接的油藏动态管理，生产数据起着至关重要的作用。

数字油田的数据管理平台和数据分析应用，远远超越数据的本身价值。

（2）数字油田的管理功能，不但能完成传统的管理作用，而且使油田业务同数字化结合，将管理职能大大地延伸，其作用和意义远远超越了人们认识数字油田管理的本身。早先人们认识数字油田仅认为数字油田就是为油田建设好数据库，实现数据的科学化管理，提供各专业领域的数据共享，消除油田企业内的信息孤岛。

随着数字油田的建设与发展，数字油田超强的管理功能远远超出人们的想象，人们开发出了各种管理系统，多达数百种，每一个管理系统不但管理了相应的数据，而且使油田业务办公无纸化、网络化和过程优化。不但提高了工作效率，而且改变了工作方式和生产运行方式，成为一种新的技术革命。

（3）数字油田的技术作用主要体现在工业化与信息化的融合中，信息技术渗透在油田业务之中，其作用与意义远远超出了数字油田数据共享、信息共享等一般意义本身。对于数字油田是否是一种技术，一直存在着争议，很多人认为数字油田是一般性的概念，所能做到的也就是信息技术支持的数据管理。但是，随着数字油田建设的发展，数字油田的技术凸显，而且越来越明显，作用越来越大，信息技术融入生产业务之中，大大地改善了油田的生产运行方式。

数字油田技术有很多，这些技术仍然需要人们提炼、开发和利用。数字油田的整合技术超越了其他技术，数字油田作为一个平台，可整合多源、异构和多尺度的数据，并为各类人员同台工作提供便利。数字油田还可整合各种传统技术，形成合力，发挥之前各个技术无法发挥的作用。例如，油田物联网技术就是整合传感技术，成为了数字油田最重要的组成部分，同时也成为了数字油田的典型技术。

1.3.3 数字油田研究的内容

数字油田作为一门新兴学科，是以信息技术、地球科学（包括地质学、地球物理学和地理信息系统）、经济学、管理学和系统科学等多学科、多领域知识为基础，综合、交叉而诞生的一个新兴的边缘性、交叉性和跨学科的应用科学。因此，边缘性、交叉性和综合性是它的本质属性。和传统油田技术相比，数字油田在提高油气田科研生产和经营管理等各方面的效率和效益显著，因而又表现出明显的经济性。

数字油田需要研究的问题很多，前人对数字油田研究作出了很多的探索。例如，李剑峰在《数字油田》一书中认为数字油田的研究对象包括：在与油气勘探、开发、运输、炼制等生产经营活动相关的业务范围内，把所有确定点的相关数据和信息组织起来，组成包含地上和地下、企业管理和地质工程在内的信息系统的研究；还有以计算机和高速网络为载体，以空间地理信息为参照，将油田的生产、经营和管理的多种数据进行高度融合的研究。在建立油田科研、生产和管理流程各种优化模型的基础上，利用信息技术、仿真和虚拟技术等对数据进行多维可视化表达，实现平面上涵盖整个油田地域，纵向上包括从地面到地下的多层次、多属性信息，时间上贯穿整个油田生命周期的综合信息集成，提高油田总体信息分析能力，以支持油田的勘探开发等关键业务深入发展和优化的需要，从总体上辅助油田经营管理的决策分析，进一步挖掘各个环节的潜在的价值，为油田企业的可持续发展创造良好信息支撑环境的研究。

数字油田主要研究的内容应该是以下五方面。

(1) 数字油田的结构体系。数字油田具有庞大的内容，包含了油田业务范围内的所有业务和数字油田的内在主体内容和外在内容。如何将数字油田结构化、系统化是一个很大的问题，因此，研究数字油田其首要的任务是理清数字油田的结构体系。

(2) 数字油田的功能。数字油田具有什么样的功能，也就是说数字油田到底能做什么，这是一个很重要的问题，从而也就成为数字油田很重要的研究内容，如果搞不清数字油田能做什么，那就不知道数字油田的基本功能和作用。

(3) 数字油田的概念。只有理清了数字油田的体系结构，了解了数字油田的基本功能，才可以知道数字油田的基本概念。数字油田的概念和数字油田的内涵和外延，也是数字油田研究的主要内容之一。

(4) 数字油田与油田的业务关系。研究数字油田必须研究数字油田同油田是什么样的关系，它们之间存在着什么样的联系，这就是勘探、开发、生产、集输、销售与管理等生产环节，都是数字油田研究的范围和内容，如果仅认为就研究数字油田的软件、网络、计算机和数据的存储和应用，那是不够的，必须先研究油田的主营业务，再研究数据、信息和网络、计算机等信息技术。

(5) 数字油田建设。数字油田建设的方法、技术是研究的一个重要范围。在建设中，数据流、信息流和业务流的研究是数字油田的核心研究内容。与之相联系的所有关系和关联技术及关键技术都是数字油田研究的主要内容和范围。

1.4 数字油田的特征与性质

1.4.1 前人的研究

前人在研究数字油田时，已有很多的论述。李剑峰在《数字油田》一书中认为，数字油田具有三个基本特征：第一，它是一个数字化的虚拟体；第二，是一个动态的不断优化的虚拟体；第三，人类可以与之互动并从互动中获益。这是李剑峰根据对数字油田的定义所表述的结果。

段鸿杰认为，数字油田具有以下六个鲜明的特征：

一是资源数字化，是指包括地质体、设备、人力资源和生产经营动态等油田所有资源信息的数字描述、数字存储、数字处理和数字传输。

二是技术一体化，是指信息技术与勘探、开发技术的融合，勘探开发技术通过信息技术支撑发挥作用，信息技术的应用又会促进勘探开发技术的发展。不同技术的有机融合、一体化应用是数字油田建设的技术保障。

三是信息集成化。在统一的数据管理平台上，以工作对象和研究单元为基础进行相关信息的集成，相互关联，提高信息的使用效率。

四是业务协同化。在数字油田统一的平台上，业务部门之间的业务操作无缝衔接，面对同一对象协同工作、业务联动。

五是管理集约化。依靠畅通的信息、共享的数据，简化管理层次、规范管理操作，可以提高管理的集成度和运作效率。

六是决策科学化。在大量占有内外部信息的基础上，借助预案系统、专家知识库和数学模型，辅助科学决策。

其实在数字油田发展过程中有很多学者和单位参与了研究，作出了应有的贡献，这里不再一一表述，我们选取了20多个重要事件进行说明，见表1.2。

1.4.2 我们的研究成果

经过十年来的研究、探索和建设，我国石油、石化行业和相关高等院校、科研院所对数字油田的认识逐步深化。数字油田的性质和特征也不断被揭示，就目前的认知水平，数字油田的性质和特征至少可以概括为：数字油田是一个边缘性、交叉性、综合性和跨学科的应用科学。由于其应用的效果显著，因而受到油气田企业的普遍关注。

对于数字油田的特征，我们作出如下概括。

(1) 系统性。数字油田是一个巨大的开放系统。李剑峰在专著《数字油田》中把这个大系统分为数字油藏、数字井筒、数字地面、数字油建、数字勘探、数字开发、数字管理和数字经营八个子系统（李剑峰等，2006)。长安大学数字油田研究所把数字油田建设这个庞大的系统工程概括为基础工程、数字工程、数据工程、信息工程、知识工程和知识＋智慧工程。从油气田产业链来说，这个巨大的系统不仅囊括勘探开发数据采集处理系统，地下地面一体化生产管理系统，而且包括油气田生产、科研、经营管理系统；从技术的角度来考察，不仅

表 1.2 中国数字油田记忆（大事记）

年份	序号	单位（个人）	重要事件和重要文献	事件记载与出处	重要成果（贡献）
1999	1	大庆油田	数字油田	1999 年，数字油田论坛	由大庆油田提出，并建立了模型——数字油田框架
2000	2	新疆油田	提出数字化油田标准	据 2000 年新浪网财经报道	开启了数字油田标准化建设的新纪元
2001	3	塔里木油田	数字油田被列为“十五”国家科技攻关计划重大项目	2001 年	这是我国首个数字油田国家级高端研究课题
	4	何生厚，毛锋	《数字油田的理论、设计与实践》	2001 年 6 月，科学出版社	这是我国首个数字油田的专著
2003	5	刘振武，方朝亮	《21 世纪初中国油气关键技术展望》	2003 年 6 月，石油工业出版社	将数字油田列为 21 世纪油田重要技术之一
	6	刘振武	《高新技术在石油工业中的应用展望》	2003 年 7 月，石油工业出版社	设专题论述数字油田
	7	王权	《大庆油田有限责任公司数字油田模式与发展战略研究》	2003 年，天津大学硕士学位论文	这是我国唯一以数字油田作为硕士学位论文的专项研究文献，划分了广义数字油田和狭义数字油田的概念
2004	8	刘玉珊，张军利，张布军	《数字油田 行稳以致远》	2004 年《数字化工》第 9 期	对数字油田给出善意的忠告
	9	段鸿杰	《胜利油田信息化框架构建研究》	2004 年胜利油田博士后出站报告	这是我国唯一以数字油田为内容的博士后出站报告，深入全面地研究和论述了数字油田的理论与实践
2005	10	汪煜凯，刁顺，岳优生，李中建	《石油行业计算机应用技术综述》	2005 年 9 月，石油工业出版社	设专题论述数字油田
	11	长安大学	成立数字油田研究所	2005 年 3 月	这是我国唯一一个研究数字油田的专门机构
	12	李建华	《“数字油田”究竟能走多远?》	2005 年中国软件网	大声疾呼，数字油田能走多远?

续表

年份	序号	单位（个人）	重要事件和重要文献	事件记载与出处	重要成果（贡献）
2006	13	李剑峰，李想中，张志檩	《数字油田》	2006 年 7 月，化学工业出版社	这是我国唯一一部以《数字油田》为名的数字油田研究专著
2008	14	陈新发，曾颖，李清辉	《数字油田建设与实践：新疆油田信息化建设》	2008 年 5 月，石油工业出版社	数字油田实践的经验总结专著
	15	李清辉，文必龙，曾颖	《数字油田信息平台构架》	2008 年 5 月，石油工业出版社	数字油田建设技术总结专著
	16	刘学锋，何贞铭，何幼斌	《GIS 辅助油气勘探决策——原理方法及应用》	2008 年 6 月，石油工业出版社	将地理信息系统引入数字油田建设的专著
	17	刘宝和	中国石油勘探开发百科全书	2008 年 12 月，石油工业出版社	这是我国首个将数字油田列入词条的百科全书
	18	王玉普	《大庆创建“数字油田”的系统工程实践》	2008 年，中国工程管理论坛	这是我国首个工程院院士研究数字油田的重要文献
2009	19	长庆油田	实施数字化管理建设	2009 年，在 CCTV-1 报道	选择了数字油田一个主题建设，推动了数字油田的发展，提出“让数字说话，听数字指挥”理念，有创意
	20	胜利油田	“数字油田关键技术”研究	2009 年 9 月，胜利油田获得科技部国家 863 计划课题	这是我国首个数字油田关键技术高端研究课题
	21	长安大学数字油田研究所	中国数字油田高端论坛峰会	2009 年 10 月，在西安召开	这是我国首次数字油田专项学术研讨会，通过了《西安宣言》，提出数字油田初级阶段
2010	22	新疆油田公司	首届信息化创新克拉玛依国际学术论坛	2010 年 8 月	新疆克拉玛依市、新疆油田召开数字城市、数字油田国际学术论坛会议。宣布“全面建成数字油田”，启动智能油田建设，提出打造世界石油城

续表

年份	序号	单位（个人）	重要事件和重要文献	事件记载与出处	重要成果（贡献）
2011	23	石油工业出版社	《数字化工》《油气田地面工程》	2001～2011 年	据统计，石油工业出版社先后出版五部数字油田专著；《数字化工》先后发表 20 余篇数字油田论文；《油气田地面工程》开辟专栏发表了大量的数字油田论文
	24	中国海洋石油总公司	数字海洋	2011 年	提出要建成“海上大庆”，实现“数字海洋”
	25	科学出版社	出版发行《数字油田在中国——理论、实践与发展》	2011 年 8 月	2001 年之后，又一部数字油田专著的出版发行
	26	长安大学数字油田研究所	西安第二届数字油田高端论坛首届国际学术交流会	2011 年 10 月	这是继 2009 年中国数字油田高端论坛峰会后的又一次数字油田盛会，是关注国际数字油田和智能油藏的会议

注：①在 1999 年以来数字油田建设全部时间中，选择了在数字油田发展过程中具有深远影响和重要意义的 26 个事件，作为数字油田发展重大事件，反映数字油田发展过程；②文献选择的基本原则，除了重要书籍外，选择了很少部分的文章和毕业论文，这是具有代表性、标志性意义的文献，也是值得我们记忆的大事；③中国的数字油田史就是由这些事件组成的，我们应当永远记住它们。

包括互联网、通信网、物联网、油气开采和集输管网等基础设施系统，而且包括数据管理软、硬件设施及各种标准系统，井筒、油气集输生产、营运的安全监控，可视化智能远程监管系统，以及数字油田人力资源管理、财务管理等系统。

(2) 层次性。数字油田的架构、建设是有层次的。王权将广义数字油田的架构划分为环境层、数据层、专题库层、模型层、应用层、集成层和战略层七个层次（王权，2003）。李剑峰等（2006）在王权的基础上对数字油田的架构模型有所修改，他在建构基本架构时提出了基础层、中间层和应用层三个层次。基础层是指计算机网络、空间信息基础设施、油田生产专业数据和油田企业经营管理数据。中间层则包括了标准体系、安全体系、数据存储体系、优化应用模型服务、多元信息融合服务及在此基础上建立的各种专用数据库和数据仓库等。应用层包括了勘探开发各个阶段的应用系统，如地震数据处理、油藏描述、三维油藏模拟、油藏综合评价、油藏动态管理、经济评价、模拟开采、动态油田监控和实时决策等应用系统。上述对数字油田层次性的研究和分类，虽然分法各异，但都认同数字油田系统的层次性，并且比较充分地反映了数字油田层次性的特征。

(3) 综合性。数字油田是一个集地质学、地球物理、地理信息、遥测遥感以及基于互联网、泛在网和先进的计算技术基础上的现代通信技术、空间技术、智能传感、智能完井技术，数字数据工程、信息工程、管理工程等多学科、多领域的高度分化又高度综合的总学科技术。李剑峰认为，数字油田是人类文明发展创造的所有技术的集大成，涵盖了人类生活的各个方面。我们认为，高度的综合集成性是数字油田的又一特征。这一特征决定了数字油田研究和建设不仅需要各种优秀的专业人才，而且需要具有高度综合分析和创新能力、协作、协调管理能力的复合型人才团队来支持，更需要与时俱进的组织架构、管理体制和机制创新来保证。

(4) 阶段性。事物的发展变化是永恒的，然而发展又具有阶段性。任何事物都有一个从小到大，从不成熟到成熟的发展过程，人们对它的认识也有一个从不成熟到比较成熟的发展过程，数字油田也不例外。历史经验已经证明，对于我们这个人口众多、经济文化还比较落后的发展中大国，不论是在社会发展阶段的认识上，还是在对现代化建设的认识上，盼富求强心切，很容易导致急于求成而遭受巨大挫折或失误。从发展的总趋势来考察，我们并不否认发展过程的飞跃。但这种飞跃是建立在知识、经验量的积累基础上的，而不是在事物发展的初始阶段盲目的飞跃。数字油田发展也一定存在着相应的发展阶段。这种现象不仅与数字油田自身的理论、方法、技术阶段性的调整有关，同时，也与社会发展的历史条件、社会背景、油田企业发展的需求有很大的关系。

纵观数字油田研究与发展 10 多年的历史，我们概括了上述四大特征。它是迄今为止，数字油田展现的各种现象的客观总结。随着时间的推移和实践的发展，数字油田的本质特征会表现得更加充分，更加丰富多彩，人们对它的认识也会更加清晰，更加深刻。我们期待着更完整、更准确的认识和概括，并且在以后的年度报告中继续向大家报告和交流。

1.5　数字油田的未来

在阐述了数字油田的由来，分析了数字油田提出的背景、数字油田的概念和内容以后，大家都很关注数字油田的未来是什么，这是一个很重要的问题。由于后面还有很多章节要分别叙述，这里仅就数字油田的未来作简略展望。

1.5.1　数字油田面临的形势

1. 成绩与问题并存

十多年前，数字油田在数字地球浪潮的推动下产生，在国家政府部门的关怀下，在油田企业、IT 厂商、科研院所及新闻媒体的培育下，仅用十多年的时间，几乎所有的油田都不同程度地建设数字油田，而且高潮迭起，成绩显著。

国家工业和信息化部信息化推进司司长徐愈认为，过去十年，我国油田企业除了建成应用集中统一的网络基础设施，形成了统一管理、分级维护、覆盖国内、连接海外的信息网络体系，总部、区域、地区公司三级架构集中部署的数据中心以外，还建成应用了集中统一的经营管理平台、生产运行管理平台和办公管理平台等几大平台，缩短了从决策层到一线执行层之间的距离，增强了企业的整体管控能力，促进了企业运营效率和管理水平的显著提升。因此我们说成绩显著。

长安大学数字油田研究所认为，过去十多年，我国数字油田建设主要成就在于完成了基础建设，即各大油田企业的基础工程和数据库及应用系统建设。

十多年来，数字油田建设的环境发生了巨大变化。据李剑峰2006年在互联网上用百度搜索“数字油田”，找到的相关网页是6910篇，在Google上搜索“数字油田”，找到的相关网页是365 000个条目。而现在在互联网上用百度搜索“数字油田”，找到的相关网页是2 200 000个，是当年的318倍。在Google上搜索的结果是7 630 000条，是当年的20.9倍（李剑峰等，2006）。可见环境变化之大，而最重要的是人们认识的高度、建设的深度，发生了深刻的变化。

同时，在认识上还存在着对数字油田的概念、内涵和外延表述不清的问题，在建设上存在着诸如规划不科学，重建设、轻应用，重基础设施建设、轻人才队伍培养，以及系统杂乱，标准滞后，安全状况堪忧等一系列不容忽视的问题。

2. 挑战与机遇同在

如前所述，我国数字油田建设取得的成绩和存在的问题并存，面临的挑战和机遇同在。这些挑战和机遇至少包括：①数字油田建设的高速度给系统、平台、标准建设提出的挑战，同时又给数字油田的标准建设、资源整合、健康发展提供了机遇；②节能减排，低碳经济发展理念给数字油田数据中心依靠巨量设备、巨额投资和巨大的能耗运行提出了挑战，同时又给新能源的使用和发展、集中和分布式数据储存、云计算的应用发展及新能源使用和发展提供了难得的机遇；③数字油田的软件硬件设备基本上被国外大厂商所垄断，数字油田快速发展对发达国家软件硬件设备的依赖，对民族企业生存发展提出了严峻挑战，同时又给国内IT企业学习吸收国外先进经验，开发、生产数字油田建设急需的软件产品、系统平台等一系列关键技术和运营设备，包括服务器、电源等提供了前所未有的机遇；④我国油气资源和生产重点逐渐从松辽平原、黄河三角洲，转向黄土高原、鄂尔多斯盆地，转向大漠深处、大海大洋深部或者彼岸。油田企业数字化建设的需求正在发生着十分微妙而又极其深刻的变化，远程数据采集、实时监控、井场管理及油气田企业大幅度减员增效的压力，对传统的数字油田建设理论、技术和方法提出了一系列挑战，同时又为远程实时监控可视技术、物联网技术的应用和发展提供了新的机遇。

总而言之，我国数字油田建设与发展面临的四个挑战与机遇，使数字油田诞生、发展的三大浪潮、两个走向及内因和外因正在发生着深刻变化，从而影响和决定着数字油田未来的发展与走向。

1.5.2　数字油田在中国的未来

在本章对我国数字油田诞生和发展的背景，我们曾经归纳了“两大走向”、“三个浪潮”，面对当前发展中存在诸多问题、挑战和发展环境的新变化，我们概括了“四大挑战和机遇”。展望未来，我国数字油田的建设者应该有信心、有能力、有智慧勇敢地面对这些挑战，把数字油田建设推向健康、协调、全面发展的新阶段。

根据已有的资料和我们的研究，中国数字油田未来发展至少将呈现出八大技术趋势：①物联网在油气田企业普遍应用，云端计算发挥作用，石油石化行业云、企业云从构想、实验走向实用；②系统集成整合大势所趋，系统标准规范，信息存储、挖掘、搜索、提取便捷化；③平台模板化，软件产业化，数字油田运维专业化、贴身化、社会化；④油气采、集、输及油井地上地下一体化，实时监控、远程实时决策成为趋势；⑤数据储存、能源供给方式多样化，分布式和集中式并存，宜集则集，宜分则分，新能源、新工艺、新设备大量应用；⑥企业流程再造，管理组织扁平化，减员增效成为现实；⑦数字油田建设的经济、社会效益更加显著；⑧数字油田智能化-智慧化的知识管理。初级阶段的数字油田经过 5～10 年的发展将趋于全面成熟，智能化-智慧化的油田将在成熟油田中孕育、诞生与发展。

在发展理念上，未来的油田一定是坚定地深入进行数字化、智能化油田的建设，将会是更加聪明的“油田”——智慧的油田。

1.6　小　　结

数字油田的诞生缘于数字地球，这是目前大家普遍认同的观点。但对于数字油田的内涵、外延和数字油田的特征还需要进一步探索，本章首先提出了数字油田概念来源，对数字油田的特征和性质等进行了阐述。

(1) 需求背景是数字油田概念诞生的根据，技术背景是其诞生的条件。数字油田既为满足油气田企业信息应用的迫切需求提供了先进、科学、有效的供给，又为满足油气田各项业务的迫切需求提供了崭新的供给保障希望。

(2) 追踪了从数字地球到数字中国再到数字油田的发展轨迹，分析、概括、提出了与数字油田密切相关的“两大走向”、“三个浪潮”，构成了数字油田诞生和发展的宏观背景，这是我们的研究结论。

(3) 界定了数字油田的性质，认为数字油田是一个边缘性、交叉性、综合集成性、跨学科的应用科学。由于其应用的效率和效益显著，所以受到油气田企业的普遍青睐。

(4) 抽象出了数字油田的虚拟性、系统性、层次性、综合性及发展的阶段性特征。最后，提炼、概括了数字油田的定义，分析阐述了数字油田概念的内涵和外延。

最后提出了数字油田在中国建设和发展面临的四大挑战和机遇，同时对数字油田在中国未来发展的八大技术趋势进行了展望和预测。

第2章 数字油田理论

本章试图重点对数字油田理论做些研究和探索。因为没有正确的理论，就没有正确的实践。

2.1 数字油田理论研究与探索

数字油田自1999年大庆油田提出以来，油田企业科技工作者、高等院校、科研院所的专家学者对其由来与背景、定义、内涵和外延、研究对象、内容体系、关键技术、理论模型、设计路线、建设现状、发展趋势等进行了锲而不舍的研究，取得了一系列的研究成果。这些成果有专项研究报告或论文、企业规划、理论著作等，极大地丰富了数字油田的概念和理论研究。

2.1.1 早期的理论探索

早期的理论探索在各大油田均有开展，而大庆油田在油田信息化、数字化方面的探索历史比较长，同时，又是数字油田的提出者，在理论上探索更多。

大庆油田是我国工业战线上的一面旗帜，油田信息化建设早在20世纪60年代已经开始，计算机应用具有良好的环境和条件。

1997年，大庆油田制定了《企业网总体方案》，并开始实施建设。该方案的主要目标是要建成大庆油田企业网，并在企业网的基础上构建基本的应用系统。到1999年，这一目标基本实现。按照大庆油田“十五”计划和1997年制定的《企业网总体方案》要求，大庆油田结合当时油田信息化建设发展的实际，已经开始考虑未来信息化建设的方向。能这么早地编制规划，并付诸实施，大庆油田有其基本的指导思想，这个指导思想的基础就是信息技术基本理论和信息科学的基本思想，这为大庆油田以后的数字油田提出，数字油田建设及数字油田理论奠定了很好的基础。

经过大庆几代人对油田勘探开发生产和经营管理各环节信息化、自动化建设的努力，其持之以恒的追求、辛勤耕耘的沃土和开拓创新的氛围为数字油田在广袤无垠的松辽平原上诞生提供了重要的基础条件。

1. 数字油田理论的萌芽

虽然迄今为止，我们还没有找到更早的关于数字油田概念的第一手资料。然而，根据对数字油田诞生背景的研究，可以作出如下判断：早期的研究不是在数字地球理论框架下进行的，而是源于油田勘探、开发、生产和经营管理各个专业的文献。数字化是在生产环节中，由传统的人工数据采集向自动化、远程控制方向发展的探索。数字油田不是直接以成熟概念和系统理论的形式出现的，而是萌芽状的对油田勘探、生产、经营管理环节的系统构建和理论思考；这些成果不是首先出现在高等院校的研究机构，而是来源于油田勘探生产管理的设计院、研究院所和生产第一线，更多的是专业计算机应用和数据处理、地震解释等的应用性文章，包括对数据银行的研究和探索，如长安大学数字油田研究所早先一直在研究数据银行的相关理论和技术及方法。

其实更多的理论散见于其一些地震数据处理和地球物理勘探、地质研究的文献之中。这些思想、方法对于后来的数字油田思想、方法、理论建设有很重要的奠基作用。

2. 数字油田理论的奠基

比较直接和完整地阐述数字油田思想的文献，应该属于《大庆油田有限责任公司数字油田模式与发展战略研究报告》（以下简称《报告》）。《报告》在2003年发表，对数字油田理论建设具有一定的贡献。

（1）回答了数字油田是什么的问题。《报告》对数字油田的概念进行了界定，首次用狭义和广义数字油田概念，在大家对数字油田认识还不清，具有一定争议的情况下，按照广义和狭义概念表述是一个很好的办法。在《报告》中对广义数字油田的内容进行了梳理，这也是做了前人没有做的一件事。

（2）构建了数字油田建设的理论模型，回答了数字油田如何建设的问题。作者把广义数字油田的整体结构划分为环境层、数据层、专题层、模型层、应用层、集成层和战略层七个层次（图 1.2），其中数据层又包含源数据子层、专业主库子层和数据仓库子层三个分层次。这个模型对于数字油田的研究和发展功不可没。首次让人们直觉地感受到数字油田应该是怎样，更重要的是人们知道了数字油田的层次性和建设时的顶层设计、底层建起的思想方法。这是数字油田理论最重要的思想方法和观念。

(3) 初步回答了数字油田投入和产出问题。数字油田是一项超大规模的建设工程。油田数字化、智能化建设具有高投入、高风险、时间跨度长、信息技术产品生命周期短和后效应等特点。因此，油田数字化的投入到底能够给企业带来多少回报，是所有企业决策者投资决策之前最关心的事。面对油田数字化的海量数据和巨额投资，企业决策者往往思考再三，犹豫不决。他们清楚，数字化建设可以提升企业的核心竞争力，也会给企业带来发展的机遇或飞跃。但同时又担心数字化建设的巨额投入会给企业造成沉重的负担和压力。这就是所谓的"生产力悖论"的实际存在及其对信息化的困扰。

所谓"生产力悖论"是指针对认识和评价信息化的效益问题，是世界性的难题，诺贝尔经济学奖得主罗伯特·索洛发表的"你可以在世界任何角落和生活的各个领域看到'计算机时代'的影子，但是在经济统计年鉴上除外"。换句话说，在信息化时代，你在任何一个角落都可以看到人们对计算机的投入及其作用，但很难测算计算机究竟给我们带来了多少效益。这一著名言论后来被人们称为"生产力悖论"。

《报告》运用了蒙特卡罗模拟，对数字油田的投入产出及其风险进行了开拓性的定量分析和探索。虽然这一探索还需要论证，但毕竟是一个探索的开始，这为之后的数字油田经济学理论奠定了基础。

总之，依据《报告》的思想，明确了大庆油田长远的信息化建设目标，确立了数字油田是大庆油田信息化建设的长远目标，并将数字油田纳入到公司的总体战略目标之中。《报告》对大庆油田信息化、数字化建设作了合理安排，在数字油田建设中具有指导意义和作用。同时对整个中国数字油田理论建设具有奠基性的作用和意义。

在这里，有一群年轻人，不得不提他们，这就是当年的大庆油田信息中心的年轻人：王国强、王海山、王权、杨斌、张金忠、王连东、陈奇志、徐德野、靖小伟、邢仁河……

王国强是他们的领头人，时任信息中心主任，王权第一个说出了数字油田四个字，王海山第一次给数字油田作了描述，邢仁河第一次为数字油田作了专门的标图，其他人也为刚刚诞生的数字油田概念贡献了自己的智慧。

还有一个人对数字油田理念的推广起到最关键的作用，那也是一个年轻人——苏树林，时任大庆油田总经理。他在听取了王国强关于数字油田构想的汇报后，对数字油田大加赞赏，并且大力推广。正是由于他的努力，数字油田理念才在国内外得到普遍认可和快速发展。

他们是一群思想活跃、理念超前的年轻人，我们要赞美他们，同时还要保护他们。

2.1.2 数字油田著作与文献

数字油田的概念、内涵、模型及内容架构的提出，推动了数字油田理论研究的深入发展，一批理论著作先后问世。根据内容我们把这些著作分为四种类型：第一类是基于地理信息系统的内容架构；第二类是基于数据建设背景的数字油田著作；第三类是理论与实际相结合，从实际经验中抽象、总结的数字油田建设成果；第四类则是部分章节涉及数字油田的研究。

1. 第一类著作

《数字油田的理论、设计与实践》、《GIS 辅助油气勘探决策——原理方法及应用》等，属于第一类。

(1)《数字油田的理论、设计与实践》由何生厚和毛锋编著，2001 年 6 月由科学出版社出版。全书共三篇 18 章。作者首先概述了石油天然气工业的主要业务和技术、对数字地球理论与技术作了较大篇幅的介绍，并从 GIS 的视角对数字油田理论与技术作了描述；其次介绍了数字油田的系统组成及各子系统设计思路；最后介绍了数字油田技术在大庆油田、胜利油田和中原油田开发建设中的应用。这本书是关于数字油田理论设计与实践的第一本著作。但由于作者所从事的专业，以及数字油田理论探索初始阶段的历史局限，其内容体系和设计架构难免深深地打上了地理信息系统的烙印。

(2)《GIS 辅助油气勘探决策——原理方法及应用》是由刘学锋、何贞铭、何幼斌编著，2008 年 6 月由石油工业出版社出版。该书深入探讨了在 GIS 的支持下开展油气勘探决策的基本途径和解决方案；系统研究了油气勘探决策支持的几个关键问题的数学建模方法；构建了基于GIS的盆地古构造分析，储层综合评价，油气运移路径模拟的概念模型、数学模型及实现流程；提出了GIS辅助油气勘探决策的单因素评价和多因素综合的渐进分析方法；介绍了在地理信息系统基础软件平台SuperMap Objects支持下，设计与开发油气勘探辅助决策应用系统的原理、方法与过程。作为GIS辅助油气勘探决策原理方法的具体应用，该书最后编辑了一个综合性实例，深入探讨了松辽盆地北部深层天然气勘探目标优选的GIS辅助决策问题。因此，有专家认为，它是GIS在油田中的应用，对于拓宽GIS应用领域具有重要价值。

2. 第二类著作

李剑峰、李恕中、张志檩编著的《数字油田》是一本以数字油田为名的专著，也是一本基于数据建设背景的数字油田著作，因此，属于第二类。该书2006年7月由化学工业出版社出版，比较系统地阐述了数字油田的由来、概念、分类及系统架构、主要业务流程、发展现状、关键技术及未来发展前景等诸多方面的概念、理论和技术。其主要理论贡献有三点：一是不仅修改了王权同志的数字油田体系结构模型，而且在此基础上综合、简化了王权同志的数字油田模型，提出了三层次模型架构图，使数字油田模型有了更简单、更明了的概括。二是划分了数字油田发展的四个阶段即准备阶段（20世纪90年代初）、萌芽阶段（20世纪90年代初至21世纪初）、起步阶段（21世纪初至2005年）和发展阶段（2005年至今）。尽管这种划分未必准确，但它毕竟进行了划分。它标志着数字油田的实践和理论探索发展到了一个包含GIS，又超越了GIS的新阶段。三是该书作者始终以一种开放的、发展变化的心态，来研究开放条件下不断发展变化着的数字油田，构成了一种全新的数字油田理论思想。

3. 第三类著作

陈新发、曾颖、李清辉编著的《数字油田建设与实践：新疆油田信息化建设》，李清辉、文必龙、曾颖编著的《数字油田信息平台构架》属于第三种类型。

(1)《数字油田建设与实践：新疆油田信息化建设》由石油工业出版社2008年5月出版，该书系统地研究了数字油田规划、实施、管理的方法以及在新疆油田实践的成果。在系统地介绍了企业信息化的基本概念、体系架构后，详细地介绍了油田信息规划、信息标准化、数据资产建设、业务应用系统集成、空间信息集成等技术，并探讨了如何进行油田知识管理及这些技术在新疆油田信息化建设与实践中取得的成果。

(2)《数字油田信息平台构架》由石油工业出版社2008年5月出版。该书比较系统地讨论了数字油田信息平台的设计、实现及应用方法，包括油田信息平台的基本概念、研究背景、相关技术的研究现状及发展趋势；油田信息平台的总体构架；主要平台的系统构架、设计方法及应用实例。油田信息平台的集成应用方法；油田信息平台开发的相关理论与技术。

研究表明，以上两部专著都由新疆油田信息化、数字化专家与工程技术人员所著，具有很强的数字油田建设的实践性，因而也反映出了新疆数字油田建设与实践的三个突出特点：一是新疆油田数字油田建设起步早。根据有关资料，早在20世纪90年代初期，新疆油田就开始了大规模的油田数字化建设。二是领导重视。新疆油田数字化建设一开始就是总经理亲自挂帅，组建独具特色的油田数据中心，发动全体员工征集、采集数据信息，提出、倡导并领导建立海量数据库标准体系。三是理论研究与建设实践两手抓，两手都很硬。理论研究的成果集中反映在“两书一会”及一系列论文上。所谓“两书”是指陈新发、曾颖、李清辉编著的《数字油田建设与实践：新疆油田信息化建设》和李清辉、文必龙、曾颖编著的《数字油田信息平台构架》两本数字油田的理论书籍。“一会”是指2010年8月11～13日在新疆克拉玛依举行的“首届信息化创新克拉玛依国际学术会议”。

他们认为，数字油田就是实体油田在计算机中的虚拟表示，在计算机上研究和管理油田，提高油田的核心竞争力①。建设实践的成果主要表现在：1993年起，将新疆油田从开展油气生产以来的所有数据采集、整理、录入，建立数据库；进入21世纪又提出2001～2005年新疆数字油田建设三步走战略，即第一步实现档案资料桌面化，第二步实现业务工作桌面化，第三步新疆油田桌面化，这些新疆油田都实现了。

---

① 见陈新发《信息化创新让城市和油田更具活力》，在“首届信息化创新克拉码依国际学术会议”上的讲话，2010年8月12日。

4. 第四类著作

其他有关数字油田的书籍、重要报告包括《地震勘探数据整理与石油数据银行文集》、《高新技术在石油工业中的应用展望》和《数字中国发展报告》等。

(1)《地震勘探数据整理与石油数据银行文集》由皮声洪等编写，2001 年 5 月由石油工业出版社出版。该书虽然没有提出数字油田的概念，但对数字地震有比较深入的研究，尤其是提出了“数据＝资产”、“数据＋知识＝资源”的重要表达式，对于数字油田数据库的建设及其重要性的认识比较好。

(2) 刘振武主编的《高新技术在石油工业中的应用展望》，由石油工业出版社 2003 年 1 月出版。该书是中国石油天然气集团公司科技发展部组织有关专家在“高新技术在石油工业中的应用”课题研究成果的基础上编写而成。编者从高新技术的发展现状和趋势入手，论述了信息技术、生物工程技术、新材料、纳米技术及新能源和可再生能源在石油工业中的应用与前景展望。在该书第 1 章提出了“三项值得关注和发展的信息技术”。这三项信息技术，一是数据管理和数据仓库技术；二是三维可视化和虚拟现实技术应用；三是地理信息系统(GIS)。该书第 2 章模仿数字地球的概念对数字油田进行了定义：“数字油田是一个油田的虚拟表示，使得人们可以探测收集到有关油田的自然和人文海量信息，并与之互动。”在这个定义中，有三个要素：一是油田的虚拟表示；二是油田的海量信息；三是人与油田信息的互动。所谓虚拟现实技术是指计算机生成的人工世界，用户沉浸其中，可以用直觉的自然的方式操纵对象并与之互动。虚拟现实的视觉、听觉和触觉技术，与传统的界面有很大区别。关于数据管理技术，数字油田要求以数字银行和数据仓库的形式，汇集所有有关油田自然和人文巨量信息，这与以往石油勘探应用的传统数据库有明显的区别。并且对数字银行和数据仓库的定义、特征作了阐述。

(3) 由杜平、曾澜、承继成等主编，2010 年 1 月由电子工业出版社出版的《数字中国发展报告》第 6 章“数字石油”，对石油能源在经济社会发展中的地位和作用，空间信息技术在数字石油中的地位，空间信息技术在数字油田建设中的应用，数字油田建设关键技术等进行了概括介绍，但基本属于地理信息系统知识框架。

数字油田仅有十年的时间，但是各种专著在早年相继出版发行，足以看出数字油田的力量和人们对数字油田的渴望，还有人们思想的活跃和理念的超前，从而使数字油田研究百花齐放。在这里，还有一个年轻人，我们不得不在此提出，他就是段鸿杰。

段鸿杰 2004 年博士后出站研究报告以“胜利油田信息化框架构建研究”为课题，这是我国唯一用数字油田作为研究对象的博士后出站报告，报告对胜利油田数字油田作了非常细致的研究。这个研究报告，把数字油田的研究推向了一个新阶段，提升到一个新水平。其数字油田思想和理论探索，对于我们研究数字油田理论具有很大的帮助，在数字油田理论研究文献中占有很重要的地位。

第一，在历数了石油石化行业数字油田建设存在的问题以后，段鸿杰提出了他的“数字油田”基本框架——石油企业信息化全面解决方案。

他认为，数字油田是一个前瞻性的体系结构理论，是针对石油企业信息化的全面解决方案。数字油田是数字地球在石油勘探开发中的直接应用。这是与前人研究的结论截然不同的一个思想，从三个方面予以阐述。①在科研上，人们可把复杂的地表三维地形和地下地质情况经过地球物理成像转换成动态、可视和可交互的三维图像，可随意沉浸其中直接寻找油气圈闭和油藏，直接设计井位和开发方案，确定钻井轨迹、发现剩余油藏和隐蔽油藏，配合油藏模拟软件可以身临其境地追踪油藏的生产史，识别死油区和绕流区，优化开发方案，改善油藏管理。②在生产运行管理上，管理者可以在虚拟的网络世界实时查看施工进度、设备运行状况、单井生产动态等信息，协作处理现场事故，实现生产实时指挥。③在经营管理上，决策者可以通过虚拟网络动态了解企业的经营状况，借助智能系统对企业财务运行实现实时预警等。在这样一个虚拟企业中，技术负责人和管理决策者不再是按传统作法审查报告图集和听取多媒体介绍来进行决策，而是和业务人员一起，通过声控或其他交互方式，沉浸到工作区的各种圈闭和油藏周围，借助网络触角深入到企业管理的底层，身临其境地感受不同科研思路或管理方式的模拟结果，从而达到降低风险、优化决策的效果。

第二，对数字油田研究内容的认识比前人更全面、更准确。

他认为，数字油田的主要研究内容包括：数字油田的总体框架、地理信息系统（GIS）在油田的应用、多学科地质模型研究、勘探开发业务与信息一体化模式、信息基础设施体系、企业信息门户（Portal）、海量数据存储方案、虚拟现实技术的应用、数据与应用系统的标准体系、企业的数字化概要模型、信息流、业务流、物流、知识管理、协同环境、决策支持等业务模型、人力资源的数字化、数字油田的发展战略等。

第三，给出了不同于前人的数字油田模型（图 2.1）。

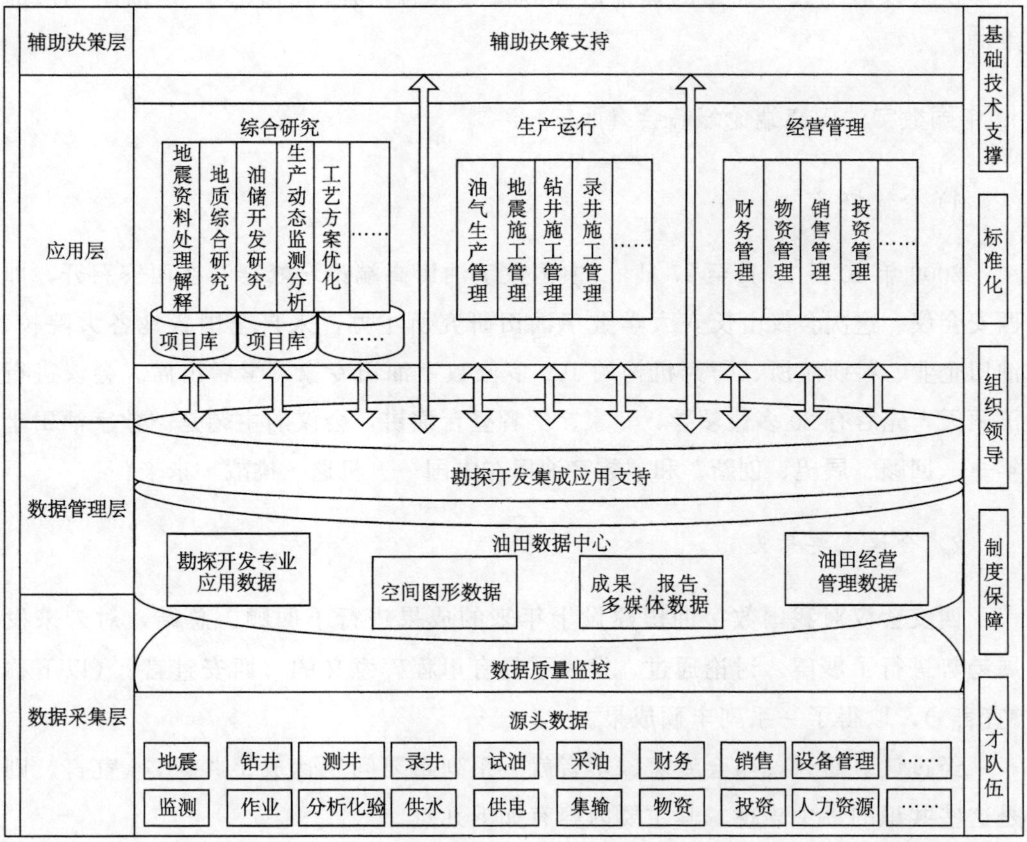

图 2.1　数字油田总体框架结构

这个数字油田模型，整体表现为四层结构，即数据采集层、数据管理层、应用层和辅助决策层。数字油田建设实施“131”工程，即一个数据中心、三项应用、一套辅助决策支持体系。这个数字油田模型不但给出数字油田建设“131”工程，更重要的是看出了油田企业的影子，使得数字油田与油田企业结合得更加紧密，极大地丰富了数字油田的概念和理论。

2.1.3 数字油田的两次重要会议

两次重要会议是指：2009年10月23～27日在陕西西安举行的“中国数字油田高端论坛峰会”（也称为西安会议）和2010年8月11～13日在新疆克拉玛依举行的“首届信息化创新克拉玛依国际学术论坛会议”（也称为新疆会议）。这两次会议对于数字油田的理论研究和发展具有里程碑的意义，是两座无形的丰碑。

1. 中国数字油田高端论坛峰会（西安）

1）会议概况

2009年10月23日至27日，“中国数字油田高端论坛峰会”在西安召开，即西安会议。这次会议由长安大学数字油田研究所主办，来自全国各地各大院校、油田企业、科研院所、研究机构的100多位数字油田专家、学者出席。会议进行了两天，先后有20多位领导、专家、学者登台演讲，会议的主题是“数字油田十年——回顾、展望、创新”和“数字油田在中国——机遇·挑战·未来”。

2）会议重要意义

西安会议对我国数字油田建设十年来的成果进行了回顾、总结，对未来发展趋势进行了展望，讨论通过、发表了具有里程碑意义的《西安宣言》（以下称《宣言》），取得了一系列丰硕成果。

经过认真研讨，与会专家、学者就一系列重要问题达成了共识，《宣言》则是这些共识的集中表现。其主要内容有如下几点。

(1)《宣言》确认了1999年大庆油田提出数字油田，并认可大庆油田建立的数字油田的概念模型和对数字油田狭义和广义的界定。

(2)《宣言》指出了数字油田是一项系统工程，其实质是油田的全面数字化，管理决策的智能化，最终为油田寻找油气资源和提高采收率服务，全面提升油田企业管理决策水平。但是，数字油田的数字化管理、油田物联网等没有被提出。对于中国数字油田的发展阶段，《宣言》认为目前对数字油田的认识和建设仍然处于初级阶段，数字油田将与时俱进。可见《宣言》对阶段的定位是符合实际的，因而也是客观正确的。

(3)《宣言》认为，中国数字油田十年来，在研究上百家争鸣，在建设上各具特色，成果颇丰。研究上百家争鸣，反映了良好的学术氛围，同时也表征出在一系列理论问题上众说纷纭，共识有待形成；建设上各具特色，体现了各油田公司在数字油田建设上不拘泥于一种模式，路径的多样性使其硕果累累，经验教训颇多。

《宣言》指出，未来数字油田的重要任务是：深入实践，理论创新，加快两化融合，推动数字油田走向新阶段。

3）会议主要成果

（1）会议分专题进行了学术论文交流，推出了一系列研究成果。例如，中国石油长庆油田分公司（以下简称长庆油田）的油田数字化管理使人们看到数字油田实现方式和建设路径的多样性，以及后来者在前人知识、经验总结积累基础上实现跨越式发展的可能性；长安大学数字油田研究所推出的“数字油田建设总图”，使人们对数字油田总体认识和把握上耳目一新。

（2）建议由长安大学数字油田研究所负责定期组织交流、总结和回顾数字油田理论研究和实践经验，着手申办数字油田学会或协作组织等。

（3）通过本次会议，使更多的人进一步认识到，数字油田是一个崭新的事业，需要一大批有识之士“仰望星空、追求真理”，脚踏实地建设和开拓。

西安会议在我国数字油田理论研究中具有重要地位。西安会议是中国数字油田历史上第一次专题研讨会；是数字油田概念提出十年后，对其理论与实践全面总结的一次盛会；会议产生发表了具有历史意义的《西安宣言》；定义了中国数字油田建设发展阶段；极大地推动了中国数字油田的研究和发展。因此，西安会议是一次具有里程碑意义的会议。

2. 首届信息化创新克拉玛依国际学术会议（新疆克拉玛依）

1）会议概况

首届信息化创新克拉玛依国际学术会议，即新疆会议，是指 2010 年 8 月 11～13 日，在新疆克拉玛依举行的信息化创新国际学术会议。这次会议是由克拉玛依市人民政府、中国科学技术协会学会学术部、新疆维吾尔自治区科学技术协会、中国科学院院士工作局、中国工程院学部工作局、中国石油学会联合举办的国际性学术会议。来自中国科学院、中国工程院的12位院士，来自美国、英国、加拿大、法国、日本、韩国、新加坡七个国家的11位信息产业专家与嘉宾，来自俄罗斯、伊朗等国的高级访问团，国内外的专家学者嘉宾760多人出席，收到论文450多篇。

会议的主题是“信息化城市与数字油田”。

会议分数字油田、数字城市和信息产业三个专题分会场。数字油田分会场共有21个报告，听众约300人，并有实况播报。

2）会议重要意义

新疆会议具有里程碑意义。第一，从政治上来说，它是贯彻中央新疆工作座谈会精神，促进经济发展方式转变的一个重要举措，是政府与企业通力合作，推进数字油田、数字城市建设的典范；第二，从出席会议专家学者政府官员的规格、规模及收到的论文数量、媒体关注的程度来考察，可以说是盛况空前，令人震撼；第三，从会议的内容来考察，是新疆首个以信息化与工业化融合、信息化与城市发展建设结合、数字油田建设向数字城市建设转化辐射的国际性学术会议。

新疆油田经过14年的数字化建设，下一步该如何走？克拉玛依作为一个资源性的城市经过50多年的建设，下一步如何发展？在此次会议主报告中给予了明确回答。一是建设智能油田；二是打造世界石油城，并以“五个基地”、“三大产业”、“两个平台”作支撑，基本定位为立足中国西部，面向中亚、西亚、南亚，放眼非洲，走向世界。因此，这次会议是一个承上启下的盛会，会议奏响了打造“世界石油城”的号角，发出了建设智能油田的进军令，将进一步推进新疆油田信息化创新，提升克拉玛依数字城市、数字油田发展水平，推动资源型城市向综合型城市转型，增强城市和企业的影响力、竞争力、可持续发展的能力。无论从哪个角度讲，它都是克拉玛依和新疆油田发展史上一个重要的里程碑。

3）会议主要成果

新疆会议的成果体现在三个方面。

一是理论创新成果。首先表现在提供了信息化与工业化融合、信息化与城市化结合、数字油田建设向数字城市建设拓展转化的理论探索和典型案例；其次集中体现在会议上发表的一系列报告、论文及会后由陈新发市长主编，中国科学技术出版社 2010 年 8 月出版的《首届信息化创新克拉玛依国际学术会议论文集》，该论文集收录的 80 篇论文是从大会收到的 452 篇论文中评审、筛选出的，内容包括“数字油田”、“信息产业”、“数字城市”三部分。这些无疑给数字油田理论宝库增加了理论创新的最新成果。

二是实际成果。首先是正式宣布“全面建成数字油田”，开始实施“智能油田建设”；其次是宣布要建成“世界石油城”，开始实施数字城市建设。

三是示范效应。领导高瞻远瞩，亲自抓。难能可贵的是，对新疆油田数字化建设具有重要意义的信息平台建设的思想，陈新发市长不仅提出而且支持、倡导和组织实施，其示范效应不可低估。

会议是各种学术观点充分表达的平台，可以做到百花齐放，百家争鸣，是理论观点充分展示的最好的地方。这两次全国性的专题会议，首次把各大集团公司的信息化、数字化专家集中到一起进行学术专题研究，没有商业性和功利性，只有学术性，这在当前是很难见到的。所以，两次会议的学术价值与理论探索价值及意义均很高。

2.2 数字油田的理论

2.2.1 数字油田理论成就

数字油田理论的成就，现在研究起来还比较难，原因是我们还没有人对数字油田的原理作出过深刻的研究。前人的所谓数字油田理论大都是专业理论在数字油田中的作用和应用，不是真正的数字油田的理论。其实，很多学者对数字油田的理论探索了这么多年，还是没有一个成熟的结果，所以，在阐述数字油田的理论成就时，我们总结以下三点。

1. 数字油田的系统理论

数字油田是一个巨大的系统工程，这是大家比较公认的一个观点，因此，在系统理论指导下，遵循系统科学原理，构建了数字油田的整体框架；构建了数字油田的模型；构建了数字油田的建设体系。这是数字油田理论的第一个成就。

系统科学的基础理论，从系统观点出发，探讨整体与要素、要素与要素、整体与外部环境之间的相互关系，并运用系统、信息、熵、控制、反馈、稳态、功能、结构和涨落等范畴，刻画系统的性质及其进化。系统科学包括信息论、控制论、耗散结构和决策论等分支学科与一般的方法和特殊的方法等。系统工程的基本思想是把工程方法引入组织管理，用概率、统计、运筹和模拟等方法，对组织和管理对象进行分析，建立系统模型，运用最优化的方法，求得系统的最佳结果。系统工程运用系统观点和方法处理规模巨大的复杂工程，是实施系统规划、综合研究、完整设计、科学实验和大规模制造获得最佳结果的技术。

数字油田正是一个庞大的体系，也是一个巨大的、开放的系统工程，从业务上讲包含了石油石化上游、下游的全部业务及其业务过程，以勘探开发为主营业务的上游油气生产企业，在数字油田建设中包含了勘探、开发、生产、集输、储运和经营管理，其中每一个方面又包含了多个分支系统，牵扯了很多个业务工作，又构成了一个个子系统。所以，油田企业的业务都是一个个系统构成的大系统，大系统构成巨大的系统，形成了一个整体。

整体思想是系统科学最重要的思想。数字油田要将油田企业这个巨大的系统全面数字化，使数字化技术渗透在油田业务之中，而油田业务过程要产生海量的数据，将这些海量数据按照系统工程思想进行规划、设计、组织、管理、实施共享，又形成了一个整体。这就构成了数字油田的数据建设整体、信息建设整体等。

数字油田建设过程与油田业务紧密相连，要开发出数百、上千个应用系统，这些应用系统不但与数据紧密相连，还要同企业特征、管理特色和油田业务相连，必须形成有机的联系，从而产生了数字油田的平台。平台将各种系统集成到一起，实现对油田业务的支持，提供给油田不同业务领域，使不同性质的部门和不同专业工程技术人员在同一个平台上工作、研究问题。在这样的需求条件下，要研制出科学的数字油田平台，必须遵循系统科学思想，按照系统工程原理规划、设计、组织完成，从而构成了数字油田应用系统的整体。

由于数字油田建设追求整体性和完美性，必须把系统工程的基本思想引入数字油田建设组织管理和建设工程中，用规划、设计和优化等方法对组织和管理对象进行分析，建立系统模型，运用最优化的方法，求得系统的最佳结果。数字油田建设中更重要的是处理好整体与部分的关系。因此，系统理论是数字油田的基本基础理论，在处理整体与部分、部分与部分的关系时，所遵循的基本理论原理是整体性原则。我们可以用泰勒级数来证明。假设元素为 $P_i(i=1, 2, \cdots, n)$ 的某个测度为 Q_i，对于有限数目的元素和最简单的情况，这些测度有

$$\frac{\mathrm{d}Q_i}{\mathrm{d}t} = a_{11}Q_1 + a_{12}Q_2 + \cdots + a_{1n}Q_n + a_{111}Q_1^2 + \cdots \tag{2.1}$$

这是元素 $P_i(i=1, 2, \cdots, n)$ 的某个测度 Q_i 构成的泰勒级数展开。方程表明，任何 Q_i 变化都是所有从 Q_i 到 Q_n 的量的函数；反过来，任何 Q_i 的变化会使所有其他测度及整个系统发生变化。这就是数字油田整体性原理定理，如果子系统出了问题，会连带影响数字油田的整体。

数字油田自提出到现在，在其建设过程中，所有的学者、专家和建设者们自觉不自觉地都遵循着这样一个原则：坚持在数字油田理论指导下，完成数字油田基础工程建设、完成数字油田的数据工程建设、完成正在进行的数据正常化建设及应用平台建设，使得数字油田在系统理论指导下，走出了一个健康发展的道路，也形成了独树一帜的数字油田系统理论，以进一步指导数字油田的建设。

2. 数字油田的信息理论

在数字油田建设中信息技术是数字油田最基本的支撑技术，信息化、信息技术、信息通信等，都遵循信息理论和信息的基本原理。信息的基本性质在于信息的作用和价值，因为信息不是物质，也不是能量，但信息不能离开物质和能量独立地存在，信息需要物质和能量作为载体来承载信息。所以，数字油田信息是数字油田的核心价值体现。这是数字油田理论的第二个成就。

信息具有方法论，其主要体现在信息的反馈控制作用，“信息是我们适应外部世界，并且使这种适应为外部世界所感到的过程中，同外部世界进行交换的内容的名称。”（维纳，1978）。维纳对信息的解释，是从控制论出发的，他把信

息看做控制系统的一种普遍联系方式，控制是通过交换信息来实现的。

而信息论的奠基人申农把信息看做通信系统的一种普遍联系，他撇开了各种消息形式的具体特点，认为信息是用来消除随机不确定性的东西，就是具有多种可能而难以决断的随机性。申农的基本观点是："通信的基本问题是在通信的一端精确地或近似地复现另一端所挑选的消息"（申农，1965）。这一观点现在也适合数字油田的信息概念和现实。因为，可以这样认定，我们寻找油气资源，就是要"复现另一端"的"消息"，这个"另一端"就是地下油藏和油气资源，这个消息就是油气在哪里？

信息方法具有一定的抽象性，它要完全撇开信息运动的具体形式、形态，只是从信息的角度分析、复现"另一端"的消息，然后揭示对象的特征，复现对象的本质特征，确定对象时空位置和状态。其前提条件是其"另一端"消息的确定性，或者是想办法消除"另一端"消息的不确定性。在地质研究中我们是一端，地质或者地下油藏是"另一端"，我们所从事的工作，正是努力消除得到的消息的不确定性，让其确定。

在决策过程中，信息是最重要的决策依据，这个依据要尽可能地定量化，以便分析决策时判断更加准确。因此，一般遵循的原理见图 2.2。

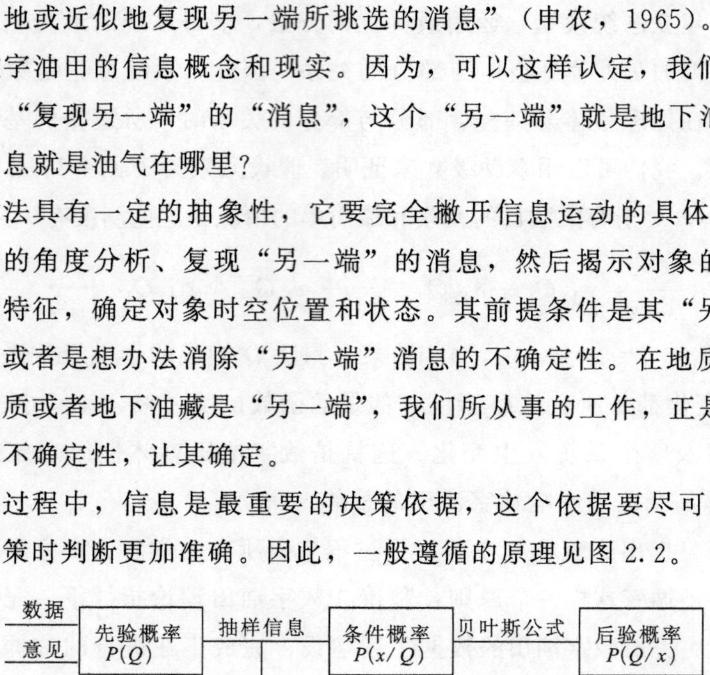

图 2.2 信息流程基本原理

如图 2.2 所示，"消息"即信息来源主要是数据和意见，或者各种图片、图件和报告、文档的结论，所收集的新的信息，在听取讨论者的不同观点和意见后，都可以取得新的样本，修改原有的观点（后验），获得后验概率，这是一个信息的变换过程，也是信息流的过程，这个过程是要尽最大的努力消除不确定性，得到确定性，即数量化，所遵循的定量原则为

$$H(X)=-\sum_{i=1}^{n}P(x_i)\log P(x_i) \tag{2.2}$$

式（2.2）表明，如果某事物具有几种独立的可能结果，x_1，x_2，x_3，…，x_n，每一状态出现的概率分别是 $P(x_1)$，$P(x_2)$，$P(x_3)$，…，$P(x_n)$，而且，$\sum_{i=1}^{n} P(x_i) = 1$，那么，事物所有的信息量 $H(X)$ 会得到式（2.2）这样的结果。如果当对数底为 2 时，$H(X)$ 的单位为比特（bit）。1 比特的信息量，是会有两个独立等概率事件的，具有不确定性并被全部消除所需要的信息。因此，信息理论、信息方法所研究的问题，就是让人们尽可能地消除信息的不确定性。

以勘探开发为主营业务的油气生产企业的勘探、开发主要是发现油气资源和开采油气资源，油气资源信息来自于地下和井中，这些信息是工程技术人员通过对一系列的数据进行梳理、整理、处理，做成相应的地质图件，在仔细研究各种图件中判读得出的结果。所以，油气资源信息的“另一端”就是地下油气藏，工程技术人员进行数据处理就是尽可能地“复制”“另一端”和消除“另一端”“消息”的不确定性，提供最可靠的图件和报告以确定的“消息”。

数字油田建设这么多年来，数字油田的建设者们，在自觉不自觉中所做的一件事，就是让信息源尽可能地提供大量的“信息”，尽可能地将数据流、业务流和信息流有机地结合在一起，形成一个有机的统一体。通过信息技术手段将数据整理，建立数据库，对数据进行分类、集成，提供方便、快捷的共享渠道与方法，建立各种应用系统，开发出辅助决策系统，在系统中对数据进行统计、分析，自动生成各种报表、图件，提供相应的建设性的意见，消除“消息”的不确定性，以便高层分析决策时，得出正确的判断，准确的决策。这样大的系统和工作，只有数字油田才能做得到。

数字油田提供了一个完美的平台和技术支持。数字油田的基础工程建立了良好的网络系统和数据存储系统，建立了良好的数据源采集和通信、传输系统，建立了良好的数据应用系统和平台，建立了良好的数据正常化机制和良好的数据流、业务流融合机制、体系，从而产生了良好的信息流机制和体制，形成了“三流合一”的数字油田工作技术支持体系，为油田企业寻找更多的油气资源，提高采收率和油田企业可持续发展作出了贡献。

数字油田的信息理论是数字油田的理论体系中的基本成就之一，体现在数据流、业务流和信息流“三流合一”的机制之中（图 2.3）。

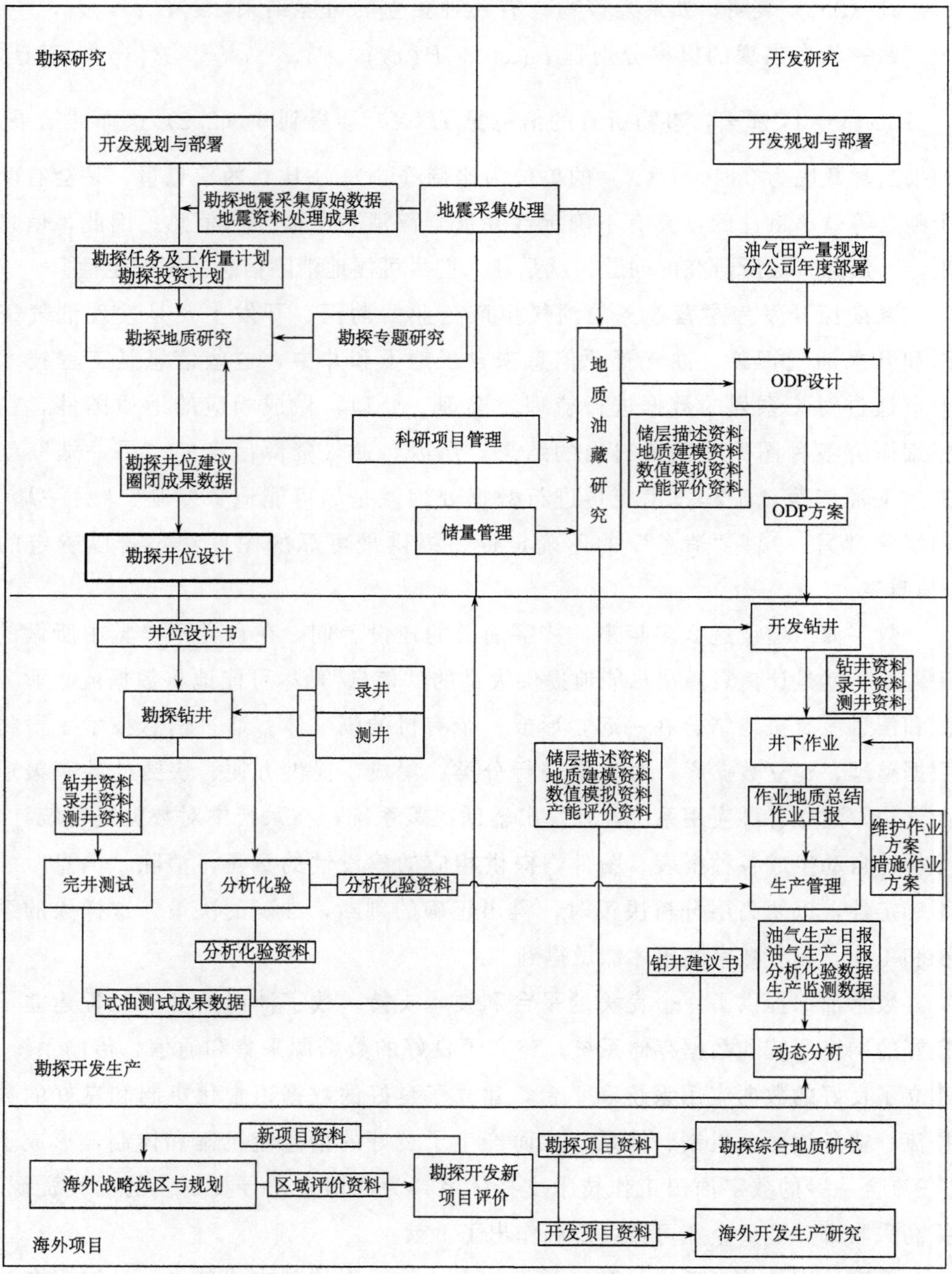

图 2.3 数字油田“三流合一”机制与理论模型

图 2.3 既体现了系统科学理论思想和方法技术，又体现了信息科学的理论和方法技术，是多个学科理论完美结合的数字油田新思想。

在业务上包含了勘探研究、开发研究和勘探开发生产，整个业务流程得到完美体现，同时使得勘探、开发、生产数据在各个生产过程产生的数据得到充分的保证和合理地流动，数据和业务完美地构成了一个整体，在这个整体中系统得到优化与合理化，从而产生了信息，为油田生产决策提供保障。

3. 数字油田的管理理论

管理功能是数字油田的一个重要功能。自数字油田提出那天起，数字油田渗透着管理学科的每一个要素。在大庆油田建立的数字油田初期模型中，将数字油田建设的最终结果定位为实现“企业再造”，这是数字油田完成一系列的建设后，让企业走向规范化、标准化、最优化的最高愿望。

计划、组织、指挥、协调和控制是管理学中最基本的功能要素，数字化管理体现在管理学中的基本功能是“让数字说话，听数字指挥”的数字化组织与指挥、协调性及其远程控制。数字油田利用其综合、整合功能和强大的平台技术，综合了油气田生产过程中的各个业务，整合了为油气生产过程中提供技术支持的各种技术，形成了一个整体技术，为油气田生产业务做技术支持与服务，从而发生了一些革命性的变化——“将油气田生产管理由后端直接推到前端”，解决了长期以来点多、线长、面广、管理松散和效率低下的管理难题。数字油田将绿色采油、万吨油/人、提高采收率等捆绑在一起，形成了“原油产量要上去，生产一线人员降下来”，实施远程启停、电子围墙、视频监控等技术，实现了降低生产一线人员劳动强度和减员增效，改变了油气田的生产运行方式。由此可以看出，数字油田在油田企业管理中发挥了巨大的作用。

我们知道，管理科学原理集中体现在结构优化、有序有效和反馈控制等方面。这些原理在数字油田中得到了完美的体现和实现。在数字油田建设中，数据库建设、系统建设和平台建设在有序有效中追求更加优化，孙世友在数字油田系统建设中提出的“建设上有系统，使用上无系统”观点和思想，更加适合数字油田建设的需求和应用的需要，在管理科学原理中就是需要有序，还要有效，因为数字油田是一个巨大的、开放的系统工程，在建设过程中必须遵循按系统的原则清晰地建设。但是，由于数字油田要提供给不同学科领域、不同专业人员和不同时空地点上的技术人员同台应用的条件，合理性和智能化是个关键，只有这样才能提高使用的效率。所以，数字油田处处体现管理科学，处处渗透着管理科学原理，从而也产生了数字油田的管理理论。

数字油田就是油田企业最大的、最好的管理平台。

数字油田的理论是一个正在探索的问题，我们在这所叙述的理论成就也只是一个简单的表述，还有很多观点，这些观点已经或者将会产生很好的效果，并指导数字油田的建设。但是，由于我们的水平有限，这里还没有完整地论述出来，留给大家共同探讨。

2.2.2 数字油田理论的构建

1. 关于理论构成原则

一般来说，作为理论应该是一组结构化的概念、定义和命题，并用这些概念、定义、命题解释和预测现实世界的现象，也就是说理论必须有概念框架、说明各种特征或变量间关系的一组命题和供验证的背景，三者缺一不可。更详细地说，第一，理论是由若干个而不是一个命题组成，如“决策理论”包括决策者追求效用值最大、未来风险预测和过程阶段性等；第二，所提出的理论必须能构成一套演绎体系，即要求这种理论在形式上是由多层次的不同抽象等级的命题构成；第三，理论要能解释现实，揭示事物发生的原因和机理等。

对于理论原理和构建，我们可以建立一个模型来说明，如图 2.4 所示。

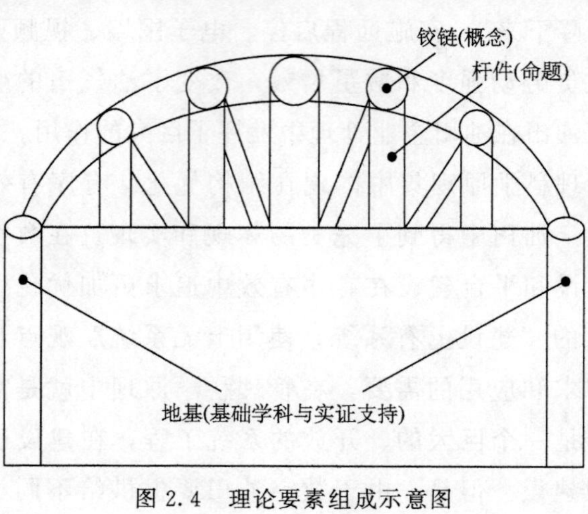

图 2.4 理论要素组成示意图

图 2.4 告诉我们，铰链＋杆件可以建立理论体系支架，实证经验就是衍架的基础，对铰链和杆件给予了支撑。只有这样才能构成力量均衡、基础扎实的大厦。

可见，某一问题要能够形成理论，必须具备上述三个原则，这三个原则缺一不可。缺少基础，即实证的支持，那么这个理论就如同空中楼阁；没有一组命题就像大楼没有杆件，立不起来；没有概念就如没用铰链一样，一盘散沙，不成问题。

2. 数字油田理论构建

数字油田理论构建依照理论成立三原则，首先应该对数字油田概念有一个基本的建设或者建立。

应该说数字油田的概念在今天依然是一个问题。一部分人认为数字油田很容易理解，也很容易接受，因为数字地球、数字城市等字眼随处可见，数字也就代表了先进，数字油田一定是先进的，但是，还找不到一个很好的答案。

另一部分人认为数字油田还是不好理解。数字油田是什么？它不能是油田外的油田，因而，偏重于什么学科的人，提倡建设那个学科的数字油田。还有很多人把网络建设和大屏显示都叫数字油田，这其实严重地歪曲了数字油田的本质。之前虽然出现了很多“版本”的数字油田说法，也涌现了很多的研究“流派”，但这使数字油田的概念更加混乱，对数字油田理论建设不利。当然，百家争鸣，百花齐放，在一定条件下也是个好事。随着数字油田建设的深入，数字油田的概念也在逐步地清晰。所以，数字油田的概念大家基本言传、意会了。

其次，关于数字油田的理论命题。数字油田的命题截止到现在还没有学者专门论述，按照理论建设三原则，必须要有命题。在此，我们用一句简单的话表征，这就是：数据中的信息，信息中的油气。在这句话中我们省略了一句话，即信息中的知识，知识中的智慧（油气）。

数据、信息、知识和智慧构成一个完整的体系。数据是本，数据是对未知事物的真实记录与复述，数据是信息的原始物的复述。我们地质研究、油气生产在数据中发现、获得和挖掘出更多人们未知的信息。数据是消除信息不确定性，得出正确决策的依据。信息就是“另一端”的消息，对于油田企业来说就是油气资源在哪里，更具体地说，就是这个井布在哪里打，再更具体点说，在二维图上，我们这个铅笔点在哪。这一点看起来是信息的结果，其实是数据的结果，更是数字油田的结果。

模型中的数据、信息，通过总结获得新发现、新成就，最终凝结成为能传输给后人的知识。知识就是财富，知识可用于指导实践的思想，可上升为人类的智慧，智慧可以创造更多的财富。在数字油田理论中，智慧的结晶就是获得更多的油气资源。对此，我们可作进一步对数字油田的理解。

(1) 数据建设是数字油田的基本建设。油田企业要产生海量数据，这些海量数据从产生、传输、储存到应用，形成了巨大的数据流，需要建设数据传输的高速公路传输，需要建设存储海量数据的数据库存储，需要建设保证数据安全的运行、存储、应用系统的付诸应用等，所以，数字油田建设必须以数据为本，数据建设是数字油田的关键工程。

(2) 信息建设是获得更多的油气资源的信息。大家一般很难理解数字油田的信息。信息，就是来自数据处理后获得的各种报告和图件中的判读结果。我们利用数字油田将所有的数据集成，图件集成，就是为获得更准确信息，提供更多的支持，就是消除不确定性，得到确定性。

(3) 数字油田建设的过程目标是简单的，如对油田企业低档次的数据环境——数据文件环境和应用数据环境建设，通过改造或重构建立高档次的数据环境——主题数据库环境和具有信息综合深加工意义的信息检索系统，以达到数据是稳定的，处理是多变的，提取是快捷的，应用是方便的等目的。只要经费投入，技术指标确定，就会很容易达到。而数字油田的目的要素是多元的，过程是复杂的，目标是远大的，实现是困难的。因此，数字油田必须有正确的理论来指导，没有正确的理论，就不可能有成功的实践。数据中的信息，信息中的油气是数字油田的一个基本理论观点，我们在这样的观点指导下，坚持数字油田建设，就会寻找更多的油气资源，不断提高采收率，延长油田企业的生命周期。

通过以上叙述，我们可以给数字油田理论建立一个简单的模型，如图 2.5 所示。

图 2.5 的基本思想是，数字油田的理论是建立在系统科学理论、管理科学理论和油气地质学理论等的基础之上的理论，数字油田建设必须依存在油田业

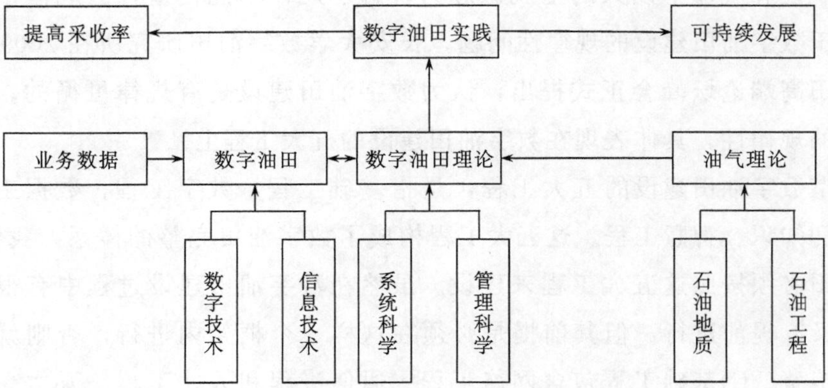

图 2.5　数字油田理论概念模型

务之中，油田业务需求是导向。同时，人们在数字油田提供的数据和系统中完成油气信息的确定，寻找更多的油气资源，最终实现油田企业的可持续发展。

(4) 数字油田理论的实证支持就是油田企业的业务需求，这是一个很强大的实体，没有油田业务需求，就没有数字油田，更没有数字油田的建设。

总之，在今天，人们渴望能够产生出被大家所认可的数字油田理论，来指导数字油田的建设。我们相信数据中的信息，信息中的油气观点，会成为数字油田理论的核心观点。

2.2.3　数字油田理论观点梳理

多年来我们坚持对数字油田的一些基本观点进行梳理，观点是理论的基础，诸多观点的集合，就会构成体系。

(1) 关于油田数据的背后必定藏着丰富的油气资源的观点。这个观点最早出现在长安大学数字油田研究所刚成立时的宣传册里，把它作为数字油田的核心价值。同时还提出“数据是数字油田的精髓”，对数据进行“智能化采集，网络化传输，模块化管理”的构想。从一定意义上讲，数字油田建设就是数据建设，这是当时的基本思想。如油气资源，只要今天管好了数据，在未来深度挖掘一定会有新的发现。

(2) 关于数字油田建设规律（五大工程）的理论观点。所谓规律，是指事物本质的必然联系。规律具有客观性、普遍性和重复性的性质或特点。根据规律的客观性和规律不以人的主观意志为转移，规律不能创造，但规律性可以认识。关于数字油田建设的规律性问题，长安大学数字油田研究所在2009年中国数字油田高端论坛峰会正式提出，认为数字油田建设是有规律可循的。数字油田建设的规律性，具体表现在数字油田建设的五大工程上。

所谓数字油田建设的五大工程，是指基础工程，数字工程，数据工程，信息工程和知识、智慧工程。这五大工程构成了数字油田完整的体系。我们认为，数字油田必须按照这五大工程来建设。虽然在数字油田建设过程中有很多内容可以交叉、提前进行，但其前提是必须在这样一个框架内进行，否则就会出现反复和浪费。①基础工程包含网络工程、通信工程和人才工程。万丈高楼平地起，这是基础。②数字工程的关键是数据采集。地质研究和油田作业，是靠数据说话的，没有准确的数字，就会说空话，说假话。数据采集的前提是准确的数字，数字油田不能出现假数字，真处理，假结果。根据对数字油田建设规律性的认识，认为需要抓好数字采集标准化建设和数字采集过程管理。③数据工程是各油田目前进行的数据库建设和数据集成，包括历史数据入库与管理。④信息工程是数字油田数据转化为信息的过程。信息工程建设的目标，是要完成无障碍使用数据，与专业软件无缝对接的“一键式”操作，寻找油气资源的智能化平台。这个阶段属于高端建设。⑤知识、智慧工程是数字油田建设的成熟期，数据正常化，信息平台化，发挥人的主观能动性，使用数字油田技术为油田发展建设提供良好服务。

(3) 关于数字油田技术是实施数据转化为信息的观点。1997年10月12日至17日在北京召开的第十五届世界石油大会认为，最近几年勘探开发工作有所突破，主要与数据采集有关，如三维地震、新的测井技术及随钻信息采集，有了这个基础，才能带来一系列的后续性的处理、传输、存储、解释、利用和增值等过程，而这些被认为是知识型的工作。知识型工作意味着把数据转换成可供作出正确决策的图件，油气资源的信息就在这些图件中，通过正确地判读和经验的结合，获得正确的决策，由此可提高投资的回报。转化技术是数字油田的关键技术之一。

(4) 数字油田实施数据转化为信息，目的是寻找更多油气资源，提高采收率，延长油田的生命周期。这是一个全新的观点，在这之前没有人这样认为。数字油田能否寻找更多油气资源，提高采收率？与传统勘探开发技术完全不一样，如提高采收率的技术之一——注水工程，人们很愿意接受，但数字油田如何提高呢，恐怕很难接受。但是，随着数字油田建设的深入发展，这一类观点正在得到验证。

(5) 数字油田贡献率。这一命题的重要性，在于回答数字油田建设的投入产出具有重要意义。长安大学数字油田研究所于 2008 年提出对数字油田建设的投入产出进行经济学评价研究，当即组织力量推进实施，并取得了阶段性的研究成果。这个命题主要是回答“天大的投资”后回报在那里的问题。

(6)“小系统，大平台”的理论构想。这是我们考察新疆油田后提出的一个基本观点。新疆数字油田的实践经验，尤其是陈新发市长当年亲自提出和倡导的新疆数字油田打造信息平台的宝贵思想等一系列典型案例，小系统、大平台思想和建设，这些可能构筑了中国式的数字油田建设的道路。“小系统，大平台”的理论观点，近年来已经对数字油田建设有一定影响。

(7) 数字油田“前方一公里”建设的观点。这个观点在 2009 年由高志亮提出，并指导研究生撰写论文，在《石油工业技术监督》2011 年第 3 期发表。作者认为，原油集输是一个大系统，包含了从井口到计量站、联合站到外输首站的全部过程，在这整个过程中形成了一个很长而又复杂的链路。井区集输管网是这个链路上一个重要的组成部分，构成油气集输管网系统的“前方一公里”。由于人们往往疏于对井区集输管网的管理，所以重视研究和探讨“前方一公里”问题，有利于对油气集输管网大系统进行全方位的科学化管理，推进数字油田集输管网向数字化、智能化迈进。

(8) 关于建立数字油田综合研讨厅的构思和观点。这一观点于 2008 年提出，2010 年在新疆会议上正式发布。其要点是通过采用虚拟现实技术及应用定位支持的三维可视化系统，建立数字油田综合研讨厅，改变石油企业传统的勘探开发与研究、领导决策工作的方式和流程。

这一观点的理论思想源于钱学森的系统科学思想。钱学森在 20 世纪 80 年代中期就提出“系统论是整体论和还原论的辩证统一”，1992 年钱老把处理开放的复杂巨系统的方法论表述为综合集成研讨厅体系。综合集成研讨厅体系就其实质而言，是将专家群体（各方面的专家）、数据和各种信息与计算机、网络等信息技术有机结合起来，把各种学科的科学理论和人的认识结合起来构成系统，这个系统是基于网络的。该研讨厅由研讨终端、中心研讨厅、研讨厅骨干网、研讨厅管理服务系统、研讨厅信息资源库及分布各地的感兴趣的和相关的研讨群体与技术支持群体组成。

(9) 关于智慧的油田的构思和观点。这种观点认为，未来油田是：数字油田＋智慧。

数据是未知的或原始事物的信息记录，信息是能够用来分析与挖掘的数据，知识是用于指导实践的信息与理论，智慧在数字油田中是油气资源和产能建设的知识价值体现。我们认为，智慧油田是数字油田发展的必然，未来的数字油田是智慧的油田。所谓智慧的油田，是数字油田＋大成智慧的综合体。这一观点于2005年在数字油田研究所的宣传册中提出，2010年8月，在新疆会议上作了全面的阐述。

(10) 数字油田决定百年油田的观点。“数字油田决定百年油田”的观点和命题，源于大庆油田王权，而这一命题的现实版本也正在大庆等中国的老油田演绎。任何油田都是资源依赖型企业，随着时间的推移，油气产量的衰减和衰竭不可避免。大庆油田在连续稳产27年之后，年产量的递减已经是不争的事实。未来老油田一定要依赖数字油田进行数据挖掘，数字化管理和数据的转化，是老油田可持续发展，可以延长油田的生命周期。

(11)“建设上有系统，使用上无系统”这一观点出自清华大学孙世友博士，这是一个很难实现的高难技术。但是，这个思想是一个很有用的思想观点，他的基本思想是在建设数字油田的系统过程中，我们可以根据业务需求，按照系统的观点和思想，有点，有线，以线为主，构成一个系统，形成体系。在使用时要打破“系统”的界限，实现跨系统、跨平台应用。

梳理的这些观点，来自于不同学者和单位，在这只是简单地罗列，以供大家共同探索，然后渴望能够发扬光大，形成数字油田的理论体系。

总之，我们认为，数字油田是在系统科学指导下的油田数字化，其本质是企业借助数字化的技术寻找更多的油气资源、发现剩余油、提高采收率、延长油田的生命周期；其原理是实施数字转化数据，数据转化为信息（油气资源在哪里)，即数据—信息—知识—智慧，为油田企业主营业务提供技术支持。

2.3　数字油田的实践

数字油田理论的实证支持是数字油田的实践。十多年来，我国以四大石油集团公司为代表的数字油田建设取得了辉煌的成就，践行了数字油田的理论。由于受篇幅的限制，本章仅介绍我国四大石油集团公司的一些基本思想和方法，油田公司的数字油田实践，在第 3 章中将单独选取典型企业进行介绍。

2.3.1　中石油的数字油田建设

中国石油天然气集团公司（简称中石油）成立于 1998 年 7 月，是国家授权投资机构、国家控股公司和特大型石油石化企业集团，主要在国内外从事石油天然气勘探开发、炼油化工、管道运输、销售贸易、工程技术服务及新能源开发等业务，下设八个分公司，149 个成员企业。依据 2009 年销售收入及相关经济技术指标，中石油在美国《财富》杂志世界 500 强公司排名第十位，在国际 50 家大石油公司中排名第五位。

中石油高度重视数字油田建设，把数字油田建设作为推进两化融合、转变发展方式的重要举措，作为建设综合性国际能源公司目标之一，作为实施“资源、市场和国际化”战略的重要保证措施。

在数字油田建设实践中，中石油逐步认识到，企业信息化的发展一般要经历三个阶段，即各单位、各部门独立建设自己的信息系统，统一建设全局性信息系统，持续提升整合信息系统，这反映了信息化从分散向集中、持续发展完善的规律。因此，在数字油田建设中提出了“统一、成熟、实用、兼容、高效”的十字方针；确立了“统一规划、统一标准、统一设计、统一投资、统一建设、统一管理”的六统一原则；明确了“化是过程、统是原则、建是重点、用是目的”的十六字工作要求；形成了“业务主导、部门协调”的工作机制。

在数字油田建设过程中探索形成了八个坚持的具体做法，包括坚持按总体规划建设统一信息系统平台；坚持采用规范的项目管理方法；坚持信息部门和业务部门在项目内紧密合作；坚持先试点、后推广的实施策略；坚持采取集中的信息系统架构；坚持通过招标选择软硬件产品供应商和咨询公司，提高投资收益率；坚持选用成熟软件，避免从头开发；坚持国际合作，提升信息化建设整体水平。

“十二五”期间，中石油将继续推进信息技术总体规划的实施，持续完善以企业资源计划（ERP）系统为核心的集中统一信息系统平台，主要包括已建系统的集成建设、在建系统的持续完善和面向新增业务的信息系统建设，并在油田物联网建设中发挥作用，以推进油田智能化建设。

2.3.2 中石化的数字油田建设

中国石油化工集团公司（简称中石化），是1998年7月国家在原中国石油化工总公司基础上重组成立的特大型石油石化企业集团，是国家独资设立的国有公司、国家授权投资的机构和国家控股公司。中石化是中国最大的一体化能源化工公司之一，主要从事石油与天然气勘探开发、开采、管道运输、销售；石油炼制、石油化工、化纤、化肥及其他化工生产与产品销售、储运；石油、天然气、石油产品、石油化工及其他化工产品和其他商品、技术的进出口、代理进出口业务；技术、信息的研究、开发和应用。

据中石化信息成果展披露，“十一五”期间，中石化信息化工作紧紧围绕公司发展战略，坚持“六统一”原则和“建用结合，以用为主”的工作方针，大力开展了以ERP为核心的经营管理平台、以制造执行系统（MES）为核心的生产营运平台及信息基础设施与运维平台的建设。ERP建设试点成功并快速推广，应用成效逐渐显现。进一步推进了信息化与工业化的深度融合，基本建成了与公司改革发展相适应的信息化“三大平台”和“十大系统”。信息化已成为中石化集团公司发展战略的重要组成部分，在塑造中石化管理模式、建设具有较强国际竞争力的跨国能源化工公司中发挥了重要作用。

在数字油田建设实践方面，中石化“十一五”以油田数据中心建设为主要内容，规范源头数据采集，确保数据及时、完整、准确，加强数据资源的应用开发和管理力度；以综合应用技术为手段，为国内及海外勘探开发业务管理、运行监控提供技术支持。

中石化数字油田围绕“采、存、管、用”建设和数据中心五大体系着手建设，经过几个阶段的工作，数据中心建设已具备全面推广建设的条件。

中石代数字油田取得的主要成果：全面梳理油田的数据建设现状，把握油田的现有数据资源；完成数据综合服务平台的设计与研发；完成企业数据中心硬件资源的总体部署；完成服务平台、中心数据库模型的安装部署；完成企业所有数据资源的统一规范管理；完成企业数据中心建设的推广应用模式；完成企业数据资源采集管理流程再造，建立全新的运行维护机制，并通过支撑油田企业典型应用进一步验证了数据中心的科学实用。

2.3.3 中海油的数字油田建设

中国海洋石油总公司（简称中海油）是1982年2月15日成立的国家石油公司。依据《中华人民共和国对外合作开采海洋石油资源条例》，负责在中国海域对外合作开采海洋石油、天然气资源。下属天津分公司、上海分公司、深圳分公司、湛江分公司和海外各分公司。

中海油自成立以来一直保持了良好的发展态势，由一家单纯从事油气开采的纯上游公司，发展成为主业突出、产业链完整的综合型企业集团，形成了油气勘探开发、专业技术服务、化工化肥炼化、天然气及发电、金融服务、综合服务与新能源等六大良性互动的产业板块。

在对中海油的数字油田研究中，我们没有像对待其他集团公司那样，选取总公司下分属的某一个分公司专项研究，而是采用面对中海油总公司研究，这是因为中海油面对着海洋。尽管中石油、中石化都有一定的海域油田，但是相对中海油的远海生产、深海采油还是不一样的，中海油的数字油田建设具有独到之处，在此为用一些笔墨。

还有一个重要原因是，中海油提出要建“数字海油”的理念，其在一定意义上与“数字油田”还是有所不同的，作为这样一个独特的数字化海上油田建设，我们应该给予一定的地位，总体研究。

中海油，就像大海一样的博大。在数字海油建设中，提出了与众不同的理念。要在建成“海上大庆”油田的基本目标下建成“数字海油”。中海油勘探开发油气资源，是在一个特定环境下的生产现场，与陆地油气勘探等开发完全不一样，中海油的“数字海油”的基本理念是根据不同的企业场景，建成不同的数字化企业，尤其在海上作业条件下，海上平台考虑更多的是远程控制的智能化、数字化。由此而构成一个完整的“数字海油”，形成一个“数字海油”的基本体系。

中海油“数字海油”的管理体系包括组织体系、规划体系、角色分工、服务体系、监察体系和评估体系。“数字海油”是为了建成贯穿中国海油完整产业链的信息系统整体架构而提出的信息化远景目标，它通过信息技术支撑和实现全产业链在组织、流程和技术上的整合，支持企业高效、可持续、快速、健康的发展，进而加速中海油发展成为国际一流能源公司。

中海油“数字海油”建设按照“有统有分、统分结合”的模式，建立起联邦式的信息化管理体制。实行分类分级管理，在分散和集中之间寻求最佳平衡点，兼顾灵活高效和资源共享，以满足集团管理下信息化治理的要求。中海油“数字海油”的建设特征有以下三点。

(1) 总体思路：一个平台，两级架构，物理共享，逻辑独立。一个平台指统一的、集成的、可管控的集团信息化协同平台，包括符合现代企业制度要求的物理共享、逻辑独立的基础网络；符合面向服务要求的集成架构（service-oriented architecture，SOA)；符合集团内外部信息访问要求的信息门户展现。在一个平台的建设和应用过程中，应遵循总公司和各单位在满足集团统一目标前提下的分级管理。

中海油在集团范围内搭建了管理信息化平台架构，至 2008 年年底，完成了十家二级单位，285 家三级以下单位的 ERP 实施工作，系统覆盖率达到了 86%。初步建成了集团范围的经营管理平台；在总公司及所属单位各个层面都规范了业务流程，清理和制定了数据标准，培养了复合型人才，初步建成了全集团统一的经营管理平台，加强了管控，转变了观念，夯实了管理基础，提高了管理水平。ERP 的应用效果已逐步展现，ERP 建设阶段性目标已经达到。

(2) 建设重点：三层应用，三条主线，系统集成，业务协同。在一个平台上应根据总公司和各单位业务发展要求不断丰富生产执行层、经营管理层和战略决策层的应用系统建设，同时为了满足现代企业制度下各级集团管控的要求，还应重点关注人力资源、财务资金、物资设备这三条主线，通过集成统一的系统固化管理流程，优化资源配置。

中海油在“数字海油”建设中清理了 150 万条数据，制定了数据标准，清理了主数据，处理了百万级的业务数据，建成了集团统一的经营管理数据平台，规范了流程，梳理并规范了 1500 多个业务流程，建成了集团统一的人、财、物模板及上中下游、技术服务公司和金融板块的专业模板；培养了近 500 名既懂业务又懂系统的复合型人才。

通过实践，中海油形成了业务信息系统建设的通用项目组织模式。在这种模式中，强调业务部门对系统的需求、建设和应用全面负责，信息技术部门从实现需求的方案、技术实现上予以全力支持。这使得信息系统在建设、应用的过程中更具有生命力。

在企业应用层面上推动两化融合，即 IT 与业务的融合，重点是要推动信息系统与企业的研发设计、生产制造、经营管理、市场营销等方面紧密结合、融为一体，从而提升企业的可持续发展能力和自主创新能力。

(3) 管理原则：坚持四个统一，五项兼顾，集团优势，共建共享。为了保证中海油信息化建设的和谐有序，实现集团“低成本”战略，应遵守“统一规划、规范投资”、“统一标准、健全制度”、“统一建设、优化资源”、“统一管理、共享服务”这四个统一，做到“兼顾整体与局部、兼顾先进与实用、兼顾近期与长远、兼顾集中与分散、兼顾建设与维护”这五项兼顾，共建共享，充分发挥集团优势。

中海油自 2005 年开始实施 ERP 项目，在统一投资、统一标准、统一建设、统一管理的原则下，通过统一和规范的业务流程，建立了二级单位业务特色的板块模板，ERP 覆盖率达到 85%以上，建立了全面统一的经营管理平台。

独具特色的中海油数字油田建设，具有“数字海油”、“海上大庆”、“智能海油”和“数字海底世界”的远大目标体系，正在一步一个脚印地往前走，海上平台的远程控制、无人值守和集团公司的“有统有分、统分结合”的建设模式对大集团信息化建设都有很好的借鉴作用。

2.3.4　延长油田的数字油田建设

陕西延长石油（集团）公司（简称延长集团公司）所属的延长油田股份有限公司（简称延长油田）集勘探、开发、生产、储运于一体的生产企业，其前身是长达百年历史的延长油矿管理局。改革开放使“山丹丹花开红艳艳”，所创造的“延长模式”使最落后的小企业成为引入全国、全世界最先进的原油勘探、开发、生产技术的实验场和集散地。经过 30 年的发展，延长油田已跃居全国各大油田第六位。

在数字油田建设中，延长油田引入了在油田勘探开发中的“延长模式”，发扬“埋头苦干”的精神，加快建设。虽然比起全国各大油田，延长油田的数字油田建设的速度慢了一点，但是，在原油生产最大的采油厂——吴起采油厂，1999年就成立信息中心，开展信息化建设。2001年，吴起采油厂（原吴起石油钻采公司）被陕西省经济贸易委员会、陕西省信息化领导小组办公室确定为陕西省企业信息化建设示范单位。2003年开发完成生产日报、月报软件，结束了产量报表靠人工发送纸质报表的历史，完成了地质信息管理系统软件开发，实现网上查阅生产报表等工作。2005年，在50个井场、检查站安装了视频监控系统，在四个井区（油田）架设无线网桥，建立井区无线网络系统，信息点达到数百个，油井监测达到540个。购买磁盘阵列，实现数据异地安全管理。2006年，自主知识产权的企业信息资源中心（EIRC）研发完成，并成功上线运行，可以在油田所有客户端实现油水井生产数据的查询。2008年完成OA办公系统，领导可以在任何地点任何时候异地办公。吴起采油厂给延长油田带了一个好头，其他采油厂也在不同程度实施建设，也取得了很好的成绩。

延长油田由于多年来采用传统的生产工艺，低渗透条件下相对稳定的产量，对数字油田期盼不是很大，这是在全国信息化、数字油田建设热潮中“沉睡”的主要原因之一。

在取得“十一五”信息化建设的成绩后，延长油田在“十二五”规划中把“‘十二五’末初步建成数字油田”作为奋斗的目标。

在数字油田建设上他们虽然起步较晚，但有着独特的延长特色，主要有以下两点。

(1)“后发优势”将会创造出数字化建设的又一个“延长模式”，他们将会借助前人创造的一切先进技术，引入前人最先进的并且经过实践检验了的方法和当前全球最先进的理念，完成适合于自己特点的数字油田建设，将会只用5年的时间完成我国其他油田用了十年时间建设的事情，这是完全可以做到的。

(2)“蓄势待发”的延长油田在数字油田建设中已做好了一切准备，“整体规划、分步实施、业务驱动、突出重点、务求实效”是延长油田在“十二五”期间实施数字油田建设总的指导思想。延长油田认为数字油田建设，必须坚持科学发展理念，坚持集中统一管理，坚持持续投入机制，加快整体推进步伐，为提高公司管理水平与核心竞争力提供强有力支撑。在建设中做到“三个坚持”：①坚持“统一管理、统一规划、统一标准、统一平台、统一设计、统一建设”的六统一原则，确保信息化建设的整体性；②坚持“成熟”和“兼容”的技术选择，确保系统的成功建设和应用；③坚持“实用性”和“针对性”的建设标准，确保信息化的协同效益。

总之，延长油田可以采取把握后发优势，立足行业制高点；借鉴成功经验，走自主创新之路；结合自身特点，稳步推进实施；统一数据模型，加快数据资源建设；应用系统平台化，避免系统集成风险；抓好培训工作，为数字油田建设培养人才的系统策略，这是确保成功的法宝。

2.4 小　结

数字油田的理论探索需要与时俱进，数字的油田实践需要坚持再坚持。我国数字油田建设仅仅十年，理论探索的任务还很艰巨，数字油田的实践路还很长。油田企业是数字油田的具体实践者，都为数字油田建设发展作出过贡献。同时，他们又是数字油田理论的创新者。数字油田理论会在探索中创新，在实践中进步。本章着重从以下几点进行了阐述。

(1) 在数字油田的理论一节，笔者试图对中国数字油田的理论进行梳理和探索，希望能够找到数字油田的基本原理和基本理论，以指导数字油田的实践。

(2) 在对数字油田理论之源的简单探索后，笔者尽最大努力对数字油田提出以来的相应的主要著作和文献进行了分类，还对我国数字油田建设中两次重大会议的贡献作出了评价。给出了数字油田理论构建的模型，梳理了十多年来的理论观点，得出了数字油田是在系统科学指导下的关于油田数字化的科学的结论。

(3) 数字油田需要正确的理论，以指导数字油田正确的实践。本章在中国数字油田实践中重点介绍了我国石油石化四大集团公司的数字油田实践，作为数字油田理论的实证。四大集团公司虽然不是数字油田的具体实施者，但是，他们是数字油田的领导者和组织者，多年来为我国的数字油田建设作出了突出的贡献。

第3章 数字油田在中国

数字油田在中国，是指数字油田在我国各大油田公司的建设及其取得的成就。油田公司（油田分公司）分属于各大石油集团，人们也已经习惯地称之为某某油田。我们专设一章来论述数字油田在我国各大油田公司的建设情况，即数字油田在油田企业。

这是一个非常重要的问题，原因是数字油田所有的一切都发生在油田里和企业中。如果我们承认数字油田是一个虚拟化，那么，数字油田的载体是计算机与网络。如果我们承认数字油田是现实，那么，数字油田就是在油田企业承载下的数字化了的油田，也就是，企业是载体，数字化是技术应用。油田企业承载着数字化，使得油田企业变成现代化的数字化企业。

在我国，大大小小有20多个油田企业，所以我们在叙述数字油田在油田企业时，还做不到面面俱到，只能选取在数字油田建设中的几个典型代表，作为中国数字油田的典型案例进行分析，让大家一斑见豹地了解我国油田企业数字油田建设的理念、特征和贡献，看看中国数字油田建设的现状，从中认识中国数字油田在油田企业的成就与作用。因此，我们选取了大庆油田、胜利油田、新疆油田、长庆油田等作为代表来叙述，没有提及的油田并不是他们没有建设，或者建设得不好，而是篇幅所限。

3.1 数字油田在大庆油田

大庆油田有限责任公司（简称大庆油田）是中国石油天然气集团公司的子公司，于2000年11月1日经重组改制为以勘探开发为主营业务的特大型油田企业。

早在20世纪中叶大庆油田就是我国工业战线上的一面旗帜，引导中国企业建设走向前进，在20世纪末大庆油田又提出了“数字油田”，将中国的油田企业引入现代化、数字化的浪潮中。因此，研究中国的数字油田，大庆油田是不得不首先提出的最典型的代表之一，也不能不深入地研究和探讨。

我们研究数字油田在大庆的基本依据包括大庆油田信息化、数字油田的规划；王权在天津大学的硕士论文；田峰的搭建大庆油田 IT 建设新架构[①]和《大庆创建数字油田的系统工程实践》[②]；《数字油田的“两化融合”思想系统观及其方法论》[③]，包括中石油信息部门领导的《中国石油信息化进展报告》[④] 等文献资料和多次到大庆油田学习、交流。这些资料的时间范围大体自 2003 年至 2010 年，将这些资料完全串起来，就是大庆油田建设数字油田理念、方法和建设的全过程，由此可以看出数字油田在大庆油田建设的基本脉络。

3.1.1　大庆油田的数字油田理念

大庆油田是中国数字油田的提出者、拓荒者。而最能代表大庆油田数字油田思想、理念的是，以王权同志为代表作出的我国第一个数字油田的模型（图 1.2）。大庆油田在 1999 年提出数字油田，但在那样的历史条件下完整地提出数字油田的概念模型实属不易。当初，人们对数字油田的概念仅限于对数字地球的理解，数字油田是个什么样，并没有清晰的概念。王权等把数字油田视为七层，以底层的环境层到第三层的集成层，完全代表了信息化建设的思想。这个思想现在也不过时，万丈高楼平地起，信息技术就是支撑和基础。当然，现在看来，略微少了一点就是除了 IT 基础工程外，人才和数字化员工建设也很重要，除此以外基本上是完美的。

但是，最能代表大庆油田人数字油田理念的是数字油田建设后对油田有什么作用。人们只要仔细阅读大庆油田研究数字油田的各种文献资料，就不难发现，在 2003 年时，大庆人的战略层是“企业再造”，也就是把数字油田总结为：“是整个数字油田的方向主导者，在战略层，要依靠数字油田建设达到企业再造的目的”和“制定数字油田的整体方案与建设策略”。这样一段文字的描述，使

① 见田峰《搭建大庆油田工厂建设新架构》，www.ciotimes.com，2008 年 8 月 15 日。

② 见王玉普《大庆创建数字油田的系统工程实践》，中国工程管理论坛，2008 年 9 月 5 日。

③ 见王权《新疆会议：数字油田的“两化融合”思想系统及其方法论》，大庆油田信息中心，2010 年 8 月。

④ 见刘希俭《中国石油信息化进展报告》，中国石油天然气集团公司信息管理部，2010 年 8 月新疆会议。

我们看出当时模型建设者的矛盾心理。

(1) 在整个模型体系中完全带着 IT 思维方式设计的，作者还没有跳出当初计算机刚刚开始普及，个人电脑使用者跃跃欲试，网络建设初见端倪的时代背景。这个模型的全部思想是如何把数据管起来，如何把数据用起来，从而，把数字油田的最高思想建立在“制定数字油田的整体方案与建设策略”上。这说明数字油田就是数据建设，与企业没有多大的关联。

(2) 企业再造，在当时条件下作者能提出企业再造很了不起，说明作者是一个善于学习和钻研的人。同时也能看出，作者在设计模型时一定费了一番心思的，其核心思想有三个。①通过企业原有的业务流程的重新塑造，包括进行相应的资源结构调整和人力资源结构调整，使企业在赢利水平、生产效率、产品开发能力和建设，以及压缩程度等关键指标上有一个巨大的进步，最终提高企业整体的竞争力。②通过对企业流程的重新塑造，使企业不仅取得了经营业绩上的巨大提高，更重要的是使企业形态发生革命性转变，将企业以职能为中心的传统形态转变为以流程为中心的新型形态，实现企业经营方式和企业管理方式的根本改变。由此可见，企业再造思想很适合于产品生产型的企业，不太适合点多，线长、面广的油气勘探开发为主营业务的油田企业。但企业再造在那时还是比较新的名词，将其拿来用在这里代表最先进的思想和理念是没有问题的。但是，随着数字油田的管理功能的大放异彩，数字油田使油田企业的生产运行方式发生了变化，其实，也是一个再造的过程。③到 2008 年，我们发现大庆油田的这个模型悄悄发生了变化，把“企业再造”改成了“新型工业化道路”，虽然将模型的战略层文字改变了，但解释上仍旧是：“战略层，是数字油田的最高层，制定数字油田建设的方案和策略，通过数字油田建设实现企业流程再造，为持续有效发展提供支持和保障”①，这一改动说明了以下三点。

(1) 从时代上来说，“企业再造”有一点过时了，而且，数字油田建设是一个漫长的过程。

(2) 新型工业化道路，没有注释是什么样的道路，但在 2010 年新疆会议上的数字油田的“两化融合”思想与系统②，可以看出这一道路就是“两化融合”

① 见王玉普《大庆创建数字油田的系统工程实践》，中国工程管理论坛，2008 年 9 月 5 日。

② 见王权《新疆会议：数字油田的“两化融合”思想系统及其方法论》，大庆油田信息中心，2010 年 8 月。

之路，这个新型工业化也是信息化与工业化融合后的新型工业化。

(3)“企业再造”和“新型工业化道路”两者并不矛盾，就一个企业来说，“两化融合”后也是企业再造了，就一个企业和一个领导者来说每一个企业再造了，也就是走信息流、数据流和业务流“三流合一”的道路，即数字化使企业走上了新型的工业化、数字化的道路。

我们研究大庆油田的数字油田观念不能只就这一个模型，我们还要看大庆油田数字油田的建设与实践，纵观建设历史与过程，横观全局与成就，然后，我们才能够挖掘到它的真谛。

其实大庆油田围绕数字油田做了很多事：2002 年，大庆油田根据《中国石油信息技术总体规则》，明确了建设数字油田的远景目标，确定了“以信息化带动勘探开发主营业务，以勘探开发业务促进信息化建设”，搭建了大庆油田 2000 年之后的信息化基础设施建设新架构（田峰，2000）；2004 年启动地球科学与钻井系统、上游生产信息系统、管道生产系统、地理信息系统等，这是中石油启动和部署的重大信息化建设项目并在大庆油田试点的数字油田建设项目，很有新意。

(1) 这个架构的出发点是好的，多少年来油田企业勘探开发数据各执一方，这样可以整合数据，消除孤岛，形成合力。

(2) 这种完美的“大一统”思想在中国还是第一个，但是，对于大油田，尤其是老油田企业要改变传统的做法还是比较难的，因为其规模之大，技术之复杂，牵扯面之广，在国内外尚无成功的先例，如果推行不成功就会造成巨大的浪费。因此，具有一定的风险性。

(3) 从数字油田模型和新架构看，在建设上并不矛盾，原来的模型侧重数据建设和集成，新架构侧重应用，应该是一致的，相辅相成的。但是，只要仔细分析就可以发现，两者在思想方法和技术上有着很大的区别具有一定差异性。

由此可见，大庆油田的数字油田理念“充分发挥现代信息技术作用，对公司科研、生产和经营管理的业务、应用和信息全面整合，全线集成，全线共享，大幅度提升企业的核心竞争力，以信息带动勘探开发主营业务，以勘探开发业务促进信息化建设。”在 2003 年，能够站在这样高的高度上谈数字油田建设，认识之高，难能可贵。其实蒋洁敏先生给大庆油田乃至中石油数字油田理念作了完整的诠释和定位："信息化建设要坚持公司发展理念，坚持集中统一管理，坚持可持续投入机制，使之成为公司发展历史的很有力的支撑点"[①]。这"三个坚持"是多年来数字油田在大庆乃至中石油的经验总结，数字油田的根本是为寻找更多油气资源，提高年收率做技术支持。

数字油田，百年大庆，这是大庆油田最根本的数字油田的理念。

3.1.2 大庆油田数字油田建设特征

大庆油田将其数字油田建设分为以下三个阶段。

第一阶段是初级阶段。就是20世纪的60～90年代，这个阶段是以科学计算为主，建立了一些专业应用系统。

第二阶段是网络建设阶段。就是20世纪末，特别是1999～2000年，这个阶段初步建设了油田企业网络框架，为信息化建设的快速发展创造了条件。

第三阶段是数字油田阶段，时间是2000年以后，数字油田建设的标志是加强数据信息的集成应用。

在数字油田提出来之前，甚至现在仍然在官方文件中将这项工作称为油田信息化。大庆油田在信息化建设方面确实起步早，成就显著。早在1961年，大庆油田就已经运用电子计算机进行开发指标计算。20世纪70年代初，计算机已经应用到油田开发、石油地质研究、测井数据处理与解释和地震数据处理等。80年代，大庆油田建立了我国石油行业的第一个油田生产管理计算机系统，进行地震勘探资料处理、油田数值模拟和油藏工程计算，率先建成了油田勘探、开发数据库、财会电算化和管理信息系统等，这些都是我们今天数字油田建设中的重要内容之一。

1999年大庆提出数字油田，从此数字油田建设掀开了新的一页。

纵观大庆油田信息化建设也好，数字油田建设也好，建设成就都是显著的，大庆油田数字油田建设的特点集中体现在以下三点。

(1) 大庆油田数字化建设起步早，基础好。大庆油田毕竟是我国工业战线上的一面旗帜，在石油工业领域始终排在第一，各类人才济济，先进技术首先在这里使用，先进设备首先在这里引进，计算机和计算技术从20世纪60年代就

① 见刘希俭《中国石油信息化进展报告》，中国石油天然气集团公司信息管理部，2010年8月新疆会议。

已经启用，这与我国20世纪90年代才广泛普及，提前了30年。因此，大庆油田信息化、数字化建设起步早、基础好是必然的，这就为数字油田的提出与建设打下了良好的基础。

据有关报道，大庆油田建成了弹性分组环技术，具备自愈功能的企业网骨干系统，带宽2.5G，联机数量4.5万多台，入网节点近6万个。数据中心建成勘探、开发和地面三大专业主库和一个经济管理主库，整理加载数据23TB（10^{12}字节）。显然经过几十年的逐步建设和积累，一般油田还是难以超越大庆油田的。

（2）大庆油田数字油田建设实现了“大集中”思想，体现了中石油的建设原则。中石油集中统一的信息化、数字化建设方针，在大庆油田得到全面的体现与落实，中石油提出“统一、成熟、应用、兼容、高效”的十字方针；“统一规划、统一标准、统一设计、统一投资、统一建设、统一管理”原则；“化是过程、统是原则、建是重点、用是目的”的工作要求和“业务主导、部门协调”工作机制，在大庆油田可以说得到了很好的贯彻。

“大集中”体现“大一统”思想，“大集中”系统可以形成统一平台，用户规模大，共享范围广，技术架构宏大，应用功能强，这样的“大集中”可以有效集中管控，总体拥有成本低，能走向国际化、全球化。但是，这样的“大集中”也有它的致命弱点，就是必须保持它的健壮性，自设计、建设、运维，完全保持健康的“体魄”，然后，要有高素质的全员数字化的员工，才能全面地推广应用。否则，就会出现一点“伤风”，全体“感冒”的牵一发动全身的问题。

（3）大庆油田的数字化建设体现了业务主导的思想，在数字油田建设过程中效果明显。“业务主导”有两个含义：一是以业务部门建设为主，主管部门协调；二是以业务部门需求集中建设为主，数字油田就是为业务需求而建。在这两个含义中，我们仔细分析研究，似乎在大庆都存在。大庆油田的专业数据集中在研究院、设计院，在很大程度上数字油田的数据建设和平台建设是以研究院为主的，我们也希望能够以专业需求为建设，更符合数字油田的宗旨。

但是，无论前者还是后者，在大庆油田都是有说服力的。“业务主导”的数字油田建设思想取得了很大的成就。我们可以根据这样几个数据来分析，大庆油田建成50多年中，油气年产量连续27年保持5000万吨稳产高产水平，这样的持久力，一般油田很难做到。大庆油田主力油田采收率突破50％，比国内外油田高出10～15个百分点，这样的成就无疑是技术的先进、管理的先进和综合技术合力的结果，但是大庆油田信息化数字化建设对这样成就的影响到处都能找得到，也就是说信息化、数字化功不可没，主要可归纳为以下几点。

(1) 运用数字识别技术，重新认识勘探程度高达70％的老盆地，在原有目的层上、下层位，均获得油气资源的重大发现。

(2) 多学科一体化，油层研究和数字油田的勘探开发一体化技术结合，自主研发了大规模并列油藏数值模拟系统，2006年全油田18套专用微机机群，具备百万节点数值模拟能力，满足全油田几十个区块开发的需求，实现从定性到定量，从区块到单层，单井不同层次的剩余油描述。

(3) 搭建数字化技术平台，让勘探开发相互延伸，双向介入，缩短开发周期，加快了增储上产步伐。将盆地、区带、圈闭油气层评价到开发方案和生产过程产生的认识、信息和资料分别纳入数据库（D)、信息库（I）和知识库（K）三个层次进行管理。通过建立勘探开发数据、成果共享平台，实现工作流程、数据流程合一，促进勘探开发的紧密衔接，相互融合，提高了勘探开发的整体水平。

业务一旦与数字油田得到很好的结合，就会发挥巨大的作用，大庆油田在业务主导下的数字油田建设，迎来了第三次储量增长高峰，连续4年探明石油储量超过1亿吨。

3.1.3 大庆油田对中国数字油田的贡献

大庆油田的数字油田建设有着中国石油的“缩影”。从承担勘探与生产技术数据管理系统、油气水井生产数据管理系统、地理信息系统、工程技术生产运行管理系统、企业信息门户和办公管理等系统的试点，到ERP系统、HSE等系统的推广应用，都取得了很好的成绩。

大庆油田对中国的数字油田的第一个贡献为在1999年首先提出了“数字油田”。虽然在狂热的数字地球时刻，人们茶余饭后的话题每每都离不开数字地球的议论，在这种热议中总会有人提出油田数字化的概念的。但是，数字油田在大庆率先提出，应该一点也不奇怪。因为，大庆油田就是我国工业战线的旗帜，大庆油田几十年的高产纪录，就是靠先进技术、领先思想和超强的竞争力。这说明大庆油田数字化的认识程度远远高于他人，所以，数字油田就在这样的前提下诞生了，这是一个偶然，其实包含着必然。数字油田的提出给油田企业信息化建设注入了强大的兴奋剂，使油田企业和 IT 界都为之振奋，数字油田不断为大庆油田找到提升的机遇，也推进了我国油田企业信息化建设的进程，可以说至少提前了 20 年。

大庆油田的第二个贡献是建立了一个以“企业再造”为目标的数字油田模型。由于它的转载量和引用量大大超过了任何一个图形符号，为大家耳熟能详，引用率在 90%以上。这在一般人看来没有什么，就是画出了一个图，其实，在当时条件下，人们并不知道数字油田是什么，它究竟长什么样。在人们一概不知道的时候，这个模型对数字油田的描述具有很大的创造性。尽管模型对数字油田的内涵和外延的描述还不尽完美，尽管模型对数字油田建设的最终目标确定还不清楚，尽管模型没有很好地交代数据应用的最终目的是实现数据转化为信息，寻找更多的油气。但是，它给人们建设数字油田描绘了一个蓝图，它为油田企业人、IT 界开发油田企业信息化的市场、建设数字化油田提供了无限的发挥空间，从此引发了数字化、信息化建设的热潮。

大庆油田数字油田建设的第三个贡献是试点建设“大一统”数字油田平台的探索，这个探索对于中国数字油田建设是非常有意义的。

“大集中”思想下的“大一统”平台究竟是好，还是不好，现在大家还在探索之中，目前来说我们还不要下结论，实践是检验真理的标准，实际的运行和应用会给出一个证明的。无论“大集中”是成功，还是失败，这都是大庆油田为中国数字油田建设作出的贡献。因此，成功了它有成熟的经验让更多的人学习借鉴，不成功也让所有的人们有教训，不再步其后尘，犯同样的错误，给国家和油田带来损失。但是，我们坚信数字油田最终一定是一个统一的平台。

最后，我们以“近年来，大庆油田全力推进中国石油天然气集团公司统建系统的实施，数字油田取得突破性的进展，数字油田框架基本形成”① 作结束，大庆油田对中国数字油田的建设确实功不可没。

数字油田，百年大庆，我们相信那一天会到来的。

---

① 见王权《新疆会议：数字油田的“两化融合”思想系统及其方法论》，大庆油田信息中心，2010 年 8 月。

3.2 数字油田在胜利油田

中国石油化工集团胜利油田是对中国石化集团胜利石油管理局、中国石油化工股份有限公司胜利油田分公司的统称（简称胜利油田）。胜利油田勘探开发建设50年来，在实现自身发展的同时，为国民经济建设、石油石化工业和区域经济发展作出了重要的贡献。胜利油田是中石化的“龙头”，近年来，我们一直在追踪着胜利油田方方面面的建设的成就在研究，当然更加关注胜利油田的信息化、数字化建设，从胜利油田的数字油田理念、建设成就到特点特征和走向都作了深入的研究。胜利油田在数字油田建设中有着独具特色的方式，它不但代表了数字油田建设思想，而且在中国数字油田建设上又独树一帜，具有很好的典型性。

本次研究胜利油田的数字油田主要依据《胜利油田开始进行数字油田方案设计》（中国计算机报，2004）、《胜利油田信息化框架构建研究》（段鸿杰，2004a）、《胜利油田建设数字油田的实践探索》（徐杰锋，2005）、《胜利油田开发“数字油田”》（张可春、王金法，2004）、《数字油气田现阶段建设模式探讨》[①]、《数字油田理论与实践浅谈》[②]、《中国石化数据中心建设》[③]，还有其他一些文献资料和多次到胜利油田的调研、考察和真实感受。

总之，这些文献从纵向上勾勒出了胜利油田自2003年开创数字油田建设以来的基本线索和走向，完全可以看出胜利油田在数字油田建设与众不同的方面和特征，因此，为中国数字油田建设增添新的色彩。

3.2.1 胜利油田的数字油田理念

胜利油田的数字油田建设比较理智，没有一窝蜂地去追逐新潮和现代，而是对数字油田的各种观点进行综合研究，反复对比，结合胜利油田的现实提出适合于胜利油田的建设的思路和理念。

早年，胜利油田也制作了一个有五层架构的数字油田框架模型，把数字油

---

① 见梁党卫《数字油气田现阶段建设模式探讨》，西安会议，2009年10月。

② 见段鸿杰《数字油田理论与实践浅谈》，西安会议，2009年10月。

③ 见段鸿杰《中国石化数据中心建设》，新疆会议，2010年8月。

田建设定为“1231”工程，即一个中心、两个平台、三个应用中心、一个决策支持中心。这个模型与众不同的地方有三点。

(1) 胜利油田将数字油田建设的最高目标定为可视化辅助决策中心，认为数字化建设的终极目的是要利用数据帮助高层作出准确的判断和正确的决策。因此，在这五层架构中辅助决策是最高一层。

(2) 胜利油田认为数字油田建设不是一个孤立的问题，数字油田与现实油田管理体制、运行机制等都有着十分密切的关系，因此，胜利油田在制定数字油田模型中提出了 IT 基础技术支撑体系、标准化体系、组织领导体系、制度保障体系和人才队伍体系等。我们在这个方案模型中始终可以看到胜利油田企业影子的存在，这不仅仅是油田信息化一个孤立的事件，这是与众不同的一个最大的特点。

(3) 胜利油田在初期的认识中，认为数字油田建设“技术影响在整个信息化推进过程中所占的比重小”，而“本质上是管理体制问题”。这一思想反映了石油石化企业在经营管理上的主导理念思想。因此，倡导实施 ERP，实现经营管理科学化，生产运行最优化是个关键，胜利油田在推行 ERP 上线运行，既早又快。

但是，在数字油田建设的过程中胜利油田的数字化油田的理念悄悄发生了很大的变化，在不断调整思路，转变观念之后，抓住了“技术”和“数据”不放松，成为以“数据中心”建设为代表，攻克数字油田“关键技术”的典型代表。

胜利油田认为原有“分专业建库，纵向管理”的模式不太适应业务发展的需求，因为油田勘探开发生产管理需要数据准、数据全、面要广、数据需求响应要快。数据、系统、平台、结构要稳定，能经得住时间的考验，可持续发展。在数据系统应用中，数据要保证可靠、安全，这样才能提高企业的信息化水平和使用的高效。由此，在中石化的倡导和领导下，胜利油田的数字化建设理念转化为以油田数据为中心的理念，成为中国数字油田建设中以数据建设和关键技术研究为中心的典型代表。

3.2.2　胜利油田数字油田建设特征

2003 年初胜利油田编制和确定了“数字胜利油田”建设规划，该规划分为三步走，共三个阶段。第一阶段确定为 2003～2005 年形成和完善数据采集体系、标准化体系、安全体系和建成涵盖勘探开发等主要业务的数据资源中心，实现信息技术在勘探开发上的应用水平整体接近国际先进水平，并以 ERP 理念为指导，统一共享平台，规范现有业务，提高工作效率和业务透明度。第二阶段确定为 2006～2008 年，这个阶段主要完成包括建成覆盖全部业务的数据中心，建成平稳、安全和优化的可视化生产运行系统，全面把握生产过程中水、电、油、产、供、销和辅助生产等信息，多系统联合运行指挥生产；实现信息技术在勘探开发上的应用水平整体达到国际先进水平；在经营管理上全面实施 ERP，做好与勘探开发业务的接轨，实现单位与人力资源的精细管理，为建立绩效考核体系提供支持。第三阶段确定为 2008～2010 年，将建成辅助决策系统，建立适应不同业务需要的数字模型，实现各学科的结合、技术与经济的结合、过程与效果的结合，以确保效果的最优，全面建成数字油田。

这是一个跨着两个五年计划的一揽子数字油田的建设规划，给人的总体感觉是波澜不惊，有板有眼，都能落实，这也正是胜利油田与众不同的特点——不张扬，很理智。胜利油田的数字油田建设特征集中体现在以下三点。

(1) 对数据的理解、认识和建设。胜利油田紧紧围绕“采、存、管、用”，以数据为中心建设好五大体系。包括：①建立统一源头采集、监督、反馈和考核管理机制，实现勘探开发生产管理数据归档、成果资料及时准确、源点采集入库、统一管理的采集体系。②建立勘探开发一体化数据存储与管理体系，实现油田企业数据资源的集中有效管理，为各专业应用提供信息集成共享服务的存储体系。③建成一体化的数据服务平台，打通现有业务环节数据交流和信息沟通的渠道，实现跨专业、跨地域、跨系统的企业信息共享与应用集成，同时保证完成油田在应用系统的平稳过渡的服务体系。④与数据管理相关的标准化，与运维管理有关的组织机构。⑤与数据中心相关软件、硬件环境支持体系建设。

由此可以看出，胜利油田在数据建设中花了很大的精力，这与胜利油田对数据的理解认识和数字油田数据作用意义有很大的关系。

(2) 对数字油田技术的高度关注和研究。据研究，胜利油田 2005 年在对国际标准研究的同时，结合源头数据建设与业务分析，实现对数据集中管理、集成服务的全面认识。2006 年在进行数据模型的先导试验中，形成数据模型系统的理论与方法，不断完善测试的技术手段。2007～2008 年以勘探开发业务为主，完成了勘探开发数据模型标准化主体内容的建设与研究。2009 年扩展到对天然气、特殊油气藏等模型的建设。

在国际标准技术的研究中，胜利油田解决了多语言多量纲的转换，解决了模型对业务变化的适应性，实现数据文档图形一体化管理，攻克了多种采样数据一体化管理技术和数据包管理技术的难关。

在业务分析与建模技术研究中，胜利油田分析了油田核心业务，建立了业务活动功能模型。实现了业务域、业务分类、业务活动层次的划分，完成了对业务活动数据的需求产生的成果分析，形成了数据流标准。

在项目库模型建设中，分析总结了各专业软件在地震解释、反演、地质建模和油藏模拟业务应用中所需的数据和产生的成果，制定了项目数据库交换标准，为专业软件之间，专业软件与数据库之间进行数据交换共享提供支撑。与此同时，还研究了常用勘探开发图形格式、图形交换插件、为不同格式图形的转换提供软件支持等。

(3) 数据中心建设是胜利油田数字油田的另一个重要特征。胜利油田在数字油田建设中，不断坚持对数字油田的理论、方法和技术的探索，通过探索研究确立了自己的特点与特色，即数据中心建设。这里需要提醒大家的是，胜利油田数据中心不是行政管理中类似于信息中心管理职能的那个数据中心。这里需要说明的是胜利油田数据中心是不同于其他油田的组织机构数据中心的概念，是以数据为中心建设的数据中心，是实施数据管理应用的中心。

2009 年，胜利油田作为中石化试点单位全面展开数据中心建设。胜利油田在全面分析、梳理了源头数据和各专业数据采集管理、应用流程模式后，把结构化数据、大块数据体、图形文件数据、成果文档数据、地理空间数据等数据在企业的分布、存储管理方式彻底摸清，研发了数据综合服务平台，为实现跨专业、跨系统的企业级信息共享与应用集成，为油田在用系统的平衡过渡，为企业级中心数据库搭建一体化数据服务、应用服务框架体系提供平台支撑。完成了数据中心库模型库的部署，建立起了油田数据中心的框架，理顺了数据中心与源头数据，数据中心与八大数据库各项目库的关系，实现了源头数据的采集与中心数据库的日增量数据衔接，以及数据中心对八大数据库、各专业应用项目库的稳定支撑。

胜利油田的数据中心建设，建成了一套可在中石化和其他油田企业推广应用的可实施的模板，对其他油田企业数据建设具有很好的参考价值。

3.2.3 胜利油田对中国数字油田建设的贡献

胜利油田的数字油田建设为中国数字油田发展作出了积极贡献，集中表现在以下三点。

(1) 数据整理。独具特色的数据中心建设是中国数字油田的一大特色。胜利油田在数字油田建设上很冷静，研究数字油田是胜利油田的一大特色，做到研究在先，认识到位，建设有方，成效显著；在认识上认为数据是资源，这个资源是勘探开发赖以开展工作的基础，数据中心建设是油田企业信息化的关键，关乎企业能否有效支撑油田综合研究、生产运行、经营管理向着更深更精细化的方向发展。胜利油田在数据中心建设中总结出的经验可供很多油田企业分享，认为数据建设必须整体进行，分散建设不仅造成数据重复采集、标准不一和数据不全等问题，还会给企业带来很大的损失。因此，它提供给我们的经验就是：数据建设是一项系统工程，需要标准、采集、存储、服务、支持和管理完整地进行。需要领导高度重视，各部门统一认识，业务部门共同协作，形成合力，共同完成建设。

(2) 高端研究。胜利油田在数字油田建设上是一个很用心的企业，他们低调不追风，做到潜心研究，抓住内在本质。

2005年，在中国数字油田建设阶段中是一个低谷，超大的投资和简单的计算机应用的普及，使一些学者产生了疑问：数字油田难道就是这样一个高科技的低水平建设吗？“红旗到底能打多久”的呼唤使很多企业开始停步与退缩。但是胜利油田的学者和建设者在潜心研究、反复论证的基础上形成了核心的思想，最终抓住了数字油田关键技术研究课题，2009年成功获得科学技术部资源环境领域国家863计划项目的支持，开启了数字油田关键技术的研究。这是填补我国科学技术空白的863计划首次支持数字油田的重大项目，同时也是我国在数字油田关键技术研究上，走向世界领先水平，这是对数字油田最大的贡献。

胜利油田在数字油田关键技术研究中是中国数字油田建设的奇葩。

(3) ERP推行。胜利油田作为中石化下游集团公司的上游生产企业，在中石化全面推行ERP时，作为以勘探开发为主营业务的生产油气的上游单位，也全力推行了ERP并成功上线运行，取得了良好的效果，这为后来其他油田企业推行ERP作出了榜样。

3.3 数字油田在新疆油田

数字油田在新疆，这里特指新疆油田，严格地讲是指中国石油新疆油田分公司，隶属于中国石油天然气集团公司，是中国西部最大的石油生产企业之一，主要从事准噶尔盆地及其外围盆地油气资源的勘探开发、集输和销售等业务。这样描述可能不会产生歧义。其实平常人们大都喜欢称之为克拉玛依油田，因为克拉玛依虽然在维语中翻译为黑油，很有一种诗情画意，于是，大家都习惯于称之为克拉玛依油田。但是，为了统一，这里统称为新疆油田。

"1955 年 7 月 6 日，克拉玛依正式拉开了油田勘探开发的序幕，同年 10 月 29 日，克拉玛依第一口油井完钻、喷油，宣告了新中国第一个大油田的诞生。""经过 55 年的建设，建成了中国西部第一个千万吨大油田。"①

研究中国数字油田，不能不研究中国石油新疆油田公司——新疆（克拉玛依）油田，这个地处西部偏远的沙漠之中的油田公司，却有着中国数字油田最先进的经验和方法。因此，我们无论如何不能绕开这个信息化、数字化的"沙漠王子"。

新疆油田的信息化工作起步于 20 世纪 90 年代初。经过十几年不断的建设，基本完成油田信息化的体系建设，建立了比较完整的网络硬件、应用系统、生产科研管理数据库、标准规范和管理体系，于 2010 年全面建成数字油田。

为了研究、叙述方便和具有很强的说服力，我们不妨沿着新疆油田数字油田建设足迹回顾一下。

1993 年，石油信息化建设起步，在艰难中一路走来（1999 年数字油田由大庆油田提出）。

2000 年，实施数字油田建设。

2002 年实现档案资料桌面化；实现历史数据整理入库，新数据正常入库；实现油田生产数据快速查询应用。

2003 年实现业务工作桌面化；定义业务流程，开发业务应用系统；实现办

① 见陈新发《信息化创新让城市和油田更具活力》，首届信息化创新克拉玛依国际学术论坛，2010 年 8 月 12 日。

公业务计算机化。

2005年实现新疆油田桌面化；建立覆盖油田业务的数据库；初步实现生产、科研、管理等领域的一体化集成应用。

2006年实现数据管理正常化；开展六个“全”建设，即标准全覆盖、流程全建立、职责全落实、人员全到位、系统全通畅和硬件全配齐。

2007年实现应用系统集成化，完成四个“一”建设，即建立一个信息平台、完成一体化系统集成、开发一个数据接口和建立一套系统管理制度。

2008年实现生产过程自动化，建成油田自动化应用体系，构建油田生产自动化标准规范体系框架，完成油田站库自动化系统数据集成，实现油田锅炉自动化数据共享，开展自动化数据应用分析，推进油田向智能化发展。

2009年实现管理决策智能化。

2010年，按照“五个主题年”全面建成数字新疆油田。

新疆油田的数字油田建设就是这样一步一个脚印地往前走，走得坚实，做得扎实，建设务实。通过研究显示，新疆油田的数据正常化建设在中国数字油田建设与研究中，是最具推荐价值的业绩。它不但管好了历史的数据，还让新生产的数据源源不断地进入数据库，为科研、生产和管理提供强大的支持。

新疆油田建立了一套完整的数据服务与管理业务工作流程，实现数据直接服务于科研生产，将科研人员从收集整理数据及项目成果数据管理的烦琐工作中解放出来。

超前的思想，先进的理念，敢为人先的精神，使这个地处偏远的油田企业，率先实现1000万吨原油产量，率先进行信息化、数字化建设，率先“全面建成数字油田”①，在数字油田建设上具有明显的优势和特点。

我们研究新疆油田主要依据《首届信息化创新克拉玛依国际学术论坛》①、《数字油田信息平台构架》（李清辉等，2008）、《数字油田建设与实践——新疆油田信息化建设》（陈新发等，2008）、《企业信息化过程中的数据质量监控》（王辉，2006）、《数字新疆油田建设与应用》（王辉，2006）、《数字新疆油田的建设实践》（沈建林，2008）和多次到新疆油田参观、学习和考察得来的实际感受。

---

① 见陈新发《信息化创新让城市和油田更具活力》，首届信息化创新克拉玛依国际学术论坛，2010年8月12日。

3.3.1 新疆油田的数字油田理念

新疆油田数字油田起步早，思想超前。在数字油田的建设过程中，不断推出阶段性的建设任务和新的理念。

(1) 数字油田是油气田业务与信息技术高度融合的产物，这是新疆油田经过多年建设和实践的经验总结。“基于数字新疆油田的建设实践，我们认为，数字油田就是实体油田在计算机中的虚拟表示，通过在计算机上研究管理油田，提高油田的核心竞争力”①，这是新疆油田对数字油田的基本认识和高度概括。在这一思想中有这样的几个基本点值得注意。

“数字油田是油气田业务与信息技术高度融合的产物”，这是对数字油田提出以来的最新的表述。这个表述超越了以前任何一个关于数字油田源于数字地球的说法，更为重要的是将数字油田与油田业务的关系拉得更近。

“通过在计算机上研究管理油田”，这是新疆油田人的一贯思想。“数字油田是信息化发展的必然产物，是油田业务与信息技术的高度融合。其最终表现形式就是完全应用计算来研究和管理油田实体。”（沈建林，2008），以往的技术主要作用于物质资源，是体力劳动的延伸。“信息技术主要作用于信息资源，为获取存储、传递和处理信息提供先进的设备和手段，劳动过程由手工操作转向人工智能控制，体现为智力的延伸，此更为重要地影响着人类社会发展。”

正是因为新疆油田对数字油田的认识和理念定位在研究和管理油田上，才使新疆油田坚定不移地进行建设，坚定不移地走到了今天。

“数字油田就是实体油田在计算机中的虚拟表示”，这是新疆人的又一个基本观点，这一观点深深地印在新疆人的心灵深处，为此而坚持和努力着，这样的执着使他们完成了“三步走”工程（2002 年实现“档案资料桌面化”，2003 年实现“业务工作桌面化”，2005 年实现“新疆油田桌面化”）。这“三步走”工程全部围绕数据在工作，首先将基础数据全部入库，数据是计算机研究油田地质、企业管理的基础，没有数据就没有计算机研究和管理。其次是实现数据资源的共享。这是数据建设的基本目的之一，建设数字油田其中最重要的一个目

① 见陈新发《信息化创新让城市和油田更具活力》，首届信息化创新克拉玛依国际学术论坛，2010 年 8 月 12 日。

的就是为了数据资源的共享，同时也是为将油田装入计算机打下良好的基础。最后就是全部油田装入计算机。打开计算机就打开了整个新疆油田。

（2）新疆油田的数字油田与数字城市融为一体，打造世界石油城是新疆油田最为宏伟的目标和理念。1955 年，中国西部第一口油井的开发，就标志着一个新型的依托石油资源的新城就要诞生。这种资源型的城市在中国乃至在世界都很多。但是，将数字油田与数字城市融为一体，借助油田、炼化和环保，建成一个“西部明珠”的现代石油大都市，在中国还是唯一。

2010 年 8 月，克拉玛依市政府在召开的首届信息化创新克拉玛依国际学术论坛上，正式对外宣布并确立“打造世界石油城”的战略，这个“世界石油城”由“五大基地”、“三大产业”和“两个平台”构成，通过打造世界石油城，逐步推进克拉玛依由“单一资源型城市”向“综合型城市”迈进，由“工业型经济”向“服务型经济”迈进，探寻一条可持续发展的新路子。

信息化、数字化是打造世界石油城市过程中的先导，是提升发展品质、调整经济结构、转变发展方式、推进资源型城市转型与可持续发展的灵魂，也是优化发展空间，实现现代化建设目标的唯一选择。可见，数字油田与数字城市在克拉玛依市和新疆油田具有很高的地位。

（3）宣布数字油田“全面建成”，开启“智能油田建设”新航程。在中国，从“十五”、“十一五”到“十二五”，在企业信息化规划中说要建成数字油田的油田企业数量不少，但是，正式对外宣布“全面建成数字油田”的只有新疆油田。同时新疆油田还高调地对外宣布开启“智能油田”建设，认为“智能油田是数字油田发展的高级阶段，是在数字油田的基础上，借助业务模型和专家系统，全面感知油田动态，预测油田变化趋势，自动操控油田，持续改进油田管理，辅助优化油田决策，实现用计算机系统智能地管理油田”①。

新疆油田对智能油田的描绘是“全景智能化”。①智能勘探，在智能勘探区挖掘潜在的勘探目标；②智能生产运行管理，自动预警和处理生产过程平衡与优化；③智能储运，全程模拟分析；④智能保障对水、电全程数字化管理；⑤智能油藏管理，做到动态模拟，预测和专家系统辅助决策；⑥智能战略决策，

① 见陈新发《信息化创新让城市和油田更具活力》，首届信息化创新克拉玛依国际学术论坛，2010 年 8 月 12 日。

决策模拟专家系统辅助宏观决策等。

新疆油田的智能油田计划分三个阶段建设：首先，建立油田地质模型和生产业务模型体系，实现油藏和生产过程的自动监测、分析、预警和优化。主要完善感知能力，完备数据软件，实现协作平台，建立预测和生产优化能力，完善自动处理能力。其次，建立专家知识管理体系，实现智能化的知识共享和研究协作。就是建立知识库规范，优化协作管理模式，全面建立知识库和实现专家系统。最后，建立综合决策支持体系，实现生产部署、调控的智能化，主要是全面建设和运用专家系统，建立辅助决策系统等。新疆油田计划于2020年建成智能化的油田，让我们拭目以待。

3.3.2 新疆油田数字油田建设特征

新疆油田的数字油田建设具有独到之处。如果对新疆油田的数字油田建设选几个词，我们给这样几个词一定是再合适不过的了，这就是“坚持、探索、一把手工程”。

(1)“坚持”。新疆油田的信息化、数字化建设可追溯到1993年。当时公司借助集团公司“双普查”活动，开始组建勘探数据项目组，开展了对数据库技术在勘探领域的应用研究，自此新疆油田一刻也没有停止过对信息化、数字化建设的步伐，正因为有这样的持久力，才有新疆油田数字化的今天。

(2)“探索”是新疆油田的另一个特点。在对信息化、数字化建设的组织、领导与数据的管理中，新疆油田将管理机构几度调整，几度更名，从档案馆、信息中心到数据中心，几度变革。这一变，不仅仅是组织机构的变更和人事的调整，更重要的是使数据由一般意义的共享资源变为数据资产，把数据提高到了一个很高的高度，使数据管理更加规范、有序地发挥作用。

(3)“一把手工程”。这是大家一贯的共识，但是，能有几个单位坚持“一把手”亲自抓？这是很难做到的。特别是个别领导将业绩放在自己在任期间的第一位，领导人看什么能够出彩就投入什么、建设什么、抓什么，而信息化、数字化建设是一个漫长的过程，往往开始轰轰烈烈，发展到一定阶段，慢慢就成了想起来做一点，想不起来放一放。只有新疆油田的“一把手”始终如一地抓了这么多年，就像抓主营业务一样毫不放松地抓，才取得了这样大的成就和进步。

新疆油田的数字油田建设特征集中体现在三个方面。

1. 数据正常化建设

新疆油田数据建设、管理，有思路，有方法，应该作为中国数字油田建设中全面推崇的典型。

新疆油田自 1941 年以来的勘探数据应有尽有，1952 年以来的开发数据全部核准入库，总量达到 78.1TB。新疆油田大规模数据建设始于 1993 年，坚持了三年，完成了探井、录井、测井、试油、井下作业、开发动态、采油工程、分析化验、试井和生产测试等历史数据建设，接着完成了地震、钻井、天然气、开发规划、储量、圈闭、地质图形、地震项目数据库、勘探综合研究项目数据库和地理信息等数据建设。

新疆油田在数据建设上肯下功夫，在数据管理上同样肯下功夫，他们在第一期数据建设中，历时三年，对所有已入库数据进行全面复查，使入库数据达到质量标准。在数据质量控制方面，制定统一的质量技术指标和考核规范，设立专门部门和数据监督岗位，对数据源的单位实施三级质量管理，形成数据运行、数据质量监督管理、定期发布质量公报的管理体系，并将数据传输加载纳入对作业公司的市场准入管理和工程结算条件中，建立了完整的数据质量体系和质量管理流程。

数据正常化就是数据建设、管理常态化。新疆油田认为历史数据建设与管理是阶段性的，新产生的数据实时入库是无期限的，他们于 1995 年启动数据正常管理工作，把数据正常化工作一抓到底，这是油田生产过程、研究过程和工作过程中必做的一件事，不用再强调、再要求，这是每个人的自觉行为，由此养成了良好的习惯。现在为新疆油田技术服务的作业单位和科研单位，只有同意将所有产生的数据全部按照规范要求入库，实行集中管理，才能拿出施工合同结算。

除了数据中心专业管理全油田的数据外，新疆油田还建立了数据源、专业部门和信息管理部门三级数据质检体系，要求从机关职能处室、勘探开发数据库项目组到数据原单位逐级设立岗位，建立数据传输加载工作流程。先后建立了覆盖油田公司二级单位和外部服务公司的 36 个面向数据中心的一级数据源点，数据从采集、传输、处理、入库、发布、应用和服务等方面进入流程，实现正常化管理。

2. 小系统、大平台

新疆油田数字油田建设实施“小系统、大平台”建设思想，这在数字油田初级阶段是符合建设规律的，这是中国特色的数字油田建设的特征之一，值得肯定。

在“十一五”初期，新疆油田确定的四项重点工作：①建立科学规范的信息运行体系，信息工作要像勘探开发一样建立完善的运行体系，实现各项工作的正常化管理；②建立覆盖油田的数据仓库，到 2010 年把物理的新疆油田装入计算机里；③开发完成三大应用系统，即地理信息系统、自动化生产信息系统和生产指挥信息系统；④建好新疆区域网络中心，建成一个中心机房，实现设备的集中管理，完成新疆区域网络运行维护中心建设，建立稳定畅通、无处不在的网络环境，应用无线宽带技术，实现任何人、任何时间、任何地点都能工作，都能像在办公室一样管理油田、研究油田、指挥油田（韩晓霞等，2005）

通过“十一五”的建设，达到四项效果：①油田可视化。实现油田地上信息资源图示化直观展示。②生产自动化。实现勘探、开发、储运、生产过程自动化管理。③工作协同化。实现生产、科研、管理和决策网络协同工作。④决策智能化。实现智能化的信息辅助生产指挥和管理决策。

这样的描述好像不应该是在 2005 年那个时代的人能做到的，倒像是 2010 年在编制“十二五”规划，具有非常先进的思想和技术。正是由于新疆油田具有这样超前的建设思想，能够准确地描述出数字油田如何建，才有了新疆油田“小系统、大平台”这样的建设成就。小系统具备这样一些优点：①分类细，容易建。②适应性强，针对性好。③运行性灵活，拆卸方便。

在大型平台建设还不成熟的条件下，为避免浪费和损失，应提倡这种小系统建设思想和方式。

3. 数据中心管理机构建设

新疆油田的数据中心管理机构建设是值得推荐的一个特征。新疆油田的数据中心是一个组织机构，它不同于我们平常所说的数据建设中的以数据为中心的数据中心。其职能主要有：数据、系统、网络的建设、管理、维护、服务；标准规范的制（修）订；规划计划、技术方案编制；网络宣传与信息安全；信息化项目的实施；信息化业务指导与考核。

新疆在数字油田建设中坚持探索，有过信息中心建制、同档案馆合并建制等，最后确定为数据中心建制。这是一个不错的建制。

信息中心从传统意义上的机制看，是一个信息化建设的IT服务，按照一般人的理解就是购置电脑、网络维护、修修机子和视频会议保障，它不可以介入对数据的建设与管理，更不具备对数据资源和资产的管理。而新疆油田的数据中心在管理着新疆油田最大的资产与资源。

数据中心是对数据正常化的根本保障。数字油田建设数据正常化建设与保障需要一个强有力的组织体系作保障，只有数据智能更新才可以做到对数据源点采集标准的建设、数据传输链路上过程的监管和数据正常化入库的质量保证。

新疆油田把数据中心作为专业机构来看待，它是油田公司直属机构，正处级单位，一正两副主任，两总师一副总师，六科室建制。

数据建设与管理，长有规划，短有计划，提前介入，细致入微。数据监督，就像“数据警察”，对内监督数据的入库和发放，对外监管数据的流向，保障数据更加具有权威性、快捷性和方便性。特别是“两总师一副总师”完全是一个专业机构建制，不但可以实施数据的专业监管，还进行数据的专业研究和建设，以及高端开发。如果再跨一步就实现了首席信息官（chief information officer，CIO)。

希望中国油田企业的第一个CIO就在这里诞生。

3.3.3 新疆油田对数字油田建设的贡献

新疆油田地处西部，在以往可以用偏远、消息闭塞等字眼来描述。但是只要研究了新疆油田或者亲临新疆油田，给人的感觉是在信息化的时代，这样“偏远”的地域不偏远。他们的数字化程度很高，信息化的思想很超前。也许正是因为地处这样的“偏远”区域，他们对数字油田的建设心情才更加迫切，从而使新疆数字油田建设的步伐比内地走得更快。所以，在研究和总结数字油田建设中，新疆油田的数字油田建设对中国数字油田的贡献是很大的。

(1) 数字油田建设精神。新疆油田在数字油田建设中的这种“坚持”、“奋斗”精神是很值得所有油田人来学习的。他们的这种持久力和建设精神在很多油田是不多见的，就像“沙漠中的胡杨”。例如，新疆油田在数据建设初期，鼓励全体员工坚持数据录入，每录入一条数据一毛钱、两毛钱，这在我们现在看起来是不可思议的，但是，新疆油田就是这样一点一点走过来的。

新疆油田在数字油田建设中的探索精神也是对中国数字油田建设的贡献。新疆油田为了管理好数据，为了能将数据建设领导得好，抓得有力，在管理机构上作了一步又一步的探索，从信息中心到档案馆，再到信息管理中心，最后定位在数据中心上。我们始终认为新疆油田在数字油田建设上，从数据建设、系统建设到数据管理探索出了与众不同的道路，走着一条中国式的数字油田建设的道路。

(2) 新疆油田对中国数字油田的第二个贡献就是对信息化及数据管理组织方式与组织管理的贡献。在整体机构中自下而上形成一个体系，公司领导为决策层和整体建设指明方向；机关处室管理层提出要求；数据中心执行层抓好落实。研究院、采油大队、集输站、作业公司、IT 服务商和专家库等都作为支持层，有数据支持、决策支持和服务支持等，构成一个统一体，这个统一体中有一个核心“地带”，就是能将上下全部连在一起的机构——数据中心。

新疆油田的数据中心不同于通常所说的数据建设中的以数据为中心的那个中心，而是一个行政管理部门，同时又是一个业务部门。数据中心的职能包括数据系统网络建设、管理、维护、服务；标准规范的制订、修订；数字油田建设规划设计、技术方案编制；信息化、数字化项目的实施；信息化数字化业务指导与考核。数据中心是正处级建制，设有总工程师等专业高级技术指导，有中心办公室，负责计划项目和综合管理。数据管理科负责标准数据服务；数据监督科负责数据正常入库；系统管理科负责系统正常运行；软件研发部负责方案设计平台；网络管理科负责网络安全与门户，从管理到维护都有人管，同时在二级单位还设有信息部门，负责本单位数据的上传、系统的正常运行和提出本单位信息化数字油田建设需求。

新疆油田这一管理体系的探索和建设经验告诉我们，中国式的数字油田建设管理体系应该或者必须走上这一条道路，这一建设、管理、运维和服务的长效机制为数字油田改变油田作业、生产运行方式，组织实现根本性的转变打下了良好的基础。

(3) 新疆油田的数字油田建设中还有一个贡献，就是与 IT 供应商的合作范例，也是值得人们学习和借鉴的。人们常说，就怕没有信息化数字化的项目，不怕没有人来做。这话没有错，但是，在数字油田的初级阶段，特别是基础工程建设项目的门槛都比较低，很多IT供应商都可以做，特别是随着信息技术的成熟和学习计算机应用人员的增多，一般人员只要学会配制和系统安装都可以做。然而，数字油田建设其实是专业性很强的，尤其是应用系统开发。尽管大量的还处于管理服务一类之中，但是油田生产过程中仍然要应用到油田技术、流程和业务，这就需要一个既可以做软件开发又懂数字油田业务的技术服务商能够“贴身”运行，“捆绑式”服务。新疆油田在这一点上做到，在油田公司体制下的公司运作模式，常年为新疆油田提供技术服务，帮助油田提出需求，进行需求分析、设计、建设、安装、维护和升级的“一站式”全程服务，使得新疆油田数字油田建设速度快、浪费少、重复建设少、成效高。这种“捆绑式”服务将油田公司数字化建设与IT公司融为一体。这种油田公司与“贴身”服务的机制也为中国数字油田建设提供了可借鉴的经验。

3.4 数字油田在长庆油田

数字油田建设在长庆，这里特指长庆油田，即中国石油天然气集团公司所属的中国石油长庆油田分公司，大家习惯称之为长庆油田。长庆油田公司的主营业务是在鄂尔多斯盆地及外围盆地进行石油天然气及共生、伴生资源和非油气资源的勘查、勘探开发和生产、油气集输和储运、油气产品销售等。

长庆油田信息化建设在中国数字油田建设中处于先进行列之中。长庆油田在比较早的时候就建成了由西安、庆阳、延安、银川、靖边五个中心构成的覆盖陕甘宁的大型企业网；建成了钻井工程、井下作业等管理数据库和认识劳资、设备管理、物资市场、生产运行、质量安全等一大批纵向业务管理系统，基本实现了覆盖业务的垂直信息化管理，为相应的业务活动提供了有利、高效的管理保障。这些都是些常规的信息化、数字化建设工程。

2009年前后，中国大地上掀起了一股参观学习长庆油田的热潮，全国各大油田和很多从事数字油田建设的单位纷纷来到长庆油田参观学习，使比较变“冷”的数字油田建设似乎又热了起来，热闹的长庆油田感到难以应付。这样大的一个热潮起因于长庆油田先后数次在CCTV-1的报道，它使很多人对于数字油田感到没有什么再建的时候，又看到了曙光，这就是长庆油田的数字化管理建设。

数字油田在长庆是一个典型的个案，我们研究长庆油田的主要依据是CCTV-1新闻报道、《长庆油田数字化管理建设探索与实践》[①]、《大长庆是怎样长大的》[②]、《长庆“数字油田”初具雏形》[③]、《打造特低渗透创新管理示范油田》（李建华，2007）、《长庆油田前端数字化管理建设与应用》[④] 和对长庆油田的参观、学习、调研及实地考察得出的信息。

3.4.1 长庆油田的数字油田建设理念

数字油田有一个重要职能就是管理作用，无论是对数据的建设、加强数据的管理还是对系统的开发和建设，大家都认为利用对数据的快捷使用，信息的共享，目的就是提高管理效率，提升企业经营管理水平与竞争力，对于这样的认识人们早已达成了共识。但是，这种管理作用与效果比较慢，在很大的程度上是间接作用。能不能有直接的管理作用呢？长庆油田的数字油田理念给人们耳目一新的感觉，因此长庆油田开辟了一个数字油田建设的新天地。

（1）通过数字油田建设改变人力资源管理模式。国外早年油田信息化、数字化建设的一个重要目的就是解决艰苦创业劳动力严重短缺和危险性劳动成本问题，特别在海上作业的油田，用自动化、智能化技术远程作业已成为一大趋势。

长庆油田的数字油田建设理念彻底打破了人们的思维方式和人力资源管理的观念。长庆要建“西部大庆”，在未来几年中油气当量达到5000万吨。那么，5000万吨的油气当量生产，分布在30多万平方公里的盆地里，按照传统的管理模式人员可能需要30万～40万，这样的现代油气田模式与数字油田完全相悖。长庆油田喊出的口号是：原油产量要上去，人员成本要下来。也就是当长庆油田的油气当量达到5000万吨时，工程技术人员仍然保持7万多人。这一理念得到了总公司的大力支持，也完全符合数字油田建设的目的，数字油田建设就是随着数字化程度的提高，解决繁重劳动岗位上的人力资源不足和减轻劳动人员的劳动强度，这一理念被长庆油田大胆地提出来了，实施了，被人们广泛认

---

① 见冉新权《长庆油田数字化管理建设探索与实践》，西安会议，2009年10月。

② http://news.cnpc.com.cn/.

③ 见长庆石油报，2005年9月。

④ 见高玉龙《长庆油田前端数字化管理建设与应用》，新疆会议，2010年8月。

可了。

（2）数字油田决策前端后端理念，改变油田企业的劳动架构和组织方式。按照长庆油田的划分，后端包括人事、财务、物资供应、设备和MIS系统的业务流程、标准管理、企业内部控制体系以及油气藏经营管理、决策支持等；中端是指生产运行指挥系统；前端是油气生产管理系统。传统的管理凡是决策都来自于后端，领导层的决策是最终端，领导决策后通过前端执行，执行后反馈到后端，后端再决策。前端只有执行，没有决策。数字油田的数字化管理理念把决策直接前移到前端，当发现油井井况和抽油机工况不好，需要作业维护，前端就可以在远程实施启停，把这一时间缩短到秒级水平。

（3）数字化管理理念，用“让数字说话，听数字指挥”这样一句话，将数字油田那种神秘面纱揭开，人们知道数字油田就是安装一些自动化、智能化的设备，这些设备采集数据，数据通过无线传输到控制中心，人们在控制中心远程监控，看着这些数字，数字告诉你什么是对的，什么是不对的，根据这些数字当即决定抽油机是否需要启停。这样人们坐在办公室或者控制室实施电子巡井，再也不用厮守在远离人烟的井区或井场了。

长庆油田将神秘的数字油田简单化，数字化管理理念让更多的普通人更加深入地理解了数字油田是什么。

3.4.2 长庆油田的数字油田建设特征

长庆油田的数字油田建设在完全推行总公司的数字油田建设任务之中，选取适合于长庆油田区域特色的建设任务，我们称之为数字油田的主题建设，独具特色。

（1）长庆油田的聪明之处在于选取了数字油田一个主题，并且把这个主题从理论的高度上提高，从建设的作用上把它做实，让人能看得见摸得着，见效快，这就是数字化管理。

有人说：“数字油田比天大”。说大的原因是数字油田涵盖了油田企业所有的学科和领域。在传统的油田中分了很多学科，分了很多领域，不同的学科研究属于自己学科的理论、原理、技术和方法，不同的专业领域仅从事自己专业领域的技术服务。数字油田完全是一个大综合，包含勘探开发一体化、地上地下一体化和经营管理一体化，基本上传统的学科、专业、技术、领域的界限没有了。但是，数字油田并非把学科、专业、领域“大一统”了，在建设中完全可以分出主题，也就是选择一个主题建设，并且建设得透彻和完美。长庆油田的数字化管理主题就是一个很大的特征和亮点。

(2) 数字油田管理突出体现在用数字说话上。由于油气深埋地下，人们看不见、摸不着，长期以来勘探找油气，就是用数字说话，因为应用地球物理方法勘探、钻探和测井等一系列方法技术都是通过采集数据编成图件，读取油气信息。油气开发还是通过勘探开发过程中的动态数据和静态数据，分析测试数据做成图件和数值模拟编制方案。因为数据是由数字而来，数字就成了油气勘探和开发的命脉。那么，在对油气企业的管理中如何发挥数字的作用？长庆油田将数字化的作用发挥得淋漓尽致，提升的高度让人刮目相看。

首先，在抽油机上安装位移和负载传感器。传感器所采集的数据通过无线或者有线通信技术传输到控制室，控制室将数据处理后变成功图，功图可以判断抽油机的工况和油气井的井况，以及单井的产量等。这些数据利用人工看守是无法得到的，它们反映的是工况、井况，如果数据干扰少，采集准确、分析正确，它不但可以对现场抽油机进行远程管理，还可以进行远程前端决策，实行关停，指挥作业。

其次，在井口、集输站、库房安装不同的传感器都可以完成相应的远程数据采集。所以，各类传感器＋无线或有线通信＋后台软件就完成了井场、站、库设备的远程监控检测，再加上视频监控摄像技术，就构成了数字化管理的技术，在指挥中心只要用很少的人监控管理就完成了传统的人海战术。

(3) 长庆油田数字化管理的核心是在优化生产工艺流程的基础上将数字化与劳动组织架构结合，按生产流程设置劳动组织架构，实现生产组织方式和劳动组织架构的深刻变革，把油气田数字化管理的重点由后端决策支持转向生产前端的过程延伸，充分利用和发挥数字化技术在生产过程的作用，通过数字化管理，促进劳动、人事、管理的变革与优化，创造条件使组织设置与生产布局相统一。

长庆油田的数字化管理达到了生产过程的高效率，管理水平上档次，管理低成本，管理模式优化，生产过程的判识能力和管理水平的提升，极大地转变了思维方式和管理方式。

3.4.3 长庆油田数字化管理的贡献

数字化管理是数字油田的一个重要组成部分，长庆油田数字化是把数字油田管理职能从数字油田中剥离出来，把理念变为现实，把理论变为实践，数字化管理不再是单纯地依靠平台，依靠数据共享，而是将数据延伸到生产过程，走向生产前端，数据直接变为生产过程中的指挥、调动、决策、服务和预警。生产过程变短，数据变活，量化管理，扁平化。这是对数字油田建设的一个重大贡献，主要表现在以下几点。

(1) 开拓思路。打破常规是搞好数字化管理建设的核心，将数字化技术应用于油气田生产前端是对传统信息化观念的一次重大突破，关注数据源头，但更关注生产现场需要，重点解决简单而重复性低、风险性高和劳动强度大的生产过程问题，使数字油田真正发挥了作用。

(2) 切合实际的数字油田建设使数字油田更具生命力。数字油田建设要注意数据的及时性、准确性和有效性，能为科研人员、管理人员提供支持是重要的。数字油田建设能赢得一线工程技术人员和劳动强度大的人员的欢迎，真正解放生产力，将会更加有活力，更具生命力。

数字油田建设因地制宜开展技术攻关，提高数字化技术，优化工艺流程，从而保持技术的先进性，数据采集的准确性及安装维护的便捷性，它将会更加有前途。

(3) 领导层的强力推进是数字化管理成功的关键，数字化管理是油田企业内部管理中的一项革新工程，它不单单是一个简单的技术层面和生产过程的变革，而是劳动人事、人力资源和财务成本等多面的问题，牵扯油田企业最敏感的一些问题。没有油田公司高层的思想统一和观念的转变是根本无法推行的。所以，只有领导层高度认识，全面推行，及时创建与数字化管理相适应的新型劳动组织模式，数字化管理才能取得成功。

总之，数字油田在中国的建设方兴未艾，成就是巨大的，我们可以把我国任何一个油田企业拿出来写，他们都有很重要的作为和成就，而这里仅选了几个典型代表，从不同的侧面进行了描述和介绍，其实他们还有很多的建设事迹，但是，仅此已经足够说明问题了。

3.5 小 结

数字油田在企业很可能会产生一些异议，但是，数字油田不是空中楼阁，数字油田必定落地，因此，数字油田一定要油田企业具体建设，落到实处。在我国大大小小有20多个油田企业，数字油田建设各具特点，我们只能选取最具代表性的企业和建设特色，以阐述我国数字油田在油田企业的成就。

(1) 选取了我国三大石油集团公司数字油田建设相对典型的企业，从理念、特征和贡献三个方面进行了写实性地描述、介绍，写作的基本思想是希望通过对典型代表的介绍，可以一斑见豹地了解我国数字油田建设的现状和成就。

(2) 选取了四个典型企业，其实是四个不同侧面的数字油田建设的典范，很具有代表性。大庆油田是我国老油田企业信息化建设的先进代表，数字油田又是大庆油田首先提出的，因此，大庆油田是数字油田建设的排头兵；胜利油田在数字油田建设中的数据整理、数据中心建设很具有代表性和先进性，同时ERP推行得也很好；新疆油田我们认为是走了一条中国式的数字油田建设的道路，“三个桌面化”、“小系统、大平台”和数据正常化建设与数据中心管理机制，在我国很具有推广价值；长庆油田是我国数字油田建设中数字化管理的典型代表，长庆油田开辟了数字油田建设的一个新天地，创新发展了数字油田。

(3) 这一章里没有提到中海油和延长油田，不是因为这两个集团公司没有数字油田建设的成就，也不是没有贡献，是因为章节的需要，安排在前一章介绍了。这两个企业集团公司的数字油田建设具有各自的特色，也为我国数字油田建设作出了贡献。

第4章 数字油田发展阶段

关于数字油田阶段论话题，最早出现在李剑锋的《数字油田》等著作中，但是，2009年10月，西安会议中再次提出。

长安大学数字油田研究所于2009年10月在西安召开了全国第一次中国数字油田高端论坛峰会，在长安大学数字研究所高志亮所长的《中国数字油田研究报告》中，将数字油田的十年发展过程进行了细分，并且还制作了一个简短的动画片现场播放，表述了中国数字油田建设十年的三个阶段。同时在《西安宣言》中将中国数字油田定义为：数字油田初级阶段。之后，大家都不再提及阶段问题了。

现在的问题是，数字油田在这短短的十年建设之中是否存在阶段呢？在我们的本书中很有必要给大家一个交代。

4.1 数字油田阶段论

事实上，阶段论可以分为两种含义：第一种含义是中国数字油田建设发展以来跌宕起伏的过程阶段，这是一个微观阶段论；第二种含义是数字油田整个发展过程的阶段，这是一个客观的阶段，可以称之为宏观阶段论。我们认为这两种阶段论都存在，都有非常丰富的内涵和重要的研究价值。

4.1.1 微观阶段论

中国数字油田的元年大家都已达成共识："1999年由大庆油田提出"，对于这一问题没有争议，这就是一个定论。

但是，自从1999年大庆油田提出数字油田以后，数字油田建设方兴未艾，这也是大家有目共睹的事实。可是，数字油田在中国的建设与发展并不是一帆风顺的。我们通过对中国数字油田建设这十年发展线索的梳理，发现 2004 年之后一段时间到 2006 年前半年时间，明显出现了一个小低潮，于是，我们将数字油田发展过程进行了划分，以便对数字油田建设细分，加强研究，具体可以分为三个阶段：①1999～2004 年是高潮期；②2004～2006 年是一个低潮期；③2006～2010 年又是一个由低潮转入新的高潮期。

由此可以看出微观阶段是存在的，其表现出的特征很明显。

1. 中国数字油田之热——微观中的第一阶段

1998 年“数字地球”的提出，全世界的目光都聚焦在地球的数字化，大家都在畅想未来的数字地球将是一个什么样，用数字包围而且用数字显示的一个崭新的地球，人们可在电脑中查询地球的每一个角落的人文和矿产。在这热议中间有两件地质事件对人们的影响很深：一件是由 70 多个国家、数百个矿产与计算机专家将地球的构造带、矿产带完全数字化，放在数字化的地球上，为人们提供在计算机中看出地球的另一面和矿产、构造带的直观展示，这是数字地球最直接的一个表达。另一件是数字油田。尽管大家认为数字油田是由中国大庆油田提出，但是，还有学者论述，数字油田在国外更早，言下之意就是在没有“数字地球”提出之前，数字油田就早已存在了。其实，这是一个不争的事实。因为，油田企业使用计算机比较早，我国大庆油田 20 世纪 60 年代就应用计算机技术进行数据处理和地震解释。因为油气田勘探会产生很多的数据，这些数据靠人工计算是无法实现的。所以，计算机的发明，尤其是大型计算机的出现除了给上天（航天计算）以外，就是给入地（油田与矿产勘探）进行数据处理。而国外在数字地球提出之前，在数字油田还没有概念的时候，就开始实施远程数字化控制与管理。原因很简单，国外石油行业的劳动力人员成本较高，还有就是海上作业风险与成本很高，利用数字化技术实施远程控制与管理，可以降低成本。

由于西方油田在没有数字油田概念下已经实施了数字化建设，在没有一种全新理念和概念情况下建设，那是另外一种概念，当时也就是一种技术和手段。有了一种全新的理念做事，那又是一种概念，它就是数字油田。

我们研究数字油田，还是要把 1999 年作为元年，这是毫无疑问的。把“数字地球”作为引爆全球数字化，带出或者孵化出无数个数字城市、数字农业等的中心点和界点，这也是毫无疑问的。

在数字油田提出后，数字油田建设之所以能够出现热潮，形成一个阶段，主要因为两件事：一是IT技术的快速发展；二是出现了一批热、冷、酷的推动者。

在数字油田的推动者中，首先是数字油田狂热的推动者，这些人与油田没有任何的关系，但是，他们又和数字油田有着千丝万缕的联系，这就是IT精英和IT界的人们。因为，计算机的快速发展，互联网的快速推进，被IT界认为是一个极大的商机，IT界把油田作为最重要的开源目标，不惜一切代价实施攻略、智取，他们利用一切场合鼓吹一个新概念——数字油田。其实他们也不知道数字油田是什么，但是，有一点看得很清楚，而且很准，知道计算机在这强大的数字化运动中有用场，油田又是这场数字化运动中的快速实施者。所以，他们在不遗余力炒作数字油田新概念的同时推介着IT新产品。这是一个强大的、分散的、狂热的推行者，同时也是强有力的推动者。

其次，是数字油田冷静的推动者，这些人是油田企业的信息化工作人员。大家不要认为油田企业的信息中心是数字油田之后才有的，这是不对的。油田企业的信息中心存在得比较早，这个机构成立和存在的时间各个油田不一样，但是，多多少少都有，只是规模不大，名气不大，事业不大。可是，数字油田出现后，各个油田企业的信息中心成为IT界关注的焦点，信息中心也同时被推上了前台。

油田企业信息中心是为油田企业信息化建设提供规划、计划和网络建设，计算机维护和刚刚开始普及的计算机应用培训等提供技术服务的机构，是在数字油田提出以后出现的。数字油田的建设任务首当其冲地落在油田企业信息中心的肩上，信息中心就成为链接油田企业数字油田建设高层决策者与IT界的桥梁，也成为IT界希望攻破的桥头堡。在此条件下，油田企业信息中心是一个冷静的且又是强力的推动者。他们在给决策者吹风、鼓劲、提出决策依据的过程中，一面迎接着来自各方狂热的IT界的推介者，过滤掉很多他们认为不可取的技术和产品；另一面提取有价值的技术、产品与建设者队伍给决策者。所以，这是一批很冷静的推动者。

最后，是数字油田冷酷的推动者，这就是高层决策者，这些决策者一般都是雄狮，他们“睡”得很深，很难说服他们。在数字油田建设之初，这些领导者态度是：什么无纸化办公，打一口油气井，产 10 万吨油，卖出去的是钱，这是关键。有的决策者还能注意倾听，听后了说："嗯，先进是先进，就是太遥远了，这些让我们的后代去做吧"，就这样地拒绝了数字油田的建设。但是，决策者一旦"睡醒"了，那就是雄狮，绝对大手笔的投资。投资力度大，推进速度快，因此，在数字油田建设上有一句话叫："数字油田是'一把手'工程"。就是从这而来。

就这样，在众多力量的推动下，1999～2004 年数字油田在摇篮中快速长大，由一般的概念认同，到数字油田的基础工程建设的投资与建设，再到创建数字油田数据中心等，在 3～4 年中，数字油田大都进入了油田企业的"十五"规划。

这就是数字油田在中国数字油田发展中微观阶段的第一个阶段的基本特征，而标志性的成果是诸多学者快速推出的专著与轰轰烈烈的 IT 投资。

2. 中国数字油田之难——微观中的第二阶段

2004 年后半年到 2006 年前半年，中国数字油田出现了一些问题。

随着数字油田的发展，出现了一些包装和粉饰，给数字油田贴上了各种虚意的标签。数字油田建设巨额的投资（当初计算机很贵），短期内看不到回报，这使很多学者、一线建设者和一些管理者，开始思考以下问题。

(1) 数字油田到底是什么。尽管对数字油田有很多定义，但没有一个确切的谓语给出准确的定义。由此而引起学者们的怀疑：数字油田到底是什么？一些学者们发出强力的呼吁："数字油田行稳以致远。"

(2) 数字油田狂热之后，出现了一段平静。狂热之后的平静倒让很多关注和期望的人不适应，出现了没有声音的平静，给人一种错觉：不会是昙花一现吧？所以，一些学者提出了种种猜想和疑问，大有"红旗到底能打多久"的呼唤。

(3) 当年建设之初投资最大的是网络工程，包括机房建设和终端电脑，巨大的投资和计算机应用水平的低下，使一些学者感到很困惑，每台计算机投资上万，而使用者有的连字也不会打，进而影响使用效果，因此，有学者提出了"天大的投资"的数字油田是福还是祸的疑问。

其实，在发展中出现不同的声音并不是坏事，这些有疑问的人都是善于思考的人。他们的质疑会给建设者、决策者提个醒，我们应该给予表扬，感谢这些人。千万不要认为这些人是无知“刺儿头”，这都是不正确的。

这个阶段只是学界的一种安静和平静，一种质疑与忧虑。数字油田的建设还是没有停止。只是，这个阶段的出现，成了后来数字油田建设两极分化的标志。

这是数字油田建设中出现的少有而短暂的平静，是一个低态的转折点。

3. 中国数字油田之光——数字油田发展微观第三阶段

经历 2004～2005 年这样一个非常小的平静之后，中国数字油田研究开始走向高端，建设走向深入。在这个阶段出现了两极分化的迹象，一极走向高端，一极基本停止建设。在高端方面出现了两件事，且同时出现在 2005 年。

第一件事是胜利油田部分学者开始深层次地思考问题：数字油田的关键技术是什么？于是，这些有志于对数字油田深入研究的人们，开始了艰难的探索，他们专访国际大油田，研究油田企业信息化的历史和现状，探讨数字油田的理论和原理，挖掘数字油田的根源和建设中的问题。从 2005 年开始酝酿，撰写论证报告，经过三年的努力，终于在 2009 年初获得国家科学技术部资环领域专家们的认可，获得了国家 863 计划重大项目，实施数字油田关键技术研究。

国家 863 计划研究成果是填补国家技术空白的重大技术活动。数字油田关键技术被列为国家 863 计划，立项研究不仅仅是弥补技术空白，也是一个技术创新。

第二件事是长安大学数字油田研究所在 2005 年成立了。中国数字油田在诞生之时没有一个专门研究机构，在最狂热的时候，也没有出现一个专门研究机构，就在 2005 年，这个平静的时刻，长安大学数字油田研究所成立了，而且和数字油田关键技术研究论证竟是同一年起步。这是一个大学研究机构，其实是数字油田爱好者的俱乐部。其前身是一群专项从事油气勘探的地球物理勘探工作人员。在数字地球、数字油田最为狂热的时候，他们并不敏锐，并没有太大地关注和参与茶余饭后的热议。他们大都在从事着艰苦的地球物理工作和地质研究工作。学者们大量发表的文字和专著都是有关地学与相关矿产资源信息的文字。2004 年，在他们进行的地球物理勘探找油气和部分的油田地质研究成果提交后，出现很多的研究成果，这些成果都在甲方十万火急中仓促提交，对数据的处理和推断解释深入研究得很不够，于是，他们希望有一个办法把数据保存起来，以后再挖掘。起初这些学者关注的并不是数字油田，而是数据银行，并专项对数据银行进行了解和研究，在研究数据银行中发现了数字油田的概念和建设，并发现人们对数字油田概念的理解和建设的偏差很大，尤其对数字油田的数据的理解和认识有很大的误区，更多的人认为数字油田就是 GIS 和数据库建设。在这样的背景下，在长安大学地球科学与资源学院领导的支持下，长安大学数字油田研究所成立了。

长安大学数字油田研究所的成立，宣告专注数字油田专项研究，仰望星空，追求真理，脚踏实地地建设好数字油田是他们的使命。就这样，长安大学数字油田研究所成为中国大地上第一个专门从事数字油田研究的机构。

在经历了数字油田的狂热和短暂的平静之后，2009 年又是一个热点。

这一年，长庆油田数字管理建设将平静的数字油田建设推向了高潮，它给人们的第一反应是：其实数字油田也可以这样建。2008 年、2009 年直至延续到 2010 年，数字化管理建设引发了全国各大油田企业参观学习的热潮，要求学习、参观的同行让长庆油田应接不暇，同时，再一次推动了数字油田建设的热潮。

数字化管理，其实是一个老技术、新概念。老技术是指油井监测监控之前就有，很多油田都在安装使用。新概念是指将油田管理自后端推到前端，减员增效，远程控制，把数字油田建设同人力资源管理和油田生产成本紧密相连，这是长庆油田人的智慧。所以，数字化管理是经过 2004～2005 年短暂平静后，数字油田建设中最大的一个轰动。它的轰动不亚于 1999 年数字油田的提出，甚至超过了数字油田发展的第一阶段。因为，长庆油田的以数字化管理为中心的数字油田建设在 CCTV-1 多次得到报道，这在数字油田发展中是前所未有的，也是唯一的。

这就是中国数字油田渡过平静之后，出现的中国数字油田建设又一个阶段——微观中的第三阶段。

在第三阶段有一个现象，就是发现了在第一阶段建设热潮中成绩不错的油田企业，在第二阶段平静时候淡出数字油田建设，在第三阶段中表现出与大油田企业数字油田建设有很大差距的现象，从而出现了严重的“两极分化”。

出现两极分化的根本原因有两条：一是实力问题。数字油田建设与油田企业的油气生产有关联，也就是油气资源潜力是第一要素，产量和增量是数字油田建设的根本保证，这就验证了我们提出的“数字油田建设的终极目的就是为了延长油田企业的生命周期”。油田企业连油气资源都没有了，建设数字油田又有什么意义？所以，实力决定数字油田建设能力。二是与人的认识和建设过程中的用人选人及其把握有很大的关系。其实认识很重要，在当时条件下人们的认识程度还不高，只能在这个阶段认识水平的条件下完成这个阶段的建设任务。最怕的是选错了人，这些人指各个方面的人，包括企业信息中心的组织者、IT建设与协作者等，尤其是协作者，如果他们的目的是获取名分和利益，而不是将其作为一个事业来做，那么，最后将会无果而终，从而伤害油田企业的美好愿望。一旦伤害了很难再来，“重振河山待后生”是需要勇气的。

其实，还有一部分油田并没有受质疑和平静阶段的影响，他们一直在沿着自己的思想路线坚持与努力地进行建设，这就是新疆油田。这是我国数字油田建设中的奇迹，他们走着一条中国式的数字油田建设的道路，在2010年正式对外宣布“全面建成数字油田”。尽管这一宣布在学界很有争论，但是，CCTV1多次的报道成了不争的事实，他们为自己划分的数字油田建设的阶段性画了一个圆满的句号，无可厚非。

4. 中国数字油田微观阶段论的启示

研究数字油田微观阶段，对我们有以下几点启示。

(1) 微观阶段论这绝不是小题大做。这样细的划分主要是便于对中国数字油田发展过程的精细研究。用一个小阶段可以看出数字油田在这个阶段内的建设内容，发展建设，甚至可发现数字油田的微小内涵。

(2) 任何一个事物的发展过程绝对不是一帆风顺的，波浪式、螺旋式的发展是事物发展的基本规律。数字油田也一样，无论时间长与短，其在建设过程中仍遵循着这样一个规律，这样的发展更加有力和长远。

(3) 在事物发展过程中一定要有质疑的声音，没有质疑是不正常的，有了质疑可以有不同的声音提醒我们。所以，我们不要对提出不同看法的学者予以歧视和批评，更应予以保护和鼓励。

在中国数字油田建设过程中不断地出现不同的声音是好事，我们要给予他们应有的地位和尊重。今后还要继续鼓励更多的学者提出不同的看法和批评。

总之，中国数字油田在短短的十年之中，发生了很多十分有意义的事件，在这些事件中，我们可以领略到数字油田的美好未来。因此，在研究数字油田过程中分出一个“微观”的阶段，构成微观阶段论。

4.1.2 宏观阶段论

数字油田是建设、研究与发展共同推进的一个新生事物，建设是需要脚踏实地地，扎扎实实地实施；研究是仰望星空，追求真理，需要艰苦探索；发展是个硬道理，谁也无法阻拦。但是，发展需要依靠思想指导，因为，思想铸就未来，建设与发展共同成就事物走向未来。建设、研究、发展是共同作用一个事物得到结果的推动力。

数字油田宏观论，是关于数字油田整个发展过程的思想方法和预言。数字油田宏观阶段是一个历史的长河，需要我们从大局、全局看过程，它更加关注的是发展问题、未来问题。但是，发展又离不开建设，建设与发展二者相辅相成，组成了一个数字油田历史的长卷。

1. 数字油田发展阶段思想

信息化的发展的确存在着初级阶段、成长阶段和成熟阶段。芯片技术的“18 个月”预言其实早已终结，这是曾经人们用来证明信息技术发展速度的，在数字化建设过程它已被彻底地粉碎了。

据有关记载，计算机与网络技术的发展先后出现了数个元年：

1946 年，第一台电子计算机诞生，这是电脑诞生的元年；

1965 年，大型计算机诞生，这是大型电脑诞生的元年；

1980 年，个人计算机诞生，这是个人电脑诞生的元年；

1995 年，互联网诞生，这是互联网诞生的元年；

2010 年，物联网诞生，这是物联网诞生的元年。

于是人们用了一个标示图，将它们连起来构成了一个计算机、互联网、物联网起点元年图，如图 4.1 所示。

这个元年图记载了计算机、网络发展过程的起始点，连线上都是那一年出现的一个新的产品与技术，同时也是由于计算机的诞生带来新技术的产生与出现，而每个新技术的出现都会带来不同领域新技术的出现。数字油田就是计算机和互联网发展的产物，我们在这个元年图上再添上 1998 年、1999 年和 2008 年，再看有什么样的变化，如图 4.2 所示。

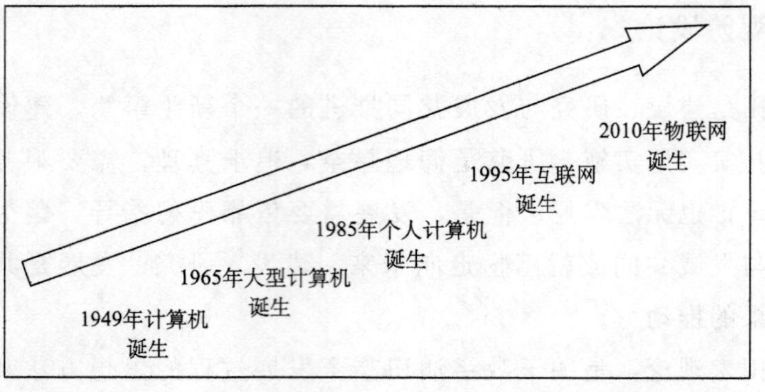

图 4.1　计算机、网络发展元年图

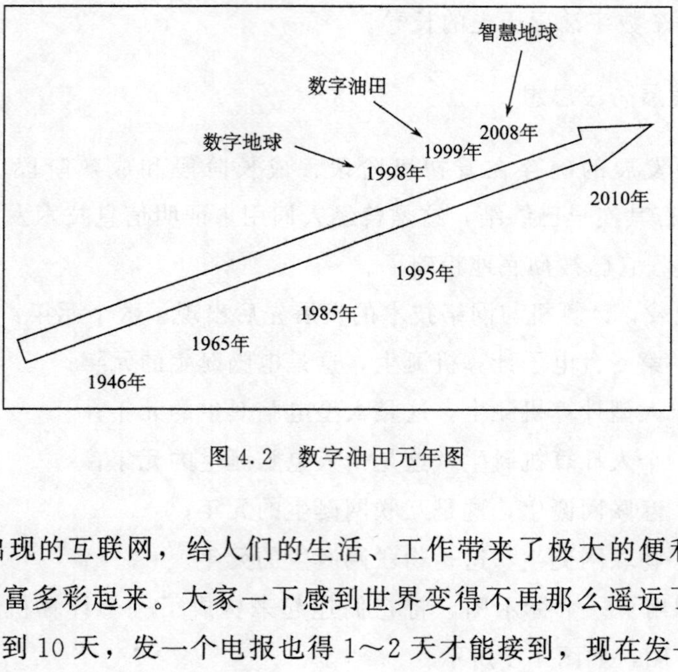

图 4.2　数字油田元年图

1995 年出现的互联网，给人们的生活、工作带来了极大的便利，人类生活一下子变得丰富多彩起来。大家一下感到世界变得不再那么遥远了，过去要寄一封信得 1 周到 10 天，发一个电报也得 1～2 天才能接到，现在发一个邮件只需要 1 分钟。

所以，1998 年之前提出的“信息高速路”是自然而然的事，地理信息系统的出现，数字地球自然也就出现了。有了数字地球，数字城市、数字油田也就自然而然地出现了。

可见，1999 年数字油田的元年是建立在计算机、互联网和地理信息系统提出的基础之上的，而数字油田面对油田企业海量数据实现数据、信息共享，已成了非常容易的事。

1999～2009 年，我们认为是一个十年，这是人们习惯用十年来作为一个轮回，纪念一个时间段发生事件和发展过程的时间点。

2009 年 10 月，长安大学数字油田研究所为了在十年数字油田建设以来，进一步推动数字油田的健康发展，在西安召开了首届全国数字油田高峰论坛会议，在会议上主办方拿出了一个会议宣言初稿，希望通过这样的一个会议给历史一个交代。

但是，在 10 月 26 日晚上召集的全体成员会议上，大家为数字油田是什么展开了激烈的争论，以至于在晚上 10 点突然停电后，30 多位代表移位到天井休闲区点着蜡烛，借助应急灯继续讨论，最后形成了一个新的《西安宣言》。

大家争论的焦点有两个：一是对于数字油田如何定义。在这次会议上主办方一个中心思想希望结束“盲人摸象”的时代，给数字油田一个准确的定义。但是，所有与会者对于数字油田原有定义和现有定义都不满意。二是数字油田建设处在一个什么样的时刻。数字油田是刚刚开启呢？还是经过十年的建设已经初步完成。因为 2000～2005 年是我国第十个五年计划时期，在部分油田企业的“十五”规划中已经把建成数字油田写入规划中，更多的油田企业是在 2006～2010 年的“十一五”规划中提到“十一五”末建成数字油田。那么，到 2009 年之后的 2010 年就是“十一五”末，难道真的建成数字油田了吗？

经过激烈的争论，大家一致认为将数字油田建设定位为“初级阶段”。这样处理是依据如下三点共识：

(1) 数字油田是什么？很难找到一个合适的谓语作结论。我们现在找不到，智慧还没有达到，但是，未来人一定会很有智慧，来解决这一难题；

(2) 数字油田建设的确还有很长的路可走，因为数字油田是什么没有界定好，数字油田建设的方向、目标也就不是很清楚，因而，在数字油田建设上的方法、技术还有很多问题要探索；

(3) 对数字油田的界定与未来走向大家有争议，说明数字油田还是一个内涵更加丰富，外延更加广阔的事物，还有很多的问题需要探索。

所以，用“初级阶段”来暂时把大家的分歧搁置下来，这是一个明智的选择。《西安宣言》解决了这个问题，达到了目的。这也是西安会议的一个重要成果。

2. 初级阶段的依据

如何来判定初级阶段？这是个问题。

当初在《西安宣言》中认定数字油田初级阶段，大家并没有深入地探寻根源和依据，只是一种感觉，感觉数字油田定义不成熟，没有大家公认的定义；感觉数字油田时间太短，仅仅十年时间，信息化、信息技术再快也不会在10年达到成熟阶段，况且数字油田是一个庞大的系统工程，建设可以说刚刚摸出一点思路，数字油田体系还不够完善。

大庆油田在2003年提出并建立了数字油田模型，这个模型的建立为数字油田建设与发展作出了不可磨灭的贡献，因为，大家都不知道数字油田是什么，这个模型告诉人们：数字油田就这样，而且简洁、明了，一看就明白。但是，数字油田建成的终极油田到底是个什么样？是企业再造么？这些尚需时间考验。由此，在今日我们应该对这种感觉给出依据和定论。

1）初级阶段的数字油田理论还不成熟

我们知道没有正确的理论指导就不可能有正确的实践。在2010年之前的十年中，数字油田在理论探讨中还处于各方争霸的地步，还谈不上争奇斗艳。数字油田之初的理论是以地理信息系统理论为依据的理论，在某种程度上是一个错误的理论，错误的理论就会误导实践走向。这一理论的出现很快被大家否认了，没有推行下去，应该说这是一件值得庆幸的事。

在数字油田发展中王权的数字油田理论用狭义和广义来说明，这是一个聪明的选择。因为在数字油田发展之初，数字油田未来是什么样其实看不清，看不远，但是用狭义与广义来表述，还是被大家所认可的。

因此说到底，数字油田理论一直是个欠缺，不但没有建立，而且不成体系。所以，没有正确的数字油田理论指导，就没有正确的数字油田建设方向，更没有健康发展的数字油田的未来。大家一定要借助数字油田初级阶段这个时间，首先把数字油田的理论探索清楚，这是必要的。

2）初级阶段的数字油田技术还不成熟

数字油田技术与关键技术什么样，在之前很少有人关注和研究，更谈不上成熟。“数字油田关键技术研究”是国家高端技术研究，是我国乃至国际上第一个填补相关技术空白的研究。

数字油田的建设技术是依靠 IT 的技术，信息技术体现在网络技术和计算机技术及通信技术上，这些技术在数字油田建设的十年中发展迅速。网络宽带和无线传输，无论建设和技术都已成熟。计算机不但容量大，速度快，且随着应用的普及，价格暴跌，但技术却不断提高。通信技术更是出了 CDMA、GPRS 等系列，3G 的开始普及，“信息高速公路”已成事实，现在手机上网随时随地，不再是“梦想”。而数字油田在信息技术快速发展中其基础建设技术也在快速提升。在初级阶段关于数字油田技术研究需要明确的问题有以下三点。

(1) 数字油田建设另一大工程是数据建设。由于油田一般历史长，数据多，数据建设工作量大，需要一定的时间来完成，有人称之为“体力活”。那么将数据全部电子化、矢量化存在电脑里就算建成了呢？还是数据实现“数据库管理”算建成？还是数据整理、整合，数据无障碍提取，快速应用算是建成？这个问题在 2009 年之前并没有得到解决，即使在今天也没有得到彻底解决，仍然在探索之中。

(2) 数字油田将数据电子化管理后，还应该做什么？海量的数据管理不仅仅是为共享，关键是应用。数据中隐含着大量的信息，将数据通过专业技术的应用分析，挖掘数据中剩余油气信息，提高采收率是数字油田的根本目标和目的，但是，如何运用得更好，现在也没有得到解决。

(3) 数字油田技术、数字油田关键技术是什么？这是一个难题，如果将数字油田定位在仅仅是把海量的数据实现共享，那么，完成了大庆油田建立的数字油田模型中规定的建设任务就算完成了吗？有学者认为，就是这样。因为，已经有良好的 IT 技术作支持，高速网络、巨大的机房和无限的存储系统，完好的储备体系和安全体系，将海量的数据监管起来，共享了，这就完成了。其实，如果数字油田蕴含着更强大的功能的话，数字油田就有可能成为一种勘探技术、开发技术和油田科学管理技术。而对于这一技术始终没有人敢提出。其实，数字油田的功能，包含着哪样的一些技术，今天依然没有探索明白或者展现出来，所以，就要利用数字油田的初级阶段很充分地研究。

3）数字油田庞大的体系建设还不成熟

数字油田蕴涵了油田企业的全部业务，勘探、开发、生产、集输和经营管理。数字油田是线，还是面，一直在困扰大家，如果是线，如按照勘探业务、数据采集、数据处理、数据应用，把数据管理起来，形成一个闭环，这样倒简单了。可是，油田业务越来越不是“走单骑”，油田更加需要协同与协作，需要在一个大的平台上工作，不同专业技术领域的人在同一时刻完成不同技术条件下的同一目标任务。为了快捷，减少协同间的扯皮、推诿，在同一个平台上协同工作是数字油田的一个重要功能，也是数字建设需要解决的根本问题之一。这样单线技术是不能解决问题的，会成为无数个孤岛。所以，面是解决数字油田建设问题的唯一办法。

数字油田的面是指勘探开发一体化，生产指挥调动与动态监管一体化，经营管理一体化等。数字油田面的建设，就是要划分成基础工程建设、数字工程建设、数据工程建设、信息工程建设和知识工程建设等，这些工程是相互联系、互为基础的一个庞大的体系。因此，我们不可能在很短的时间内就把这样的工程建设完成，它是需要时间的。

所以，数字油田体系没有建立和完成，需要在初级阶段来完成。

基于这样三个不成熟原因，把数字油田定位为初级阶段是有依据。从而，我们把数字油田划分为初级阶段的基本依据是充分的。

3. 数字油田初级阶段的基本特征

根据研究，数字油田初级阶段的基本特征包括三个方面。

(1) 人们的认识程度是初级的，低水平的，人们在不断接受的过程中再升华提高，但是，现在表现出来的认识是参差不齐的。对于数字油田建设能够快速接受而投资建设的并不多，等待、观望的人很多，当看到一些建设比较好，就会一哄而上到现场学习、参观、调查研究，很多领导是亲身感受后认识了，迅速开展建设的。这是数字油田初级阶段最典型的特征。这个现象很普遍，原因是大家认识不了，怕担风险。

数字油田建设其实在走着“摸石头过河”的方法路线。数字油田建设，起初的投资并不大，而且，全都不是以数字油田建设为名的投资，大部分是在油田信息化建设的名头下实施的数字油田建设，至今很多油田依然这样投资建设着。这是很正常的，数字油田建设风险还是比较大，信息化建设的风险比较小。原因是，初级阶段大家依然“吃不准”。这就是数字油田初级阶段的又一个认识上的典型特征。

所以，数字油田的初级阶段表现在人们的认识正处在初级阶段，而且这一特征非常明显，可能还要保持很长一段时间。

(2) 数字油田初级阶段表现在建设特征的初级阶段性。数字油田建设的初级阶段大部分表现在基础工程建设、网络工程和数据工程等，这一部分的建设仅仅完成了数字油田基础工程建设和数据工程建设，对于浩大的数字油田建设工程来说也就是一个初级阶段的建设，这是数字油田建设的典型特征。

(3) 数字油田初级阶段表现在时间性的初级阶段。从数字油田完整体系来看，数字油田也同样遵循油田业务的规律，油田建设是地下决定地上，产量、投资决定规模。数字油田建设也是地下决定地上，投资决定建设。油田企业如果地下没有油气资源，地面工程建设的规模再大，技术再先进有什么用呢？投资决定规模。地面工程是需要大投资的，只有投资大才能有良好的规模。而数字油田建设也一样，油田企业地面的所有建设是为了加强对地下油藏变化的掌握，特别是将油藏的动态掌握好才能对油井、油藏作出合理而科学的决策。数字油井的监测与监控，油井单井产量的准确计量，不单单是为了生产任务，更需要的是掌控油层的变化情况，所以我们对油井的监测监控、数据的源点采集、数据的快速传输、数据的分析统计、得出数据结果后对油井远程控制，不但为了提高工作效率，更需要的是让工作技术人员早知道，早做工艺技术制造，让油田减少损失。

所以，完成了地面的数字化，并非是“全面数字化”，数字油田包含着地上数字化，也包含着地下数字化，从时间上来说地下油藏没有数字化，也就是刚刚起步。因此，地下数字化更难。

现阶段的数字油田建设从时间上来说，也仅仅是初级阶段，这也是数字油田初级阶段的典型特征。

4.1.3 数字油田发展阶段论

数字油田建设有了初级阶段，一定不会长期初级下去，还要在完成了初级阶段后走向下一个阶段，那么，下一个阶段是什么？

数字油田建设发展阶段套用诺兰信息化阶段肯定是不合适的，主要有以下三个原因。

(1) 数字油田是一个行业数字化建设工程，不是一个全社会行为的信息化过程。

(2) 诺兰将信息化建设阶段划分为六级，初级到成熟级中间有控制和集成等，这些大多是工业的或者是自动化企业的信息化行为，不适应以勘探开发为主营业务的油田企业数字化。

(3) 数字油田完成了初级阶段不会很快进入全面推进阶段和普及阶段，很可能出现新的技术概念替代了数字油田，如智慧的油田完全取代数字油田，数字油田的概念就不存在了。

那么，现在数字油田初级阶段的走向如何来划分呢？

有这样几种可能：

第一，初级阶段，中级阶段，高级阶段；

第二，初级阶段，成长阶段，成熟阶段；

第三，数字油田阶段，智能油田阶段，智慧的油田阶段。

以上几种划分都不是很理想，第一种划分符合数字油田这样的体系，具有一定的连贯性，初、中、高完全是针对同样一个事物发展在不同的阶段上要做什么样的事，由低到高。但是，这个界限是很难界定的。第二种划分是按照事物成长性划分的，从发生、发展、成长到成熟。这种划分过于生硬，没有体现数字油田丰富多彩的内涵。第三种划分是，数字油田就是一个阶段，数字油田之后的时代就是智能油田或许是其他什么样的一个新的时代，这样的划分需要探索。

其实，数字油田发展的阶段划分还是一个难题。在讨论发展阶段之时，暂且先放下阶段论，我们不妨先讨论一下油田全面建成的标志。

数字油田建成应该具备哪几个条件算全面建成呢？通过多方调研和探索，就我国数字油田而言，至少应该具备以下五条。

(1) 油田内网络全覆盖。光纤至少辅设区队，或者不存在“最后一公里”问题，或者有线＋无线覆盖率达 90％以上。

(2) 数字化员工所占比例达到 90％以上，油田企业具有 CIO 或者首席执行官（chief executive officer，CEO)，数字油田建设常态化，即油田规模发展到哪数字油田建设到哪，数字化员工跟到哪，会操控、会建设、会应用，在数字油田平台上自如工作。

(3) 数据建设常态化。数据从源点采集，智能化管理达到95%以上。数据应用各种方式传输并畅通，数据使用无障碍，数据管理科学化，数据应用反馈自动化，数据正常化覆盖所有业务领域达到95%以上。

(4) 勘探开发一体化、地上地下一体化不再是一个口号，在数字油田平台上，勘探开发不会因为地质认识上的不同而发生争执，推诿的事情不再发生。因为，地上地下一体化、三维可视化将油田全面透明化，透明化率达到95%以上，勘探家、开发家成为一家。

(5) 数据转化成信息不再是难题，没有因格式不同而无法转换，没有因各种专业软件把数据转化为信息成为隔行如隔山的障碍，人们可以在数字油田平台上，宏观远程在线，不同地域、不同领域专门讨论一个相关的问题，瞬间开完一个技术难题研讨会。数字转化为信息的能力达到95%以上。

这是否可以成为数字油田全面建成的标志需要探讨。更详细的评价体系参见附件三。

但是，至少有了个标准，全面建成的数字油田，可以用以上五点为指标作鉴定。

标准1、标准2是在初级阶段必须完成的，还要完成数据库建设，达到历史数据的全部电子化入库，数据做到全面整理。标准3是数字油田发展的中间阶段，数据的源点智能化采集率要达到95%以上，这是一个标志，这既是智能化油田建设的组成部分，也是数字油田必须要做的一件事，如果油田没有做，不能做，它就不可能完成95%以上的数据正常化建设，数字油田发展到一个新的高度也就无从谈起。

因此，数据正常化之后一定要将数据转化为信息，提高数据在一个平台上完成所有转化的能力，这是一个明显的标志。

数据无障碍获取、无缝连接、智能化提取、智能化分析、给予辅助决策、智能转化为知识和知识体系的建设常态化，这是数字油田的高级阶段，智慧的数字油田阶段。这个阶段数字油田完成了80%～90%的原来需要人工完成的作业，并给出相应的决策建议，工程技术人员仅阅读数字油田平台上给定的资料，给出一定的判认，发挥聪明才智，即智慧，就可以推进油田企业的发展和提高。

根据以上的阐述，可见，数字油田发展分为三个阶段是合适的。

初级阶段：应该完成的是最基本的建设。包括机房、网络、计算机配置和机房安全等基础性工作，还有数据的基本建设、数字化管理建设等。

数据正常化阶段：油田全面数字化后的直接成果就是数据正常化，也就是数据从源点采集到传输管理、应用、监管，再入库形成一个完整的闭环系统，包括油藏智能化和油藏数据正常化建设。

智慧的油田阶段：数字油田平台完成了人工80%～90%的工作，工程技术人员需发挥聪明才智对数字油田已完成的工作进行智慧的判识，得出结论。其模式就是：数字油田＋智慧。

现在相当一部分油田还在进行数据整理工作，因为数据放在电脑里，不一定就能应用了，数据整合与关联整理是数字油田更高级的技术工作。油田物联网为数字油田数据正常化提供了机会，现在只有很少一部分油田企业完成了数据正常化的部分工作，全面完成还需要一定的时间和努力。

智慧的油田阶段，还需要很长的时间才能够到来。

根据叙述，我们的观点是：数字油田发展一定是沿着由低级到高级的发展规律发展。为了使数字油田能够很好地、健康地发展，我们将数字油田整体发展定位为初级发展阶段、数据正常化阶段（包括系统建设、平台建设、地上地下一体化建设和智能油田建设等）和智慧的油田阶段。

4.2 数字油田发展机遇

记得哲学家曾经说过：存在的，就是合理的。数字油田在我国存在这么长时间了，说明数字油田一定有它存在的合理性，按照系统工程原理，合理的，就是科学的。这又说明数字油田有科学的一面。

数字油田在我国，已经存在十年有余，而且还在继续生存与发展，从诞生到建设都遇到了良好的机遇。

4.2.1 数字油田的生态系统

每一个事物的生存都有其生存的环境与条件，如油气成藏其条件必须具备生、储、盖、圈、运、保的条件，油气要在高温、高压下成藏，孔隙度、渗透率、饱和度等条件要达到适度，才可以运移、成藏与产出，这就构成油气生存的环境与条件。数字油田在中国，这十多年来的存在应该有着良好的生存条件与环境，从而构成了其生态系统。

数字油田的生态环境包括以下几点。

1. 油田企业需求的环境

数字油田倡导将油田全面数字化，更重要的是数字油田建设是从网络和数据库建设开始，这种基础性建设一方面符合时代发展的需求，顺应了当时社会与历史条件下人们对网络的需要。另一方面网络满足了油田业务的需求，人们希望利用互联网开展业务工作，人们需要宽带传输油田业务中大数据量的图件和图像。这些随着光纤延伸的建设、机房的扩展、服务器等功能的强大，都满足了油田的需要，因此建设的速度很快。

有了信息高速公路，在“高速路”上跑什么？这是油田企业人的另一个需求。油田企业有着海量的数据，将档案管理文件盒中的纸质文档数字化入库，将各种图件矢量化入库是必须要做的事。按照数字油田建设的内涵，数据建设是数字油田的基本建设之一。网络满足了油田企业的数据传输需要。因此，大规模的数据建设成了油田企业十年来数字油田建设中的一项主力工程。

由此可见，数字油田是顺应了时代的发展，迎合了油田企业的需求，从而数字油田在油田企业中一直健康地生存与发展着。

2. 数字油田与业务融合的环境

数字油田具有强大的功能，具有提供数据存储和数据安全保障的功能；具有数据快递、快速共享的功能；具有强大的数据应用、信息管理、辅助决策的功能；具有数字化管理、远程控制的功能等。这些功能能够很好地融入油田业务中，为油田勘探开发、生产、技术过程提供便利，形成融合，这使数字油田的存在更有价值。

我们以油田数字化管理为例：首先，数字油田提供了数字化的先机和理念，如果没有数字油田这样的理念存在，大家就不可能发现和应用数字化技术管理油田的事。其次，数字化管理在油田企业中完全融入业务之中，将数字油田的数字化过程与油田生产过程渗透、结合、融合在一起后，缩短了生产过程，降低了工人劳动强度，减少了生产过程中运行方式，将原有油田生产管理从后端推到前端，实现远程在线管理与控制和减员增效，效果十分明显。

可是，数字油田除了油田企业的业务需要外，更重要的是数字油田功能能够融入到以勘探开发为主的主营业务之中，这一融合产生了更大的作用。所以，数字油田在油田企业的生存更有价值和条件。

3. 数字油田与油田业务主导下的环境

数字油田能够不断地建设与发展，不断地加大投资建设，这与企业的业务主导有着很重要的关系，除了领导认识和理解了数字油田外，企业主要部门领导和业务人员认识与发现了数字油田的作用并结合企业生产提高企业业务能力，也是一个重要的原因。因此，企业“一把手”主导数字油田建设的投资与走向，企业业务部门和业务人员主导数字油田的建设，形成数字油田生存与发展的主导因素。

（1）导向。企业主导最重要的一点是导向，数字油田的发展是有过程的，庞大的数字油田建设过程有着很长的周期，数字油田是需要几个五年计划才能完成的一个工程，因此，需要遵从顺序建设和多期投资建设原则。所以，先建什么，后建什么，投资多少完全由企业领导说了算或者说“一把手”说了算，同时企业领导还完全督导着数字油田建设的走向。

（2）导引。数字油田是为油田企业的数字化技术服务的，数字油田的功能要顺应油田的业务需求，从而油田企业的业务需求引导着数字油田的建设走向。更重要的是数字油田内涵因素在不断引导着数字油田的发展。例如，在基础工程建设完成后，数据建设是关键，数据要服务于油田的业务。如何能让数据发挥作用。当数据建设到一定程度时，油田业务导引数字油田建设加快应用系统建设，应用系统建设后又需要功能更加强大的应用平台等。就这样，油田业务需求引导数字油田建设深入发展。

（3）领导。数字油田建设以来，坚持做到“六个统一”原则：统一规划、统一标准、统一设计、统一投资、统一管理、统一建设。这“六个统一”中，统一建设不是原则，而是领导和权力，这里的统一是为了不乱，以防止重复、浪费和出现信息孤岛。但是，关键是没有给你权力的时候是不可以投资建设的。

“六个统一”一直在规范着数字油田的行为和建设，具有很强的约束力，使得至少在一个大集团内部数字油田建设规范是一致的，标准是统一的。但是，也有不好的一面，统一管理和统一建设往往约束着基层建设的热情和想象力，更严重的问题是，一旦出现错误就是一个大错误。无论好与不好，“六个统一”对于数字油田规范建设和运行起到了很好的原则性的作用。这也是一个生存环境和条件，数字油田十年来就是在这样的生态环境中不断发展着。

4. 数字油田与服务运营环境

数字油田建设与发展不能忘记 IT 界的运营商，包括现在数字化时代的“鬼怪精灵”们，他们头脑清晰，十分精明，他们是“春江水暖鸭先知”的鸭子们，国际先进理念、行业动向都是他们最先预知和预感的，他们可以将一个大的理念快速转接在他们占领的行业中，他们也可以对一个很小的理念进行放大，再嵌入到他们推广的行业业务里，从而推动 IT 技术与行业应用的结合与发展，构成了强大的数字油田生存与发展的外围环境。

数字油田能如此之快地推行与发展，IT 界的精英和数字油田的运营商的推波助澜功不可没，他们有着非常灵敏和坚强的触角，可以深入到油田企业的各个层面，甚至更高层面的领导层中，他们有着能言善辩的本领，可以用简单地表达打动高层领导投资的意念，进而实施建设。

IT 界或者数字油田运营商们其实构成了广大的社会生态环境。

5. 数字油田与油田企业数字化建设群体环境

在数字油田建设与发展中有一个群体不能不提，他们没有多少投资和拍板定论的权力，但是，他们始终在为数字油田的建设默默地做着努力，这些人构成了连接数字油田与数字油田 IT 运营商，连接数字油田与企业高层的纽带，这些人就是油田企业信息中心的领导者和工作人员，他们是数字油田的倡导者和建设者。

这些人是最先接受数字油田理念的人，是最先学习数字油田技术的人，是数字油田规划、技术的编制者和守望者。这批人是将市场中的新理念、新技术、建设方法变成领导很容易理解的，用很简短几句话让领导听明白并相信的，获得领导的同意和认准的人。没有他们，数字油田每发展一步都很困难，这个群体就是油田企业的信息中心的人们。

（1）守望是他们的基本功。数字油田作为新生事物，在最初的发展阶段并没有建设的经验和成果，完全是依靠感知而构造出数字油田的大概的模式。然后按照信息技术的思路制定规划，编制计划，说服领导投资建设。但在领导接手之前，他们大量的时间在不断地接受新的思想，探索别人的一点点经验转移到自己的规划、计划方案中，然后再说服领导，就这样大量的时间在期盼着，守望领导的批准是他们的基本功。

（2）倡导是他们的基本态度。数字油田建设要在油田推行，必须要有一大批人大力倡导，信息中心的人们在不遗余力地倡导数字油田会给企业带来什么变化，能为企业做什么，他们的宣传、解释推动了数字油田的建设。倡导是他们的基本态度，他们会利用各种工具倡导数字油田建设，甚至有一点点成果他们都会进行大力宣传，从而保持数字油田在油田企业的健康发展。

（3）建设是他们的基本工作。数字油田建设是一个高科技的体力活，在建设过程他们会受到来自各方的挤压和批评，经常得到的是委屈，回报的是成果。

数据建设是一个体力活，如何将成千上万本的文本资料电子化，是体力活；如何将成千上万套图件扫描矢量化入库，是个体力活；在油井上安装传感器，在井场、站、库安装监控系统，是个体力活。虽然大量的体力活都给了IT运营商，但是需求调研、现场监管、协调关系和验收维护无不渗透着他们的心血，油田的各个数字工程现场都留下了他们的足迹。他们完成了一个又一个数字油田的建设任务，看着数字油田在业务中的应用成果，心里感到很甜很美。

需求、业务、领导、运营商、数字化员工看起来关系并不紧密，不在同一个语词关系中，却构成了数字油田的生态系统，在这个系统中以业务需求为核心构成了数字油田的生态环境和条件，如图4.3所示。

数字油田生态系统还有很多子系统，每一个子系统都有它的功能作用，这些子系统都在为数字油田的生存与发展提供着营养，使数字油田茁壮成长，健康发展。

4.2.2 数字油田生态环境下的机遇

数字油田生态环境是指数字油田所处的时代与油田企业内外部生存的条件及其在生存中与各种条件的关系。这对数字油田的发展十分重要。

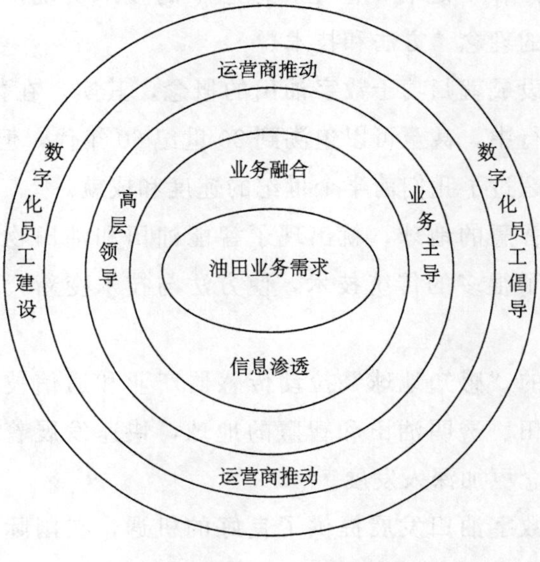

图 4.3 数字油田生态环境图

1. 国际机遇

在国际上，数字地球的概念已深入人心，数字地球概念的内涵和外延都发生了很大的变化。然而数字地球的建设与发展依然强劲。数字地球已不再仅仅局限于刚刚提出时那样的理念，只是地球表面的人文、地理等信息的汇聚与互动及查询，人们将数字地球的概念拓展到更深的层次。

“智慧的地球”将时空大大地提升到人与地球之间不再仅仅依靠人机之间的互动，而是地球已经具备了人在作出决策之前，一系列的分析、判断来自于数据的智能化，计算机分析数据的天赋已经接近人的智能判断，从而使得地球更加智慧。

透明地球的提出，又将人们的目光从地球的时空由空间、地表延伸到地下超过 4000m。深部构造、资源和流体之间的关系，矿体与矿体之间的关系，不再那样的高深莫测，借助高性能传感器对地球的感知，利用高速网络的快速传输，数据并行处理的实时监测与分析，人们可以在 4000m 以下的地球实体中身临其境，不再是神话。

数字地球、透明地球、智慧地球……有时感觉就是一个概念，这个概念的大肆宣传被冠以“炒作”之名，但是，概念下的技术实现，大大地推动技术的创新，催生出更多的理念、方法和技术。

数字油田的建设成就归功于数字油田的概念，其实，在数字油田提出之前，油田信息化也在进行中，甚至可以追溯到20世纪60年代，但数字油田提出之后仅用十年的时间，超过了我们前半个世纪的速度和成就。

今天人们提出智慧的地球，就出现了智能油田和油田物联网建设等，老技术下的新概念整合了很多的传统技术，使方法与技术变新，在现代条件下发挥更大的作用。

透明地球概念的“感知地球”拉动传感器产业和通信技术的快速发展。油田企业借助数字油田、透明油田和智慧的地球，快速发展着数字油田，从而使数字油田借助新概念更加深入发展。

这些新概念给数字油田发展提供了良好的机遇，在国际大环境下，在全球高新技术条件下，数字油田还会更加深入地快速发展。

2. 国内机遇

我国数字油田有着良好的条件与环境。油田业务发展和油田企业自身发展的需要，给数字油田建设与发展提供了机遇。十年来，数字油田抓住了这个机遇，取得了可喜的成就。现在，数字油田在国内仍然具有良好的发展前景。

信息化与工业化融合（即两化融合）是国家战略，党的十五大、十六大、十七大先后提出了信息化与工业化融合的论述，在两化融合中国家都作了重大的战略调整，胡锦涛同志在纪念中国共产党建党90周年大会上的讲话中再次提出：“发展是个硬道理，稳定是个硬任务”……“加快资源节约型，环境友好型社会”建设步伐等，进一步要求深化两化融合，对我国全面推进科学发展与转变方式寄予了厚望。

两化融合的本质是要坚持做好信息渗透在产品之中和信息化改造传统运行方式，这成为党和国家大力倡导和主抓的战略，而这对数字油田建设来说正好做到了，就是应用数字化技术改变油田传统的运行方式，提高油田管理水平，因而，数字油田其实就是两化融合的结晶。

这么多年的数字油田建设，保证了储量的持续增长和油藏的有效开发。因为，油气勘探开发是技术密集型的行业，在现阶段离开了以高强度计算和海量信息存储为代表的信息技术支持，就难以找到油气资源。信息技术渗透到油气田勘探开发的过程中，数字油田起到了平台作用和提供了多学科、多专业领域协同工作条件。还有数字技术与生产过程的结合，实现了油气生产过程的实时监控与远程操作。例如，在生产现场设备上安装传感器，通过数据采集、无线传输、数据分析，实现设备的远程测控和地下油藏的动态监测，这也给数字油田提供了平台和条件。

总之，国家两化融合战略在“十二五”期间更加突出，调结构，保增长等方针为数字油田建设与发展提供了机遇。

数字油田借助两化融合战略还有很多事可做，还有很多事要做。它可以将艰苦行业的人力资源配置、绿色采油、减员增效和提高生产效率等发挥到极致。

除此之外，国家的能源战略调整、化石能源与非石化能源发展、常规油气田勘探开发和非常规油气田勘探开发，都需要数字化技术支持与升级，这都给数字油田借助国家能源战略调整提供了很大的空间。

3. 企业机遇

油气田企业发展为数字油田发展提供了广阔的空间，数字油田在业务驱动和需求引导下，一步一步向前发展，未来的油气田企业仍然在不断地发展，为数字油田继续发展提供良好的机遇。主要有以下三点。

(1) 油田企业二次创业需要数字油田。随着油气开采难度的增大，在老油田高含水、低丰度、产量递减快的条件下，很多油田企业提出了“二次创业”。二次创业就是在隐藏比较深的地方和边际及贫油气的油藏中寻找剩余油，这些为勘探开发技术提出了更高的要求，未来油气勘探开发技术的创新更加需要信息技术的渗透和数字化技术的渗透。数字油田为高新技术创新提供了平台和条件，二次创业必须借助数字油田技术向“老、深、边、贫、隐”进军，这是数字油田大发展的良好机遇。

(2) 油田企业走出去战略需要数字油田。目前我国海外油气勘探开发能力大大提高，在某种程度上可以和很多国际大公司在同一水平上竞争。我国大油气集团公司开拓的海外油气勘探开发市场，遍布全球五大洲。而海外油气勘探开发大都处在社会动荡与条件艰苦的国家和地区，在人力资源紧缺的情况下，走出去战略更需要数字油田作技术支持。

数字油田可以提供远程技术服务。数字油田研讨厅技术建立数字油田平台，可以将远在国外任何一个区域的数据通过卫星传输到国内的控制中心，利用研讨厅实现全球不同区域的专家在同一空间内同台研讨一个技术难题，这在不远的将来不是一个难题。油田企业走出去战略，将为数字油田开拓更加广阔的市场和技术发展前景。

(3) 油田企业发展需要数字油田。油田企业都在努力地延长油气田的生命周期。除了向深度进军，滚动扩边外，还有就是在油田内挖潜，对油田的数字化管理，对油藏精细化管理实现每一个小层、小砂体的精细化描述，这些都只有依靠数字油田来完成。

4.3 数字油田面临的挑战

4.3.1 新技术变革影响数字油田建设的走向

熟悉计算机发展的人们都知道，20 年前，个人计算机大都还在使用命令行式的 CCDOS 操作系统，人们为计算机能使用 WPS 简单地处理中文文件，在分辨率只有 720×350 的显示器上作出简单的图画而倍感惊奇。而在十年前，我们又在为计算机的信息系统平安地跨过了 2000 年而欢欣鼓舞，其实事情的起因在我们现在看来是多么微不足道，当时就是为了节省计算机宝贵的存储空间而使用两位数字表示年份，从而造成 2000 年表示为 00 所带来的不确定性，一度称作“千年虫”问题。我们回头审视那个时代所作的信息计划和设想时，有些在今天看来是多么具有睿智和卓有远见，但相反，也有些显得稚嫩或昙花一现。1999 年大庆油田在我国率先举起数字油田建设的大旗，无论在工业化与信息化相融合上，还是在企业信息化建设上都是一个成功的例证，十余年来，没有大庆油田以及后来的胜利油田、新疆油田等我国大型油田在数字油田建设上一步一个脚印的探索与实践，就没有我国当今数字油田建设的满园春色。我们回顾历史，就是要以史为鉴，只有了解过去，才能指导现在，展望未来。

“昔日黄花已成土，又见新花笑今朝”，今天，信息技术的发展已不可同日而语，从 IBM 深蓝计算机向代表人类高级思维的国际象棋博弈的挑战，到遍布世界各个角落的计算机。它们活跃在人类生活的各个领域。进入新世纪以来，信息技术革命发展的势头要比前十年更加迅猛。在计算机的性能方面，无论是计算速度、存储容量，还是多媒体表现能力都有大幅度的提高，特别是互联网、虚拟现实、无线传感、物联网、云计算等新技术、新思维的不断问世，风起云涌。当今，世界可能面临着重大的技术变革。2009 年 9 月 8 日中国科学院院长路甬祥院士在题为《应对危机，把握机遇，科学前瞻，创新发展》的报告中指出，“进入新世纪以来，世界科技发展呈现出一系列新的特点，人类正走向可持续能源与资源时代，信息技术的发展将继续深刻影响和改变人类社会的生产、生活、思维和发展方式”。他还指出，“我们有充分的理由相信，当今世界科技正处在革命性变革的前夜，在今后的 10～20 年，很有可能发生一场以绿色、智能和可持续为特征的新的科技革命和产业革命，科技创新与突破将创造新的需求与市场，将改变生产方式、生活方式与经济社会的发展方式，将改变全球产业结构和人类文明的发展进程，这次国际金融危机，将加快科技创新和新科技革命的到来。”在谈到信息技术领域时，他认为“无处不在的信息网络、惠及大众以及低功耗、低成本、易使用、高可信、自治管理和个性化将成为未来几十年发展信息技术的主旋律。我们必须抓住 21 世纪上半叶信息科学变革性突破和信息技术跃变的机遇，加快和提升我国信息化进程和水平，发展‘智能中国’基础设施，消除数字鸿沟，走出一条普惠、可靠、低成本的信息化道路，加快构建我国无所不在、人人共享的信息网络体系”。

2011 年是“十二五”的第一年，面对新的技术革命发生的前夜，人们都在精心制定数字油田未来的实施规划，在数字油田业已取得成绩的基础上，准备继往开来之时，有可能举棋不定，有可能被某些开发运营商所错误诱导，也有可能因认识的局限而成“井中蛙”，但我们一定要想到五年或十年以后科学技术的发展趋势，到那时再回首，不要因为我们对形势发展估计的不足或错误的判定，致使我们今天所作所为成千古之恨。我们要成为时代的弄潮儿，高瞻远瞩，既要考虑到当今的可实施性，又要考虑未来技术的变革，使我们的数字油田建设，不仅当前是先进的、可行的，未来也要经受时间的考验，证明也是科学的、可持续发展的。

4.3.2　世界形势复杂多变影响数字油田建设的投资

美国学者迈克尔·T. 克莱尔在《资源战争》一书中写道“未来国家之间的

冲突，将不是为意识形态而爆发，而是为确保最宝贵的自然资源供应而爆发”。石油能使一个国家迅速繁荣昌盛，也能使一个国家瞬间走向衰败，甚至土崩瓦解。阿拉伯联合酋长国1966年发现石油，依靠丰富的石油资源换来大量的财富，使原来主要依靠珍珠出口的贫穷国家发生了天翻地覆的变化，如今，人均GDP已达五万美元以上。然而，近年来，由于中东和北非地区地下储藏着丰富的石油与天然气资源，引来了西方大国的觊觎，从20世纪中叶以来的历次中东战争，到近代伊拉克战争，多国军事干预利比亚都能看到油气资源在其中的端倪。2004年8月人民日报在题为“油气资源牵动地缘政治”一文中指出：由于石油具有的特殊战略价值，世界石油中心同时也成为各种政治力量争夺的焦点。从当代国际政治的演变来看，石油逐渐成为一个国家为维持国力或谋求霸权而争夺的重点，各国想尽各种办法在控制石油资源方面展开角逐，划分势力范围。世界各国对全球石油供应资源的争夺，也构成了世界各国政治、外交政策的重要基础。

近年来我国一些大型石油企业开展海外投资，到海外去寻找稳定油源，实现石油进口多元化，不仅可保障我国石油供给安全，还可以增强我国石油企业的国际竞争力。这种跨国域的经营方式之中，正是数字油田大显身手，发挥更大作用之时，但是，由于国际形势的多变，海外投资存在着潜在的风险，如果出现形势逆转，大量的金钱可能付之东流。2011年初因利比亚国内局势动荡，为了我国公民顺利撤出利比亚，我国租用了四艘外国高档游轮，安排十余家星级酒店食宿，又派出近百架次民航包机，还有多架次的军用运输机，有人保守估计总花费在4亿～10亿元人民币。其中还没包括因企业仓促停产和因战火所造成的损失。

2008年美国出现次贷危机，危机迅速蔓延发酵，由此引发金融危机和经济危机，金融大鳄雷曼兄弟公司申请破产保护，成为第一枚倒下的多米诺骨牌，经济危机的阴霾很快笼罩了全世界，全球经济经历了20世纪30年代以来最为严重的衰退。危机至今虽已历时两年有余，但复苏前景变数犹存。最近的欧洲债务经济危机如果任其发展有可能将刚刚复苏的欧盟各国再次转入衰退。

这种世界政治与经济形势的复杂多变，致使国际石油价格大起大落，当前我国的原油市场价格正处于与世界原油价格逐步接轨的阶段，从而也就直接影响我国油气田企业的经济效益。当世界原油价格节节攀升，世界经济形势好转，国内原油及其成品价格也随之不断调高，各大油田企业当然是最大的受益者。相反，如果世界原油价格下跌，企业的效益势必受损。

一旦企业因各种原因资金周转发生困难，以发展与稳定为首要的考虑目标时，它们往往会首先紧缩在数字油田建设的投资，使数字油田建设举步维艰或戛然而止，所以，数字油田的建设者应对这样的复杂多变形势要有所准备。

4.3.3　油气资源枯竭影响数字油田建设的热情

"泽中有火"、"上火下泽"，这是距今三千多年前的西周时我们祖先最早对石油的认识。如今，石油已从简单的照明取暖，变为人类社会最重要的能源物资，它被称之为工业的"血液"。在我们没有找到石油的替代品之前，如果世界一旦离开石油，社会至少要倒退百年。

我国虽是世界上最早发现与开采石油的国家之一，但我国的石油工业只在新中国成立之后才得以大力发展，20 世纪 50 年代克拉玛依油田、大庆油田的发现极大地振奋与鼓舞了全国人民。改革开放以来，随着我国经济的迅速崛起，对石油的需求急剧增加。据中国石油集团经济技术研究院发布的《2010 年中国国内外油气行业发展报告》（以下简称《报告》）所述，2010 年，由于主要用油行业——工业和农业生产以及汽车销量都增长较快，导致了国内石油消费需求强劲反弹。全年石油消耗量达到 4.55 亿吨，较 2009 年增长 11.4%。2011 年中国由于各方政策的导向，石油需求增速虽有所下降，但预计全年的需求量为 4.83 亿吨，仍增长 6.2%。与此同时，我国石油进口量大幅增长。据海关总署公布的数据显示，2010 年中国进口原油 2.39 亿吨，同比增长 17.5%。报告还认为，当前中国仍处于城镇化、工业化快速发展阶段，今后五年，石油需求年均将增长 4%左右。到 2015 年，中国石油对外依存度将上升至 60%以上。

石油不仅关系到我国经济长久的持续发展，也关系到国家的战略能源安全。我国历届中央领导集体都对能源发展和石油供需给予高度的关注，强调要抓紧制定和实施可持续发展油气资源战略，搞好石油天然气资源的勘探、开发、生产和节约使用。但是国内主力油田大都已进入开发后期，我国油气藏类型日趋复杂，资源品质明显变差，勘探与生产的难度日益加大。2010 年《大庆油田可持续发展纲要》中就提到油田自身发展面临"五大挑战"，其中第一个挑战就是资源接替的问题。纲要指出，油田每年提交的油气储量，还不能满足原油稳产、天然气上产的需要，实现储量有序接替、储采基本平衡困难多、任务重。如何发现新探明储量、稳定油气产量、降低生产成本已成为我国油田共同面对的问题。

为了克服企业面临的窘境，企业决策层往往将希望寄托于高科技，认为数字油田能解决企业所面临的一切困境，希望通过数字油田建设找到更多的油藏，迅速提高企业的油气产量。但当对数字油田建设的投资没有达到预期或效果没有想象的那样明显时，就有可能导致对数字油田建设的热情降温，对数字油田的作用产生疑惑，乃至数字油田建设半路夭折。

4.3.4 数字油田的误读引起数字油田建设的疑问

数字油田不仅仅是一种使油田数字化了的技术，也不仅仅完成企业再造。其实，数字油田不但能够体现出当今时代的油田企业信息化的最高水平，而且还是一个未来油田企业发展的必然趋势，它不仅具有支持今天现实油田企业的具体油气生产和提高采收率、提高管理水平、提高竞争力的作用，更重要的是能够解决以油气勘探开发为主营业务的油田企业如何实现可持续发展的大问题。因为油田企业本身是一个大系统，而数字油田又是一个开放的、复杂的巨系统。数据的背后是信息，信息是数字油田的血脉和纽带，它吸纳地球科学、石油科学等所有知识和技术，做到控制、反馈、协同发展。

我们必须认识到建设数字油田不是目的，更不是企业作秀的华丽外衣，尽管数字油田的建设内含有不同的解读，有着各个侧重面，也有着多种不同的实现方法，但有一点是相同的，那就是它应为合理调配和挖掘油气田企业内部资源、提高生产运行效率、强化企业管理、提升核心竞争力的有效手段。

数字油田建设是油田企业一项艰巨而复杂的系统工程，然而有的企业把数字油田简单理解为就是构建带宽足够大的网络通信链路、建设功能足够强大的信息处理中心、建立若干个海量数据库、编制面向各业务的应用软件、安装高清全天候视频监控工程等，在这些孤立系统的后面，没有统一的标准的支撑，没有统一指挥、统一调度信息处理平台的汇总与升华，不能实现数据转化为信息，信息转化为智慧，只能在一个水平上徘徊，难以上升到更高的层次。这样对数字油田的误解，轻者可能使数字油田满足现状停滞不前，重者走入不断增加信息建设的投入，不断增加信息孤岛的非良性循环，使数字油田建设走入歧途。

当这种所谓的数字油田建设越走越远，资金越投入越多时，就有可能积重难返，欲罢难休，企业数字油田建设者看不到数字油田的未来曙光，企业领导者与广大员工看不到数字油田带来的益处，他们不禁对数字油田建设产生疑问。一旦数字油田建设得不到领导的呵护与扶持，得不到员工的支持与投入，数字油田建设势必有始无终，半途而废。所以我们在建设数字油田时必须弄清数字油田的内涵与外延，精心制定、论证数字油田短期与长远规划，科学、稳妥、扎实地一步一个脚印，为数字油田建设增砖添瓦，使数字油田建设永远沿着正确的轨道前进。

4.4　小　　结

数字油田发展阶段研究其实是一个很重要的课题。因为人们只有深刻地认识到数字油田发展的阶段，才能认识到阶段的过程，并依据过程细化任务，很好地完成建设。如果对数字油田的发展过程及其阶段认识不明，就会犯严重的错误，甚至会导致数字油田建设的失败。

(1) 数字油田阶段论是描述数字油田建设过程中的阶段性，有利于对数字油田建设过程的细化与认识。在阶段论中，将数字油田建设的过程阶段和数字油田发展过程的阶段作了明确的界定，有利于对数字油田未来发展的把握。

(2) 数字油田在发展中遇到了很好的机遇，才使得数字油田诞生与发展，在未来的数字油田建设中仍然需要良好的机遇。在今天，数字油田仍然有着良好的国际、国内的机遇，这对数字油田建设与发展十分有利。

(3) 数字油田的发展不会是一帆风顺的，在良好的机遇下，还有很大的挑战。挑战来自于数字油田本身的建设与发展；来自于油田企业的油气资源的潜力与主营业务需求；来自于世界经济、国内生产等的形势与变化。数字油田要面对变化，积极应对，从而实现更好的建设与发展。

专　题　篇

第5章 数字油田技术

数字油田技术一直是个难题，主要难在数字油田是否是技术，能否成为技术。

数字油田能否像地震技术一样寻找油气资源，能否像钻探中的钻井、录井、测井、智能完井技术一样开采油气，能否像注水开发一样提高油气产量呢？这些技术没有人提出质疑，如地震技术一直是地球物理勘探找油气的重要技术之一，从当初亮点技术到2D、3D直到今天的4D技术，没有任何人提出异议。然而，只要提及数字油田技术就会有人问它是一门技术吗？

数字油田能否成为技术？数字油田是否是个技术，我们需要研究和探讨。

本章试图就数字油田技术的沿革、数字油田的主要技术以及数字油田技术组合与优化等方面进行论述。

5.1 数字油田技术沿革

5.1.1 油田技术来源于油气的勘探与开发

石油天然气勘探开发是一个高风险、高投入、高技术含量的产业，进入21世纪，油气勘探与开发面临的难题越来越多，为保证油田的增储稳产和降本增效，增强企业核心竞争力，各大油田的管理者、科研技术人员运用一切先进的技术发掘油田的潜能，由此便诞生了油田诸多特有的技术。

正如20世纪以来，随着计算机的发明及互联网技术的推广，计算机、网络相关的先进油田勘探开发技术得以推广，油田中先进技术的发明与运用多数都与计算机网络有关。它们大都是信息技术服务于地学、石油工程以及企业管理的产物。信息技术的运用体现于监测—决策（数据—信息—知识—智慧）-部署实施三大主要环节。数字油田技术也就特指油气藏的监测，数据的采集、存储与通信及解译，决策的实施与方案的优化，操控的闭环管理过程中应用现代化的信息技术，它涉及油气资源的整个生命周期，涵盖勘探、评价、开发和集输等领域，将油井、油田及相关资产相互联系起来实现统筹经营与管理，旨在保证油田的增储稳产和降本增效。数字油田技术蕴涵于数字油田之中，而软硬件是数字油田技术的载体和具体体现。经过多年的发展，国内的各大油田拥有了日益完善的采集系统，完整的数字网络环境、丰富的信息数据中心、全面的应用软件和熟练掌握网络设备操控的员工，数字油田技术日新月异。数字油田技术为新一代的油田人提供了全新的领域，造就了一批优秀的数字油田管理和技术人才。

5.1.2 关于数字油田技术

数字油田是一种新一代的油田管理技术，源于剑桥能源研究会。2000 年该研究会组织了一个全球范围内的多用户研讨会，议题是“数字油田——新一代油藏管理技术”，在会后发布的研究报告中，对数字油田技术将会给石油工业带来的影响、作用给予了高度评价。

美国石油工程师协会在 2005 年的年度技术会议和展览上进行了“数字能源”专题讨论，并于 2006 年 5 月在中国澳门举办了“智能油田的未来”论坛。2006 年 7 月由斯伦贝谢公司主办的以“迈向数字化油田的通途”为主题的“2006 中国论坛”在厦门召开。至此，关于数字油田的潜在技术和实际价值，已经从初期的仪器、仪表和监测的数字化，发展成衔接现场作业和各业务部门作业的闭环工作流程，通过这些业务流程的无缝衔接，不断发挥数字油田的全部潜能。

把数字油田作为技术的提法在国际上很普遍。但是，在国内对于数字油田技术有许多种声音。

(1) 认为数字油田不是技术。在很多人看来数字油田还没有完全搞清楚其是什么，就不可能有技术，认为数字油田就是油田信息化。但也有人把油田抽油机远程无线测控、数据实时传输系统技术认为就是数字油田技术。

(2) 将数字油田等同于某项具体的技术。例如，很多文献认为数字油田的核心技术是“GIS”，即地理信息系统，GIS 在数字油田中有很重要的地位和作用，可将油田人文、地理数字化，实现查询和互动。

(3) 数字油田本身内含着数字油田的技术。这种观点认为数字油田技术是数字油田本身所具有的技能和本领，它通过发挥自身的功能为油田企业服务，使企业产生价值和效率与效益，或者解决某一项技术难题，如高能气体压裂技术解决了高含水油层的开发难题一样。数字油田技术一定能解决油田企业中存在的难题问题。这点有别于数字油田建设工程中的那些集成技术、数据运行与维护技术等。

经过多年的数字油田建设，对于数字油田技术也进行了多年的争论，我们在探讨和研究数字油田技术时，必须给数字油田技术充分的论证以还其真实的面目，让其发挥数字油田技术的真正作用。

我们认为，数字油田技术是数字油田的本质内涵。数字油田通过数据整合、技术整合，为油田勘探开发主营业务提供技术支持；通过将信息技术高度渗透和融合，构成油田勘探开发的新技术。

5.1.3　数字油田技术的地位

1. 数字油田技术的定位

21 世纪以来，油田企业出现了一个明显的新现象，在集成化油藏经营管理进一步完善的基础上，又迈向一个崭新的时期——数字油田阶段。这个阶段将把各种有形资产、人力、数据、工艺、技术、方法与工程等有机地融合到一个统一的价值链中，在整个油田开发的生命周期内，连续进行 ERP 优化，提高效益和价值。以四维地震检测、重力测量、电磁监测、永久型地面检波器网络和永久型光纤井下检波器等为主的遥测技术、三维可视化技术、智能钻井与完井技术、自动化和数据集成等的发展与应用形成了这一时期的关键技术系列。数字油田展示了油气田开发正在进入自动化、智能化、可视化和实时化的闭环生产经营新阶段，见图 5.1。

有学者系统地回顾了 20 世纪 70 年代以来关键技术的发展历程，从中可以捕获到关键技术的发展脉络和趋势，同时也可以对比分析出我国油田开发技术所处的位置与水平。从图 5.1 中可以看出，技术发展推动了油气田开发水平的进步和提高，使油气田开发不断迈向新的阶段。

该学者对自 20 世纪 70 年代起所诞生的新技术和关键技术进行了统计，从技

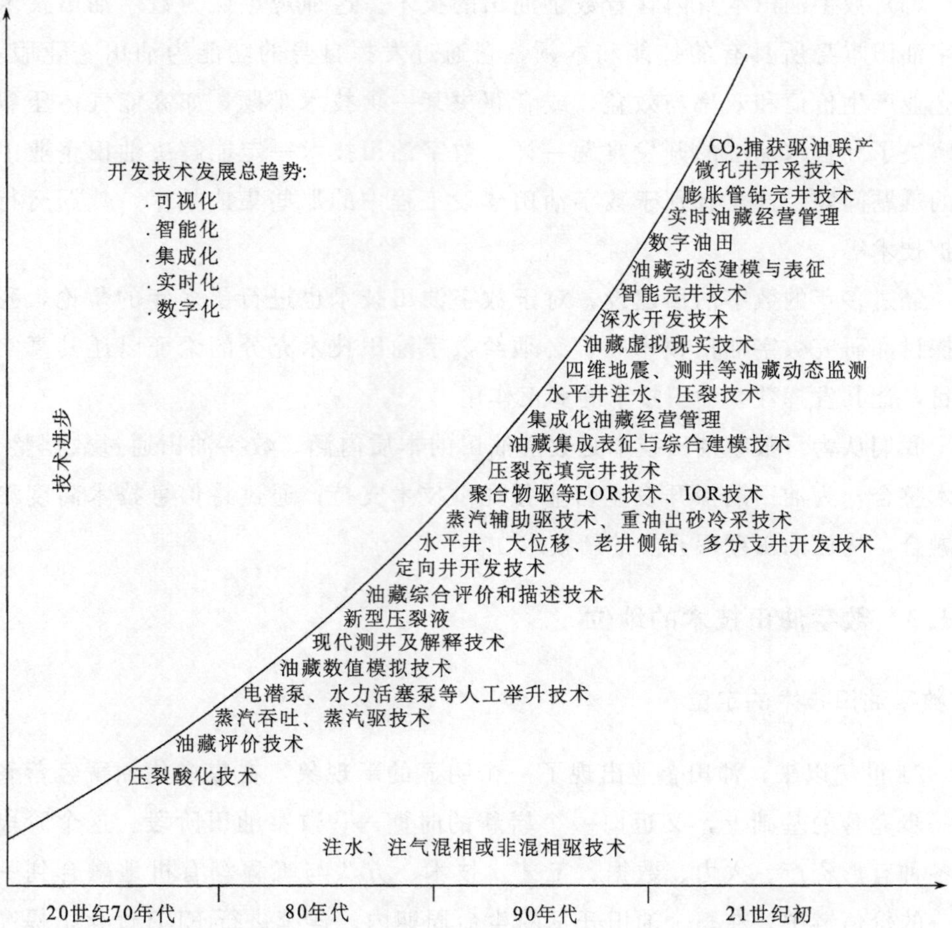

图 5.1 国外油气田开发技术的发展历程与趋势（《石油科技进展综述》，有改动）

术进步的角度看在逐步发展与提升，尖端技术和解决关键难题的关键技术在不断诞生，学者认为到 21 世纪的关键技术除深水开发技术、微孔井开采技术等外，数字油田赫赫在列，也被认为是 21 世纪的关键技术。笔者认为开发技术还在发展，在不断迈向可视化、智能化、集成化、实时化及全面的数字化。

2. 数字油田技术理论基础与技术来源

数字油田技术服务于油田工作之中，体现了“用力少，见功多”管理的基本原则，充分发挥出油田科研人员的智慧，同时实现增储稳产和降本增效，提高了油田工作者的工作效率、决策水平，改善了人员工作环境。数字油田技术的主要研究内容包括信息技术、地学/石油工程和管理学三个方面，数字油田技术的发展与革新也源于这三大领域的理论指导与技术支持。

地学、石油工程、信息学、管理学等多个学科的发展，伴随着数字油田技术的进步。地学方面表现为沉积学、石油天然气地质、地球物理与有机化学、地质建模、地理学、遥感航测、制图等学科领域的发展；石油工程方面则表现在地震与其他物探技术、油田开发与采油工艺、钻井、测井、录井、试油技术、油气集输技术、地面建设技术、设施监控和自动化控件等方面；信息技术则表现为计算机网络、信息采集、处理、解释、应用技术、OpenGIS 和 WebGIS 技术、数据库管理技术、数据仓库技术及数据银行技术、虚拟现实技术、海量存储技术、并行计算、协同工作技术、企业信息门户技术等；管理学方面则表现在系统工程理论、组织管理技术、风险分析技术、ERP 技术、信息管理技术、知识管理技术等。

3. 信息社会催生了数字油田技术

托夫勒在《第三次浪潮》一书中，将人类社会划分为三个阶段：第一次浪潮为农业阶段，从约 1 万年前开始；第二阶段为工业阶段，从 17 世纪末开始；第三阶段为信息化（或者服务业）阶段，从 20 世纪 50 年代后期开始。自计算机问世以来，在全世界范围内兴起的第一次信息革命对人类社会产生了空前的影响，信息产业应运而生，人类迈向信息社会。到 90 年代初期，美国每年应用计算机完成的工作量相当于 4000 亿人一年的工作量。以信息技术为基础的产业在发达国家内已占生产总值的一半以上。信息高速公路掀起的第二次信息革命的特征是网络化、多媒体化。信息高速公路能传递数据、图像、声音等信息，其服务范围包括教育、卫生、娱乐、商业、金融和科研等，并将采取双向交流形式。

世界各国争相发展信息产业以改造传统工业。早在 20 世纪 90 年代，芬兰政府就将建成信息化社会作为其首要发展目标，并于 1995 年制定了信息社会发展战略。芬兰政府制定和修订了电信法、数据法、商务电子通信法、电子签名法和信息社会保护法等一系列法律，完全开放了电信市场，在信息和通信基础设施建设方面投入了巨资，为信息与通信产业的发展创造了有利环境。1997 年韩国发生金融危机后，韩国政府就立志要加快发展信息技术，成为世界级“信息技术发达国家”，把信息技术作为带动经济发展的动力。韩国投入巨资建立超高速通信网，大力发展网络技术，使韩国信息通信技术及产品走在了世界前列。2002年2月，德国推出一项总投资额达36亿欧元的“2006信息技术研究”计划，为德国从2002年到2006年在信息与通信技术领域内的发展提供强大的经济支持。我国政府明确提出了以信息化带动工业化，以工业化促进信息化，走出一条科技含量高、经济效益好、资源消耗低、环境污染少、人力资源优势得到充分发挥的新型工业化路子，用高新技术和先进适用技术改造传统产业。1999年11月10日人民日报刊登了信息技术改造传统工业的十大趋势：快吃慢、地变天、西融东、聪变傻、窄拓宽、分让直、老让少、收即开、高喝低、技变贸。

信息技术悄然改变了传统工业的经营生产模式，改变了传统工业中人员的工作与思维方式。90年代以来互联网的发展，Web 2.0的广泛应用，人们的工作、生活方式发生了质的变化。研究表明，50岁以上人以文件方式工作，35～50岁的人以E-mail的方式工作，小于35岁的人以Web的方式工作。姑且不管这个年龄限定的正确与否，但这一变化是事实存在的，体现于油田员工的工作与生活中，改变了油田员工的思维方式（底层员工对信息的需求主要体现于具体技术手段的信息化）。这一变化推动了领导层的思维与决策指挥的变化，成为我国数字油田建设的需求，不管是从宏观角度，还是企业微观角度来看都推动了企业的信息化的发展。

可见，信息化时代不断催生着新的技术，在信息化时代的大潮中，诞生了数字油田，催生了数字油田技术。

5.2 数字油田主要技术

数字油田就像一个人，硬件是躯体，是数字油田运行的基本环境；用户界面是脸，是技术、科研、决策人员与数字油田对话的基础；数据是血液，是数字油田得以运行的保障；数据整合是心脏，维持着数据的流通；专业软件及软硬件整合是大脑，实现专业领域的技术应用；业务流是思想，是数字油田的灵魂，数字油田是一个平台、一类框架、一种理念，至于用户是用来找油找气，还是用来油气开发，依托于业务流。多年的信息化建设，改善了硬件基础设施，建成了专业数据库平台，购置了大量的专业软件，这一系列的基础工作支撑着数字油田的发展。新的时期，数字油田建设过程中还需整合数据、整合软硬件，并融入油田的实际业务之中。

5.2.1 数字油田支撑技术

1. 数字油田硬件基础

硬件基础设施建设是数字油田的根本保障，内容包括网络通信、机房、服务器、数据存储设备、自动化采集设备、视频监控设备、高性能的运算设备和可视化的展示设备等。主要分为四类：第一，数据采集硬件设备及技术。包括各种传感器及其大型地球物理设备仪器、数字化井场监测、监控设备及技术。第二，数据传输的设备与技术，主要包括有线、无线传输与通信技术。随着油田物联网建设的发展，这部分在数据传输过程中显得越来越重要了。第三，数据存储的设备与技术。除了现有的数据中心机房建设外，还包括异地容灾、双机热备等的设备与技术。随着云计算的出现，云计算、虚拟化等技术将会发挥更大的作用。第四，数据展现设备与技术。这部分在以前并没有引起人们的普遍重视，但随着生产指挥调动系统建设和三维可视化技术的发展，未来大屏、小屏及其移动设备与技术将成为油田设计及决策的重要手段之一。

2. 数字油田数据采集技术

1）地震勘探技术

经过几十年的发展，我国石油的物探技术已拥有了较强大的技术力量，对油气田的增储上产和可持续发展发挥着重要作用。

针对复杂山地、黄土塬等特殊地表和复杂陆相沉积地层等世界级难题，我国展开了提高资料信噪比、成像精度及层位预测准确率的一体化物探技术攻关，逐步形成了复杂山地地震技术、沙漠地震技术、黄土塬地震技术、过渡带地震技术、大型城区地震技术、富油气区带高精度地震技术、油藏地球物理技术和综合物化探技术等八项具有中国石油特色的技术系列。其中复杂山地、黄土塬等地震勘探技术处于国际领先水平。目前取得重大进展的前沿物探技术主要有高密度地震技术、海上多波地震技术、全数字地震技术和时移（4D）地震技术等。

未来物探技术将沿着二维描述、三维描述、三维可视化、四维检测、全面解决方案的技术发展路线发展。①在勘探阶段，发展以重磁电、复杂地表采集、叠前深度偏移处理、叠前储集层预测和圈闭评价为主的地震勘探技术；②在评价阶段，以地震勘探技术为基础，发展以高精度三维地震、叠前地震属性描述、流体识别、定性/半定量圈闭评价和油藏静态建模为主的物探评价技术；③在开发阶段，发展以数字地震、高密度地震、多波、井筒地震、四维地震、流体识别、储集层改造动态检测、油藏动态建模为主的油藏地球物理技术；④在二次开发和提高采收率阶段，地震、测井、钻井等工程技术一体化，开展滚动评价，提供勘探开发全面服务的一体化解决方案。

通过成熟技术推广、瓶颈技术攻关、前沿技术跟踪研究和软硬件系统的研发，必将进一步提升中国石油物探技术核心竞争力，从而实现多做物探、少打井，总体勘探开发少投入、多产出，实现上游业务发展方式的转变，更好地为提高油气勘探开发效益服务。

2）智能钻井技术

21世纪钻井技术趋向于自动化、智能化、轻便化和经济化。一方面，整合钻井、测井、数据采集、传输、控制技术；另一方面，从地面人工控制发展到地下全自动闭环控制，数据采集方面则由地面为主的间断采集发展为地下直接连续的采集。目前，我国主要应用的钻井技术有喷射钻井技术、平衡压力钻井与欠平衡压力钻井、丛式井钻井技术、油气层保护技术、定向井、水平井钻井技术、深井、超深井钻井技术、老油田重钻井技术、旋转导向钻井技术、大位移钻井技术和多分支井钻井技术等。

3）智能测井技术

测井技术被喻为“油气勘探开发的眼睛”和“石油地质师的参谋”，在油气勘探开发过程中，测井技术具有决策先导和技术支撑作用，它是确定和评价油气层的重要手段，也是解决一系列地质问题的重要手段。

近年来，世界石油测井技术发展很快，伴随着勘探开发领域的不断拓展和相关基础学科的进步，随钻测井全面推广，成像测井已广泛从“二维”进入了“三维”的新阶段，井筒覆盖率和准确程度大幅度提高；测井装备正在逐步实现小型化、集成化、网络化和实时化。近年来中国测井技术也有了较快的发展，成像测井、随钻测井技术装备研发成功并投入批量生产，过套管测井仪器系列不断改进和完善，测井资料的处理和解释技术不断提高，火山岩测井解释理论和方法、低阻油气藏测井识别与评价方法等复杂储层测井解释技术有了新的突破。产生的测井新技术有：电阻率测井技术、声波测井技术、核磁测井技术、电缆地层测试技术、随钻测井技术、过套管测井技术和井下永久传感器等技术。

4）智能井技术

所谓智能井就是在井中安装了可获得井下油气生产信息的传感器、数据传输系统和控制设备，并可在地面进行数据收集和决策分析的井。通过智能井可以进行远程控制，达到优化产能的目的。智能井系统的主要部件包括：①流动控制装置，通常是控制流体流出/入油藏的水力内部控制阀；②直通层间隔离封隔器，使水力控制管线和地下控制阀连通；③井下传感器，向地面提供压力、温度和流量数据；④控制系统，包括水力/电力地面系统，用以监测和控制地面条件。智能井技术的应用范围很广，主要用于油藏开采过程的管理，这对于二次采油与三次采油非常重要。它可以控制一口油井的注入水或注入气在不同产层或不同油藏之间的分布，也可以封堵产自其他产层的水或气，因而可以控制注入水或驱替出的油扫过油藏中未波及的区域。这对于复杂结构井，如大位移井、长水平井或多分支井以及各向异性的油藏来说非常重要。作为一种有力的工具，智能井技术不仅可以处理油田开发中经常出现的问题，也可以处理很多井下突发事件，并通过对这些突发事件的处理创造价值，从而给资产增值。其优点主要在于：优化油藏性能，从而提高油藏采收率，增加油井产量；减少作业中投入的劳动力，从而减少安全事故，更有效地进行油藏管理。

5）其他相关技术

(1) 实时数据采集技术。为提高生产指挥水平，需实时把握各生产环节和关键设备的运行动态，监测油井生产参数，监控输油管线和供电管网运行状态。实时采集通过测量仪表和传感器等设备实现，主要包括：钻、录井参数监控，输油管道泄漏监测（输油管道的压力、流量实时监控）；抽油机井、电泵井生产参数的实时采集；油站库的油气水自动计量，电量、燃油等能耗数据自动监测等。此外，近年来，视频实时监控技术发展迅速，视频实时监控、外物闯入报警、闯入目标智能锁定、语音自动提示、远程语音警告等技术发展，使电子巡井技术得以实现。

（2）异常判识技术。异常判识技术用来分析实时采集的数据，依据预设的规则，判读异常状况，给出预警信息，以提醒生产人员，包括数据图像分析处理、集油管道堵漏判断、示功图智能识别等技术。例如，示功图智能识别是将实测示功图与典型示功图进行对比分析，以判断井下工况，提醒技术人员完成相关操作，保证生产安全平稳运行。

（3）远程控制技术。远程控制技术对机采、注水、集输等系统进行整体优化，实现工艺流程自动监控、设备运行预警保护、动态优化生产参数，具体表现在投球清蜡、抽油机的远程启停、智能分层配注以及连续输油等方面。

（4）地下可视化技术。油气藏是位于地下的三维实体，地质学家不断寻求对其表征的有效方法，从而诞生了一系列的专业软件，如 Petrel 等。这些软件大多是依据地震、钻井和测井数据模拟刻画油气藏的地下形貌，在地下三维数据可视化表现方面功不可没。

其实相关技术还有很多，以上仅列举了一部分，这些技术看起来是专业技术，而且已经在油田中发挥了很大的作用，但是，这些技术对数字油田技术作着很好的技术支持。这些技术承载着信息技术，将信息技术渗透、融合后，构成了先进的数字油田技术。所以说，没有这些技术，也就不可能有数字油田技术。

3. 数字油田软件技术

数字油田软件分为两类。一类是已有的专业软件，这类软件技术解决专业过程的数字转化，数据转化问题将专业设备采集的数据转化为各种图件，用以研究地质问题、开发问题和生产问题。这类专业软件达百余种。另一类是数字油田开发的软件，这类软件将专业技术，专业软件和工程技术人员的智慧融合在一起，不同专业技术、不同学科的工程技术人员同台工作的机制，显示了数字油田综合技术的能力。这是数字油田的软件技术，也是数据复用的数据再生技术。

5.2.2　数字油田的整合技术

整合，是数字油田的基本功，也就是说数字油田的关键功能之一就是整合。整合数据、整合技术、整合信息，形成一种综合集成技术，为油田企业主营业务提供技术服务与保证。

1. 整合技术

(1) 人员整合，协同工作。数字油田就像是一面旗帜，或者是一个观念，当油田的每种设备都由原来的模拟转换成数字式的先进仪器，当油田的每一个生产环节都自动化、现代化，当所有数据流都能实时传输，当分布在全球的专家实时解译后，工程技术人员在办公室里通过电脉就能指挥生产、科学研究，数字油田也就自然而然地实现了。它体现了多学科、异地的协同，实现了多岗位的整合。数字油田从过去的怀疑、观望，逐步建设成为现实，它就是大旗，将油气勘探、油藏评价、油气开发和油田管理等各环节上的人员融合在一起，促进地质研究人员、钻井、录井、测井、试油以及各类工程人员之间的交流，它搭起油田管理者与科研人员、工程人员沟通的桥梁，将油田生产经营各环节有机结合在一起，以优化产业结构，实现增储稳产和降本增效的目的。

整合人员的关键在于让不同领域、不同专业的人员能在同一平台同时解决同一个技术难题。

(2) 数据整合，数据库的整合。数字油田是平台，它能将油田中不同监测手段、不同专业领域、不同生产环节、不同时期产生的数据整合到一起。平台中有来自不同时间尺度下对盆地、油田、油藏的监测的数据，也有油井操控反馈信息；有地震、测井、录井、分析测试、数值模拟的专业数据，也有油井实时监测的数据及地质学家及时解译的油藏信息。数字油田平台中数据不是简单的堆积，它是以符合行业标准的格式存储，如 POSC、EPDM 等，它满足油藏三维空间、多层系、多阶段研究的特性，满足各学科具体业务的需求。平台提供的智能化软件对数据进行加工，并以方便快捷的方式呈现给研究人员，使研究人员建立对油藏的初步认识，减轻研究人员在目前研究中收集与整理数据的工作量，让专业数据始终发挥作用。多源数据综合让数据发挥出整体优势，使研究者可以建立全局的印象，全方面把握油藏规律，从而作出科学的决策。数字油田就是油田企业最有效的数据资源整合平台。

（3）技术整合，应用层的整合。油田研究者特别是地质学家通过综合多方面的数据，把握油藏的整体规律。目前，研究者凭借各式各样的专业软件判读油藏特征。专业软件加速了研究进程，体现出研究者的智慧。数字油田本身就是工具、平台，它服务于油田生产、油田管理，是现代化油田发展的利器。数字油田可实施数据一体化无缝连接。无缝连接不仅体现在软件与硬件之间、现场与科研基地之间，还体现于各类专业软件与专业数据库之间。通过数据管理工具实现专业软件之间数据交换，则数据交换是无损的、自动的。要达到这一点，各专业软件需满足数字油田平台输入、输出接口的标准；平台为专业软件提供数据或是专业预处理的结果，并格式化数据，以满足专业软件的输入需求；专业软件的成果上传至平台，为下一环节所用，从而实现各个专业领域的成果共享与信息传递。值得注意是，目前正处于文件 E-mail 工作方式向 Web 式工作方式转变，科研人员仍主要通过加工文件形式的数据获得信息、形成知识，这一加工手段，主要表现在专业软件、小型工具或是人的归纳性思维。专业软件间的互通与数据交换已得到大家的重视，产生大量的数据交换平台，如 OpenSpirit 平台。然而小型工具或是办公型软件的统一与规范化、集成化一直被忽视，科研中的各类统计表、统计图，对于大型专业公司而言，这只是个小问题，利润很少，不受关注。然而在地质人员工作中，至少将 10%的时间花费于此。因此，小型工具的集成，也应纳入工具整合之行列，更好地服务于广大科研与工程人员。

（4）信息整合是数字油田的重要技术之一。数据整合、技术整合相对比较容易，信息整合要比所有的整合要难，因为信息是一个高度复杂的概念性的实体，有时是可以量化和捕捉得到的，有时是不可以量化，甚至是捕捉不到的，但是，信息是存在的。信息整合技术是一个很难的技术，需要高科技的方法和技术来实现。

但是，数字油田要将信息整合作为一个重要功能加以建设，这对数字油田十分重要。

2. 数据—信息—知识—智慧集成技术

油气勘探开发是一个对地下油气藏及其相关信息不断采集、加工处理和解释应用的过程，亦体现了数据、信息、知识、智慧的转换过程（图 5.2）。依据数字油田理论，数字油田将单一来源的数据加工成信息，综合多方面的信息，归纳出油藏的一般性的规律，形成关于油藏的知识。最后研究者依据学识，将油藏知识推广至新的区域，体现出研究者的智慧。

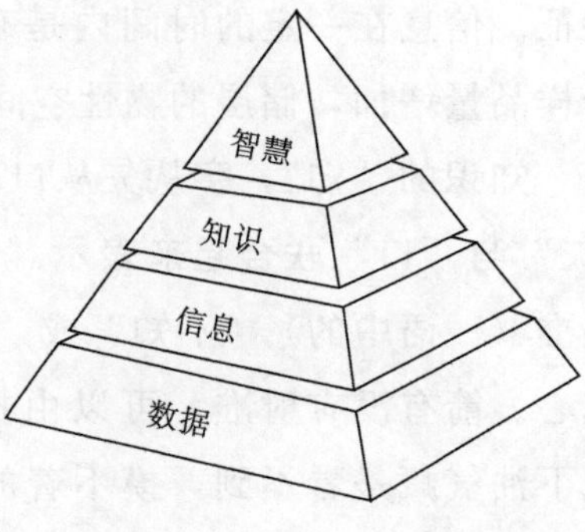

图 5.2　数据、信息、知识、智慧之间的关系

数据是载荷或记录信息的按一定规则排列组合的物理符号，可以是文字、数字符号的组合、语音、图形、图像等，也可以是计算机代码。

数据按性质分为：①定位的，各种坐标数据，如地震的测线、井位、剖面位置等；②定性的，事物属性的描述，如孔隙发育、储层好、敏感性弱等；③定量的，反映事物数量特征的数据，如含油饱和度、全烃含量、伽马值等；④定时的，反映事物时间特性的数据，如测井采样间隔、单位煤油压入岩芯的时间等。

数据按表现形式分为：①数字数据，表现为各种统计或量测数据，如钙离子含量、高岭石含量等；②模拟数据，由连续函数组成，又分为图形数据（如点、线、面）、符号数据、文字数据和图像数据等，如电阻率曲线、地震剖面等。③结构性和非结构性数据，结构性数据是用数字符号表征的数据，非结构性数据为图表等数据。

信息是图片信息，又称资讯，是一种消息，通常以文字或声音、图像的形式来表现，是数据按有意义的关联排列的结果。信息由意义和符号组成。信息就是指以声音、语言、文字、图像、动画和气味等方式所表示的实际内容。对信息的接收始于对数据的接收，对信息的获取只能通过对数据背景的解读。数据背景是接收者针对特定数据的信息准备，即当接收者了解物理符号序列的规律，并知道每个符号和符号组合的指向性目标或含义时，便可以获得一组数据所载荷的信息。亦即数据转化为信息，可以用公式“数据＋背景＝信息”表示。信息某种程度可以理解为某一来源的数据的归纳与总结，如通过薄片鉴定资料的归纳总结某个区域的岩性、孔隙组合、填隙物空间特征等。它具有很强的专业性，同时也具备真伪性、层次性、可传输性、时效性和时滞性、可变换性等特征。信息在一定的时间内是有效的信息，在此时间之外就是无效信息，如随着样品量增加，储层的物性空间特征的变化。

知识的“知”，字从矢从口，矢亦声。“矢”指“射箭”，“口”指“说话”。“矢”与“口”联合起来表示“说话像射箭，说对话像箭中靶心”。本义：说得很准（一语中的）。“不知”或“未知”就是指话没有说准，就好像射箭没有击中靶心。箭有没有射准，可以由报靶员证实；话有没有说准，可以由公众检验。地下油气藏是看不到，摸不着的，油藏研究者只能通过各种手段间接表达油藏的地质特征，各种来源的信息各具利弊。因此，研究者通过综合多方面信息，如地震、录井、测井、试油试气和分析化验等信息，形成油藏的分布规律，形成关于油藏的知识，从而指导生产。

智慧是对事物能迅速、灵活、正确地理解和解决的能力。智慧是人们生活实际的基础。特别是在现代社会中，没有现代人智慧，就无法在现代社会中生存。可以把智慧分为三类：创新智慧、发现智慧和规整智慧。创新智慧，可以从无到有地创造或发明新的东西。发现智慧，可以发现虽然本来就存在但还没有被认知的东西。规整智慧，可以运用现有的规则如法律、法规、制度、政策、方针和方法等来调整、梳理、矫正、改变已经存在的东西。油气勘探开发中，智慧体现于研究者将其学识应用到实际的工作中，如根据生、储、盖、圈、运和保的规律寻找有利区块，体现出研究者的学识和主观判断力，广泛体现于油田决策中。

数据、信息、知识和智慧构成了数字油田的重要技术内容。数字油田最终都要将这些技术内容集成在一个平台上，完整地为油田技术服务，或者为油田企业主营业务提供技术支持，在未来的集成中，体现出来的基本模式就是数字油田＋智慧。

3. 业务流与数据流、信息流集成技术

油气勘探开发过程就体现了数据到信息、信息到知识、知识到智慧的过程。完成这一复杂的过程，需要多个专业领域的人员参与，综合各个方面的资料。目前，各个业务岗位人员完成工作，主要依据小型工具、专业软件以及人工归纳汇总。研究发现，地质学家在收集、整理数据上所花费的时间，大约占整个研究项目的20％～50％，可见地质学家有多数时间花费在前期的重复性工作中。

数字油田技术将各个专业领域的业务整合在一起，实现各岗位人员的整合，实现数据流与业务的统一，其中最主要工作就是将数据流与业务流统一。

在讨论数据流与业务流之前，我们先看看研究决策过程中做了些什么？以井位部署为例，研究者需要分析地层、构造、沉积特征和成藏特征等资料，从而获得油藏的分布规律，并制作成藏模式图。这是非常复杂的过程，需要多个岗位的人员配合共同完成，这些岗位之间的配合有一定的顺序，后续工作以前面工作为基础，如砂体平面图绘制需基于分层数据，精细油藏描述中数值模拟以地质建模为基础。虽然整个研究过程比较复杂，但研究者总能将它们划分成若干小的工作单元，分工给不同的人员，并以特定的顺序组织完成指定的工作。对于某项具体的工作而言，可抽象为多源的数据输入、研究人员的加工处理、成果数据的输出三大部分。涉及的数据形式有数据库、统计表、统计图、平面图、单井柱状图、剖面图、三维模拟图以及描述性文字等，研究者也正是以这些形式表达其对油藏的认识。综上所述，大的工作任务由一系列小的工作单元组成，小的工作单元的组合是有序的，这就是业务流。

1）业务流

业务流由一系列的业务节点组成，组成业务流的业务称为业务节点，每个业务节点完成一项具体的工作，如砂岩储层的岩性三角形分类图、岩石学特征和储层评价等。业务节点由数据输入、数据处理和数据输出三个部分组成，对应于研究者的岗位工作。输入的数据由单机文档、专业数据库和成果数据组成，还包括之前该业务节点的输出成果数据，体现研究的延续性。数据输出主要是成果数据，可分为统计表、统计图、平面图、单井柱状图、剖面图、三维模拟图以及描述性文字等。数据处理部分，由人员利用小型工具、专业软件或是归纳完成，体现研究者的智慧。

实际工作中，按业务的大小，业务节点可分为最小业务节点、中级业务节点和最终业务节点。

最小业务节点，完成最小的工作量，如岩石类型分类三角图和孔隙组合类型研究。

中级业务节点，较最小业务节点大的节点，由多个业务组成的业务，可以由多个最小业务组成，也可以由多个中级业务组成，如物性特征、储层评价和沉积特征等。

终级业务，完成最大的工作，最终的目标，如精细油藏描述等。不同层次的人对业务节点大小认定迥异，对于决策者认定为最小业务节点的某些工作，基层研究者却认为是最终业务节点。

值得注意的是，由业务节点组成的业务流中，业务节点之间体现继承性，其流向是单一的，总是由初始业务的输入走向最终业务输出。虽然随着地质学家研究的深入，其认识是不断改变，业务节点之间呈现出网状交织的结构，但在特定的时间段，我们可认定其是单向的。

业务流从实际应用的层面，解析、诠释了业务的流程，重在描述专业业务，然而具体的数据处理过程则体现于数据流中。

2）数据流

在业务节点中，数据处理过程以人的智慧＋工具完成。业务流不能很好地表现具体数据流向，即不能很好表征 IT 角度的数据走向问题，为更好地表征数据流向，引入数据流的概念。

所有数据流，由一系列节点组成，节点是数据流的最基本单元，完成访问数据、操纵数据等工作。节点可分为数据访问节点、数据操纵节点、数据可视化节点、模型分析节点和输出节点。

数据访问节点向数据流中引入数据，引入数据可以源于各类数据库，如 Oracle、Sybase、Infomix、CA-Ingres 和 Access 等，也可以是单一的文档、图件等，如分析测试数据、测井解释成果、岩性统计表和砂体分布图等。

数据操纵节点，主要是数据的预处理，为专业工具、小型软件、模型分析准备数据，如数据计算、格式的变换、指定空间范围内的数据提取和样品的配对等。

数据可视化节点，则是通过可视化的手段表征地质学家的研究成果，有统计图、平面图、剖面图、专题图和三维模拟等，如填隙物分布、砂体等厚图和孔渗的三维拟合等。

模型分析节点，是数据流中的最关键部分，以各类模型、模式分析数据，如初始孔渗的恢复、物源的聚类分析和递减率曲线分析等。模型包括数据挖掘算法、空间分析算法和专业模式图等。

数据挖掘算法具体包括三类：①监督模型、预测模型类，神经网络、决策树（C5.0、C&RT）、回归、逻辑回归等；②无监督模型类，聚类分析、关联分析等；③数据降维类，主成分分析、因子分析等。

空间分析算法主要是由基于地理对象的位置和形态的空间数据的分析技术构成，有空间信息分类、缓冲区分析、叠加分析、网络分析、领域分析和空间统计分析等。

模式图是地质、油藏研究者常用的技术，它是前人研究成果的总结，将样品分析、动态监测的数据投影到事先绘制好的图板上，根据点在图板的位置或数据点的分布规律判读样品的类别、油藏表征参数等。模式图有很多类，有储层研究中常用的判读岩性的三角形图、孔渗恢复图解、沉积环境判读的C-M图、测井图板等，也有油田稳产常用的递减率分析等。值得注意的是，数据可视化节点的成果以可视化方式表达出数据之间的关系，某种意义上可以称之为模型分析节点。

输出节点，则将是数据流的成果输出至指定的数据库中，或是以文档形式保存，以便作为后续数据流的输入。

由数据节点组成数据流，由业务节点组成业务流，那么两者之间的关系是什么呢？数据节点偏向于IT，数据节点完成了程式化、单一而具体的任务，如增加字段、合并数据流、访问某个数据表和字段排序等。由它组成数据流，则可表征一个有地质意义的工作，如砂岩分类中的石英、长石、岩屑端元组分的计算，油藏描述中的数值模拟等，即数据流可对应于业务节点。可以简单地认为数据节点组成数据流，数据流对应业务节点，业务节点组成业务流。数字油田平台提供一系列的数据节点，它们并非逻辑的或是虚拟的，而是物理的、可视的。由数据节点及指定数据流向的箭头组成的数据流，是根据业务需求定制的，即数字油田平台中提供一整套数据节点，业务人员则根据自身需求定制数据流、业务流，充分体现IT与业务之间的有机结合。数据节点、数据流的可视化，充分表达了数据处理过程的可视化，这一点有别于传统的只注重结果的数据处理平台，过程的可视化有利于研究者之间的思维共享与沿续。

数据流是不连续的。正如上文所述，地质、油藏研究者主要通过小型工具、专业软件和人工归纳完成工作。就目前而言，数字油田技术可以实现小型工具的自动化，一键式操作，如孔隙度直方图的绘制等；对于专业软件数字油田可为其提供输入、输出接口，实现数据处理的半自动化，如地质建模、数值模拟；然而对人工归纳工作而言，体现了研究者的智慧，数字油田可为其准备数据，如油藏管理、井位部署。由此可见，某些情况下，数据流是不连续的，这是由专业性质决定的，需要研究者的参与以保证数据流的畅通。

3）信息流

信息流是业务流与数据流共同作用的结果。信息主要来源于在业务工程中数据处理、加工与提炼获得的人们的认识、判断和辅助决策的结果。在油田企业的勘探开发中表现得尤为突出，如部署井位就是建立在对之前地质研究、勘探等数据处理后完成的图件，加上工程技术人员的经验、知识与智慧，最后在地质图上确定的一个点。

业务流、数据流的过程中体现出信息流。信息流的技术主要表现在对业务的精湛和对数据的高精度处理过程中。

5.2.3 数字油田建设技术

数字油田建设技术，是指数字油田建设过程的技术。早在2005年清华大学的孙世友和大庆油田勘探研究院的乔书江就提出："建设上有系统，使用上无系统"的建设理念，这个理念非常好，并且给出了"3441"建设办法，但是，实际实施是很难的，原因是什么呢？

多年来，油田建成了各种类型的专业数据库，这是我们初级阶段的重要成果，而且使用者也初步享受到了数字油田的成果。可是，数字油田的建设者在使用中遇到了很大的麻烦，需要从这些分散的数据库提取数据，数据很多，利用率却很低，这又是为什么？

还有，油田企业十几年来，甚至几十年来，购买了多个厂家的软件，今天是这个，明天又是那个。虽然单个专业软件看起来都很先进，但软件的数据源的准备需花一线技术人员很多精力，而软件之间成果的共享又是个难点，如何发挥这些专业软件的整体效益呢？

数字油田还需要良好的数据获得、调用、发送的可视化界面等。我们把解决这些问题的技术，都叫数字油田的建设技术。

打通分散专业数据到专业应用中的各个环节是数字油田建设的目标之一。

如图 5.3 所示，数字油田平台整合松散的各大专题数据库和成果数据库，形成统一的数据出口，保证平台中数据的快速调用，并提供有力的数据综合表现手段，用户可以方便快捷地浏览、查找、分析数据；数字油田平台集成各学科领域的专业软件、硬件、平台为其提供数据源，并接收其成果数据，实现数据流与业务流的统一（图中中心向外发散的箭头代表着平台中数据的流向，最外层的循环的箭头代表着业务流），最终实现油气开采的异地协作、跨部门协作，从而节约成本，变革现有的科研生产管理方式。

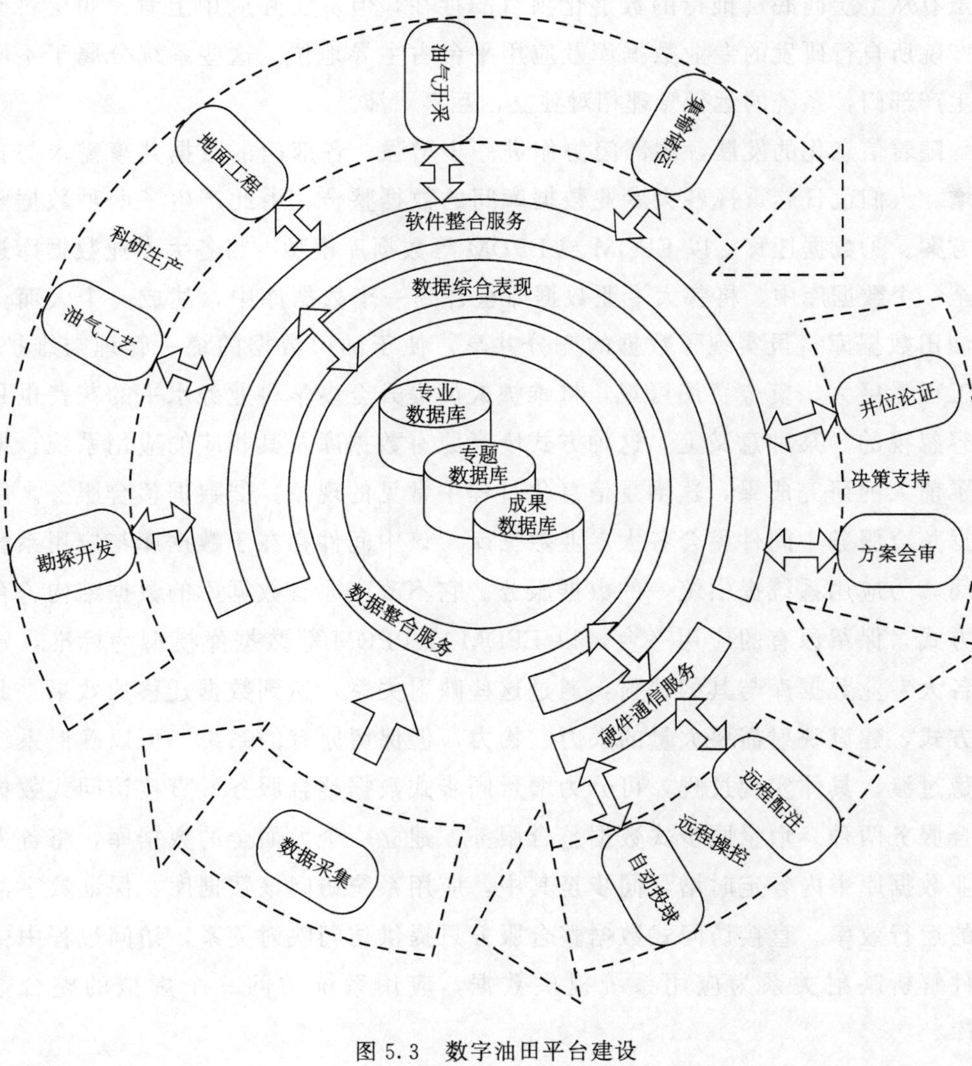

图 5.3　数字油田平台建设

1. 数据综合管理服务技术

过去的10多年里，各大油田建设建成各大专业数据库，并在此基础上研制出专业应用平台，如地震、测井、钻井、录井、分析试验、油田产量和地面管网等专业数据库。建设过程中，受政治、技术的影响，多有反复，建设道路相当曲折，但也积累了大量有价值的数据，这一点不容置疑，它有力地保障了后期的科研生产的顺利进行，即便它们存在这样、那样的数据质量问题。这个时期虽有从上层向底层推行的数字化项目的存在，但从实际应用上看，底层科研生产院所自行研发的专业数据库及应用平台占主导地位。这些系统分属于不同的生产部门，系统的运行管理相对独立，互不干涉。

随着信息化的发展，多部门协作进一步增强，各部门的数据共享需求与日俱增。人们也日趋重视各大专业数据库间的数据整合。由此产生了两种数据整合方案。①数据迁移。以 EPDM 或 PPDM 等数据库模型，将各大专业数据库迁移至一个数据库中。将各大专业数据库整合到一个数据库中，建成一个大而全的油田数据库，虽实现了数据的充分共享，便于油田数据的统一管理与维护，但工程量巨大，资金费用可观，将维护人员提升至多学科业务水平的花费也是不容忽视的。某种意义上，这种方式废弃原有数据库及其相应的应用系统，推翻了前人的研究成果，这倒是信息化过程中常见的现象。②数据整合服务。用数据整合服务中间件整合各大专业数据库。该中间件存在于数据库与应用系统之间，为应用系统提供统一的数据服务。它不改变原有数据库的数据结构、存储方式，保留原有的应用平台，以 EPDM 或 PPDM 等数据库模型为标准，建立各大专业数据库与其的映射，通过这些映射关系，达到数据迁移的效果。此种方式，建设映射需要大量的人力、物力，但保留原有的系统，可以确保系统平稳过渡。具体实现过程，可分为增量同步式数据整合服务、直接访问式数据整合服务两种。增量同步式数据整合服务，建立一个大而全的数据库，将各大专业数据库中内容定时增量同步至其中，应用系统访问该数据库，保证数字油田的运行效率。直接访问式数据整合服务只提供访问映射关系，访问过程中中间件解析映射关系为应用系统提供数据，应用系统访问一个虚拟的整合数据库。

2. 数据综合表现服务技术

油田相关的科研生产数据，来源于多个部门和专业领域。从时空分布上，它是多年科研生产的产物，贯穿某个盆地的地上、地下，产生于一个特定的四维空间。如何有效地表现这些错综复杂的数据，使用户体现到数字油田平台优越性，是数字油田平台建设的重点之一，可视化技术首当其冲。

各油田使用的地质可视化软件众多，如飞狐、Suffer、GeoMap 等，也有许多用于地下三维油藏描述、模拟的，如 Petrel、RMS、GoCAD 等。这些软件注重数据的专业应用和表现效果，但难以担当大区数据综合管理、交互操作等方面的重任。虽然以 GIS 技术为主导的 3S 技术在油田中的应用曾备受争议，然而从数据管理、交互角度看，空间数据的可视化管理使用 GIS 技术不容置疑。GIS 从以 ESRI 为代表的 ArcGIS 系列 2D GIS 专业产品，发展到以 Google 为代表二、三维地图服务产品，虽然 3D GIS 技术目前不够成熟，但以 Google Earth 为代表三维空间表现力，足以征服全球的 Google Earth 粉丝，并兴起了风靡全球的三维热。但就企业的定制而言，Google Earth 不如其同类 Skyline 系列产品，Skyline 的地下三维操控、2D GIS 的数据使用管理等方面，明显优于 Google Earth。3D GIS 技术的兴起，使得 GIS 技术走向三维时代，然而现阶段，2D GIS 技术仍是其专业领域应用的主导技术。

在平台建设中，以 GIS 技术为主导的数据综合展示，有效合理地组织专业数据是关键。油田历经多年的发展，产生了海量的数据，它们具有以下两个方面特点：一方面数据源于不同的专业学科，如构造分布、砂体展布、开发现状等；另一方面数据表达内容的空间尺度不尽相同，如盆地级、区域级、区带级、油藏级。就不同专业来源的数据组织而言，可通过数据的叠合或多窗体的联动实现。就不同尺度的数据组织而言，采用多细节层次（levels of detail，LOD）技术。LOD 技术指根据物体模型的节点在显示环境中所处的位置和重要度，决定物体渲染的资源分配，降低非重要物体的面数和细节度，从而获得高效率的渲染运算。即将盆地级、区域级等不同尺度下的图件，以图层控制的方式组织到同一电子地图上，以比例尺区间控制其显示与否，从而实现数据统一管理与展示，如 Google Earth、百度地图等。

至于数字油田平台中的数据使用，则是依据 GIS 平台中提供的优秀而全面的空间分析功能，如数据漫游、查找、空间查询等工具。平台根据用户操作图元反馈的关键字、查询专业、成果数据库，展示相关查询内容，实现图形向专业数据的导航。

3. 软件与硬件集成服务技术

油气开采各个阶段离不开各类专业软件，专业软件是前人潜心多年的研究成果，数字油田平台建设不可能取代它们，而是将这些专业软件整合进来，让其构成了数字油田平台的一部分。平台通过传输格式化文件实现与专业软件间的数据共享，数据传输由软件的接口实现。众所周知，接口具有两个含义：其一指人与软件之间的交互界面（user interface，UI）；其二是指软件本身的狭义“接口”，如各种软件 API 等，平台以调用 API 实现底层的数据交互。数字油田平台与各类油田生产中应用的硬件设置的关系亦是如此，调用 API 实现硬件输入输出和网络传输等。

专业软件上游应用和数据整合问题，早就受到石油行业的广泛关注，也诞生了多个软件产品，如 OpenSpirit、Global Mapper 等。OpenSpirit 公司成立于 2000 年 7 月，是由著名公司壳牌、雪佛龙、斯伦贝谢、帕拉代姆共同投资而成，2010 年 9 月被 TIBCO Software 收购。OpenSpirit 实现 GeoFrame、OpenWorks、GoCAD、PPDM、SED 等 12 种数据源的整合，彻底解决了 GeoFrame、OpenWorks、Petrel、ArcGIS 等 35 种软件之间的数据共享问题，使组合不同软件的功能模块处理特定地质问题更加畅顺自如。数字油田平台可集成 OpenSpirit 之类整合软件的 Runtime 运行库，并定制油田特有专业软件的接口，扩充整合软件的功能使其支持油田特有的专业软件。平台从数据库中调用数据，格式化成整合软件的标准数据格式，由整合软件分发给专业软件，实现平台对专业软件的数据分发。用户在专业软件编辑、修改之后，再通过整合软件反馈给平台，平台将这些数据保存至平台的成果数据库中，实现专业成果数据的储存。最终达到平台整合专业软件的目的，完成平台的软件整合服务，至于硬件通信服务亦如此。

4. 业务流与数据流的统一服务

业务流与数据流的统一是数字油田建设的另一个主要目标。数字油田平台整合了数据和专业软件，为实现油田的业务流与数据流的统一提供了环境。在前面的“数据-信息-知识-智慧集成技术”一节，详细描述了数据、信息、知识、智慧的关系，并论述了业务流与数据流统一的方法，数字油田平台中正是把数据操纵、数据可视化、输出等功能封装成一系列可操作节点，研究者据具体业务的需求，合理组织这些节点形成业务流。笔者认为，可以在数据挖掘方法论指导下实现两者的统一，如CRISP-DM（cross-industry standard process for data mining）数据挖掘模型。

CRISP-DM，即“跨行业数据挖掘过程标准”，此KDD（knowledge discovery in databases）过程模型于1999年由SIG（special interest group）组织联合起草，通过近几年的发展，CRISP-DM模型在各种KDD过程模型中占据领先位置，采用量达到近60%。CRISP-DM提供了一个数据挖掘生命周期的全面评述，该模型将一个KDD工程分为六个不同的，但顺序并非完全不变的阶段（图5.4）。经常需要前后调整这些阶段，这依赖某阶段或是阶段中特定任务的输出是否为下一阶段必须输入。图中箭头指出了最重要的和依赖度高的阶段关系，外圈象征数据挖掘自身的循环本质。

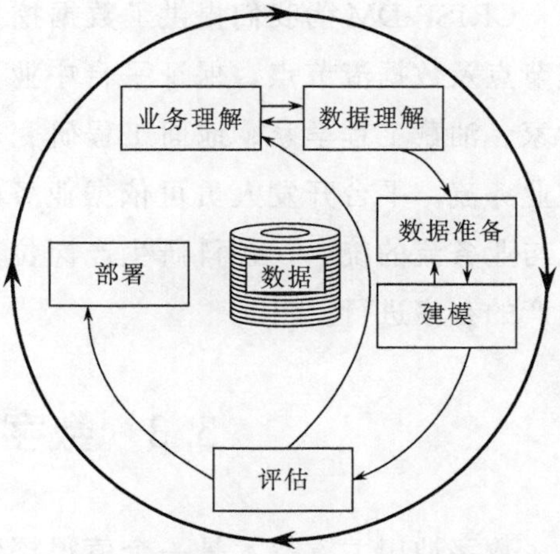

图5.4 跨行业数据挖掘过程标准

业务理解，最初的阶段从业务的角度理解需求，同时将这个知识转化为数据挖掘问题的定义，形成达到目标的初步计划。

数据理解，从数据收集开始，通过一系列的分析处理熟悉数据，识别数据的质量问题，发现数据的内部属性，探究引起兴趣的子集，形成隐含信息的假设。

数据准备，包括从原始数据中构造最终数据集的所有活动。任务包括表、记录和属性的选择，数据清洗，数据格式的变换等。

建模，选择和应用不同的模型技术，解决业务问题。有些技术在数据形式上有特殊要求，因此经常跳回到数据准备阶段。该阶段是数据挖掘的关键所在，在数字油田平台中，可理解为使用专业软件完成特定的工作。

评估，到此阶段，已经从数据分析的角度建立了一个高质量的数据挖掘模型。在开始最后部署模型之前，重要的事情是彻底地评估模型，检查构造模型的步骤，确保模型可以完成业务目标。这个阶段的关键目的是确定是否有重要业务问题没有被充分考虑。

部署，模型的创建不是项目的结束。模型的作用是从数据中找到知识，用户据此知识重新组织生产活动。根据需求，此阶段可形成简单的报告，或实现相对复杂的、可重复的数据挖掘流程。

CRISP-DM为我们提供了数据挖掘的方法论，我们可依此来合理组织业务流节点及数据流节点，保证平台中业务流得以运行。在实际建设过程中，地质学家、油藏工程学家、地面工程研究者提供业务需求，并协助平台开发人员组装业务流。平台开发人员可依据业务的需要，预制一系列的业务流，实现数据流与业务流的统一，各科研生产岗位充当业务流中的节点，业务流的运转保障生产的有序进行。

5.3 数字油田关键技术

数字油田关键技术是一个值得探索的问题。数字油田的关键技术到底是什么样的技术。我国中石化的胜利油田承担了国家863计划的数字油田关键技术研究，这对于我们专项研究数字油田的人来说是一件非常高兴的事，是一个高端研究，可以填补我们技术的空白，由于还在研究，我们期待着这项技术研究的早日完成，期待着这项技术成果早日推广应用。对此我们只是简单地谈一点我们自己的看法。

5.3.1 数字油田整合与优化技术

油田是受构造、地层、岩性等因素控制，圈闭面积内一组油藏的总和，数字油田技术的组合与优化具有很强的地域性，组合与优化也形成了各大油田特色的技术。数字油田技术的组合与优化也就成了数字油田研究的重要课题之一。

数字油田技术是信息技术服务于油田的产物，它服务于油田勘探开发、开采、经营各环节，然而不同的油田生产环节所涉及的专业领域有差异，决定了各个环节生命周期的差异，如实时操作为数秒，采油优化为数天，油井、油藏管理为数月，油田开发为数年，这种时间维度上的差异也就决定了数字油田技术具体应用技术上的差异。我们要对这些技术进行有序的管理和整合，从实际出发、因地制宜，寻找简单实用的整合技术，对数字油田技术进行整合和优化。

优化是科学研究、工程技术和经济管理等领域的重要研究工具。它所研究的问题是在众多的方案中寻找最优方案。数据集成也好，数据资源整合也好，最终目的是让数据发挥效应，实现最大限度的客观资源共享、信息共享。但长期以来在各油田存在的管理不协调、数据私有化和信息孤岛的问题是很难消除和解决的，数字油田恐怕需要很长的时间才能整合成功。那么，在数字油田资源整合中，要采用传统的数据流线索和现代的思维、技术方法共同努力，客观整合，最好的办法是按照数据流，顺流而行比较好。只要按照数据流，将不属于这一数据流的数据划归，然后按照统一标准、统一格式建库管理、整合技术，就很容易消除隔膜。因此这里有一个思维方式的转变，就是数字油田建设方式要由以数据为中心转变为以业务为中心，即按照业务流进行数据资源的整合和优化。

5.3.2 数字油田融合技术

在人工智能中的数据融合技术是多源信息的综合分析、判断、决策，是人和其他生命系统的基本功能。人类感知外部事物，综合推断或判断是为了更准确、更可靠地了解外部世界。数据融合的目的就是通过数据组合推导出更多的信息，以便得到最佳协同作用的结果。

数据融合后将数据转化为信息。这些信息就是油田决策者需要的图件、报告和方案成果。数字油田的融合过程遵循一定的标准，并进行适当的评价。评价过程不仅要使其满足数字油田标准，同时也应满足油田企业领域应用的标准。

数据融合是一切信息处理方法都可以应用的技术，数据融合技术是数字油田技术中重要技术之一。

5.3.3 数字油田知识管理技术

知识管理乃是对企业知识的识别、获取、开发、分解、使用和存储。所以，对知识的管理是一门大学问，也是一项很重要的技术。数字油田在对油田企业知识进行管理中发挥巨大的作用。知识管理技术主要是将油田海量数据经过整合后进行有效的管理。

现代油田数据成果储存于计算机硬盘之中，使信息、知识流转的速度的加快，但是，由于还存在着数据各自为政、信息孤岛等现象使得知识的管理与转化存在困难。数字油田知识管理技术就是要有效地解决这些问题。

当前，数字油田建设的关键技术比数字油田本身的关键技术还重要，如果没有规划，没有标准，没有统一设计，不但增添更多、更大的信息孤岛，而且，所建的信息化不成体系，将来更加麻烦。

另外，在数字油田的建设过程中要进行现状的分析：追踪分子、子系统的分析，把握每一个子环节，分析每个细节，还要考虑技术筛选与组合方法。关于评估方式，要由以技术为中心转变为以价值为中心。衡量的尺度之一是要看在技术转变为产值的过程中是否符合数字、智慧油田的标准；二是看结果，看产值是否提高。

最后，比较重要的一点是要考虑不同类型油田有着各自不同的特点，如国际上典型的低渗、低压、低丰度的“三低”油气藏，塔河油田的油气具有“深、稠、硫化氢含量高、开采难度大”等特点，针对不同类型油田，所采取的数字油田技术是不同的，需要根据实际情况进行技术筛选和优化组合。

5.4 数字油田技术趋势

数字油田的宗旨是使油田增储稳产和降本增效，改善油田工作环境，尤其是边远地区及海上的油气资源的勘探与开发的工作环境。它变革当前的工作方式，将从传统分类资料的顺序处理改变成实时资料的并行处理，利用实时数据传输技术结合高速计算机系统和智能软件的应用，建立快速反应的动态油藏模型，并通过传感器、智能井和自动控制实现油藏的操控功能，让经营者更直观地了解地下生产动态和更准确把握未来动态变化，以便及时采取措施提高产量和进行有效的油田管理。总体上数字油田技术发展表现出以下趋势：先进性、普及化、自由化、标准化、网络化、实时化、可视化、并行化、一体化和智能化等。

(1) 先进性。随着我国经济的持续快速发展，油气资源的需求将与日俱增。然而我国油气资源后备可采储量少，特别是优质石油可采储量不足，缺乏战略接替区，油气勘探开采的难度越来越大，这些促使油田工作者运用一切可以利用的先进技术进行油气勘探与开采。数字油田技术发展先进性主要表现在三个方面：第一，基于先进的信息技术基础和硬件应用环境，如支持先进的 3G、4G、卫星通信网络、高性能计算和可视化环境，支持网络分布式计算和并行计算环境，尤其是集群并行计算及物联网环境等。第二，采用先进的软件技术，如面向对象技术、并行计算技术、人工智能、专家系统、人工神经网络和海量数据分析处理技术等。第三，使用先进的应用技术，包括三维地震、井眼地震、地震油藏描述与监测、成像测井、核磁共振测井、欠平衡钻井、大位移井钻井、多分支井钻井和聚合物驱油等各种勘探与开发技术。

(2) 普及化。在石油生产经营中，普及化表现在通信网络、操控设备、分析软件等数字油田技术覆盖的应用领域及新型技术人员使用两个方面。在石油工业中，数字技术已经广泛应用于勘探开发、生产运行、经营管理和社会化服务等专业领域。从高层管理者到技术人员、工程人员都日趋依赖于数字技术展开工作，从生产、经营和管理的实际业务需求出发，组织建设的生产运行实时系统、人事管理系统、财务计划系统、油气运销系统、设备运维系统、科技信息系统、企业文化系统、电子商务系统、电子邮件系统和办公自动化系统等，在油田生产、经营和管理中发挥了重要的作用。新疆油田建设了生产指挥、应用集成、数字勘探、数字评价、数字开发、数字井筒、地理信息、数字采油厂、自动化、QHSE、数字化经营、数字化管理、综合管理和数字矿区等十多个专业领域的 100 多套应用系统，实现了油田生产经营管理的数字油田技术的普及化。

(3) 个性化。在硬件系统的基础平台和软件的核心内容开发中，不采用个别厂商所拥有的集成开发环境和私有软件产品，这样可以最大限度地保证软件的长期发展，不受个别厂商的约束和限制，保证了应用软件对硬件与软件环境的广泛兼容性。中石油、中石化、中海油等多家石油公司下属的各大油田的数字油田建设过程中，所有采用的技术、方法、软件、硬件产品相对独立，如采用的 GSM、GPRS、CDMA、WCDMA 等移动通信技术。开发商在我国有大型国有企业，也有私有的民营企业，同时也有国外大型石油服务公司的参与，如 LandMark、Schlumberger、壳牌等，呈现数字油田技术应用的百家争鸣、百花齐放的局面。然而自由开放的数字油田建设，使用不同来源的软件硬件在硬件兼容性，数据来源的标准化、规范化，软件成果标准化等方面存在很多问题。

目前各大油田也正立足现有数字油田技术，发展企业级、公司级的规范化硬件环境，标准化软件接口，保证各个专业领域间的进一步数据通信与共享，实现多学科多岗位的协同工作。

(4) 标准化。标准化指在经济、技术、科学及管理等社会实践中，对重复性事物和概念通过制定、发布和实施标准，达到统一，以获得最佳秩序和社会效益。科学研究标准化可以避免重复劳动。标准化可促进生产的科学有序，可促进管理统一、协调和高效。标准化体现于油田生产经营的各个领域中，所采用的技术符合相关的国际标准、国家标准、行业标准以及企业的标准。标准化包括生产环境的标准化、科研生产的标准化、油藏工程的标准化、硬件设备的标准化、软件接口的标准化和数据格式的标准化等。标准化保证了信息系统和软件产品的兼容性和互操作性，保证了油田的规范化的数据采集、传输、分析与操控，保证了油田管理的统一与高效。我国长庆油田、新疆油田、大港油田等油田地面工程建设推行标准化取得重大的成果。特别是长庆油田推行标准化的井场设计，坚持数字化管理的建设思路，提高了人力资源的优化效率和生产运行的管理效率；同时对井场平面和设施进行了优化简化，降低了建设成本，标准化井场比常规井场可降低 51%的建设成本。

(5) 网络化。油田应用信息技术、通信技术和管理手段将网络延伸到每口井、每个设备、每一个岗位，能实时地采集到最原始的数据，及时传输给研究人员，实现油田的快速反应机制。特别是物联网的兴起，各种感知技术广泛应用于油田数据采集、远程监测、物资管理以及地面全面信息化等领域，增强了研究者对油井、油藏、油田、井场和管网的感知能力，油藏管理者能够迅速掌握开采动态，并在第一时间内作出反应，这使得油田管理走向实时化。网络化消除了应用系统间限制，实现异地各学科各岗位协同工作，紧密连接生产经营的各个环节，实现油田业务与技术的整合，现场与科研决策的整合。例如，在油水井生产远程监控分析优化系统中，实现了油水井生产实时采集、实时计算、实时诊断、实时优化、实时发布和实时控制，该系统使得注水设备具有物联网的计算、网络通信、精确控制、远程协作和自治五大功能，让计量站、配水间和传统的三级布站模式退出历史舞台，对于创建节约型企业，实现老油田高效开发具有重要指导意义。

(6) 实时化。实时技术广泛应用于钻井随钻、油井监控、油田注水监控、油气集输管线监控、GPS车辆移动定位等方面。实时系统主要由现场数据实时与及时采集，卫星、GPRS的网络的传输，异地的动态可视化等多个方面组成。钻井随钻（主要是水平井），将作业现场的钻井参数、录井数据、随钻测井数据和随钻井眼轨迹测量数据等相关数据实时同步传输到基地，让钻井和地质油藏专家就生产中出现的问题实时作出决策，从而降低了钻井作业风险，节约人工成本，提高了作业效率和决策能力。作业现场数据来源于放在钻井内的随钻测井仪器，除测量电阻率、声速、中子孔隙度、密度等常规测井和某些成像测井（LWD）外，还测量钻压、扭矩、转速、环空压力等钻井参数（MWD）。异地动态可视化则将实时传输的数据以图形、曲线的方式显示，并与地质模型、构造模型整合或叠加，以可视化的方式提供给油藏专家、工程人员，以便快速判断指挥生产。实时技术的应用也体现在各类监测技术的使用中，如油田对重点生产环节、关键设备运行动态实时把握，实现了千米以下油井生产参数动态监测，百公里以外输油管线、供电管网运行状态尽收眼底，提高了生产指挥水平。

（7）可视化。种类繁多的信息源产生的大量数据，远远超出了人脑分析解释这些数据的能力。由于缺乏大量数据的有效分析手段，大约有95%的计算被浪费，这严重阻碍了科学研究的进展。可视化把数据转换成图形，给予人们深刻的、意想不到的洞察力，使科学家研究方式发生了本质性变化。可视化技术已经广泛应用于数据采集和质量控制，数据分析与解释、地质模型的建立和修正、多学科研究组的协同工作、勘探开发工程设计、技术交流以及决策支持中。可视化技术为地球物理、地质勘探、油田开发、油藏工程技术人员组成的多学科技术人员间的交流创造了良好的环境，特别有助于地学研究人员与管理者之间的交流和勘探决策，提高了工作效率，缩短了研究和勘探开发方案优化决策周期。例如，油田的“地面建设信息系统”和“社区地理信息系统”两套系统都是以油田地形图为基础的可视化软件，全面直观地展示了油田开发建设以来的地面工程建设情况。

（8）并行化。石油勘探开发对于地震勘探、油藏动态模拟精度和准确性的需求不断提高，导致数据量与计算量呈指数式增长，对高性能计算技术呈现出持续而强劲的需求。高性能计算较为经济的解决方案是使用PC集群技术，就是把多台同构或异构的计算机用高速网络连接，组成一个集群，协同完成特定的任务。集群技术体现在软件上，如2011年1月，在科学技术部和国家自然科学基金相关项目的支持下，中国科学院地质与地球物理研究所和北京吉星吉达科技有限公司联合研制成功“油气勘探GPU（图形处理器）/CPU（中央处理器）协同并行计算系统——吉星”。数字油田的集群体现在三个方面，地震数据处理与油藏模拟的科学计算集群、数据库服务的高可用集群以及网络应用负载均衡集群。过去十年中，集群计算机系统以其成本低、可用性好、可扩展性好和利用率高的特点成为石油数据处理的主流甚至是唯一系统架构类型。

（9）一体化。表现在数据管理的一体化、工作流程的一体化、地上地下一体化、勘探开发一体化和上游下游一体化等多个方面。例如，数字油田网站集成了生产指挥、应用集成、数字勘探、数字评价等10个专业的数据库，100多套应用系统，为用户提供统一访问入口，实现数据管理的一体化，同时也实现了工作流程的一体化。在勘探开发一体化技术的推广应用中，一体化也体现了多个专业领域的一体化协同工作和各类专业软件的一体化工作中，如中国石油东方地球物理公司物探技术研究中心研发了GeoEast一体化平台，实现了地震数据处理与解释协同工作的一体化软件系统，在数据模型、数据共享、一体化运行模式、三维可视化、交互应用框架、地震地质建模、网络运行环境和并行处理方面取得了多项创新与重大技术突破。

（10）智能化。数字油田已从初期的仪器、仪表和监测的数字化发展成衔接现场作业与研究、决策部门的工作纽带。通过业务流的无缝衔接，数字油田的潜能不断得以发挥与实现。由井下采集数据的各类传感器及数据传输和地面数据收集组成实时的监测系统，能够让工程人员观察到井中正在发生的变化，高性能的网络使得研究者可以第一时间内获得这些数据，通过智能化的软件分析，判读地下的地质体变化、流体运移的规律，据此作出决策同时反馈给工程人员，并以此为依据通过实时操控设备对生产操作调整，达到降低生产成本、加速资金流动和提高油田采收率的目的。各类传感器、完善的网络传输系统、高速的计算机以及各类专业软件的应用，贯穿于不同尺度下的油田生产调控周期，连通各大学科领域，充分发挥工程人员与研究的人员的智慧，使油田具有智慧和快速操控的能力。对实时操作、采油优化、油藏管理和油田开发这些油田生产环节的生命周期，由几秒到几年，数据采集，传输的手段，数据转变成信息、知识的方法是不同的，对于生产的操控及时性要求也各异。因此，这种尺度下智能化的表现也是不同的，在实时操作、采油优化的过程中主要体现在对海量数量的异常判识、自动化的生产调控；而在油藏管理、油田开发过程中则更多地体现在地震、测井、油藏模拟等专业软件的智能化，以及研究人员的综合数据分析与处理的智慧。

总的来说，数字油田技术的发展源于地学、石油工程、信息学、管理学等多个领域的技术的进步，它是先进的信息技术服务于油田生产经营管理的产物。各类数字油田技术的应用，标志着油田已基本完成了网络化和普及化，而技术的标准化、并行化奠定了数字油田的可视化、一体化和智能化发展的基础。随着数字油田技术的发展，油田的研究者、工程人员和管理者的关于数字油田的思路也悄然改变，从以数据为核心的数据库、数据管理平台建设阶段，迈向了以主营业务为核心的数字油田技术的建设时代。

5.5　小　　结

数字油田技术是一个全新的课题，需要很多学者来探讨，需要长时间的研究。我们认为：

(1) 数字油田不是直接作用于油气勘探、开发和生产的专业技术，但数字油田是和直接作用于勘探、开发和生产的技术结合、融合后的技术，融合后的技术将发挥更大的作用，这在 10 多年来数字油田的建设成就中已经完全体现和显现了出来，还会发生更加长久的作用和效果。

(2) 数字油田技术一定包含着数字油田本身建设中的技术和数字油田如何作用于勘探、开发、生产技术的技术。这两个技术都很重要，都是重大和重要的技术。建设的技术将解决数字油田建设中的技术难题，把数字油田建设得更好；数字油田的技术是解决油田勘探、开发、生产中的技术难题的技术，作为 21 世纪的油田关键技术之一，将会发挥重要作用。

(3) 数字油田存在着一个很重要的技术体系，但是，现在还没有被人挖掘、发现和研究总结出来。国家数字油田高端研究一定会研究、挖掘和总结形成中国数字油田的技术体系，为我国油田二次开发、三次开发发挥关键作用。

第6章 数字油田数据

数据是油田的宝贵财富，在勘探方面，物探、钻探、试油、测井等生产环节直接的产品就是数据，在开发方面，必须对油井的各种生产数据进行采集整理，才能分析油藏的变化情况，优化开采方案。可以说，数据是石油企业勘探开发成果的“原料”，数据是数字油田的“血液”，数据在数字油田的建设中占有重要的地位。

6.1 油田数据及其多源性

6.1.1 油田数据产生及其类型

在油田各种勘探开发、工程作业、管理等业务中要产生类型繁多、数量庞大的数据，这些数据既有勘探开发、工程作业的原始数据，又有生产管理及运营中产生的新数据，还有地质研究、工程设计中的中间数据，在油田勘探开发研究中数据不断产生、复制、再提炼。油田数据类型如表6.1所示。

表6.1 油田数据类型表

数据类型	数据功能	数据明细	备注
基础数据	地理信息	专题GIS数据	空间数据、属性
原始数据	勘探开发 地质研究	物化探数据	包括物探设计，二维、三维地震数据，非地震物化探数据
		钻井数据	钻井工程设计，钻井井史，智能钻井数据
		录井数据	各种录井数据、图件，智能录井数据
		测井数据	测井设计、测井曲线、测井项目、解释成果、成果报告资料
		试油数据	试油设计、试油成果
		生产动态数据	包括（注水井、油井）日报、油水井产量、含水、油套压、地层压力等数据

续表

数据类型	数据功能	数据明细	备注
原始数据	勘探开发地质研究	井下作业数据	固井、射孔、压裂、修井数据
		分析化验数据	储层物性、流体性质、温度、压力、岩心分析化验数据
	地面工程	地面工程数据	站库、管网等数据
	经营管理	设备数据	油田企业各类大、中、小设备参数、功能、厂商数据
		物资数据	油田企业各类物资数据
		财务数据	财务报表、财务计划等数据
综合数据成果	—	研究报告 解释分析 计划与建议 规划方案	油田专业研究中的各类成果报告与图件油田专业部门编制的各类年度计划和规划方案

表6.1是我们简单地统计了一下油田的各类数据，还有很多经营管理及集输储运等的数据。

在油田，与勘探开发主营业务相关的数据，主要有以下两个方面。

(1) 勘探开发、工程措施中产生的原始基础数据。这类数据是油田最宝贵的财富，这些数据直接源于生产第一线。油田勘探开发部署及其管理都依赖于这些数据。

原始资料是各业务单位在进行勘探开发、工程设计、经营管理中采集或形成的初始资料，是综合分析、管理决策的基础。油田各类原始资料相当庞杂，如何系统采集、集成和梳理是数字油田建设中的一个重要任务。

勘探开发原始数据是在勘探开发过程中产生的数据，这些数据都要经过一定的数据处理，利用专业技术软件和相应的技术手段进行数据处理，并进行解释，所获得的结果大都是成果报告和相应的图件、数据表等，最后成为地质研究、工程设计的主要依据。

油田生产产生的各种原始数据是科研及其生产管理人员应用的第一手原始资料，在后续的各个生产过程中，依据研究及生产需要都要对这部分数据进一步分析、归类、提升及再处理，形成各种综合研究数据，如地震资料重新处理与解释、测井资料解释、各种综合地质图件编制、各种生产动态分析数据、各完钻井报告、措施评价、试油试采报告。另外，在不断研究中形成各种综合研究报告及综合数据。

(2) 综合研究数据的产生。油田一切勘探开发及其生产运营都在不断产生数据、分析整理数据、再产生新数据。数据是油田企业的灵魂，维系油田企业的运行及其发展。油田企业各项生产实践都以数据说话，用数据指导运行。数据的采集及其综合分析贯穿了企业活动的各个方面。以油藏描述为例，从收集原始数据、前人研究数据到对这些数据综合整理，产生中间整理数据，再到综合研究得到研究成果数据，从而实现对该油藏的评价和综合调整部署（图 6.1）。从油藏描述的工作流程及其数据流可以看出，一项油田科学研究及其生产方案的制订，需要分析整理大量的各类数据资料。这些资料有静态的、动态的，有

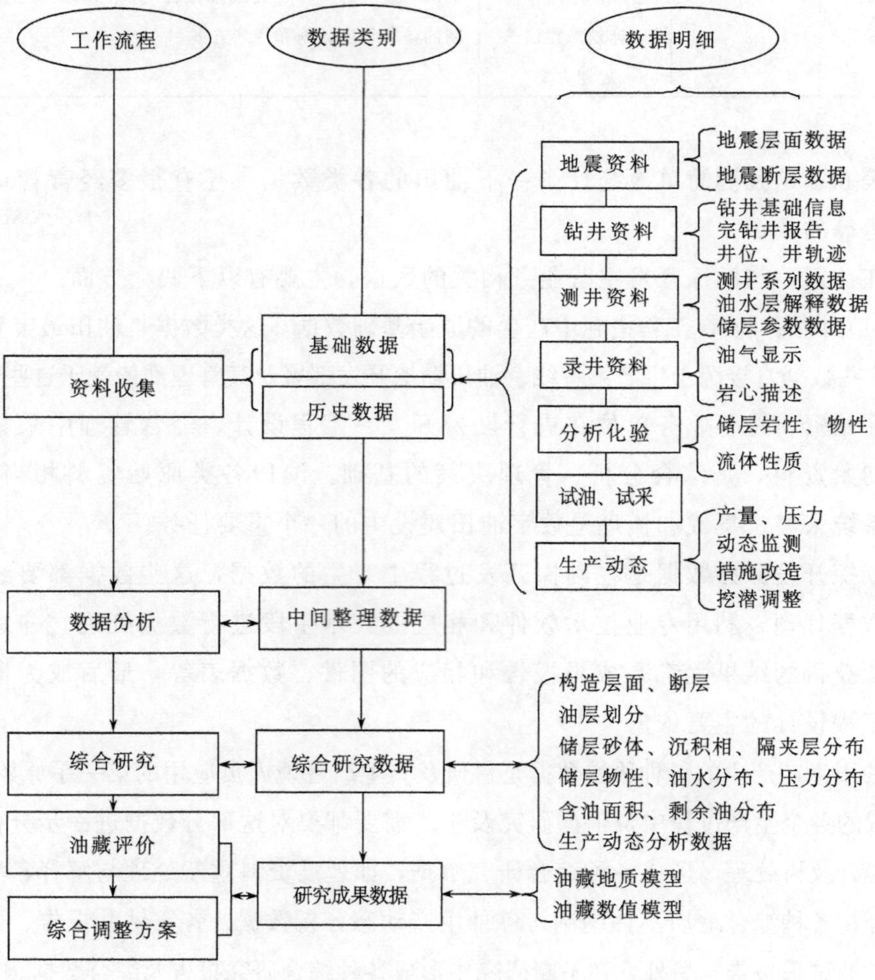

图 6.1 油藏描述数据流程与包含的多源数据

定量计算的、定性描述的，同时产生各类表征油藏地质及其开发动态的成果数据。随着计算机及地质统计学、数值模拟技术的发展，油田企业以三维数据体表征油藏为特征，在计算机中模拟油藏开发动态，并且对开发部署作出预测和优化，这些成为现代油藏数据形成及其产生的主要形式。

所以，油田企业的数据，就是这样周而复始地不断产生与挖掘，整理、提炼、加工，加入新的数据再研究，构成了一个环。

6.1.2 油田数据的多源性特征

在油田企业，信息技术的应用已经深入到企业的各个环节，从而加速油田企业数据的产生。信息技术的应用使得数据源更加广泛。如图 6.1 所示。

图 6.1 展现出的是数据的来源。从工作流程来看，表现出的是资料收集、数据分析、综合研究、油藏评价、综合调整方案等。从数据类别上看，包括基础数据、历史数据、中间整理数据、综合研究数据、研究成果数据等。其实，数据分析到中间整理数据有很大的工作量，会得到很多有价值和应用前景的数据，由于图幅有限，没有表示出来，这一个环节对于地质研究是非常重要的。数据明细，是具体到各个生产环节了，由于图幅的限制也只能说出最重要的一些。

随着石油工业的发展，积累的数据与信息量更是呈爆炸式增长，并且包含着各种数据模型，其数据的多源性是现代油藏数据的主要特征，晁会霞（2009）等将油田数据的多源性概括为以下几个方面。

1. 数据来源的多源性特征

油田数据的形式多样性，即我们通常所说的存储格式的多样性，包括文本型、图件型数据甚至是 Web 型。其实，从数据管理建设来说，数据分为结构性与非结构性数据。但是，油田数据的多元性主要指的是数据的来源。由于油田企业属跨学科、多领域，涉及地质研究、地球物理勘探、钻井、录井、测井和开发测试等各个学科与环节。这些不同领域的数据通过不同手段获得，因而来源不同。

油田数据的获得手段和技术有重大区别，既有利用先进仪器测试的数据，如地球物理勘探、测井曲线和录井等，又有依靠先进的仪器测试、数据处理和综合解释得到的数据，如地震资料处理与解释、测井解释、试井解释及各种动态监测，还有地质研究和通过专业学科的特定方法处理后形成的成果数据等，这些数据主要是成果图与报告。

2. 数据存储形式的多元性特征

油田企业勘探开发数据的类型很多，不同数据类型对数据存储的要求也不同，这就造成了不同类型的数据使用者的困难。一般在地质研究中储层数据存储格式有 Excel 表格、Access 数据库、Txt 文本等多种形式。数据存储格式的不同，造成数据结构的不统一，从而增加了利用计算机进行数据分析的难度。因此，从数据本身来讲，就包含了多元的数据类型，除了数值型数据外，还有文本型、图件型数据，甚至是 Web 型等非数值型数据 。

3. 数据的多尺度的特征

数据的多尺度在数字油田建设中经常会提到，而且还是数据建设中最为重要的一个问题。多尺度，可表现出数据精度和研究的程度。其实，在多尺度中还有油田企业数据的宏观区域性和微观性，如显微镜下观察得到的数据，这样既有用比例尺限定观测精度的数据，又有化验精度用仪器分析的岩芯数据等。

我们在地质研究中对储层不同层次，如不同级别构造单元的划分，就形成了不同尺度，这样获得的数据尺度也不一样，这对评价研究成果非常重要。

4. 数据的空间性特征

数据的空间性表现在每一个油田数据与其所在的地理位置，如地球物理勘探，在勘探之前必须要做的就是地面测量。无论是确定剖面，还是定测点，都要确定地理空间位置，这就无形中给数据确定了位置。我们的井位坐标、地质研究储层中的每个数据等，都具有其空间性的特征。

由于油田数据形式多样，具多尺度性及空间相关性，所表现出来的不同类型数据包含的信息各具特点，综合各种数据所包含的信息才能得出地下真实的地质状况。

在数字油田建设中我们面对的油田数据多源性、多尺度性和空间性为数字油田建设带来了难题。

6.2 数字油田数据的建设

数据建设是数字油田建设中的一个最核心的建设任务，这么多年来我们各个油田企业在数字油田建设上下功夫，已经取得了很大的成就。但是，还有很多问题，需要我们深入解决。

6.2.1 数字油田数据建设中的问题

油田数据建设主要是将油田生产及其运营中形成的各类数据集成到统一数据平台，统一管理和分权共享，建立油田资料获取和应用模式，为数据共享提供条件，为油田企业勘探开发、研究打下基础。这几年的数据建设虽然取得很大的成就，但是并不理想。主要表现在如下几点。

(1) 在认识上存在差异。数字油田建设以来，大家对数据建设热情很高，对数据电子化、数字化及历史数据入库都很重视，做了很多的工作。但是，对数据的本质认识还是有很大的差距，主要表现在对数据到底如何建库、入库与管理上。一部分油田企业认为，无论如何，只要是我们勘探开发、生产等的数据我就全面数字化入库，将这认为是数字油田建设，或者数据建设的主要任务；一部分油田企业在数字油田建设中，以数据为中心进行建设，认为这是数字油田建设的核心，即以数据建设为中心。总的来说，在认识上还有很大的差异性。

所以，对于数据建设其实我们有很大的忧虑。这样的数据建设，我们只是将数据放在电脑里而已。真正的数据建设目的是让数据得到更好利用，也就是共享。

(2) 数据标准问题。在数据建设中各个油田企业或多或少地都有标准，但是，这些标准基本是自己制定的标准，如果能够满足本企业数据的良好应用，就算是一个很好的标准。如果不能满足本企业的数据应用，那这个标准是有问题的标准。

一般来说，数据建设，标准先行。标准确定数据建设的基本规则和应用的规则。如果标准建设得不好，数据即使完全入库了，将来也会出现更大的麻烦。

更让人担忧的是没有国家标准。我们现在基本以集团公司为主建立的标准，在国家层面上看，数据的统一与数据的通用性将会很差。国家要制定一套完整的数字油田数据建设标准，包括数据的采集、数据的传输、数据的存储、数据的应用、数据的管理和数据复用等，这样规范化的油田数据就可以在数字油田平台上流通。

(3) 数据管理问题。数据管理的核心是为了数据的应用，现在我国数字油田建设中对数据的管理其实很乱。首先，对数据传统的统计方法难以解决，诸如数量、结构、类型及数据质量等问题，如何迅速而准确地从现有数据中抽取出有用的决策信息，成为现代石油生产、销售与管理等的迫切需求。而数据挖掘技术能够结合数据库技术解决海量、多源（元）数据的质量问题，进行数据预处理并从中挖掘潜在的信息。因此在油田数据分析领域引入数据挖掘的概念、模式和方法，探讨适合地质领域的数据挖掘方法，对于有效地处理海量、多源的数据，提高数据分析的自动化和智能化水平等方面具有重要的意义。其次，对于数据管理的组织结构很乱。数据作为油田企业的未来资源和资产，应该统一归口管理，老油田的"N院一中心"数据管理，非常不利于数据的有效使用与共享。部分油田企业在数字油田建设中统一归口数据中心管理，这种做法比较好。但是，大部分油田企业经过多年的数字油田建设，并没有很好地解决数据统一归口管理的问题。

总之，数据是油田的资产和宝贵的财富，实现油田各种资料及信息的数字化是数字油田建设的首要任务。特别是一些已经开发建设几十年的老油田，长期以来形成海量数据历史资料。对这些历史数据的建设，即历史数据的数字化、入库是数字化油田建设的基础，没有油田资料数字化，没有及时准确数据入库，数字油田建设就无从谈起。同时，加大对数据的良好管理是十分重要的。

6.2.2　数字油田的数据建设途径

1. 历史数据入库

历史数据是油田投入勘探开发以来，在生产运营历史中，由于当时数据采集储存技术及管理手段较落后，同时计算机信息技术未普及，导致的大量以各种介质分散储存、未形成数据库及实现平台化管理的数据。

历史数据按存储类型分电子化历史数据和纸质历史数据两类。

电子化历史数据以各种格式储存，最常见的是Excel表格、Access数据库、Txt文本及由各种专业软件生成的各种格式的数据。数据的多种存储格式造成数据结构的不统一，同时分散贮存极易造成数据丢失或者数据改动的历史记录不清，因此对这部分电子文档的历史数据应尽最大努力的入库。

在国内大部分油田勘探开发早期，有一大批纸质历史数据，包括纸质测井图、检测报告、纸质研究成果图、产量卡片、井史卡片等，这部分数据因纸质破损或丢失，导致油田数据丢失，因此目前迫切需要图纸矢量化、卡片数据录入，将纸质介质转化为电子文档，然后对数据审核归类后入库。

对历史数据的建设不仅要强调数据完整性，保证数据建设的质量也是非常关键的一环。大量的数据建设如果质量出现半点问题，都可能导致整个数据应用出现问题，甚至造成数据库全部瘫痪的严重局面。

在国内部分油田，存在大量纸质数据及分散储存的电子文档数据，将这些历史数据入库是实现数字油田的最主要的环节，也是必须下大力气进行的一项艰巨任务。可喜的是，自数字油田建设以来，我国很多油田企业完成了数据建设任务，将大量的历史数据实施数字化管理，即装入电脑里。但是，要实现数据正常化管理的任务还很艰巨。

2. 数据正常化

数据正常化是指在生产过程中产生的新数据由数据源单位作为正常业务工作按照规定的时间、格式和质量要求加载进入数据库，实现信息资源管理的良性循环。数据正常化的内容包括业务数据入库的及时、准确、完整和规范，即数据正常化包含数据的及时更新维护、数据的准确性、数据的完整性和数据的规范性（图 6.2），最终实现数据的质量保证。

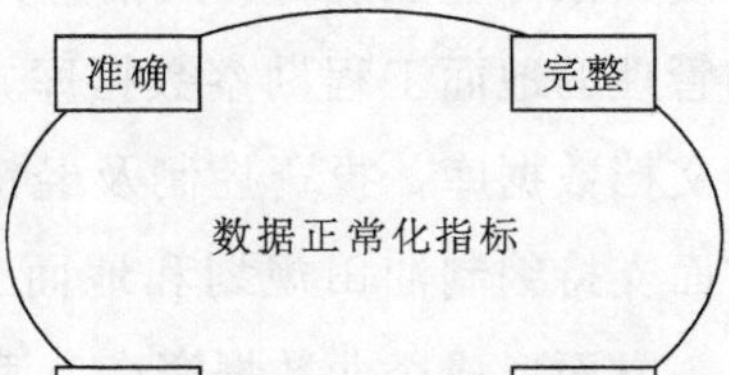

图 6.2　数据正常化四项指标

数据正常化管理工作要遵循统一规则、分步建设、集中管理、严格审查和注重应用的原则。数据的正常化管理必须与采集标准、传输规范、考核制度和管理体系等相关措施配套，并建立相应的监督管理机构，实行行政管理、工程管理与信息管理多方配合。各个业务单位数据库的建设工作要基于统一标准、集中入库和定期检查的方式进行。

数据正常化关键是数据常态化。

1）正常化流程

正常化流程主要是指根据采集种类的不同，数据分别进入专业数据库和中心数据库中的过程。

数据管理中心主库数据包括勘探数据、开发数据和地面工程数据。①勘探数据指集中管理和归档的盆地自然地理数据、综合物化探数据、探井的钻井数据、测井数据、录井数据、试油试采数据、分析化验数据和综合研究成果资料等各种勘探原始数据和成果资料，既包括结构化的勘探基础数据，也包括非结构化的图形、图表和文档等数字化信息和物理介质（包括磁带和纸介质等）存放的资料。勘探数据一方面满足勘探综合研究、储量计算、规划部署等各项勘探工作的信息需求；另一方面形成企业数据资产，满足开发等其他专业系统对勘探信息共享应用需求。②开发数据指集中管理和归档的油田开发数据库数据、开发生产管理数据、方案项目数据、专题成果数据、开发井和区块单元基础数据。油田开发数据库包括采油管理、储量管理、动态监测、井下作业、开发动态、开发静态、方案规划、开发实验和油气集输共九类开发基础数据。它一方面满足探明储量、前期工程设计、开发规划部署、各类方案编制、工程和工艺设计以及开发生产管理等各项开发工作的信息需求；另一方面形成企业数据资产，满足其他专业系统对开发信息共享应用需求。③地面工程数据指集中归档、存储和管理的地面工程勘察数据库，地面工程静态数据库，地面工程动态数据库，图形文档数据库，投资控制及经济评价数据库，工程设计图纸与资料等数据。它一方面支持编制油田规划和地面工程方案、进行工程设计等地面工程系统应用等；另一方面形成企业数据资产，满足其他专业系统对地面信息共享应用需求。

油田专业数据库指钻井、录井、测井、采油等专业部门建立的业务数据库，包括非地震物化探、地震、钻井、录井、测井、井下作业、试油、试井、地质研究、规划方案、石油生产、化验分析、采油工程、地面工程、石油储运和生产管理等。

这些数据库是用来存储专业技术数据和管理数据的集成化数据库。油田专业数据库存储大量的源头数据和成果数据，其数据直接来源于油田作业的第一手资料和各种成果数据，存储数据可为各专业的科研、生产、管理和决策服务。专业数据库对于专业部门开展业务至关重要，同时也对油田公司的整体业务开展具有重要的作用。

在油田数据正常化过程中，通过数据采集业务流程和数据流程的规范化，保证数据采集的及时准确，保证数据的一致性。专业数据（共享数据、私有数据）的管理包括数据采集和质量控制两个方面。采取三级质量审核制，如图 6.3 所示。

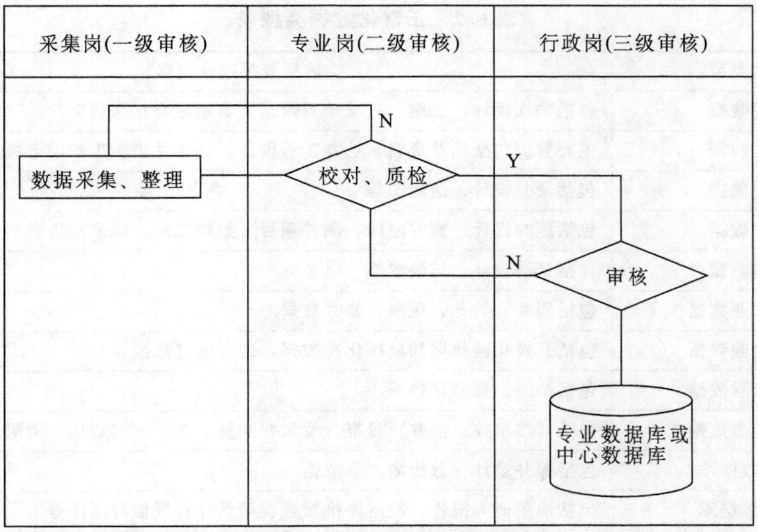

图 6.3　数据审核流程图

各专业数据库里积存的共享数据在向中心库加载和传输时，需要信息中心统一审核、校验，如图 6.4 所示。

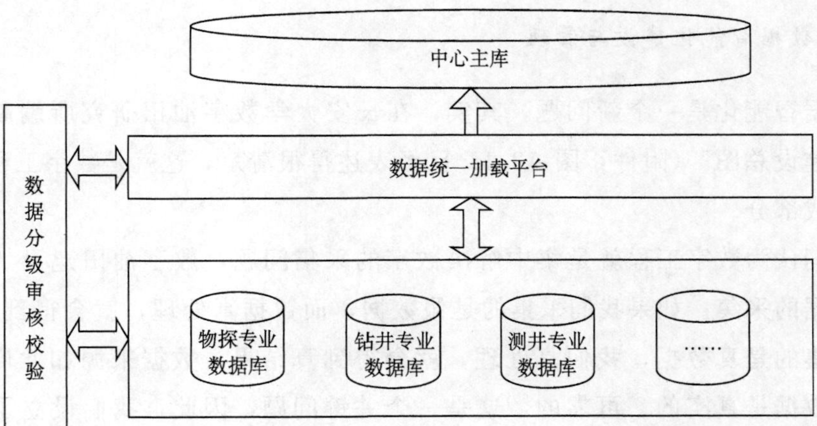

图 6.4　专业库向中心库加载数据流程图

2） 正常化数据大类

正常化数据一般分为以下几个大类（表 6.2）。

表 6.2 正常化数据类型表

数据类型	数据资源建设内容
物探数据	包括物探设计，二维、三维地震数据，非地震物化探数据
钻井数据	主要数据包括钻井资料、钻井工程设计、钻井井史、生产动态数据的管理
录井数据	包括录井设计、曲线图等
测井数据	包括测井设计、测井曲线、测井项目、解释成果、成果报告资料
试油数据	包括试油设计、试油成果
井下作业数据	包括固井、射孔、压裂、修井数据
分析化验数据	包括开发化验数据和勘探化验数据，岩心测试数据
地面工程数据	包括站库、管网等数据
生产动态数据	包括（注水井、油井）日报、油水井产量、含水、油套压、地层压力等数据
勘探数据库	包括探井设计、分析测试等数据
储量数据库	包括地质研究报告、经济评价报告、储量计算报告与图件等
GIS 空间数据	基础地理数据、地理信息系统数据
综合研究数据	包括科研成果、新技术、新项目
设备数据	油田各类设备参数、功能、供应商数据
物资数据	油田各类物资报表、计划等数据
财务数据	财务报表等数据

3） 数据智能化建设与管理

数据智能化是一个新问题，其实，在长安大学数字油田研究所编制的“数字油田建设总图”（附件：图 A2.1）已经表述得很清楚，这就是数字工程建设的重要组成部分。

我们认为数字工程就是集中解决数字的采集问题，数字油田建设的关键之一为数据的采集。如果我们采集的是假数据，而数据真处理，就会得到假结果。如果采集的是真数据，我们真处理，就会得到真结果。数据来源如此广泛，如何保证数据是真实的、可靠的，这是一个关键问题，因此，我们设立了数字工程建设。

数据建设智能化，是指数字采集的智能化。就是要加强数字工程的智能化建设。在数字工程建设中的智能化包含两层含义：

一方面是数字油田的数据原点采集的智能化建设，在数字油田井场建设和油田物联网建设，包括智能钻井、智能完井和智能测井等，未来的地球物理勘探也依靠“透明油田”技术对盆地的感知来完成，实现智能化。这些过程都是数据源头采集的智能化过程，对数字油田建设十分重要。

另一方面是数字油田建设中的数据管理建设。数据存放在数据库中，大家觉得已经完成了数字油田的一个重要建设，其实没有完全完成，我们对数据的关联整理，对数据的无障碍使用等才是关键。智能化数据管理是未来数字工程建设和数据工程建设中需要联合攻关的一个技术。2009 年，长安大学数字油田研究所提出数据“DNA”管理思想，就是对存储在数据库中的数据编码，就像我们每个人一样，都有自己的“DNA”，利用空间概念进行坐标和身份识别，从而实现智能化的数据管理。

无论如何，数字油田建设这么多年，成就确实是巨大的。但也存在问题，不过这都是前进中的问题，深层次的问题，在未来的数字油田建设中一定会得到解决。

数字工程智能化建设将成为关键。

6.3　数字油田数据的质量

石油勘探开发数据是油田企业的重要资产，是我们寻找、评价和开发油气田的基础。自“九五”以来开展的专业数据库建设在油田勘探、开发核心业务领域发挥了重要作用。国内各大油田在“十一五”信息系统建设与应用发展规划中都明确提出了其建设任务：以油田数据中心建设为主要内容，规范源头数据采集，确保数据及时、完整、准确，加强数据资源的应用开发和管理力度；以综合应用技术为手段，为国内及海外勘探开发业务管理、运行监控提供技术支持。因此，可以说数据是油田的最重要的财富，油田勘探开发及管理以数据应用为核心，勘探开发效益及管理水平直接取决于数据的质量。如何加强数据质量的控制，从源头采集翔实确切数据及在勘探开发等业务中派生高质量的综合性数据而非数据垃圾至关重要。

6.3.1 油田数据质量存在的问题

近 20 年来，随着计算机技术的发展，国内油田对油田数据的集成管理做了大量工作，特别是数字油田建设以来，部分油田建成数据中心，对众多的油田数据归一化、标准化管理及使用。但目前油田数据仍存在如下一些问题。

(1) 部分油田数据缺乏系统整理与管理，丢失严重。油田各类数据凌乱繁多，特别对于老油田来说，随着开发进程，各类数据越积越多，部分数据在形成初期未形成电子文档，仅以卡片、图纸、报表形式存在，在常年使用中，容易丢失残缺，造成基础数据的严重丢失。

(2) 数据源各异，信息标准不一，相互独立，信息交换困难。随着数字油田的建设步伐，国内大多数油气田已经完成各类信息平台建设，但这些专业应用软件、专业数据库系统和数据仓库等大多分别建立在不同的平台上，数据源各异、信息标准不一、相互独立、信息来源渠道分散、层次不齐，故相互间难以实现不同层次信息交换。而且，这些系统不仅各自独立、分散，甚至存在某些数据重复建设的情况，数据冗余严重，同一份数据重复出现在多个应用系统中，存在数据不一致的问题。

现在油田数据，常常出现数据格式不一致，而且各系统采用不同的数据库，因此导致系统之间访问困难，甚至是，同样的数据，由于不同系统需要不同格式，不得不重复采集的现象。因此需要建设数据中心（数据融合平台），通过将油田各应用系统有机集成和业务重组，最终构建一个统一的、标准的、集成的、能够包容各业务流程的数据中心体系架构和数据交换和共享平台，支持分散的、松耦合的分布式应用集成，大大地避免油田在信息系统方面重复建设、重复投资，为油田节省大量的资金。

然而，各大油田对数据融合平台建设目标和建设内容的理解各不相同，所采用的技术也是五花八门，这样实现的数据中心往往运行效率不高、对原有系统改动大（有的甚至直接放弃原系统）、难于推广，这势必严重影响数据的全局应用。因此，分析影响数据中心建设的若干关键技术因素及解决方案，得到一个具有普遍意义、先进、高效的数据融合平台架构至关重要。

勘探开发数据必须实施一体化，一体化必须对原先收集、整理的数据进行重新整合，打破原先的数据模式，建立一体化标准体系。

（3）数据量庞大分散，挖潜应用不够。在油田开发生产中经常产生大量不同类型的开发数据，生产和科研人员通过整理归纳、分析和计算等方法对这些数据进行处理，用于指导油田开发生产和科研，而这一过程是相当繁杂和无序的。当数据量极度增长时，如果没有有效的方法由计算机及信息技术来帮助从中提取有用的科学信息和知识，显然就会感到像大海捞针一样束手无策。目前一个大型企业数据库中的数据，数据储存常常分散无序，导致数据查询时经常出现重复和遗漏。另外，油田的勘探开发是专业性非常强的行业，它涉及地震、分析试验、油井等多个学科的综合应用，因而涉及多源、多形式的海量数据资料。那么如何充分利用现有数据，高效、准确地从海量、含噪声的数据中探索潜在的知识是目前摆在我们面前的难题。目前几乎所有油田存在海量数据资料分散、数据量大、闲置严重而信息贫乏的现状，因此需要对这些海量数据进行挖掘，快速、高效地从中挖掘出潜在的有用信息，来指导油气的勘探和开发。

同时，随着油田信息化建设的深入进行，大量的信息系统被开发并投入运行，由此产生出了大量的同构异数据库和异构异数据库的不同数据源，在这些数据源中有些是结构化的，有些则是文档、曲线数据等非结构化数据，还包括OA、ERP、纸制文档等一大批数据源，如果不能有效整合和管理这些数据，将很容易造成数据遗失和管理混乱。然而，如何有效整合如此庞大、复杂的数据源呢？是将所有数据集中到一个大库中统一管理，还是采用分布式技术建立统一访问平台？如何在各数据源的基础上实现综合、分析和挖掘？这些问题都将成为油田数据中心建设所面临的难题。

（4）数据重复整理，缺乏继承性。油田的勘探开发部署、各种方案的编制及工程设计都是对原始相关数据进行整理分析，这样不同的工作者及不同的工作类型都需要对原始数据进行分析整理，从而形成大量中间型数据及再处理数据。例如，对各种分析化验资料的统计分析、生产动态资料的统计分析、测井二次解释及综合调整方案的编制等，都需要对原始数据进行预处理、质量审核和统计分析，形成各类中间数据和综合成果数据。许多油田都缺乏对原始数据的分类整理及对前人中间数据、综合成果数据的保存和及时归档，致使在后续研究中进行原始数据的重新整理，研究工作缺乏继承性，造成研究人员大量时间浪费，重复性工作，有人统计常常耗费大约 1/3 以上时间重复整理前人已经整理过的基础数据，重复进行统计分析。

(5) 与常用专业软件结合难。在油田多年的生产实践中，勘探开发及工程措施作业都优化发展了较稳定的专业软件，如 Landmark、Jason、Discovery、Forward、Petrl、Eclipse 等地震解释，储层反演、油藏描述、测井解释、地质建模、油藏数值模拟等专业软件，这些软件都需要相应的数据格式，但油田各类原始数据储存格式与上述专业软件要求结合不够，甚至数据不相容，专业软件处理的综合数据体不能及时归档。

(6) 部分数据质量不高。油田数据质量是油田高效管理的基础，无论原始数据或者综合研究成果数据的好坏都关系到每一项科研生产的成效，特别是原始采集数据，常常是唯一的资源，在采集过程中出现偏差或不按标准规范进行将造成无法弥补的后果。油田科研生产以数据说话，以数据为支撑，无论多么先进的算法和模拟方法、数理统计方法，面对无用数据只能产生更无用的数据。

在生产实践中，数据源点的采集不规范往往是导致质量差的主要原因，其次在数据处理中，限于技术手段落后、约束参数选取不合理导致数据处理结果不理想，如地震资料的处理与解释、测井和试井解释等。

6.3.2 油田数据的质量控制

高质量油田数据是油田科学决策及管理的前提保障，因此规范源头数据采集，确保数据及时、完整和准确至关重要。油田企业通过建立统一的源头采集、监督、反馈和考核管理机制，实现勘探开发生产数据、归档成果数据的及时准确采集与入库的统一管理。

1. 源点采集标准建设

油田各业务单位生产过程中产生的新数据由数据源单位按照规定的时间、格式和质量要求加载进入数据库，实现信息资源管理的良性循环。因此要求业务数据及时、准确、完整、规范入库，对数据及时更新维护，确保数据的准确性、完整性和规范性，最终实现数据的质量保证。

保证数据质量不但要求油田企业建立统一的源头采集、监督、反馈和考核管理机制，而且要全面分析现有的源头数据，勘探、开发等数据库，各专业项目数据库的采集、管理和应用流程模式，把握勘探、开发业务源头数据，形成勘探开发一体化源头数据标准。因此，数据质量首先从标准抓起，标准由单一专业数据结构向一体化数据模型转变，满足下道工序的需求；其次数据从源头抓起，采集由多头采集向源头数据一次采集、授权共享转变，防止数据冗余和不一致现象，尤其是防止新数据变成不入库的历史数据。

国内部分油田为保障源点采集数据质量，建立了数据“源头采集、集中管理、授权共享”的有效管理机制。即谁产生、谁采集、谁应用、谁把关，将数据管理统一纳入项目管理、合同管理之中。源头数据采集后，可以直接进入数据中心，由专业部门把关后提供数据服务，一个入口、一个出口，确保数据源头唯一、真实、准确、权威，使数据管理由分散采集、逐级汇总、层层上报变为源头采集、集中管理、授权共享。规范各专业数据采集的工作流和数据流，实现数据采集的准确、完整与及时。数据经由采集、录入、处理、解释、审核、传输、加载、应用、质量跟踪控制和维护等过程，归档进入数据主库。这是数据质量控制很好的办法应该肯定并加以推广。

2. 中间数据及其综合成果数据建设

中间数据是对原始数据的再提炼，直接服务于生产实践，根据不同的专业和工程类别，处理手段和应用软件各具特色，因此要求处理人员具有较高的专业技术。该类数据质量的提高主要依赖提高专业技术人员业务素质来实现，同时，随着油田勘探开发及各项工程措施的发展，更实用、更先进的专业软件不断优化提升将有助于该类数据质量的改善。

建立严格的数据质量审核体制是提升数据质量的前提，在数据源头采集时建立严格的技术规范、监督规范和校验措施，严防数据造假，保证数据的真实性。对于各种试验检测数据，严格执行行业标准，建立各项实验测试操作细则和校验方法，实行三级审核制度。

3. 数据复用返回质量监督

建立数据使用和复用管理制度，在数字油田建设中十分重要。油田企业数据复用频率非常高，油气勘探、开发和生产数据，在地质研究和编制开发方案中反复地使用。尤其对于老油田挖潜改造，数据的复用率更高，要保证数据的质量和数据使用的返回需要很好的制度作保障。同时，还要建立相应的机构，如数据监督部门落实制度的执行。

6.4 数字油田数据的应用

6.4.1 油田数据的应用历程

油田数据应用是随油田勘探开发水平及计算机信息技术不断发展而飞跃提升的，大概分为三个阶段。

(1) 传统数据应用。油田在勘探开发、经营管理中不断产生大量数据，而且油田的一切科研生产经营也是一个数据应用过程。油田数据在20世纪80年代以前，大量以磁带、卡片及图纸形式储存，如测井数据，主要以测井图储存在生产单位，地震数据大都是磁带作为介质保存，由于磁带中数据格式多样，用户应用中需要磁带解码。还有单井的试油试采、措施改造等资料多以卡片形式储存，大部分油田测井图多以纸质保存，油区产量记录以纸质卡片填写方式记录。随着油田信息化建设及计算机科学的迅速发展，油田数据逐渐以电子文档贮存为主，并且随专业化软件的普及，油田数据格式多样化，各种数据库、数据平台逐渐形成，这就为实现油田地下数字化提供了基础。例如，对油藏描述及其管理，在没有形成数据库以前，科研人员花费大量时间去资料室翻阅图纸、统计数据，这样费时费力，耗费1/3～1/2研究时间，并且往往因为纸质数据容易破损丢失而造成数据收集不全。生产数据的统计分析也是查阅卡片、重新数据录入、重新建表，这样效率特别低下。科研人员通过对这些基础数据录取及其图纸解读，综合研究形成新的大量的以图纸形式表达的研究成果，包括油藏储层砂体展布、沉积相分布、构造顶面图、储层物性分布图、储层评价图和油藏流体分布图等一系列表征油藏地质特征及其油气分布的图件，这样新一轮研究又产生大量纸质成果，极不方便储存和供未来研究者使用。这些研究成果用纸质图件表达，翻阅查询困难，无法备份，甚至造成资料丢失，也无法修正及更新。

(2) 信息技术应用阶段。20世纪80年代以来，随着油田信息化建设及计算机技术的普及，油田数据储存介质及其格式发生了巨大变化，数据储存介质以电子文档为主，有Excel表格、Access数据库、Txt文本等多种形式，其领域覆盖了油田科研及生产管理的各个方面，并且利用科技手段在勘探、钻井、天然气、开发规划、储量、圈闭、地质图形和勘探项目等领域，建立了勘探综合研究项目数据库和地理信息等数据库。部分油田形成数据中心，实现油田数据统一标准化管理，授权共享，因此，科研及生产技术人员可以很方便地获得项目及其生产管理所需要的数据资料，避免前辈们所经历的必须到资料室不断翻阅资料档案，复印摘抄等烦琐工作。例如，在作油藏地质研究中，需要研究区地震层面数据、断层数据、构造层面图、所有井钻井、录井、测井、完井资料、各种分析化验资料、试油试采资料和动态监测资料等百余种资料，通过统一数据平台，研究人员可以在 1～2 小时内获取以上数据，然后将以上数据进行分析整理，加工成专业软件需要的格式，借助专业油藏地质研究软件平台进行分项和综合研究，得出有关油藏构造、油层划分、砂体展布、沉积相分布、储层物性分布、隔夹层分布、油气水分布、油藏剖面和油藏压力分布等表征油藏地质特征的丰富非纸介质图件，这些储存于计算机中的电子图件方便修改备份。并且随着油藏描述、地质建模技术的发展，建立油藏三维地质模型，以数据表征油藏特征可在计算机上三维角度洞察油藏各个部分，任意提取数据剖面。以上油田数据的集成管理及其平台化，并与专业软件实现对接，极大地提高了生产效率和研究质量。

(3) 数字油田数据应用阶段。数字油田阶段的数据应用将是一个全新的数据应用时代，数据在数字油田建设过程中得到全面的整理和集成，数据应用频率更高，频繁应用使得数据复用和翻新得更快。

在数字油田中的数据应用主要是将多源、异构和多尺度数据放在一个平台上，使不同领域、不同学科及不同专业的工程技术人员可以在同一个平台上，在不同时空条件下，坐在一起同时研究讨论同一个难题，而不像传统会议那样，要求与会人员在规定时间从四面八方集中到规定的会议室，从而大大降低会议成本，提高研究效率。

随着信息技术的发展，未来的数据应用就是“两化两云三屏”，实现数字油田的远程综合研讨厅技术。即研讨厅实施由定性到定量的综合集成技术，把油田地上地下一体化，勘探开发一体化；建设油田企业云和石油行业云；在控制中心大屏、计算机终端屏与移动电脑屏同时显示异地开坛讨论，这就是数字油田＋智慧的未来数据应用。

6.4.2 油田数据应用成果

近20年来，随着信息化技术的发展，油田数据在油田生产及管理中的应用取得长足进展，主要体现以下几方面。

(1) 通过建立数据集成平台使油田管理、科研、决策人员及时方便掌握信息。例如，通过数字油田系统，公司生产、科研、管理、决策人员，每天上午一上班，所需的信息都能在计算机中查询到，包括钻井、录井、试油、采油采气等生产动态数据。对于长输管线及沿线站库设备设施运行参数、供水、供发电、天气和车辆运行线路等信息尽在掌握中。对于油田静态数据，包括盆地一级构造、二级构造、矿权分布、油气田分布、生产作业、科学研究、实验样品、设施装备等数据都可随时查询，关联应用。

(2) 通过油田数字化建设，使管理人员对油田各种室外作业进行实时监测，让基地与现场同时获得同样的信息，使现场获得基地研究、管理支持，这是油田数据信息化应用的一个重要进展。目前，部分油田对探井实现了实时采集、卫星传输，每隔几秒即可获得一组现场仪器采集的地质、工程和泥浆等数据，实现了井场数据与基地数据共享，前线技术人员与基地研究团队协同工作，大大提高了工作效率。同时对原油处理站、天然气处理站、生产井、注水装置、热采锅炉和油气集输站库的自动化数据，做到了实时监测、实时传输、实时处理，实现了远距离管理油田。这也为我们减轻现场一线人员工作压力，改善员工生活环境创造了条件。

(3) 数据平台对勘探开发主体业务研究提供有力支持。油田研究工作，一般是按照收集资料、整理资料、处理资料、分析资料和提供决策这个流程。以前，在没有完成数字化油田之前，研究人员的大部分时间花在了收集、整理和处理资料上，通过数据平台将稀缺的研究人员从繁杂重复的原始资料整理中解放出来。另外，采用信息技术手段，为科研工作者搭建协同工作的环境，使多学科研究人员在协同工作环境下开展多视角、不同尺度的综合研究。通过多学科协同互动，提高研究效率和成果质量。例如，现场地形踏勘、地震测线部署、井位部署和管线维修改造设计等。目前，部分油田建设的数据平台对勘探开发主体业务研究提供有力支持，极大地提高了科研效率，节省人力成本，并且油田数据统一集成、审核、校验保证了原始数据的一致性、准确性，从而防范数据遗漏及整理中出现差错，为项目研究奠定很好的基础。

(4) 视频监控、远程管理指挥以及员工培训。通过视频监控和数据传输，建立数字井场，实现远程监控和管理，是油田数据应用最显著的一个方面，在国内部分油田已经实现并且不断完善。同时，根据生产实践需要，对分散在各个采油厂、作业区的生产技术人员进行远程培训，利用虚拟报告厅集中各个业务相关部门商讨决策生产中的各项作业。

(5) 油田油藏三维可视化，实现在计算机上管理和研究油田。运用地质建模技术、数值模拟技术、三维可视化技术，将与油藏特征相关的各类数据精细表征油藏三维特征，使地下油藏三维可视化，实现计算机上洞察油藏和再现油藏生产历史，从而高效管理和研究油藏。油藏三维可视化是数字化油藏表征的最后实现，也就是将地下储层分布、储层各个属性及储层中油气分布、属性和压力等参数数字化表征，并通过三维可视化技术，形成数字化的油藏，使油藏管理者或技术人员能够洞察任意切面、任意时段油藏，实时监控管理及综合调整部署。油田地上地下三维可视化及其一体化是数字油田的必经之路，通过地下油藏数字化表征，可以极大地提高科学研究和生产部署效率，实现高效科学的油田开发，从而提高油田最终采收率。数字油田以地理空间信息为基础，并融合多种学科和技术，彻底打破油田各专业信息平台横向分割的局面。数字油田的建设将可能迅速地形成集勘探、开发、工程、集输为一体的油田信息系统。在数字油田支持下，可以实现油田地质研究、自动化监控、油藏描述、经营管理和油气集输管理等的数字化和智能化管理。

利用三维地理信息技术和可视化技术，将油田实体虚拟展示在计算机上，使我们在以往必须去现场实地验证的工作，现在可以直接在计算机中完成了。

实现油藏数字化表征及三维可视化，在科研上实现复杂地表三维地形和地下地质情况的三维可视动态交互，可随意沉浸其中直接寻找油气圈闭和油藏，直接设计井位和开发方案，确定钻井轨迹，发现剩余油藏和隐蔽油藏，优化开发方案，改善科研协作和油藏管理水平；在生产运行管理上，可以实时查看施工进度、设备运行状况和单井生产动态等信息，协作处理现场事故，实现生产实时指挥；在经营管理上，可以动态了解企业的经营状况，借助智能系统对企业财务运行实现实时预警等，优化决策，降低经营风险。

经过十余年数字油田建设，油田勘探开发、工程技术服务和管理运行等领域逐渐形成及完善了各类专业应用软件、专业数据库系统和数据仓库等，建立了覆盖全油田的数十多个面向数据中心的数据源点。按照规程，油田从数据采集、传输处理、入库、发布、应用和服务等方面逐渐实现数据正常化管理，形成用数据来指挥油田勘探、开发的"中枢神经"。在部分油田，庞大的数据库每时每刻将油田不断产生的数据进行分析处理后，反馈到油田勘探开发指挥中心，科学高效地指挥开发石油天然气，最终实现地面自动化、地下数字化。同时，在生产实践中通过数字化井场建设，将井场搬进计算机，利用地理信息系统实现全覆盖、跨作业一体化空间平台与专业软件对接，井场实时数据传输系统利用卫星将千里之外的井场搬到计算机桌面上，管理人员根据井场数据可以全天候、不间断地传输和应用，互联互通互操作，视千里之外的井场如近在咫尺，用数据实现远距离、科学化管理油田。

6.4.3　油田数据的有效利用途径

油田数据的有效利用途径可以总结计为以下四点。

(1) 数据及时入库、统一管理、授权共享。油田是劳动和技术密集型企业，业务部门、作业单位上百家，在各种勘探开发生产及工程施工中产生各种不同源的大量数据，数据格式、储存介质各异，为了有效地利用油田数据，这些数据必须及时入库，按照统一的标准迁移到数据中心，统一管理、授权共享，避免形成历史数据或数据丢失，以方便科研及生产管理人员数据查询及使用，提高生产效率。这是数据油田建设的基础及第一步，同时，数据应用由单专业自身孤立应用向综合数据应用服务转变，从而满足各道工序的应用需求，提高数据使用效益。

(2) 海量数据进行数据挖掘，提高数据效率。随着油田的勘探开发，所测的数据类型越来越多，仅以一区块的储层研究为例，完成的岩矿鉴定等数据量庞大，包括碎屑岩铸体薄片、分层数据、扫描电镜资料、重矿物、压汞分析以及孔、渗、饱和度等物性分析，累积数据量数以万计、百万计，并且各类数据来源不同，数据存储格式多样，数据之间的关系错综复杂。同时，在油田开发生产中经常产生大量不同类型的开发数据，生产和科研人员通过整理归纳、分析和计算等方法对这些数据进行处理，用于指导油田开发生产和科研，而这一过程是相当繁杂和无序的。显然面对油田已有的海量多源数据资料，传统的数据分析方法很难从中挖掘出潜在的有用的油藏信息，需更有力的信息提取手段和知识转化工具作为支持，在油田研究中快速、高效地从中挖掘出潜在的有用的储层信息，指导油气的勘探和开发。因此，如何充分利用现有数据，高效、准确地从海量、含噪声的数据中探索潜在的知识是目前摆在我们面前的难题。

针对油田已有的海量数据资料分散、数据量大、闲置严重而信息贫乏的现状，近年来，油田企业逐步引入数据挖掘技术。数据挖掘是通过某种算法，对数据仓库中的数据进行学习，获得隐藏在数据内部的内在关系和相关知识，进而分析、预测，对于提高油藏定量化研究和促进油田的信息化发展有很大的理论和现实意义。数据挖掘技术能够结合数据库技术解决海量、多源（元）数据的质量问题，进行数据预处理并从中挖掘潜在信息。

(3) 增强数据的可复用性、继承性，进行数据分级管理。随着油田勘探开发进程，数据不断累积，科研生产管理人员一轮接一轮地研究分析数据，因此为增强数据的可复用性，储存格式方便使用非常重要。在数据的使用中，力求数据使用具有可继承性，避免数据重复性整理与分析。同时，在对油田不断地研究中，后续的研究是在前人对数据质量审核及统计整理基础上进行的，这样势必产生大量中间型数据，因此数据分级管理非常必要。

(4) 数据库的建设要跟专业软件实现最大化无缝对接。数字油田的建设要为专业软件使用提供方便，其数据与专业软件无缝对接是终极目标。例如，在地质建模中根据研究区井区层位直接到数据库中挖取一块数据导入专业软件。同样经过专业软件深化研究过的数据可以直接融入油田数据库。数字油田的主要目标就是将地下储层分布、储层各属性及其储层中的流体分布、属性和压力等进行数字化表征。实现这个过程必须最大限度地与专业软件紧密结合，作为母体提供支持，然后综合各阶段研究成果，不断提升更新。这是发展方向。

数字油田应以数字为平台，统一数据标准，集成各类专业软件，进行主体业务数据、主要模块的数据应用流程分析，为实现对各软件的支持提供完备的参考依据。同时，分析总结各软件在地震解释、反演、地质建模和油藏模拟业务应用中所需的数据和产生的成果，制定项目数据库交换标准，为专业软件之间、专业软件与数据之间进行数据交换共享提供支撑。

6.4.4 油田数据应用方向

油田数据未来应用方向是油田工程师及管理者关心的问题，近年来数字化油田建设的实践及油藏勘探开发研究证实油藏表征是油田数据未来应用的主要方向。

1. 油藏表征（储层表征）的提出及其内涵

油藏表征是指定量地确定储层的性质与特征，识别地质信息及空间变化的不确定性过程，建立储层的预测模型。油藏表征是近年来油藏描述或者地质研究中提出的一个新概念，也是未来油藏数据应用方向。

油藏表征核心是储层表征，油气储层表征形成发展于20世纪80年代，随着油田开发大多进入高含水期，对剩余油气的评价与预测就显得十分重要，这就要求人们分单元地对储层内剩余油气进行精细预测，这样油藏描述更趋于精细和量化。储层表征是在油藏精细描述基础上发展起来的，现成为油田企业工程技术人员关注的焦点。

“储层表征”的概念早先由Larry W. Lake于1985年提出，将其陈述为：定量地确定储层的性质（特征）、识别地质信息及空间变化的不确定性过程，其地质信息应包含两个要素或内容，一是储层的物理特性，主要是指某一储层集体内部物理特征（孔、渗、含油性）的不均一性——非均质性；二是储层的空间特性，即储层在空间上的外观形体特征——三度空间上岩性的变化或延伸范围，故也称构型，在进行储层建模过程中多是指其各向异性。前者的核心主要是分析其内部物性，尤其是孔、渗、饱在储层内部、层间及平面上的分布特点，而后者则重点研究储层的沉积（微）相及其在空间上的展布。因此，储层表征的核心就是运用各种资料、采用定量的方法与随机技术建立储层的预测模型。这一概念的提出让油田企业感到欢欣鼓舞，尤其是勘探开发工程技术人员，更希望油气地质研究达到精细化的定量结果，这样可以消除模糊性，对地下实施开发时减少盲目性，给领导决策提供更加准确的依据。

随着人们对油藏表征的认识，目前对储层表征作出更为详细的解释：储层表征是一门油藏（储层）地质学与数学相结合的科学，它寻求定量地确定油藏渗透介质中预测流体流动所需的各种参数。这是一个全新的概念，从理论上寻找储层表征的依据，并给出了数学的思想方法。因此，对油藏进行定量化表征是离不开数据的，油藏进行定量化表征最终目的是提高采收率。而数字油田建设正是以数据为中心的建设，为油藏进行定量化表征提供良好的数据支持，在数字油田平台上进行储层表征的最终目的也是提高采收率。可见，数字油田建设是对储层表征数据综合集成的技术集成。

2. 油藏表征的技术关键

储层表征伴随着油田开发的全过程，其目的是通过精细描述储层非均质性，挖掘剩余油及精细科学制定综合调整方案，最大限度提高采收率。于兴河等学者将油藏表征的关键技术总结为以下几方面。

1） 高精度层序地层格架内的储层表征

高精度储层规模的层序地层学形成最早源于 Jervey（1988）、Posamentier（1993）和 van Wangoner 等（1990）、Cross（1993）等的研究。高精度层序地层学的研究是以建立更为精细的等时层序地层和岩相格架为基础，进而达到更有效地预测储层分布、储盖组合等主要目的。如何更精细地划分和更准确地进行小层对比一直是备受关注的问题，高分辨率层序地层学不仅为高分辨率地层划分和对比提供了新的思路和方法，而且是预测储层宏观与微观发育规律的有效手段。我们预测，在数字油田持续建设后，达到很高的程度，在数字油田平台上进行高精度的储层表征将成为可能。

2） 建筑结构构形与地质知识库建设

建筑结构构形的概念及其研究方法最早由 Miall（1985）等先后提出，他们将建筑结构（构形）要素分析法的思想用来研究沉积界面分级系列，这个思想很好地解决了分层次研究露头和现代沉积中河流砂体的成因类型、内部建筑结构及非均质等级的问题，从而使储层非均质性研究达到更深一个层次。同时，要想准确预测储层的三维特征，就必须建立比要预测的储层更加精细的参照物或实体模型，即要有各类储层的原型模型和地质知识库，还要有一套切实可行的数学预测方法和软件。因此，建立储层地质知识库和原型模型是建立精细储层地质模型的关键。知识库中的经验知识主要来源于露头区、现代沉积区和密井网区，且各区同类沉积体的特点存在着一定的异同之处。在数字油田建设中知识体系的建设更为重要，其不仅要建立露头数据、知识，还要建立全油田的知识体系，数字油田将会集成建筑结构（构形）与定量地质知识库，形成数字油田的知识库，为储层精细表征提供支持。

3）地震储层预测表征

三维地震已从20世纪80年代初提供的构造图件发展到为地层研究、油藏描述及地质建模提供资料。近十年来，储层研究的核心就是如何应用地球物理资料对井间进行预测。随着地球物理技术的发展出现了许多新技术，如储层模型正演、储层反演、波形分类、多属性分析、分频、油气检测、三维可视化及多信息融合等技术。这些技术大多是以图像的形式呈现出储层空间上的变化特征，再通过地质分析来推测其地质含义，以达到定性或半定量地预测储层之目的。数字油田建设的数据综合应用，不但要将地震数据和地质研究有机结合，还要把岩石露头、岩芯、层序地层等数据集成，综合研究预测表征，结果更加真实可信。

4）井间地震表征

井间地震测量最初的应用目的是确定矿体的位置与分布范围，随后又在建筑工程领域作为检测方法使用。目前在储层横向连通性研究等方面取得了较好的效果，是井资料与地震资料结合的最好桥梁。

数字油田利用井间地震的表征技术，更关注的是消除井间的储层的模糊性，就是解决人们始终不知道砂体尖灭的“内幕”问题。

5）石油地质统计学与建模技术

由于计算机软硬件的不断发展，作为储层建模技术基础理论之一的石油地质统计学正在不断成熟。贝叶斯反演、卡尔曼滤波、马尔可夫、傅里叶变换、投影方法等众多的现代应用数学理论和数据处理的方法，已经融入到石油地质统计学研究领域，扩大了石油地质统计学的内涵。石油地质统计学作为储层建模的主心骨，把地质、测井、地震、生产等方面的数据结合起来，同时又能够处理、分析结果中存在的各种不确定性。当前，这种结合表现出更高的层次：从定性结合到定量化的结合，从综合研究到各种算法的结合，从个别数据、模型的结合到各种数据、模型的交叉全面的结合。

在地质建模中随机建模技术是重要的发展，相对确定性建模而言，它的优势是能够将点状分布的储层信息通过统计建立储层分布的空间结构特征，利用这些特征估算在等概率条件下储层在三维空间的定量分布。其次在建模方法上相继发展相控建模、多点统计建模等多种方法。

6）油藏数值模拟技术

油藏数值模拟技术是 20 世纪油藏工程最重要的进展之一，通过油藏数值模拟再现油藏生产历史及实现动态预测，精细刻画油藏压力、油气水随时间变化历程，形成油藏四维地质模型。同时目前随机建模普遍存在的一个问题是：如何筛选可供应用的模型，也就是说地质模型往往存在不确定性，这种不确定性是指利用地质统计学建模方法所产生等概率的储层的各个实现之间的差别，利用油藏数值模拟所提供的累计产油量、采油量、见水时间和累计油水比等响应变量的变化拟合进行筛选是最严谨的方法之一。

3. 油气储层表征流程

油气储层表征方法众多，各有优缺点，将这些方法有机地结合起来则可实现储层精细表征的要求。储层地震表征方法具有表征储层空间分布的特点；高分辨率层序地层学建立的储层沉积单元具有成因单元的性质；精细储层地质研究能够更深入了解储层的骨架特征，即储层的分布和形态；动态资料的介入能够表达储层的定量规模，并对不同的储层模型的准确性进行检验。储层随机建模技术可以对储层的不确定性进行评价，并提供“超越”地震分辨率井间储层参数米级或十米级的变化，对储层非均质性进行定量的高分辨率（厘米级）表征或预测。同时，地震储层表征、高分辨率层序地层单元及精细储层地质研究及动静结合分析结论是储层随机建模的前提条件，是随机模拟结果不确定性不可缺少的约束因素。上述方法实质上是储层精细表征方法的一个整体中的不同步骤。因此，从系统论的角度而言，是以储层随机建模为核心相互依赖的各个部分，每一种方法研究的程度和深度对最终结果都具有不可忽略的影响。近几年的研究实践证实，从系统化角度对储层精细表征方法归纳并形成了有效的研究思路见图 6.5。

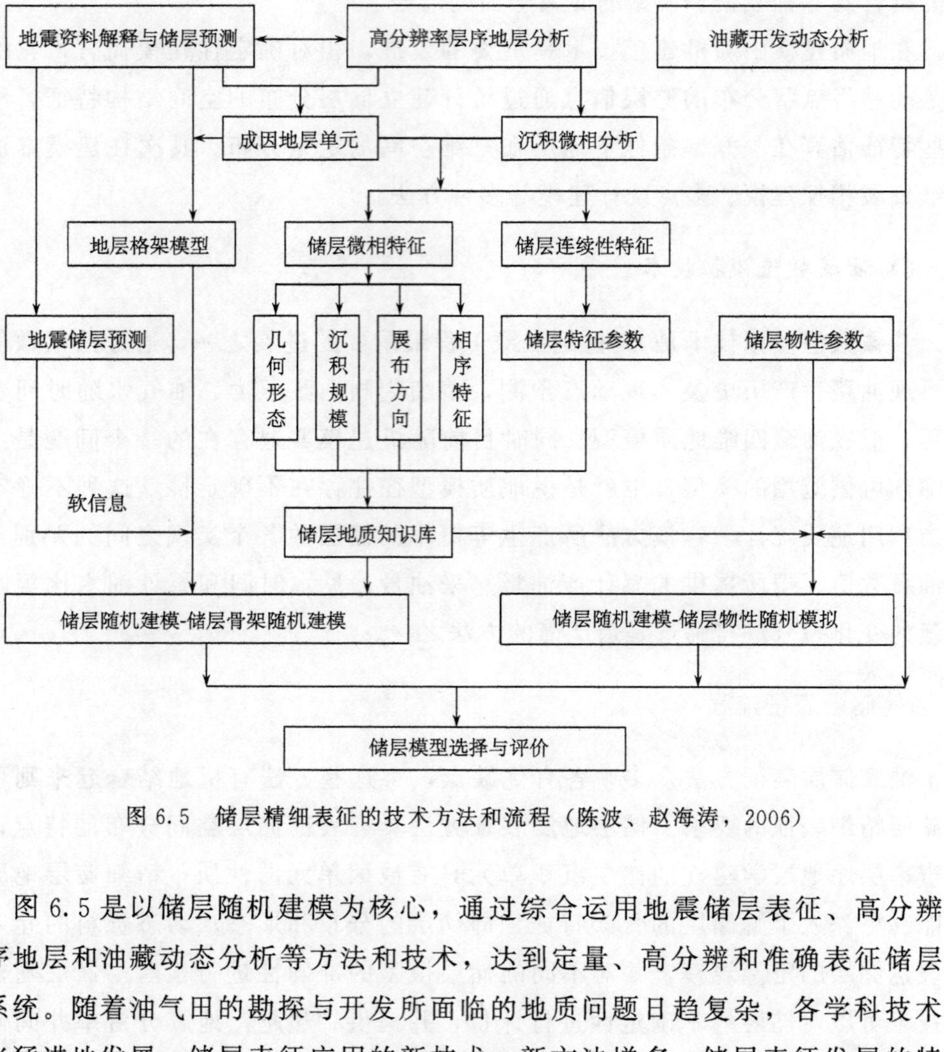

图 6.5 储层精细表征的技术方法和流程（陈波、赵海涛，2006）

图 6.5 是以储层随机建模为核心，通过综合运用地震储层表征、高分辨率层序地层和油藏动态分析等方法和技术，达到定量、高分辨和准确表征储层方法系统。随着油气田的勘探与开发所面临的地质问题日趋复杂，各学科技术在突飞猛进地发展，储层表征应用的新技术、新方法增多。储层表征发展的特点是管理方式向多学科协同的一体化方向发展，应用软件向集成化方向发展，描述过程向可视化方向发展，同时研究向系统化、理论化、精细化和预测化方向发展，这就对油气储层表征的研究提出了更高的要求与挑战。

4. 储层数字化表征使可视化——透明的油藏成为可能

进入 21 世纪，数字油田在国内外油田公司悄然兴起，它汇集了油田的各类信息、网络系统、软件系统，是空间性、数字性和集成性三者的融合统一，并提供油田的虚拟现实表示。其中地下三维可视化是数字油田最主要的组成部分，实现途径是利用大量油田数据，以地质统计学为理论基础，以计算机为平台对油藏进行精细表征，而近年来发展的地质建模技术、油藏数值模拟技术是进行储层表征的最主要的技术方法体系。这样，研究人员通过油藏表征——定量化、数据化，以不同特征的数据体现油藏构造、储层展布、储层孔隙度、渗透率、饱和度等参数分布以及油藏油、气、水流体、压力分布及动态变化，再通过三维可视化技术渲染后，油田技术人员及生产管理者可以通过计算机平台洞察油藏的一切特征，如某个井区的构造变化、断层展布、储层砂体、高渗带、泥质隔夹层分布、流体分布变化、压力分布变化、剩余油气分布等油藏工程师关心的一切地质及其工程问题，这样，油藏在工程师眼中是透明的、可解剖的三维动态实体。

通过油藏精细表征建立的精细三维地质模型，作为数字油田的核心，可以在一个数字油田虚拟系统中，结合复杂的地表三维地形和油田生产管理设施，经过地球物理成像转换成动态、可视和可交互的三维图像，从而使工程师和油藏管理人员可以更直观地认识和分析油藏，直接设计井位和开发方案、确定钻井轨迹、发现剩余油藏和隐蔽油藏，配合油藏模拟软件可以身临其境地追踪油藏的生产史、识别死油区和绕流区，优化开发方案，改善油藏管理。在这样一个数字油田拟境中心里，可以实现桌面化的油田研究、管理、指挥和决策，能够获得不同思路的建模和模拟结果，从而达到降低风险、优化决策的效果，最终提高采收率。

5. 油藏数字化表征为智能化四维油藏综合研讨厅实现提供基础

在以往的油田勘探开发决策及研讨中，勘探开发研究人员需要用图说话，在实际工作和决策过程中要参考各种图件，并且要求勘探开发和各方人员与领导共同就某一问题研究，快速得出结论，科学决策。而这些图件往往或者很长(如测井曲线图、地震剖面图)，或者很大（如构造图)，传统的纸质图件在存放和浏览存在许多不便，电子化的图件在没有配套的软件或硬件的支持时也难以在一个条件下展示。更重要的是在决策时需要听取来自各方专家的意见，但是往往跨专业、跨领域很难快速集中在一起，很难将不同专业技术的成果同台展示。油藏数字化表征为此提供基础及可能，使油藏各种特征能够依据需要在设置的平台上快速展示，这就为四维油藏表征综合研讨厅的建设提供可能，使研讨及其决策层能在一个平台上及时获取数据、查询信息、展示图件和提交辅助决策给领导者决策，从而让油气工作者充分享受信息化带来的便利。

6.5 小 结

建立数字化油田，高效科学的数据建设和应用是关键。本章从油田数据的特征、类别、质量控制、建设途径、应用等方面进行了论述，并探讨了油田数据的有效应用途径和发展方向。

(1) 数据是数字油田的“血液”，数据在数字油田的建设中有着举足轻重的作用；油田数据可分为原始数据及综合研究数据两大类；油田数据形式多样、储存格式各异，具多尺度性及空间相关性，数据挖掘技术能够结合数据库技术解决海量、多源（元）数据的质量问题；油田数据建设的基础是确保历史数据入库和数据正常化；目前油田数据仍存在数据缺乏系统整理与管理、丢失严重、数据源各异、信息标准不一、相互独立和信息交换困难等问题；高质量油田数据是油田科学决策及其管理的前提保障，数据质量控制主要体现在源点采集标准建设、中间数据及综合成果数据建设两方面，建立严格的数据质量审核体制是提升数据质量的前提。

(2) 油田数据的应用历程可分为传统数据应用、信息技术应用阶段及数字油田数据应用阶段；随着信息化技术的发展，油田数据在油田生产及管理中的应用取得长足进展，形成了用数据来指挥油田勘探、开发的“中枢神经”，通过油田油藏三维可视化，实现在计算机上管理和研究油田；通过数字井场建设，对油田各种室外作业进行实时监测，逐步实现地面自动化、地下数字化，用数据实现远距离、科学化管理油田。油田数据的有效利用途径主要表现在数据及时入库、统一管理、授权共享；海量数据进行数据挖掘，提高数据效率；增强数据的可复用性、继承性，进行数据分级管理；数据库的建设要跟专业软件实现最大化无缝对接等方面。

(3) 油藏表征是油田数据的未来应用方向，油藏数字化表征使可视化——透明的油藏成为可能，为智能化四维油藏综合研讨厅的实现提供基础，从而让油气工作者充分享受信息化带来的便利。

第7章 数字油田安全

在数字油田建设中，我们经常会听到三个提法，即计算机安全、信息安全和数字油田安全，但就数字油田而言，实质是一个问题，即安全。

对于信息安全，维基百科的解释是“为保护信息及信息系统免受未经授权的进入、使用、披露、破坏、修改、检视、记录及销毁”。

对于计算机安全，国际标准化委员会（International Standards Committee，ISO）的定义是“为数据处理系统和采取的技术的和管理的安全保护，保护计算机硬件、软件、数据不因偶然的或恶意的原因而遭到破坏、更改、显露”。

而对于数字油田安全这样一个提法，我们通过百度与Google的搜索，均未找到对它的解释。我们认为之所以出现这样的结果，一个原因可能是这一提法有可能产生误解，因为从字面上看，数字油田的安全应是数字化的“油田安全”的简称，从字面上，其落脚点或关心的对象是油田，那么，无论是数字化的油田还是没数字化的油田，它们的安全工作涵盖的内容应当包括很多方面与领域，至少要涵盖防火、防水、防盗、环保、突发事件处理以及安全生产环节与措施等内容，显然不是我们在本书中要讨论的问题；而另一个原因可能是数字油田的概念在近十年才提出，人们还来不及对数字油田安全的概念进行规范的定义。所以，现在大家提到数字油田的安全，通常都是约定俗成，指的是在数字油田建设中的网络安全和信息安全。显然，信息安全所涉及的内容要广于网络安全。其实我们认为数字油田安全主要是数据安全和信息安全，包括计算机网络等，统称为油田信息安全。

实际上，无论已经完成数字化建设的油田或正在进行数字化建设的油田都要面临安全的问题，尽管它们对计算机网络以及对所处理与存储的信息依赖程度有所不同，但安全问题都要引起企业足够的重视，所以，本章就数字油田安全问题作一探讨。

7.1 数字油田安全的意义与特点

随着油气田企业数字油田建设的不断深入，面向企业生产与管理的各种计算机信息也在成倍的增长，这些信息的获得不仅花费了大量的人力与物力，而且也凝聚了企业员工几代人的心血，它们直接关系到企业的正常运行与长久发展。

数据安全，是指在数字油田建设过程中，输入计算机之中，在数据管理与实现数据共享时，流转数据的安全，即不掉失、不损失、不泄露等。信息安全，是指数字油田建设过程和数据应用过程中获得的各种油气资源信息、储量信息、产量信息、经济评价和油井井位等信息的不掉失、不损失、不泄露等。

其实油田企业积累的数据信息也像企业的固定资产一样，它是有“价”的，然而不同的是，当企业的固定资产受损后，一般可以用花费资金来进行弥补，而企业有些数据信息是不可再生的，它们一旦受损，将无法用金钱来挽回。所以数字油田建设越是深入发展，数据信息安全越为重要，我们必须利用各种有效的技术手段和行政的手段，建立一套完整、严格、科学的“防线”来保障企业数据信息的安全。

信息安全是一门既古老又新兴的技术，《六韬·阴符》中就记载了在我国战国时期就已使用“阴符”来进行军事的保密通信，而现代，计算机、互联网的迅猛发展，不但为信息安全注入了新的内涵，并且提出了新的挑战。

当今，信息安全已是一门涵盖很多领域的科学，它包括密码学、社会工程学、伦理学、法学、计算机应用技术、网络工程和数学等。信息安全也从原来只局限在军事上的使用扩展到政治、经济乃至日常生活等各个领域，它不仅维系企业的运行与发展，也直接与我们的日常工作和生活息息相关，如网页木马、网站挂马、盗号、QQ 密码破译等都将会造成个人与企业的信息被窃。因此，保障信息安全已成为国家、企业乃至个人都需要给予极大关注的课题。

对于油气田企业而言，由于它的信息采集和处理具有任何其他类型企业都不具备的复杂性，从而使其面对的信息安全的任务就更加艰巨且赋有挑战。为了建设油气田企业信息安全的体系，首先必须研究我们面对的信息安全任务所具有的特点，归纳起来主要有如下几点。

(1) 油田企业涉及的专业技术领域广泛，是一个多学科的复杂的工业体系。它往往由勘探、开发、集输、炼化和销售多种行业部门组成，单在油气田勘探和开发上就涉及流体力学、地球物理学、构造地质学、水文地质学、钻井地质学、地震地质学、采油地质学、沉积岩石学、岩相古地理学、地球化学、古生物学、地层学、地史学、矿物学、油层物理学、油藏工程学和油田化学等学科，如果再考虑集输、炼化和销售的话，涉及的学科可能要有百十种，因此形成油气田企业的信息专业性强，且各个专业之间的信息既有区别，又有着千丝万缕的联系，从而要保障这些信息的安全不仅要具有很强、很广的专业知识，还要具有能统筹各个专业的能力。

(2) 油田企业地域跨度大，人员分散，再加之企业基层信息化条件相对简陋，人员信息素质参差不齐，给信息安全的管理与信息安全的教育都带来极大的困难。

(3) 数据源头多。油田企业的数据源从大部门来分有勘探数据、地质数据、地面数据、开发数据、生产经营数据、油气集输数据和人力资源数据等源头，而对着每一个大的数据源头又包含着十几个、几十个甚至上百个数据源。面对如此之多的数据源头，要保障数据的真实性、完整性、一致性、及时性以及传输中的安全性等都是一个十分艰巨的任务。

(4) 数据类型庞杂。从数据性质上看既有数字型的数据又有模拟型的数据；从数据类型上看，包括文档、图形、表格、照片、多媒体文件、GIS空间数据、遥感影像、CAD图纸以及各类数据库的信息；从记载介质上看又有纸介质、磁介质和光电介质。而且，为了能对油田盆地进行完整描述，往往要保存几年、几十年甚至百年的历史数据。要保障如此庞杂，且时间跨度大的信息安全是一项十分艰巨的任务。

(5) 油气田信息可能关系到国家资源秘密。油气资源是国家的最基本资源，它在国民经济中占有重要的地位。准确的产量、蕴藏量，精确的油藏分布，油气井位置等信息都是国家比较敏感的信息，一旦被非授权者使用或别有用心者窃取可能会给国家和企业带来不可预估的损失。因此，在对待数字化油田所产生的数据时，要按不同的安全级别对其进行保护。

一个企业的物理财产能够较容易地进行价值评估，但公司的信息财产往往被人们忽略。信息财产的价值与物理财产不同，它的价值损失可能在极短的时间，且毫无征兆地发生，如果它再受到非法的传播、复制、改动、删除和阅读等，由于其真实性、完整性和实效性受到破坏，所导致的损失要比物理财产损失大得多，企业受到的不利影响也会更大。所以为了确保信息安全，油田企业主要应在信息传输、信息储存及内容审计三个方面采取相应的技术措施与手段。

7.2 数字油田安全的现状

我国数字油田建设已历经10年有余的历程，尽管各油田的数字化程度参差不齐，但都具有了相当的规模。在数字油田建设中信息安全建设往往滞后于信息化的基础建设，但这不等于信息安全建设不重要或可有可无。

7.2.1 数字油田安全面临的形势

2010年1月，Google在中国境内的公司——谷歌，以“不愿继续按照中国政府的要求对其在中国的搜索结果进行审查”和“在中国的网络受到攻击”为由扬言退出中国，当时，在IT界引起不小的波澜。无独有偶，2011年2月，又是新年伊始，有关中国黑客入侵五家国际石油及天然气公司，窃取油气田开发与投标的财务文件和工业流程等重要信息的传闻在国际舆论上又甚嚣尘上。所谓的“中国黑客威胁论”早已经不是什么新鲜话题，随着我国国力的增强，中国企业大踏步地走出国门，那些不愿意看到一个强大的、昌盛的中国屹立在东方，不习惯中国制造要在他们的地盘开疆立业，与他们在国际市场上平等竞争的人，会用军事、经济、信息等各种所能利用的手段，阻挠我国的和平崛起，显然，制造“中国黑客威胁论”是最为简捷、风险最低、成本最少的手段。

这些无端的指责，反倒提醒我国的企业，在企业的生存对信息化的依赖越来越密切的今天，信息安全已不再是一个虚无缥缈的概念，而是我们必须直面的课题。当今，在各种媒体上，我们经常会看到一些企业的网络遭到黑客入侵案例的报道，也会看到公安机关有关破获信息犯罪的披露。

虽然“信息”就等同于“金钱”，但“信息”的失窃与“金钱”的失窃还是不尽相同的。首先，“金钱”一旦失窃，我们会立马察觉，而“信息”失窃，由于信息的易复制性，如果没有相应的软硬件技术保护措施，就很难察觉，很可能在我们庆幸宝贵的资料还安然地存放在自己的存储设备上时，一个或多个资料副本已在别人的机器上运行。其次，信息盗窃过程十分隐蔽，盗窃者隐藏在浩瀚的互联网里面，并往往在信息攻防上具有高于用户的科技手段，在用户毫无察觉的情况下，打入用户系统内部，以求达到盗窃信息或破坏用户系统的目的，在信息盗窃与反盗窃的技术水平上是不对称的，用户往往处于被动之势。鉴于信息失窃的特点，也可能还有羞于“家丑”的缘故，我国大型国有企业，特别是国有大型石油企业，至今还未见到信息失窃的公开报道。

但是，没有报道不等于我国大型石油企业不面临信息安全的危险，由于石油本身的特殊用途，它被称为经济乃至整个社会的“黑色黄金”、“经济血液”。只要地球上没有一种新的能源取代石油，国际上石油的明与暗的争夺就不会停止。从 2010 年末开始，非洲和中东盛产石油国家的动荡，不仅会改变世界石油盛产地的政治格局，也势必加剧石油经济的巨大变革，我国油气田企业在当今如此巨变的大背景下绝不可能独善其身，从我国景泰蓝和宣纸制造技术被他国企业窃取，到国内数百家知名企业的内部商业、行政等机密资料被不明身份者收集，并以极低价格在网上公开出售，再到最近的“力拓事件”都为我国的企业敲响了警钟。至于海湾战争、科索沃战争、阿富汗战争、伊拉克战争、伊朗 2009 年的选举风潮和伊朗核试验计算机被注入病毒等，都使我们感到“信息战”、“网络战”已不是想象，而是这种“兵不血刃”的斗争方式的序幕已经开演，一场没有硝烟烈火，没有刀光剑影的战争已在军事、政治和经济等各个领域的舞台上紧锣密鼓地悄然展开，争夺“制信息权”不仅仅是军事也是商业领域取胜的关键手段。

7.2.2　数字油田安全存在的问题

当前，我国的各大油田都在大力打造数字油田，这显然能够为油田的勘探开发、生产经营和管理决策提供强有力的信息技术支持，并且，国内外的经验表明这也是油田持续发展的必由之路。但是，这种将“油田装入计算机”的做法，就包括将油田的资源信息、经营信息和财务信息等关系企业命脉的信息存储在计算机和网络中，从而也就使它们时刻面临着被攻击、被窃取的危险。

据国外媒体报道，近日在加拿大温哥华举行的 2010 年 Pwn2Own（世界上最著名的黑客大赛之一）全球黑客大赛上，两名黑客在 Windows 7 操作系统环境中分别攻破了 IE8 浏览器和火狐 3.6 浏览器，其中攻破 IE8 浏览器的黑客表示，攻破 IE8 只需要 2 分钟时间。在我们赞叹黑客的高超技术之时，也在极度担忧，如果我们的企业没有构筑足够牢固的信息安全防线，我们还有什么信息秘密可言。

然而更让我们担忧的是，当前我国一些石油企业对数字油田安全还不够重视，缺乏足够的数字油田安全防护措施与思想准备，在企业的数据信息管理与防范上，或多或少地存在着如下一些需要解决的问题。

1. 重连通，轻安全

石油企业最大的特点之一就是地域辽阔，机构分散，一般都要横跨几百公里，涉及多个行政区划。在如此之大的区域上，信息工作者要保障企业内部信息的交换与共享，首要的问题就是要确保网络的连通，从而，油田企业一般将大量的精力与物力花在建设足够宽的网络链路，购置功能足够强大的路由器、交换机与服务器上，而对于防火墙、入侵检测、入侵防御、内容审计、漏洞扫描、安全认证、异地容灾与备份等安全设备与系统，往往容易忽视。

2. 重建设，轻管理

其实，油田企业也意识到网络安全的重要，也用了较大的资金购置了一定的网络安全设备，但网络管理者往往像管理路由器与交换机一样管理这些网络安全设备，只要它们是连通的，就万事大吉，长时间不去关注，岂不知这些网络安全设备的管理与管理路由器与交换机是有极大差别的。

网络安全设备是保障内部网络安全的一道重要屏障，系统中存在的很多隐患和故障在暴发前都会出现这样或那样的苗头，网络安全管理者不应等网络安全出了问题再去寻找对策，应及时审时度势修改它们的配置和规则，经常检查安全设备的工作日志，分析设备的 CPU 负载，根据安全形势的不断变化修改规则库等，这样才能及时发现安全隐患，并尽可能将问题解决在发生之前，以求达到防患于未然，“御敌于国门之外”。

3. 重设备，轻人才

油田企业的网络跨度大，覆盖面广，涉及的部门多，处理的业务繁杂，从而他们应该需要大量的网络维护与管理人才。但是，由于油田企业，特别是油田企业的基层单位，往往地处荒无人烟地区，生活工作条件相对艰苦，很难具有足够的网络信息人才。即便有了一定数量的网络信息技术人员，也往往将他们分工到网络设备的维护、信息链路的连通和应用系统的运维等领域，因为这些设备与系统直接支撑着企业的生产与日常办公，只要稍有停顿，可能立刻就有几十个电话打进来询问。然而网络安全是一个默默无闻的工作，你工作得越出色，网络运行越平稳，就越没人感知你的存在，只有当系统出现了安全问题，才知道网络安全人员的重要性，而这时也很可能是追究网络安全人员责任的时候。

4. 重使用，轻教育

油田企业的信息化依赖着企业员工的积极参与，油田信息的安全更需要企业全体员工的精心呵护，然而，企业往往注意提高员工的信息素质，而对信息安全的教育认识不足，对危及网络安全的行为缺乏教育、监督与处理。

为此，我们一方面要用一定的技术和行政手段对员工的网络行为进行管理，使上网行为有所约束，另一方面也要教育员工不访问与工作无关的网站，不下载与工作无关的信息，不安装来路不明的软件，不自行建设与互联网相连的链路，保护并经常更改权限下的口令等“绿色”上网行为。网络安全设备不是万能的，只有“群策群防”、“多管齐下”才能筑起企业安全的牢固长城。

5. 重眼前，轻长远

很多企业满足于当前信息安全的现状与部署，简单地认为没有得到信息安全的事故报告，就可高枕无忧，万事大吉。其实，企业信息的攻击者完全有能力以十分隐蔽的方式长时间地潜伏在企业的系统之中，造成的后果也难以直接发现，反而又常常被其他的各种理由所遮掩，如企业投标屡屡失败，可能怪罪于技术方案水准不够，投标价格过高；而招标的项目往往超过预计标底，又可能怪罪于物价上涨、技术特殊等原因，岂不知我们机密的投标与招标文件在开标之前就很有可能已被对手窃取，一切商业秘密已在“对手”的掌控之中，其失败后果也就成为必然。

当今信息技术突飞猛进，日新月异，黑客的攻击手段也在不断更新。2011 年 2 月 20 日中央电视台新闻频道在报道，刚刚在美国旧金山闭幕的国际信息安全大会时说，IPV4 协议向 IPV6 协议过渡阶段，是网络的脆弱时期。“魔高一尺、道高一丈”，企业的信息安全是一个与黑客不断较量的动态过程，我们不仅要重视眼前的状况，更要审时度势，不断规划企业未来的信息安全策略，在与黑客的“攻”与“防”中永远占据主动。

6. 重功能，轻验证

在建设数字油田时，企业开发了大量的应用系统，那些面向数据库的应用系统大都采用流行的 B/S 模式来开发，但是由于参与开发的公司和程序员的水平及经验参差不齐，相当大一部分程序开发者在编写代码的时候，没有对用户输入数据的合法性进行甄别与判断，致使应用程序存在极大的安全隐患，给黑客对数据库进行信息窃取留下了可乘之机，为实施所谓的黑客 SQL 注入攻击提供了方便之门。

SQL 注入具有十分隐蔽的特点，普通网络防火墙对 HTTP 是完全开放的，而传统的基于特征检测的 IDS 对此类攻击也几乎不起作用。信息盗窃者披着合法的外衣，利用插入有害字符等技术进行攻击，往往在极短时间内完成数据窃取或木马种植，实现对整个数据库或 Web 服务器的控制。他们或使企业在线服务器瘫痪，或系统虽在正常运行，但后台数据已被篡改或者窃取，这势必造成企业的巨大的损失与混乱，我们构筑的数字油田体系，可能毁于一旦。

然而更为重要的是，我们企业在验收这些应用程序时，由于人力及技术的原因往往只注意系统的功能是否达到预期的目的，而忽视了对其安全性、牢固性，特别是 SQL 注入的验证，这样一个个看上去似乎完美，但其实很脆弱的脚本，就安营扎寨在企业的信息系统之中。

7. 重制定，轻执行

每当我们走进油田公司的信息部门，我们在墙壁上、档案室里，都会看到各种保密守则和信息工作的规章与制度，这些守则、规章与制度从各个岗位职责、安全保密直到消耗器材的发放，包罗万象，应有尽有，信息部门的管理不能不说是相当全面与严谨的，但是，我们很难找到他们执行情况的检查报告，很可能这些守则、规章与制度已流于形式，或取我所需，为我所用。

为了保障油田公司信息的安全，制定详尽、科学、可行的信息安全守则与办法，制定信息安全处理预案是完全必要的，但是，更重要的是落实执行。"道虽迩不行不至，事虽小不为不成"，只有按照守则、办法与预案去认真执行，企业信息的安全才能有所保证。

上述列举的现象，在我国油田企业中不一定普遍存在，即使存在，轻重程度也会有所差别，但是，这些现象的确影响着油田的信息安全，必须引起企业领导与信息工作者的高度重视。

7.3　数字油田安全应对策略

面临信息安全的严重形势与诸多问题，我们一方面不能因噎废食或草木皆兵，停止企业数字化前进的步伐；另一方面也不能掉以轻心，放之任之，必须审时度势，根据信息安全不断变化的形势与特点，调整我们的策略和方法。

7.3.1　油田信息传输安全分析

油田网络链路的最大特点就是跨度大，结构复杂，从油田的末梢，如注水井或抽油机，将信息传送到企业的数据中心，最典型的网络链路是无线、电话线、专线、租用的骨干线路再到专线，最后到达企业的数据中心进行处理。途经无数个信息节点，历经数百公里之遥，所以，要保障企业信息的安全，首要的就是要保障信息在传输过程中的安全。

在国际标准化组织（ISO）定义的开放系统互联（OSI）的网络七层协议中，信息传输隶属于物理层、数据链路层、网络层和传输层。

信息由甲地传输到乙地要保证它在传输的途中不被监听，不被破坏以及得到甲乙双方的确认，必须要相应地采用实用、先进、可靠的信息传输加密技术、信息完整性鉴别技术以及防抵赖技术。

1. 信息传输加密技术

网络数据传输加密可以在信息的传递过程中以三个不同的方法来实现，即端到端加密链路加密和节点加密。在数字油田建设中可依据传输的信息级别与实际情况来选用。

（1）端到端加密就类同我们书写一封密信，信息在从发送到接收的整个过程都是以密文形式传递。中途即使被人窥视或窃取，因为其内容是经过加密的，所以也难于泄漏，但是，和邮寄密信一样，信封上的收信地址、收信人和发信人不能以密文形式书写，否则邮局就无法投送或退回原地，既然信息的源地址和目的地址不能加密，这就给攻击者分析通信业务提供了可乘之机，如果他对源地址或目的地址所代表的实体感兴趣，就有可能截获密文，专门花费一定的人力与物力进行破解。第二次世界大战期间，代号为“魔术”的美国海军情报部门就因截获并破译了包含日本海军大将山本五十六的行程详细信息电文，拦截并击落了他的座机。在信息处理系统中，端到端加密通常采用软件的方法进行加密与解密。

(2) 链路加密是在各通信链路上采用不同的加密密钥对信息全部进行加密，它在物理层与链路层之间采用硬件的方法进行加密，同时，为了得到路由信息，也在此处进行解密。链路加密优点是信息源地址与目的地址都进行了加密，从而源地址、目的地址及整个信息在传输过程中都被加密，确保信息内容在传递中不易被破解，但因为数据在传输中是密文形式的，为了能找到路由信息，在网络的每一个节点内（包括可能经过的路由器）必须解密成明文，再将明文加密成密文转发出去，其工作流程如图 7.1 所示。因为在每一节点上都会出现明文，所以如果其中某一结点本身不安全将会导致信息泄露，形成功亏一篑的后果。

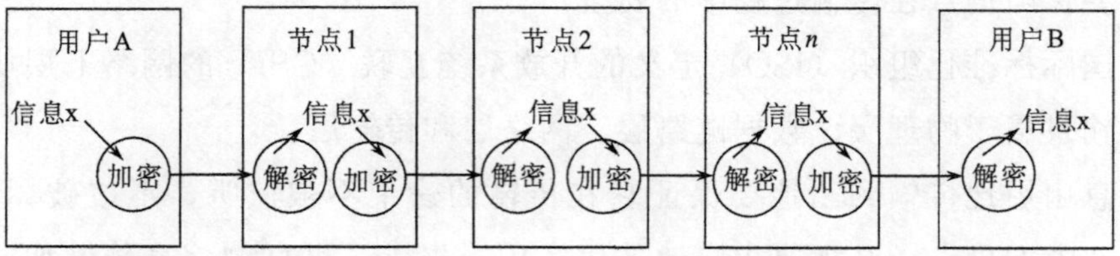

图 7.1 链路加密原理示意图

(3) 节点加密方法与链路加密类似，不同的是它不在节点内而是在节点处采用一个与节点机相连的硬件密码装置，密文在该装置中被解密并被重新加密，明文不通过节点机，避免了链路加密在节点处易被截获的缺点。

在数字油田建设中，对密级较低的信息通常采用 SSL 协议，它是 Netscape 公司推出的一种安全通信协议。然而由于美国的出口限制，在美国以外的地区使用SSL时，密钥一般只能采用40位。对于高级别密级的信息，企业最好采用加密机，加密机对主机的类型、主机操作系统和网络构架是透明的，所以使用与连接都很方便。

2. 信息完整性鉴别技术

OSI参考模型中的第二层是数据链路层，它位于物理层之上，在网络层之下。数据链路层依据物理层传输的数据，为它上面的网络层提供进一步的服务，其最基本的服务是将发送方网络层来的数据正确地传输到接收方的网络层。它将发送的数据组合成数据块，通常将该数据块称之为“帧”，同时处理传输中出现的错传，如进行收错重传、丢弃后续包等。在链路层为保证数据传输的正确性使用了循环冗余校验CRC码，CRC是一个国际规范校验编码，在我国第二代居民身份证上就使用这种校验码，但此种方法是数据与校验码一同发出，而且CRC是依数据的变化而变化，黑客往往会利用链路层协议的漏洞，偷梁换柱，伪装成正常的帧，企图鱼目混珠。所以为了信息的安全，应采取更加有效的校验措施来进行信息完整性的控制。

国际标准化组织（ISO）对开放系统互联（OSI）环境下数据完整性的定义是防止非法篡改信息，如修改、复制、插入和删除等。为了保障信息完整性通常采用“校验和”与用不可逆的散列函数计算“信息摘要”的方法。特别是散列函数计算信息摘要具有唯一性，是确保信息完整性的常用方法。

在发送信息的同时，将校验和或信息摘要，连同信息发送给接收方，接收方重新计算校验和或信息摘要，并进行比对，从而实现对信息完整性的检验。

3. 防抵赖技术

“抵赖”在某种程度上是一个贬义词，在日常生活中往往与小人的作为相联系，我们堂堂做人、做事，怎么会与“抵赖”发生联系？实际上，我们在网络上说的不可抵赖性也可称做不可否认性，在计算机网络中的信息交互过程，由于网络的虚拟性和匿名性，网络变成了一个虚幻的世界，比尔·盖茨曾经有一句名言“在网络上，没人知道你是条狗”，所以，在有些场合，需要确认参与者身份的时候，确保信息真实性是一件对双方都负责任的做法，即让网络行为参与的双方都不可能否认或抵赖曾经完成的网络操作。

利用在传输数据时必须携带含有自身特质的方法，使发信方不能否认已发送信息，与其相对应，收信方也不能否认已经接收的信息。

防抵赖技术包括对发送方和接收方双方身份的验证，常用的方法是“数字签名”，维基百科对数字签名（又称公钥数字签名、电子签章）的解释是：数字签名是一种类似写在纸上的普通的物理签名，但是使用了公钥加密领域的技术实现，用于鉴别数字信息的方法。一套数字签名通常定义两种互补的运算，一个用于签名，另一个用于验证。数字签名不是指将你的签名扫描成数字图像，或者用触摸板获取的签名，更不是你的落款。数字签名了的文件的完整性是很容易验证的（不需要骑缝章、骑缝签名，也不需要笔迹专家），而且数字签名具有不可抵赖性（不需要笔迹专家来验证）。

由上面维基百科的解释我们可以知道，“数字签名”不是简单地将签名“数字化”，而是发送方利用自己独有的私钥将明文加密，从而保证所加密的信息是发送方的作为。相反，接受方只能利用发送方交给他的公钥进行解密，这个公钥只能解密对应发送方的密文，从而也使接收方能确认对方是真实的。

在数字油田建设中，保障信息完整性与防抵赖的方法通常是构置相应的数字签名服务器。数字签名服务器可以是硬软件结合的产品，也可是纯软件的中间件。

7.3.2 油田信息存储安全分析

油田企业数据信息种类之多，数量之大，时间跨度之长是其他性质企业所没有的。并且，在油田企业的运行过程中，每天、每时都会产生大量的新数据信息，这些信息有些以电子文件形式存在，如各种报告、总结、公文等，有些是以计算机数据库的形式存在，如物探数据、钻井数据、录井数据和测井数据等。这些信息不仅对当前的生产与管理起着重大的作用，而且有些信息对以后若干年的生产与管理有可能仍是至关重要的，所以将这些信息以电子的方式安全地存储，是我们数字油田信息安全建设的又一重大课题。

1. 数据库安全

由于数据库具有共享性高、冗余度低、易扩充和易管理等特点，所以在数字油田建设中，数据绝大多数信息是以数据库的形式存储的。所以保障数据库的安全是我们一项重要的任务。

数据库安全，通常包含物理完整性、逻辑完整性、元素完整性、数据加密、用户鉴别、可获得性和可审计性。实际上为了达到上述目的，要通过网络硬件建设与维护、规章制度的建设与遵守以及管理信息系统MIS的编制与数据库的选型等几方面工作来完成。

为了数据库的安全，就要确保数据库硬件载体的安全，从而在计算机机房建设时，要严格遵守《电子信息系统机房设计规范》（GB50174-2008）和《电子信息系统机房施工及验收规范》（GB50462-2008），在机房中建设好相应的供配电系统、监控系统、空调与新风系统、消防系统、机房专用接地系统（交流工作、交流保护、直流释放和静电释放）、防雷与抗浪涌保护系统、防水系统、安防门禁系统等，从多方面确保计算机主机、存储等设备的稳定、可靠和安全运行，避免因掉电、火灾、雷击、过载或人为对存储设备的损坏。

与此同时，在信息存储上也要构建强大的备份与容灾设备，并制定科学与可行的备份与容灾策略。在容灾上，特别要考虑由于地震、海啸和火灾等在一个地区大面积发生的不可抗拒的突发事件，确保一旦出现存储信息安全的事故，可异地准确、完整和高效地进行数据恢复。

网络体系的安全构架与部署也是至关重要的。在网络建设中，要精心论证，细致分析，选好、部署好、管理好网络各种安全设备，如防火墙、入侵检测、入侵防御等设备，为数据库的安全提供牢固防线。

事实表明，企业信息安全出现的大量问题，往往是人为造成的，为了有效地保护数据库的安全，必须建立科学、严谨、可操作的企业信息安全政策和规定，建立信息安全的决策执行流程与身份认证等系统，并且也要重视提高员工安全意识，加强定期与不定期的信息安全检查。

另外，数据库的安全与管理信息系统是密不可分的，一个好的数据库系统对数据库的逻辑完整性、元素完整性、数据加密、用户鉴别、可获得性和可审计性提供了强大的功能，如数据库系统可利用角色、特权、数据库用户和模式、存储设置和空间份额、资源限制等机制管理数据库安全性。所以，为了数据库的安全，我们在选择数据库时，不要轻易被商家的商业宣传所迷惑，应当多方考察，谨慎选择，以免造成先天不足的后患。

在数字油田建设中大量的应用系统为管理信息系统（MIS），它们利用数据库系统来完成相应的业务信息处理功能。在编制这些管理系统时，要以现有数据库系统所提供的安全功能为基础，不仅要能实现预想的功能，而且也要了解黑客使用诸如SQL注入等破坏数据安全的伎俩，构造既能履行相应功能又能确保数据库安全的程序模块。

2. 终端安全

随着数字油田建设的逐步深入，企业网络环境变得越来越复杂，加入企业网络的终端设备（包括微机、PDA、移动硬盘和U盘等）越来越多，特别是无线网络与企业有线网络的融合，使网络安全的防线变得更加宽泛与游离不定，如何进行有效管理，防止木马和病毒的侵入、数据的非授权复制和外泄等信息安全隐患，成为新形势下企业IT管理者亟须解决的问题。

虽然在网络运维人员的眼里终端的重要性远远低于网络中的交换机、路由器和服务器等网络核心设备，但终端设备数量众多，一般油田企业都要有成千上万台，而且承载着企业的日常办公和业务运行，城门失火，哪能不殃及池鱼，如果终端安全受到威胁，即使网络中的核心设备安然无恙，整个网络的信息安全也会受到严重影响。

根据国际计算机安全协会（International Computer Security Association，ICSA）的病毒调研报告和2010年中国企业信息安全解决方案发展趋势分析行业报告，我国有30％的终端不符合企业的安全要求，企事业核心数据的流失实际上有80％左右源于企业内部人员的不正当行为，而只有约20％来自外部的侵犯。近来频频发生的因内部网络安全导致的商业情报失窃事件，如韩国起亚"索兰托"泄密事件等，也进一步证实了这种观点。因此，建立终端安全体制，也是企业信息安全建设的一个重要组成部分。

当前有很多著名的信息安全公司提供终端安全的解决方案，包括提前防御入侵并阻止攻击，以防侵入端点，使用高级威胁防御功能帮助端点防御已知和未知威胁，防止对资源进行未经授权的访问，移动设备控制使用等策略。

终端位于网络的末梢，是信息处理的最基层，它联系着企业的千万使用者。任何安防手段与技术都有其两面性，使用便捷与安全牢固往往是相互制约的两个对立面，我们应在其间选择一个科学而理智的折中方案。更重要的是，在使用终端安全技术方案的同时，要重视对企业员工进行信息安全的教育与管理。

7.3.3　油田信息内容审计技术分析

当今，我们每时每刻都在享受着由社会信息化程度越来越高所带来的便利，我们不出家门就可以了解天下大事，拿起手机就可以与远在千里的朋友互相问候，利用E-mail或即时通信工具软件可实时地发送信件。但是，我们也听到或亲自尝到了信息社会所带来的伤痛与无奈，各种无用短信、诈骗电话随时都可能发生在你的身边，其根本原因就是我们的个人信息被泄露，我们已“被公开”，成为“透明”的人。如果一个油田企业被称为透明的公司，其后果的严重性就可想而知了。

为了防止企业内部人员有意或无意泄露公司敏感和机密信息，甚至利用企业网络平台散布违法或不良信息；为了阻断外部人员利用“肉鸡”或“木马”等手段打入企业网络内部，或直接从外部利用Ddos等手段对企业网进行攻击；为了发现企业网络内部某些终端由于不正常的网络行为独占企业宝贵的带宽资源，企业的信息安全策略必须要包含对网络中传输的信息内容进行识别、记录、存储和分析等审计活动，以便掌控企业网络运行和企业信息流动的脉搏。企业通过制定使用互联网的使用规则，控制内部人员不正常上网行为，合理划分网络带宽，防范敏感信息泄露，屏蔽过滤不良信息，防止外来侵扰与攻击。

2005年底，我国颁布《互联网安全保护技术措施规定》，明确网络使用单位要有一定的管理制度。其中第七条第三款指出，必须记录并留存用户登录和退出时间、主叫号码、账号、互联网地址或域名、系统维护日志的技术措施。第八条指出，使用内部网络地址与互联网网络地址转换方式为用户提供接入服务的，能够记录并留存用户使用的互联网网络地址和内部网络地址对应关系；记录、跟踪网络运行状态，监测、记录网络安全事件等安全审计功能。第十三条规定了互联网服务提供者和联网使用单位依照本规定落实的记录留存技术措施，应当具有至少保存六十天记录备份的功能。

国家的规定为我们进行企业网络信息内容的审计提供了法律依据。为了确保企业的信息安全，网络信息审计管理策略应当既保护个人网络行为的隐私，又规范所有的网上行为。

企业信息内容的审计主要包含对企业网络上与信息安全有关的活动信息进行识别、记录、存储和分析，它包括安全审计数据的生成、安全审计事件的选择、安全审计的分析、安全审计的回放、安全审计事件的存储和安全审计的自动响应等。审计所记录的结果在需要时用于信息安全事故的取证、分析及追责。

通过审计可实时监控访问 Internet 的行为，如 IP 访问、Web 访问、邮件收发、网络会话和用户即时流量等。网络信息安全管理者对网络出现的一些异常情况应及时进行控制和调整，并采取相应的措施，以防出现违反企业上网规定的行为。

网络内容审计通常包含如下功能：

(1) 对用户上网日志、IP 访问日志、Web 访问日志和告警信息等用户上网信息进行归档。同时记录所访问的时间、对应的 IP 地址、MAC 地址、访问流量等重要信息，以备日后的取证，日志一般可以保留数天、数月或更长。

(2) 统计分析网上活动的情况，其中包括上网流量和连接时间等，并为了分析、统计便利，能以各种图表的形式进行描述表征。

(3) 根据企业网络管理的需要自定义各种策略和规则，对违反策略和规则的操作可以阻断，也可以通过网络发出警告信息。

(4) 通过预先设定的规则，拦截审计网上收发的邮件，根据收发件人、主题和附件名称等条件，对外发的邮件进行拦截、控制，避免员工以电子邮件的方式泄露企业机密信息。审核人员可以监控被拦截下的 POP3 与 SMTP 邮件收发的内容，有权决定发送、转发或拒绝。

(5) 对用户上网的带宽进行管理，可将带宽划分成若干个虚拟通道，设定每个通道的带宽，上、下载速度的限制，优先级和管理策略等，以达到优化、合理分配和最大程度发挥网络资源之目的。

(6) 可按管理策略对及时通、股票系统和游戏进行限制，也可依据黑名单对不良言论、黄色、暴力、迷信、反动以及有悖于国家、企业政策法规的网站进行封堵。

总之，网络行为与内容的审计不是限制人们正常地使用网络，更不是针对哪一个个人，它的目的是使所有的上网行为遵纪守法，合理使用宝贵的网络资源，就像我们在马路上开车一样，只有大家都严格按法、按矩行驶，我们大家才能和谐共处。

当前在 IT 市场上网络审计的产品很多，我们在数字油田建设中，要根据实际需求，选用知名企业所生产的设备，并参照公安部计算机信息系统安全产品质量监督检验中心制定的《信息技术网络通讯安全审计产品检验规范》（MSCTC-GFJ-07）来建设企业的网络审计工程。

7.4　数字油田安全的未来趋势

在数字油田建设的进程中，安全问题始终是一个严峻的问题。我们常说“魔高一尺，道高一丈”，只要我们数字油田在继续，这种“魔”与“道”的较量就不会停止。数字油田的安全就像我们头上悬的一把达摩克利斯之剑，无论何时何处，只要数字油田安全发生问题，都可能给企业造成不可逆转的损失。我们一时一刻都不能松懈与怠慢，都要不断地投入大量的人力与物力去构筑信息安全的防线。但是，我们现在似乎看到了一种“事半功倍”的解决办法，那就是近年来兴起的“云计算”与“云安全”。

云计算与云安全是一种新的信息技术构架与服务方式，它必将助力数字油田安全的建设。

7.4.1　云计算

云计算，维基百科的解释为是一种基于互联网的计算方式，通过这种方式，共享的软硬件资源和信息可以按需提供给计算机和其他设备。简单地理解就像我们最熟悉的日常用电，未来的云计算整个运行方式很像电网。

人类从古至今发明的工具成千上万，但只有计算机这样一种工具能在某种程度上替代我们人类的大脑，所以，自从 1946 年第一台电子数字计算机问世以来，它以极快的速度向前发展，20 世纪 80 年代个人计算机的诞生，使计算机从科研院所走进了平民百姓的生活，经历了“阳春白雪”到“下里巴人”的蜕变，特别是，它由最初只替代人们完成复杂的计算工作，变成了几乎无所不能的工具。今天，我们可以在任何人类活动的领域见到计算机的身影，它的普及反过来又极大地推动了其自身的发展。

在计算机领域，我们经常谈到摩尔定理，尽管摩尔定理的表述版本不止一个，但最终的意思就是电脑芯片性能在以很快的节奏更新与发展。今天，我们桌上电脑的CPU从原来的Intel286、Intel386、Intel486到酷睿双核，内存容量从“K”量级已发展到“M”量级，外存从“M”量级已发展到“T”量级，今天的一台个人电脑的处理能力已远远超过60、70年代的一台大型计算机，这里还没考虑到当时大型计算机所不具有的多媒体处理能力。但是，由于单位面积芯片上的电子元器件不可能无限制地增加，摩尔定理的更新周期终会有一天放慢它的步伐，“冯·诺依曼结构”的计算机必会有“江郎才尽”、“黔驴技穷”之时。其实，我们没有必要“杞人忧天”，只需面对我们桌上的电脑扪心自问，即便是它现在应有的能力，在我们的手里又发挥了多少？很可能有些功能直到它变成废品都从来没利用过，可是，或许是由于企业的个人电脑所要处理的业务越来越繁重，也或许是出于相互的攀比，我们经常会听到来自企业基层计算机过时的抱怨。面对平均每五年左右就要将企业个人电脑更新换代一遍的巨大经济开销，以及应接不暇、疲于奔命的大量终端个人电脑硬软件的维护、升级以及移动存储设备滥用，信息非授权拷贝，擅自连接互联网等信息安全问题，企业信息管理者无论是在经济成本上，还是在人力调配上都深感力不从心，进退维谷，迫切希望寻找一种能解脱这种窘境的办法。

数字油田的基础工程之一就是网络建设，在庞大的网络建设中除了要构架足够带宽的网络链路外，就是建设不同级别、不同档次的网络信息处理中心(节点)。在这些大大小小、各自为政的中心中，通常装配有数以百计的服务器、高性能的路由器、交换机和防火墙等设备，这些设备不仅价格不菲，而且每年还要投入大把的资金，无休止地更新换代。企业面对这样一个无法预计回报的投资，要么采取拒绝的态度，这样就等于阻断了企业信息化之路，要么就是顺从，那么就意味将取得不易的生产利润投入到一个难以短期看到效果的项目建设之中。

随着油气田企业园区网的建成与不断完善，在网络中流动与存储的信息对企业生产与管理的作用越来越重要，网络上的信息安全无时无刻不在牵动着我们的企业信息管理者与工作者的心。为了构筑信息安全的屏障，企业部署了大量的信息安全设备，设计了先进的容灾与备份方案，配置了优秀的信息安全技术人员，但是，在信息安全的“攻”与“防”中，防守一方往往处于被动，我们精心构筑的信息安全防线很可能在某一天就像第一次世界大战的法国马其诺防线一样毁于一旦。美国国防部将网络环境称为继陆地、海洋、空中和太空后的第五战场。他们认为数码大劫难不是不可能发生的。

在面对终端与网络上现实存在的上述种种问题时，我们可能倍感心力交瘁和束手无策，迫切需要一种新技术、新方法能帮我们破解困局。

在 21 世纪初，我们看到了一丝曙光，它或许能为我们解决在信息化建设上所遇到的难题，这就是“云计算”与“云安全”。

对云计算。这就是说，首先云计算预示着我们可以使用“瘦客户”为终端，它只需配置低功耗、高运算功能的嵌入式处理器、不可移除的闪存及系统内存和标准配置的输入/输出选件及网络适配器等。由于瘦客户机不配置可读写的内外存储器，这就使得在瘦客户机上不仅不能存储各种文件，而且也使病毒和木马失去了藏身之地，从而割断了病毒传播与文件非授权拷贝的途径，较好地解决了终端信息安全问题。此外，在瘦客户机上不用完成大量的信息处理工作，而是通过网络交给云中心去处理，它的主要任务就是完成有限的上网工作，所以它没有必要不断地提高自身的信息处理能力。这样，在一定程度上瘦客户机方式也较好地解决了终端硬、软件不断更新换代的问题。

另外，更重要的是，企业只需将人力物力集中到建设一个“私有云中心”上，或干脆连“私有云中心”也不建设，完全利用社会的“公有云中心”，企业的任务就是保障内部的每一台处理业务的电脑都能时刻通畅地与网络相连。

无论“私有云中心”或“公有云中心”，从硬件的角度来看，都是利用网格计算、分布计算、并行计算、分布存储、虚拟化、负载均衡和容灾等技术将多个性能与成本相对较低的计算机整合成一个硬软件资源，它为用户提供一个存储、计算与信息处理能力可无限扩张，永远能满足用户需求的计算机实体。

从软件角度看，云中心为用户定制所需的应用系统与软件平台，用户不用再将金钱浪费在软件开发商强行打包推给用户，而用户又从不使用的功能上。云中心还为用户负责软件系统的安装、升级与维护，用户使用的软件永远是最新、最好的版本。

从人力资源的角度看，云中心汇聚了大量优秀的专业技术人员，企业不用再将有限的信息技术人员分散到各个相对独立的信息机构，只需将主要精力放在保障企业网络链路的连通与流畅上。

云中心通过提供软件即服务（software as a service，SaaS）、基础设施即服务（infrastructure as a service，IaaS）和平台即服务（platform as a service，PaaS）来满

足 IT 用户的各种软、硬件需求，其服务方式类似我们今天使用电力与自来水，量身定制、按需索取、依量付费。“云计算”的服务方式如图 7.2 所示。

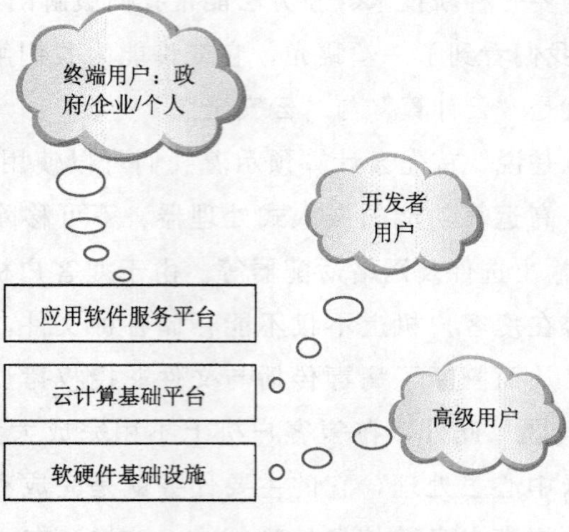

图 7.2　云计算提供服务示意图

7.4.2　云安全

云计算，是一个高技术含量的信息处理与服务方式。但是，其运行、使用后的数据安全就成了人们最为关心的问题了。

云安全，百度百科的解释是，它融合了并行处理、网格计算、未知病毒行为判断等新兴技术和概念，通过网状的大量客户端对网络中软件行为的异常监测，获取互联网中木马、恶意程序的最新信息，传送到服务端进行自动分析和处理，再把病毒和木马的解决方案分发到每一个客户端。

云安全是云计算在信息安全领域中的应用，当企业使用了云中心后，企业数字油田安全的重担可转到云中心的肩上。如果我们使用的是“公有云安全”，那么企业整体就成为云安全的终端用户，从而企业就再也无须为数字油田的安全而煞费苦心，所要做的就是与云安全中心服务商签订服务合同，并按合同付费即可。

2011 年 2 月在美国圣弗朗西斯科举行的世界范围的信息安全 RSA 大会上，云安全吸引了全世界安全厂商的注意。云安全已经成为各大安全厂商占领未来 IT 市场的重要制高点。他们已作出了各种各样云安全的构架与承诺，以求吸引更多的客户。

其实，在我们对云安全还在将信将疑之时，细心的电脑用户已在瑞星杀毒软件与 360 安全卫士上看到了具有中国特色云安全的身影，当我们打开 360 安全卫士时，在画面的右下角就有“已成功连接至 360 云安全中心”的字样，而瑞星杀毒软件是在其启动画面的右侧有“云安全已开启”的提示，虽然 360 安全卫士与瑞星杀毒软件的云安全可能已为我们服务多日，并已拦截和清除了数个木马与病毒，防止了若干黑客对我们电脑的侵袭，但我们大都对其默默无闻的工作感到默然与不解，因为它们没有像应用系统那样，以磁盘不断旋转，CPU 长期占用，进度标尺在一点一点地前进来显示其辛勤的工作。

上述的 360 安全卫士与瑞星杀毒的中国特色云安全突破了只有云中心在信息安全发挥主导作用的特点，充分调动云中心和客户端两方面的能动性，一方面，利用云中心具有优秀的信息安全技术人员、丰富的信息安全资讯和强大的信息处理平台的长处，由它来完成信息安全的主要和决定性的工作；另一方面，客户端也不仅仅只完成抵御木马侵袭，清杀病毒的工作，而是将所遇到的病毒与木马信息上传给“云安全中心”，由云中心统一完成分析、处理、归类、记录和部署等工作，并将所得出的资讯分发给“云中心”的其他客户分享，使他们不会被重复感染或侵袭。因此“云”下的客户端越多，它收集、处理、分享的信息就越多，整个体系就越牢固。

企业云安全的应用无疑是一种保障企业信息安全的良策，它使我们信息管理者不用一手抓信息的建设与维护，另一手又要顾及信息的安全，我们将信息安全工作交给“云”，由它来为我们分担“忧愁”。

7.4.3　云计算与云安全在数字油田

云计算与云安全由于自身的特点极大地吸引了企业决策层和数字油田建设者的目光，特别是我们油气田企业在最近制定“十二五”企业信息建设规划时，很多有识之士将“云计算”与“云安全”列入预建项目之中。但是，我们在这关键时刻，既不要被不负责任的舆论宣传和 IT 供应商的商业运作所迷惑，也不要在这新技术的大潮下故步自封、止步不前，我们应冷静而睿智地判断形势，使我们数字油田的建设永远沿着正确的方向前进。

当前，虽有很多云计算与云安全成功的案例，如 Google、亚马逊、迅腾等，在国内外也不乏建立云计算数据中心的报道，但是对于油气田企业而言，由于它所处理的信息业务十分复杂，面向“云”的各种软件系统，特别是针对油气田勘探开发等专业性强的软件系统，还没有问世或不够成熟，如果现在就让云中心面向企业工作提供云服务，还有点强其所难。再加之当前覆盖整个油田企业的网络链路的带宽还不足以具备运行云计算的能力，往往在企业上层机关基本达到了1000M到桌面，而到二级单位往往在100M以下，到了基层基本又在10M以下，有的地方甚至没有有效的网络链路，这种呈倒金三角的形态构架，也制约了云计算的全面展开，所以说，现在就谈使用油气田的云计算似乎还有点为时过早。但我们相信，由于云计算具有可使用低廉的用户电脑、可获得更高的性能、更低的IT基础设施、更少的维护、更低的软件成本、及时的软件更新、增强的计算能力和无限的存储容量等优点，云计算在油气田企业生根发芽，茁壮成长的愿景应当指日可待。

那么，作为企业的云安全中心该如何建造，这片“云”又在何方？当然，如果有条件，我们企业可以在云计算的基础上建立自己的云安全中心，这样能够集中整个企业信息安全的技术力量与投资，构造企业的专用安全云，这样一方面避免了各下属单位重复建设和技术力量不足的弊病，另一方面也去除了由于将信息安全委托给企业以外的云中心而产生的信任担心与难以认责之忧。

实际上，当前国内外有很多著名的信息安全公司都有着较好的解决方案，由于这些著名的安全公司不但具有雄厚的安防技术实力，也具有较好的商业信誉，我们油田企业可以以商业合约的方式将信息安全完全承包给他们，由他们全权负责，这样的做法很可能使我们产生疑虑，我们得来不易的宝贵信息的安全工作交给第三方来负责，这样可信吗？其实，数字油田的安全是一个技术问题，也是一个理念问题，这就像我们将辛辛苦苦挣来的钱交给我们信任的银行保管，将我们的生活社区或生产厂区交给保安公司去维护是类似的，这样做不一定比将我们节衣缩食积攒下来的钱藏在我们房间的某一角落和利用我们自己企业的员工组建安全队伍完成安保工作来得差。因为一个好的银行和一个专业的保安公司，他们应当比我们要更专业、更专心。此外，当我们的企业网络一旦与互联网相连，在我们机房中运转的磁盘或其他存储设备就很可能被远在千里之外的黑客所控制，在它们之中存储的资料已不再是你的私有，我们在数字油田建设中辛勤采集的数据，很可能是“为他人在做嫁衣裳”。我们应当清醒地认知，油田企业的主营业务不是“信息安全”，与专业从事信息安全的公司相比，我们无论在技术上和人才上，还是在精力上与经验上，不可能也没有必要像他们那样专业、那样精心。所以，将企业的数字油田安全交给第三方来完成，不一定不是一个良策与好的选择。如果这样做还不放心的话，还可找第三方作为信息安全的担保，以求当发生信息安全纠纷时有法可依，有律可循。

7.5 小　结

数字油田安全是一个系统性的安全，包括网络安全、数据安全、信息安全等，在分析了油田企业当前数字油田安全的问题以后，给出了数字油田安全应对的措施，指出了数字油田安全的未来趋势。现总结如下：

(1) 随着企业数字油田建设的不断深入，企业对信息的依赖更加密切，信息安全所面临的形势也就更加严重，我们必须对数字油田安全建设给予足够的重视，不要等数字油田安全出现了问题，再“亡羊补牢”，要提前采用技术与行政的手段构筑信息安全的防线，在数字油田安全的保卫战中永远占据主动。

(2) 在数字油田安全保卫战中我们主要有三个分战场，它们是信息传输、信息存储及内容审计，知己知彼，百战不殆，我们有必要研究这三个方面所包含的内容以及当前所采用的技术手段，为企业的信息安全提供科学、可行和稳健的建设方案。

(3) 21 世纪云计算与云安全风起云涌，方兴未艾，它的先进的工作方式与服务理念，必将助力于数字油田，助力于数字油田安全，在我们设计、实施企业信息安全体系建设时，应适应信息技术发展的大趋势，展望未来，避免我们今天的努力工作成果被未来所抛弃。

第 8 章 数字油田管理

数字油田建设不仅是一个技术问题，更是一个管理问题。一方面，数字油田建设离不开信息技术和地学、石油工程的支持；另一方面，如果没有管理思想、管理模式和管理方法的转变，数字油田也难以真正发挥作用。事实上，油田企业数字化的过程本身就是一个信息技术与组织结构互动的过程。随着油田数字化进程的不断深入，必须对油田管理进行相应的调整和变革。为此，本章分别就数字油田信息化战略、数字油田组织与管理机制以及数字油田管理创新等予以分析讨论。

8.1 数字油田管理概念

和传统油田的管理方式相比，数字油田管理的最典型特征在于它实行的是数字化管理。所谓数字化管理，是指利用计算机、通信、网络和人工智能等技术，通过量化管理对象与管理行为，实现计划、组织、协调、服务和创新等职能的管理活动和管理方法的总称。

数字油田管理包括三个涵义：一是管理活动的数字化，即管理对象（如人力资源、油井和油库等生产系统，营销系统，财务系统等）、管理方式和管理手段的数字化；二是管理活动通过数字化网络来实现；三是管理对象、管理方法和管理手段的量化，使得管理具有可计算性，资源配置进一步优化。

8.1.1 数字油田管理的内涵与外延

1. 数字油田管理的内涵

数字油田管理有着丰富的内涵，可概括为以下四点。

第一，数字油田管理的目标在于，运用计算机、通信网络和管理软件等数字化手段，快速发现和响应企业内外环境的变化，发现并优化企业价值链，敏捷地满足客户的个性化需求，提高企业管理效率，增强管理决策的科学化，降低企业经营成本，提高供应链的竞争力，从而增强企业的核心竞争力。

第二，数字油田管理的功能是实现油田生产经营管理的数字化，其内容包括业务数据的数字化、业务流程的数字化和管理决策的数字化等。

第三，数字油田管理是包括人员、流程（包括管理流程、业务流程和生产流程）和数字化技术三者之间的统一的人机系统。从覆盖范围来看，数字油田管理应涵盖战略管理层、战术管理层和业务管理层，即战略层、战术层和操作层三个层次。

第四，数字油田管理绝不仅仅局限于管理部门或信息部门，而是涉及油田的内部各个部门，包括勘测、采油、人力资源、财务和物流等各职能部门，甚至还包括油田供应链上下游的其他企业等。这意味着，随着油田的数字化，整个油田必须从传统的管理模式彻底转型为数字化管理模式。

2. 数字油田管理的外延

数字油田管理有着特定的所指。概括起来，数字油田的外延包括如下五点。

第一，数字油田管理是通过数字化信息流，实现对油田内部物流和资金流等的管理。通过数字化管理，可实现数字油田人、财、物等各类资源的高效配置，为企业创造价值。

第二，数字油田管理的基础是企业业务数据标准化和业务流程的规范化。只有基础管理数字化之后，整个企业才具备实施数字化管理的基础。

第三，数字油田是管理和技术融合的人机合一的管理方式，管理思想通过数字化手段固化为标准的流程，从而实现管理的科学化和规范化；信息系统提供的企业内外部集成信息，为管理者作出决策奠定了科学的基础；信息系统的人工智能、知识库和数据挖掘等技术，使科学决策变得更容易实现。

第四，数字油田管理的关键点在于油田数据共享和实时传输，企业业务和经营信息的高度集成化和深度分析以及信息分析的智能化和自动化，所有这些使得数字化管理比传统的管理实时性更强、范围更广、深度更大，使得企业的资源配置更为快捷和有效。

第五，数字化管理的实施是一个系统工程，包含了管理变革、流程和业务重组、组织学习、咨询服务、方案设计、设备采购、网络建设、软件选型、应用培训和二次开发等过程。

8.1.2 数字油田是对传统油田管理模式的一场革命

实施数字化管理，是数字油田区别于传统油田的典型特征之一。这里所说的数字化管理，一是指企业管理活动的实现是基于网络，即企业的知识资源、信息资源和其他生产资源数字化；二是指运用量化管理技术来解决企业的管理问题，即管理的可计算化。数字油田实行的数字化管理，彻底颠覆了传统油田的管理思想和管理模式，带来了崭新的管理理念和管理方法，标志着油田管理的一场革命。

数字油田意味着传统油田在战略管理思想上发生了本质的转变。具体表现为三个方面：一是数据的资源化，数据成为油田的又一重要战略资源；二是管理自动化，彻底颠覆了传统的手工管理；三是基于数字平台的集成化管理，使油田管理走向集约化、综合化。

(1) 油田数据成为战略资源，成为除油气资源之外的又一重要资产。成功的数据结构能够准确反映和实现企业现有的业务逻辑和未来的发展战略，而且能够针对数据进行管理，数据成为油田管理工作的基础，真正实现“用数字说话，听数字指挥”，从而从根本上杜绝粗放式管理和拍脑袋式的决策模式。将现有的勘察资料数据化，可以建立现有油气资源的数据库，为油气资源的开发提供基础，也可为油气藏管理以及油气销售等经营管理环节提供有效的决策支持。在这个意义上，数据就是资源，是油田生产和开发的依据和基础。同时，这些数据也是未来油田的宝贵资产。这个资产不会被折旧，而只会升值。如何利用好这些资源？数据中心将发挥重要作用。数据中心的职责就在于盘活这个可升值的数据资产。可以设想，在未来，油田将建成数据银行，数据中心就是油田的数据支行，不但将自己的数据盘活而且还可以通过数据银行建立全国、世界数据交易等。总而言之，数字油田的数据中心应是一个趋势。

(2) 从手工管理到管理的自动化。数字油田以数字化管理替代了传统油田基于粗放的人工模拟系统的管理方式，后者依靠纸张、笔墨和口授等工具与方法，信息和知识难以共享，且运行成本很高。而数字油田则采用信息技术及网络技术，建立数字化管理平台，由此所构成的数字神经系统，具有传播速度快和效率高等特点，可实现信息和知识的共享。数字油田广泛采用信息技术和网络技术，实现了管理的自动化和现代化，相比之下，传统油田的管理模式尚处于传统的手工管理阶段。数字油田所实施的数字化管理成为油田控制投资、降低成本、提高效率和确保安全生产的有力保证，有力地促进了油田企业效益的提高。在数字油田管理中，除了在财务管理、人力资源管理等职能部门大量采用专业软件进行管理外，职能部门之间还可以通过 ERP 综合管理软件建立联系。除此之外，在生产管理方面，数字油田还先后采用电子巡井、电子值勤、集输预警报警、自动投球和远程调配注水等数字化生产管理系统和装置，大大提高了劳动效率，降低了员工的劳动强度和安全风险，彻底改变了油田的管护方式。目前，传统的人海战术已被精确的井场数字化管理所取代。数字油田系统可自动进行油水井生产数据采集、抽油机参数监测、远程启停、井场集油管线回压采集、自动投球、注水井远程调配、水源井远程启停、井场视频实时监视与闯入智能分析和远程语音警示等，实现了井场生产数据的实时采集、电子巡井、危害识别、风险预警、油井工况智能诊断及远程控制等功能。

（3）数字油田平台为实施集成化管理提供了可能，使油田管理走向集约化、综合化。集成化管理意味着油田管理在战略层面的重大调整，避免各职能分工制各自为战、相互牵制等弊端。通过信息技术和网络环境，油田各部门和相关技术人员、管理人员、生产人员协同工作，有效地提升油田的效率。数字油田的出现以及所建立的数字化平台，使得这种集成化管理成为可能。数字化平台可将很多系统集成在一个平台上，让不同专业、不同领域和不同类型的员工一起工作，并且为他们之间的协同提供有效的机制。作为一种有效的战略管理平台，数字油田系统基于协同理念和协同思想所建设的数字油田系统，从根本上改变了传统油田管理分散、零乱的局面，实现了油田内部不同部门和不同类型专业人员之间的联合作战，由此所产生的管理效益不言而喻。

数字油田提供了一个面向油田整体管理的集成化系统，这个平台能够把过去各部门独立管理模式中的生产管理系统、财务管理系统和人力资源管理系统等“信息孤岛”转换为统一的、面向油田企业整体的体系结构，打破了以前那种部门间相互隔离的工作方式，实现油田数据的全局共享，提高油田资源的综合开发和运营能力。另外，借助网络技术，可使油田企业对内部及外部资源实现统筹管理，利用网络共享核心能力实现油田与其他相关企业之间的协作和互补。

在数字油田平台基础上建立的数字化管理系统，将生产管理系统、业务处理系统和管理决策系统无缝集成在同一数字化管理网络内，使油田企业的资源运营能力大大加强。与此同时，在网络环境下，企业组织机构趋于扁平化，中间管理层被弱化，高层决策者直接与执行层接触，执行层可以根据实际情况及时进行自主决策，执行层的自主权加大，充分调动了基层执行者的积极性。油田可轻而易举地建立内部虚拟团队，使不同地域的员工或合作伙伴实现远距离合作，从而克服油田企业"点多、线长、面广"的局限。

8.2　数字油田信息战略管理

众所周知，信息化过程不仅包括信息技术的引进和应用，而且必须对企业既有的管理模式进行改造，其中涉及企业的决策层、管理层、技术层以及应用层等多个层次，需要各方的共同作用才能实现。制定和实施信息化战略，以提升核心竞争力，是企业可持续发展的重要途径。因此，越来越多的油田企业开始制定和实施信息化战略，力图将传统的油田企业建设成为数字油田。本节围绕数字油田信息化战略相关问题予以分析。

8.2.1　数字油田信息战略意义

信息化战略是从组织的宗旨、目标和战略出发，对企业内外信息资源进行统一规划、管理和应用，从而规范组织内部管理，提高工作效率和顾客满意度，最终为企业获取竞争优势，实现企业的长远发展。作为企业一种职能层面的战略，企业信息化战略早在20世纪80年代后期就受到企业管理者的关注。随着信息技术的发展和应用的深入，信息技术对企业的影响也日益增大。与此同时，企业信息化战略也变得更加复杂，成为与财务战略、人力资源战略、研发战略和营销战略同等重要的职能战略。根据企业信息管理研究的内容，可以把企业信息战略划分为信息技术战略、信息资源战略、信息安全战略、信息组织战略和信息服务战略等。这些子战略的提出改变了企业对信息价值的认识，也促成了企业信息主管的出现。

实际上，随着企业信息化建设从后台走向前台，企业的信息化战略对于企业发展具有的影响也不断增强。由于信息化战略涉及企业各个业务单位，渗透于其他功能战略之中，所以它是其他功能战略的突破点。在西方发达国家，信息化战略已经成为企业整体战略中的先行者。从历史角度来看，在市场竞争发生变化并促使企业战略随之变革时，企业信息化战略往往首当其冲。据统计，美国企业在信息化上的投资由原来占企业总投资额的 9%～10%上升到了 50%，足见信息化战略的重要性。

实施信息化战略，不但可以有效地改进和强化企业物资流、资金流、人员流及信息流的集成管理，而且对企业固有的经营思想和管理模式产生冲击，带来根本性的变革。在信息技术支持下，企业发展战略和管理不断创新，企业竞争力得以提高。具体表现包括以下四点。

（1）通过实施信息化战略，使现代企业通过创新获取竞争优势。企业的竞争优势来源于管理创新。在信息时代，企业创新是以信息化为基础的，这对大公司尤其重要。但是，值得注意的是，企业进行了信息化并不等于就一定获得成功，企业信息化只是获得逐鹿市场的参赛资格，企业在信息化的过程中，必须与其他企业资源匹配和整合，才可能成功。

（2）提高企业经营的有效性。信息技术实现了跨越地域的同步信息交换，尤其是随着互联网络的发展以及各种决策工具如专家系统（expert system，ES)、决策支持系统（decision support system，DSS)、群体决策支持系统（group decision support system，GDSS）和执行信息系统（executive information system，EIS）等的应用，企业在获取、传递和利用信息资源方面更加灵活、快捷、广域和开放，人的行为与经营流程组成了一个整体的人机系统，形成信息、决策和行为三者高度集成化，从而增强了决策者的信息处理能力和方案评价选择能力，拓展了决策者的思维空间，延伸了决策者的智力，最大限度地减少了决策过程中的不确定性、随意性和主观性，提高了决策的效益和效率，从而极大地提升了企业经营的有效性。

（3）提高企业经营效率。信息化通过促使企业业务流程重组和组织结构优化，实现企业经营效率的提升。传统的组织结构存在多等级、多层次、机构臃肿、横向沟通困难、信息传递失真、缺乏活力和对外界变化反应迟缓等弊端。信息技术的发展速度，从根本上改变了组织收集、处理和利用信息的方式，从而导致组织形式的巨大变革，推动了业务流程再造和组织重构，原有的金字塔式的结构被敏捷和具有创新精神的扁平化、动态网络结构所取代。在这种结构中，计算机系统将取代中层监督和控制部门的大量职能，加强决策层和执行层的直接沟通，中层管理的作用将有所降低，从而减少了管理层次，削减了机构规模。与此同时，信息网络可有效地调动组织成员之间的交流，形成学习型组织。

(4) 优化价值链的运用和价值创造。信息技术的应用范围涉及整个企业的经营活动，它可以直接影响企业价值链各环节的成本和价值创造，改变和改善价值链成本结构和价值创造。例如，计算机辅助设计和制造技术不仅可以使企业降低新产品的设计和生产成本，还大幅度降低了对现有产品进行修改或增加新性能的成本。再如，信息技术的应用，尤其是电子商务的采用，可大大降低企业的交易成本，从而在不影响对客户价值创造的同时形成成本优势。

8.2.2 数字油田信息战略规划及方法

结合多种信息化战略规划方法和油田的特定需求，油田信息化战略规划的一般方法如图 8.1 所示。

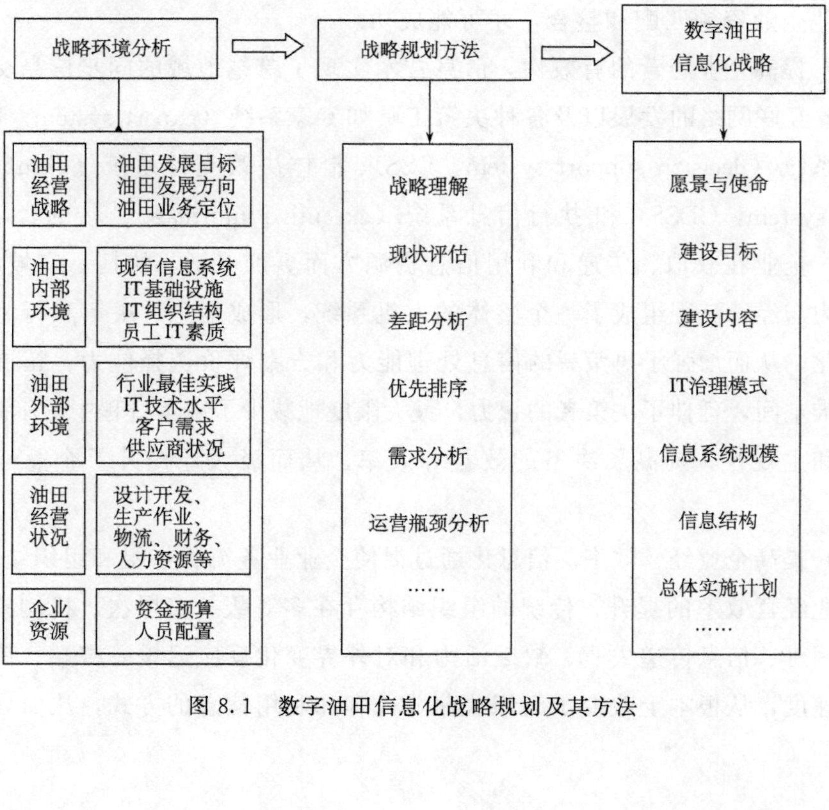

图 8.1 数字油田信息化战略规划及其方法

根据这一方法的要求，在制定油田信息化战略时，应重点考虑油田的经营战略、内外部环境、油田运营情况和企业资源等影响因素。油田经营战略是信息化战略的基础，油田在制定信息化战略时要重点考虑，对油田的发展目标，发展方向和业务定位等进行战略理解，以明确信息化战略的愿景和使命。企业内外部环境直接影响着油田信息化的目标和方向的选择，现有信息系统、IT 基础设施、员工 IT 素质和 IT 组织结构能够反映油田的 IT 能力，IT 能力强，油田的信息化目标就可以定位于较高层次，而 IT 能力较弱，油田的信息化建设就要从基础开始，给企业和员工一定的时间和实践来增强 IT 能力，这样才能保证油田的信息化建设取得成功；对 IT 产品和服务、业内最佳实践和 IT 发展趋势等 IT 产业状况进行分析，可以明确油田的信息化差距，分析竞争对手、供应商和客户的信息化状况和信息化需求，能够找到企业外部的信息化需求，为油田信息化建设，尤其是依附型油田的信息化建设提供借鉴。对油田的生产、流通和管理过程进行分析，可以发现油田的运营瓶颈和相应的信息需求，做到信息化建设“准而精”。油田信息化建设的最大约束就是资源欠缺，因此，油田制定信息化战略时一定要对资金和人员等企业资源进行约束分析，明确企业能够提供的资源情况。通过战略理解、现状评估、差距分析、需求分析、运营瓶颈分析，根据 IT 需求的紧迫程度对信息化建设的领域和内容进行优先排序，最终形成油田信息化战略。

油田信息化战略的主要内容包括：①愿景与使命。②建设目标。从信息化建设涉及的广度出发，我们还可将油田的信息化目标分为四个层次，即单一功能信息化、部门级信息化、企业内部信息集成和企业内外部信息集成。③建设内容。④IT 治理模式。⑤信息系统规模。⑥信息结构。⑦总体实施规划。

8.2.3　数字油田信息战略框架

结合战略管理理论和信息化战略规划理论，以及油田信息化和信息化建设的需求，可以建立油田信息战略的分层框架模型。这一模型共分为三个层次，即数字油田战略规划层、数字油田信息化战略规划层和数字油田信息化战略实施层（图 8.2）。这种分层模型能够清晰地说明信息化战略与企业经营战略之间的关系。油田的信息化战略应以企业经营战略为基础，与企业经营战略保持一致，因此油田的信息化战略规划是在战略规划的基础之上进行的。基于企业经营目标进行信息化战略规划，能够保证信息技术对油田发展目标的绝对支持。因此，这一框架模型将企业战略规划和企业信息化战略规划包含在内。另外，要使信息技术真正发挥作用，还要将战略加以实施，这也就有了第三个层次战略实施层。这三个层次构成了一个完整的信息化战略框架，对油田信息化建设具有现实的指导意义。

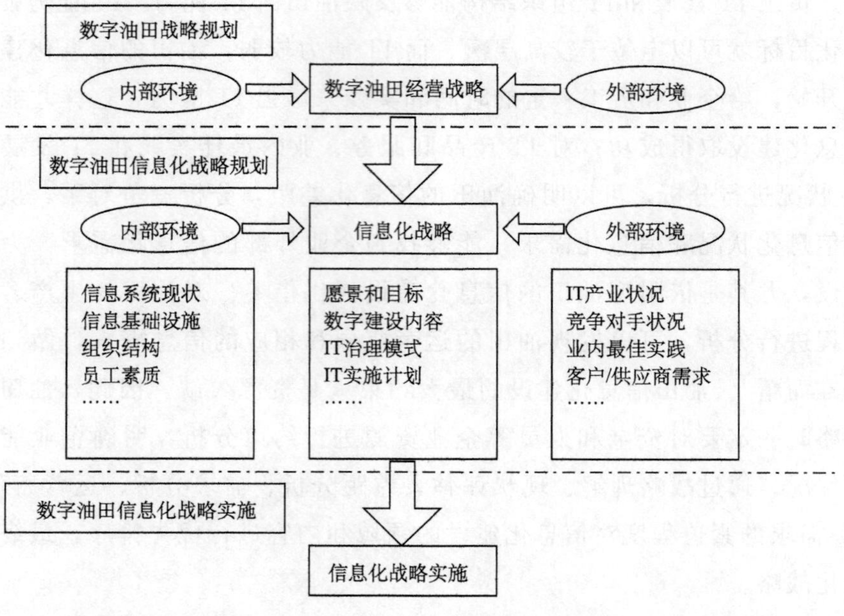

图 8.2　数字油田信息化战略框架

在图 8.2 中，战略规划层是根据油田内外部环境制定、实施和评估企业经营战略的过程，属于战略管理理论范畴。油田的外部环境一般可以归纳为两类：一类是直接对油田生产经营活动产生影响的环境因素，如政府、股东、供应商、竞争者、客户、公众、媒介和社区等；另一类是只能间接影响油田企业活动和决策的环境因素，如政治、经济、科技和社会文化等客观环境因素。油田生存环境复杂，外部环境众多，但对油田经营战略影响最大的莫过于竞争者、供应商和客户这三个因素。油田内部环境也可以分为两类，一是油田的资源状况（包括人、财、物等）；二是油田在财务、生产、研发和人事等方面的状况。通过内外部环境分析，油田可以明确企业的使命和目标，制定出油田企业的经营战略。

信息化战略规划层是确定油田信息化战略的过程。从某种意义上来说，信息化战略规划是企业战略集合的一个组成部分，与企业经营战略之间有着密切联系。基于企业战略管理思想，信息化战略规划层就是通过一定的信息化战略规划方法，对业务战略和业务流程、企业的内外部 IT 环境进行分析，确定信息化愿景和目标、IT 组织结构、信息化建设内容、IT 构架和实施计划等方面。

影响油田信息化战略的外部 IT 环境可以从 IT 产业和企业关联者两个方面进行考虑，分析 IT 产业的发展状况、IT 产品和服务的提供情况、业界的最佳实践，了解竞争对手、客户和供应商的信息化状况，以及他们对企业的信息化建设需求，考虑竞争对手是否采用了先进的信息技术而改善了生产效率，考虑供应商和客户在供求过程中是否对本企业有信息化方面的要求等，能够使油田明确自身在信息技术应用中存在的差距，为油田信息化战略的制定提供参考。内部 IT 环境包括企业现有信息系统和信息化基础设施、IT 组织结构和员工 IT 素质等。这些因素是确定企业信息化战略目标的重要依据，如果人员素质低、信息化基础薄弱，油田的信息化建设就应该从基础应用开始，通过一段时间的学习和吸收，逐步走向高层应用，否则信息化建设容易失败，造成较大损失。而人员素质高、信息化基础好的油田在资源充足的情况下，可以直接进行信息技术的高层应用，缩短组织学习的过程。由于资金、技术等一系列现实问题，油田的信息化建设必须根据企业现实情况，分析企业的业务瓶颈，确定哪些部门或过程先进行信息化，哪些可以等待更好的时机，从而制定出一个循序渐进的信息化战略。

战略实施层就是按照信息化战略规划的结果进行信息系统的建设。具体内容包括信息系统基础设施的建设、信息系统开发或外购等。实施层最重要的是对过程的控制，控制不当，实施周期就会延长，实施成本就会相应上升，这无疑会造成严重的资源浪费，对资源紧缺的油田来说极为不利。为了达到信息化战略规划的目标，更合理地利用油田的资源，油田信息化战略实施过程必须引入适当的控制。

8.2.4　数字油田信息战略的实施

油田信息化战略方案实施阶段根据先后顺序分为三部分内容：实施准备、实施和控制及实施后的改进与维护，如图 8.3 所示。

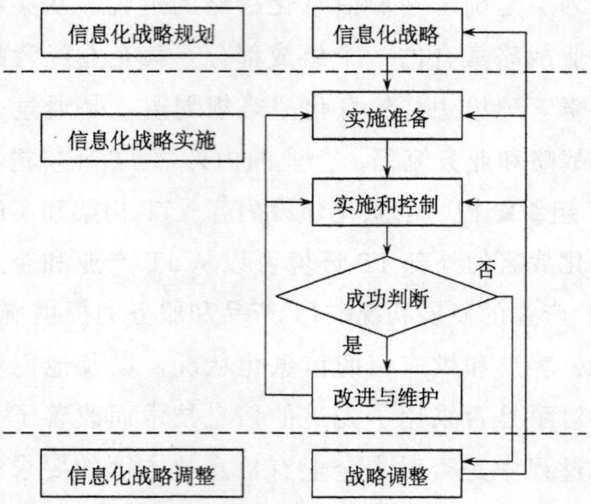

图 8.3 数字油田信息化战略实施过程模型

（1）实施准备阶段。根据资金计划和IT计划等选择软件、硬件及合作伙伴。油田信息化建设是一个复杂的系统工程，需要油田、咨询商和软件硬件供应商等多个角色共同参与。油田信息化的合作伙伴就是指担当这三个角色的厂商。在实际工作中，这三个角色可能由三家企业分别担当，也可能由一家企业同时担当。油田更要着重考察合作伙伴的实践经验，考察软件硬件产品的实际应用情况和历史客户的反馈意见。另外，谁选择合作伙伴和软件硬件产品，就由谁负责实施，这样有助于加强员工选择的责任感和实施工作的连续性。

（2）实施和控制阶段。首先，油田和合作伙伴在企业现有的基础上针对信息化战略提出一个完整的方案。这一方案包括以下两方面：一是指油田信息化的底层技术架构，如服务器、数据库、网络构建及通信方式等，针对油田业务灵活多变的特点，其IT基础架构应该是可扩展、可集成的，在满足当前需求的前提下，兼顾未来需求；二是指建立实现信息化战略的改造方案、信息化的业务流程及相关管理制度。油田及其合作伙伴要在充分考虑企业原有的管理水平及人员素质的基础上建立新的业务流程和管理制度，不能单纯从技术和软件的先进性出发。其次，要建立信息化推动的方法和步骤。再完美的解决方案，也要靠人去工作才能把解决方案落在实处。因此，必须对企业所有的员工进行培训，让员工在为什么要信息化、应该如何去做这两个问题上达成共识。在培训的前提下，建立信息化推动的方法和步骤，详细阐述推动计划、推动步骤和推动手段。最后，要明确实施过程中的控制方法。油田信息化十分复杂，既涉及技术问题，又涉及管理问题。如果没有阶段性目标、在实施过程到了一定的阶段后，会出现对实施进度和实施质量难以进行有效判断的情况，也容易出现参与实施的各方相互推诿、指责的现象。因此，需要根据油田信息化战略设置阶段性目标、明晰各方面的责权利。

(3) 改进与维护。一般情况下，油田可以通过监控一些简单的财务指标在信息化前后的变化来找出存在的问题，这些简单的财务指标要能够衡量信息化的效果。一旦发现问题，油田同合作伙伴可以一起通过对业务流程的持续优化来解决。油田应与合作伙伴共同制订出详尽的系统维护方案。

信息化战略实施过程中常常需要进行相应调整。其原因有二：第一，油田信息化没有在预定的时间实现预定的功能；第二，油田的经营战略发生了重大变化。调整的方法包括，分析信息化战略和方案的合理性、可行性，分析人的因素或领导因素。在以上总结分析的基础上，对油田信息化战略和方案进行调整。

8.3 数字油田组织管理

油田数字化建设是基于信息技术的管理变革，它的建设离不开油田信息化部门的参与和推动。油田数字化成功与否，与油田IT组织和部门建设的成功与否有很大关系。目前，数字油田负责信息化建设的主要部门有的是战略部或者发展部，有的是单独设置成为计算中心、信息中心和数据中心等，事实上只是专门的技术部门，起不到管理和协调作用。有些油田将信息部门归于行政办公室等部门，也很难发挥信息部门统揽全局的作用。

从长期来看，信息组织不应该是其他部门的附属机构，而应该是与它们并列的，集业务技术与建设管理为一体的管理机构。即使把IT部门单独分离出来，也不应看成是一个简单的信息中心，而应赋予更多的职能，赋予决策权力等，让IT组织能够参与到组织业务流程中。除信息部门以外，数字油田的组织还应包括与信息化管理相关的其他机构，如信息化委员会。信息化委员会对于协调信息化过程中出现的各种问题，协调各方的利益关系将起到至关重要的作用。

8.3.1　我国数字油田组织体系现状

从目前来看，大多数油田企业仍旧脱离不开传统的金字塔式组织管理体系，具有自下而上层级递进的刚性特征，表现为稳定规范、集中决策、上传下达和统一指挥等特点。随着信息化手段的推进和数字化油田理念的提出，各油田逐渐建立了相应的组织结构。这种组织形式是基于数字油田的数字平台而建立起来的，其典型特征表现为在传统的油田组织结构中设立了信息中心或类似机构。可以看出，随着油田企业技术水平，尤其是信息技术水平的提升，油田也在不断地进行组织变革和管理创新。但是，和技术水平提升的速度相比，油田管理变革的力度并不大，严格地讲也很不彻底。在不少油田，都存在着组织管理模式改革落后于硬件的改进的状况。

数字油田的管理主要依赖于信息化组织体系的管理。一般来说，各大油田的信息化组织体系基本由三层组成：第一层为企业信息化建设委员会或领导小组，即由“一把手”担任最高领导，各职能部门负责人参与组成的委员会；第二层是信息化工作办公室，一般设在信息中心，作为信息化领导小组的日常办事机构；第三层是信息化管理机构如信息中心和数据中心等。如图 8.4 所示。

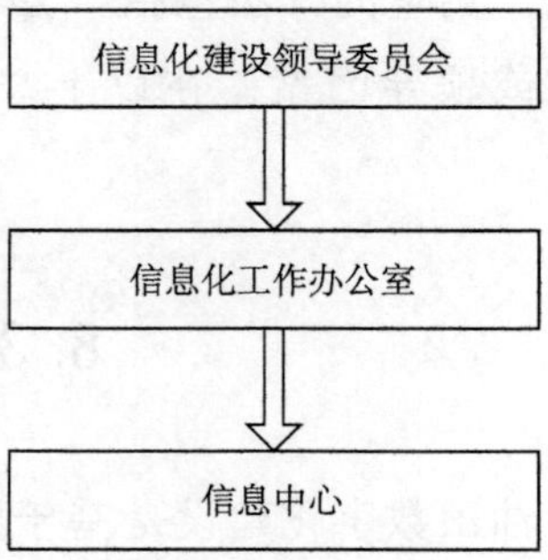

图 8.4　现行数字油田组织体系

由于国内各石油企业的信息化建设的背景、起点和发展轨迹各不相同，形成了不同的组织结构。概括起来，这些油田的组织形式大致可以分为三种，分别是信息中心制、数据信息中心制和数据中心制。其对比如表 8.1 所示。

从表中可以看出，现阶段大多数油田企业实行的均是信息中心制，只有少数油田企业率先采用了数据中心制的做法，而数据信息中心制只是极少的油田企业在实行。从传统的信息中心到数据中心三种体制，不仅是名字的扩展，更体现出信息化业务的扩展与延伸，尤其是数据中心制赋予了远比前身更多的管理理念和功能。

表 8.1 数字油田三种组织形式对比

项目	信息中心	数据信息中心	数据中心
机构层级	四级机构	四级机构	三级机构
机构性质	副处级	副处级	处级
部门职责	①网络、通信、计算机维护与服务； ②自动化控制管理与信息化项目的实施； ③网络宣传与信息安全	①网络、通信、计算机维护与服务； ②自动化控制管理与信息化项目的实施； ③网络宣传与信息安全； ④信息化数据管理	①网络、通信、计算机维护与服务； ②规划、计划、技术方案编制； ③宣传与信息安全； ④信息化项目实施； ⑤信息化数据管理
数据管理	实现手工作业自动化、职能部门信息化	在计算机与网络服务的基础上增加了数据管理功能	初步实现信息资源整合，数据正常化建设与管理
组织结构	决策层→职能部门→信息中心	决策层→职能部门→数据信息中心	决策层→职能部门、数据中心
实行范围	普遍	很少	极少

1. 油田信息中心

油田信息中心是信息化组织体系的具体负责机构，职责通常如下：负责企业信息化建设规划和年度计划编制；计算机及网络系统、数据的建设、管理、维护及服务；信息化项目的实施；信息化业务指导与考核等各项业务。从全国上下大力推进信息化改革开始，各油田纷纷设立了信息中心。

信息中心是信息时代的产物。在信息化的初级阶段，信息中心职能也就只是添置计算机设备，增加软件，为企业各个部门维护设备与网络的正常运行。而现在油田企业的信息中心的职能已经不止于此。随着各大油田企业逐渐建成数字油田，油田的网络等信息基础设施已经颇为完善，信息中心承担着越来越多的使命，其职能也发生了根本的变化。

2. 数据信息中心

数据信息中心是在油田信息中心基础之上形成的新型管理机构，它除具备上述油田信息中心的基本职能之外，已初步具备油田数据管理的基本职能。比起单纯的信息中心，数据信息中心虽然只是一个过渡性机构，但它却强化了数据的开发和应用，开始凸显数字化平台在油田管理中的应用价值。

3. 油田数据中心

近年来，一些油田企业已经率先启用数据中心模式，如新疆油田、中原油田、河南油田、吐哈油田、玉门油田、冀东油田和中国海洋石油南海东部公司等七家油田企业已实行这一组织结构模式，我们称之为数据中心制的组织形式。

从数据中心的职能可以看出，它已经超越了原先最早的信息中心的 IT 思想，而是发展成了将数据看做资产的管理机构，实现数据的专业收集、存储、共享和处理等集成式管理手段，更加迎合数字油田的建设需要的组织。数据中心组织架构思想，实际上就是最适合信息时代发展需要的网络型组织结构思想。是跨越了业务部门与行政管理部门，融为业务管理一体化的部门，是满足数字油田建设与发展需要的组织建制形式。

8.3.2　数字油田信息管理组织设计

管理控制的信息化首先要在原有管理的基础上增加信息化管理的职能，这就需要强化 IT 组织或部门的职责，完善 IT 组织或部门的结构。从组织理论来看，组织结构包括三个含义：①组织结构决定了组织中正式报告关系，包括职权层级数目和主管人员的管理幅度；②组织结构确定了将个体组合成部门，部门组合成组织的方式；③组织结构包含了确保跨部门沟通、协作与力量整合的制度设计。前两个要素规定了组织的结构框架，也就是纵向的层级。第三个是横向的机制要求。

关于纵向层级中的正式报告关系，一般认为，数字油田信息化部门的组织模式有集中式、分散式和混合式三种；从正式报告关系上讲，信息化部门的最高管理人员 CIO 有向 CEO 报告的，有向 CFO 报告的，也有向监事会报告的。也有不少油田专门成立了油田数字化委员会，并规定 CIO 必须向这个委员会报告。在 CIO 之下，设立 CIO 办公室，面向各业务部门和数据中心开展工作，如图 8.5 所示。

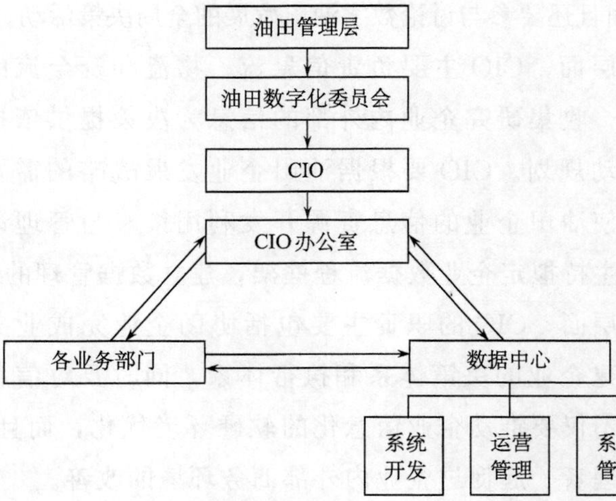

图 8.5　油田数字化油田的组织与管理机构

1. 数字油田的纵向组织设计

1）明确 CIO 的报告关系及其权责

CIO 是否能够作为企业的核心决策层的一员，是否能够通过对信息资源的控制，直接参与组织的政策制定和决策活动，对于信息化的成功影响很大。作为油田数字化部门的领导人和数字化的主要推动者，CIO 主要负责油田整体的数字化战略规划和信息流程的设计等全局性的工作，而各信息机构主要是在 CIO 的管理下从事各项具体工作，为 CIO 提供决策所必需的信息。油田在设定 CIO 职位时应注意，设置 CIO 不只是增加一个信息主管的职位的问题，还有与之相关的制度问题，其中涉及 CIO 的定位、作用、责权利以及信息化管理组织的结构、管理能力的形成等制度安排。

首先，CIO 的职责定位于油田信息化和数字化的推动者。CIO 是油田决策层的组成部分，对企业的长期战略负责。CIO 的职责分别体现在油田的战略层面、执行层面、变革层面以及沟通层面。其中在战略层面，CIO 的职责在于挖掘企业的信息资源、制定企业信息化战略、为企业信息化合理布局和评估信息化对企业的价值等。作为高级管理决策阶层的一员，CIO 直接向最高管理决策者负责，并与总裁或首席执政官、财务主管一起构成企业的“三驾马车”。CIO 不仅要负责数据资源管理范围以内的决策活动，而且还要参与讨论数字油田发展的全局决策活动。

其次，在执行层面，CIO 主要负责信息流、物流和资金流的整合，完成信息系统的选型实施，收集研究企业内外部的信息为决策提供依据，制定企业的信息政策与信息活动规划。CIO 要根据油田企业发展战略的需要，及时制定数字化政策和规划，使油田企业的信息资源开发利用策略与管理策略更加协调一致。另外，CIO 要主持拟定企业数据流程框架，建立数据管理的基础标准。

再次，在变革层面，CIO 的职责主要包括协助企业完成业务流程重组，运用信息管理技术重建企业的决策体系和执行体系，同时要对信息编码和商务流程统一标准。CIO 不仅要推动企业信息化的软硬环境优化，而且要为 CEO 当好参谋，与各高层管理者一起促进企业内外部商务环境的改善。

最后，在沟通层面，CIO 的职责在于安排企业信息化方面的培训，发现信息运用的瓶颈，观察研究企业运作中的信息流及其作用；协调沟通上下级关系，打造优秀的信息技术团队。CIO 要承担整个企业各部门、各环节之间以及内外环境的信息沟通与协调工作，实现企业的协同作业和信息资源共享。

2）建立油田数字化委员会

油田 IT 组织的建设不仅仅包括 IT 部门的建设，还包括与之相关的其他组织机构的建设，如数字化委员会等。油田数字化委员会（也有油田称之为数字化领导小组）是 IT 组织的一个重要的组成部分，它是由油田一把手牵头，CIO 以及各个部门主要负责人共同参与的一个协调沟通机构，其主要职责是对于油田数字化重大项目的审核、项目实施前的宣传、项目实施中的推进以及项目合格验收标准的设立等。数字化委员会之所以重要，就是因为它能够协调好相关利益群体的关系，从而保证油田数字化的顺利进行。油田数字化委员会对企业信息化建设中的重大决策负责。

3）注重 IT 部门内部层级及其团队建设

IT 部门是一个技术性很强的部门，对于 IT 部门内部不同的职能需要有清晰的职位、职责的定义以及责任划分，这样才能保证 IT 部门内部不会出现失控。清晰的 IT 组织架构、精锐的 IT 团队和稳定的 IT 系统是企业 IT 有效支撑业务持续创新的基础。此外，油田数字化的实施需要一个高效团队的支持。团队建设首先要营造一种积极的团队文化氛围，CIO 对于这个团队要授权到位，发挥团队中每个人的积极性，促进团队沟通渠道的通畅。因此，保证这支队伍的稳定是非常重要的，必须适时提供各种培训以及各种针对 IT 人员的人力资源管理措施，提供相应的考核和激励，以保证人员的素质和稳定性。IT 团队的负责人还必须有良好的沟通协调能力，有全局观，在信息化过程中与来自企业外部的咨询公司和软件商共同合作，推动信息化的进程。

此外，纵向机制还包含定期或不定期性的报告、记录信息和信息系统通信，使得上下层级的沟通更有效率。

2. 数字油田的横向组织设计

数字油田横向组织机制设计主要包括两个方面：一是 IT 部门与其他业务部门之间的沟通，二是数字油田 IT 部门内部统一，做好与其他业务部门的沟通。

与业务部门的直接沟通是 IT 部门日常工作中的重要内容，为了保证 IT 系统能真正对业务流程产生影响，促进业务的发展，IT 部门的人员要经常和业务部门的人员进行沟通，甚至在企业信息化的过程中，直接调用精通业务的业务部门的人员直接参与到系统的需求分析等各个环节中，从而使需求更加清晰和明确。

企业信息化中的任务小组是由业务骨干和 IT 技术骨干组成，小组成员来自各个不同的部门，在解决信息化过程中出现的问题时，各自代表部门的立场，使得问题的解决能得到各方的满意。小组成员还将其中有关本部门的信息带回部门中，有利于信息化在部门之间的推广和应用。通常在完成工作后，任务小组就会被解散。任务小组的建立，有助于信息化过程中问题的及时解决。

随着数字油田建设的深入发展，油田企业信息中心和信息中心部门的工程技术人员都要做重大的业务调整，以满足数字油田建设的需要。特别是当数字油田建设从地上转向地下之后，专业性、技术性更强，必须做专业技术性的调整。

8.3.3 数字油田组织建设

在战略管理理论中，有一个著名的观点，即“结构追随战略”。这一观点强调战略改变之后，组织结构必须根据战略进行相应的调整。对于数字油田而言，随着数字油田战略的制定和实施，其组织结构应该有相应的调整，以适应战略的变化。具体地说，数字油田的组织设计，应考虑建成包括纵向的信息流动和横向的信息流动的结构形态。其中，横向设计是为了沟通与协调，而纵向设计是为了控制，防止组织运行失控。

目前国内多数油田的组织设计更多地体现在对横向的协调机制的关注，而不是对纵向的控制机制的关注。一般地，当油田一旦上了信息化项目后，往往容易出现失控现象，不是预算超支，就是人员抵触，或者高层的支持力度降低，使得数字化过程不了了之。从现有数字化绩效不佳的案例中可以看出，管理基础差，人员素质低、信息化需求不稳定、IT人才流失和信息化实施中领导参与重视不够等，这些均与纵向控制不得力有关。

我们认为，在我国数字油田发展的现阶段，数据中心应成为数字油田组织机构的首要选择。其根本原因在于，随着油田企业数字化进程的不断推进，信息机构的职能和作用呈不断上升的趋势。信息机构从后台走向前台，从仅提供信息和数据支持，转而成为油田管理决策主体之一，标志着信息机构不再是一个只提供IT技术服务的“配角”，而成为油田数字化管理的“主角”。如图8.6所示。

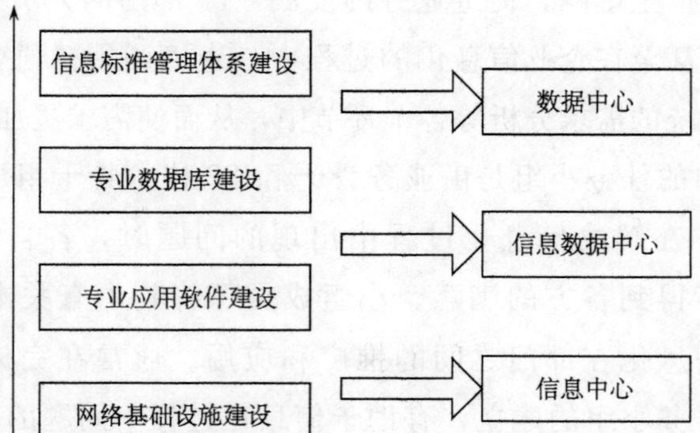

图8.6 信息技术与组织的关系

和传统的信息中心或数据信息中心相比，数据中心的职能和定位有很大突破。它不再是一个简单的技术服务和维护支持的角色，而是油田经营决策的核心职能部门之一。其特点包括以下四点。

(1) 数据中心制具有网络性和集成性的特点。数据中心实质上可以看做一个总的数据输入和输出平台，通过数据传递与共享，将整个企业笼络成了一个以数据中心为内核的网络，实现与各个部门之间的配合与合作，为各个部门的专业职能提供了快捷高效的数据支持与保障。

(2) 数据中心的网络性结构促使油田的组织结构趋于扁平化。传统组织理论认为，组织中的每一个管理岗位的管理幅度是有限的。在信息处理手段落后的过去，管理者无法直接、有效地控制较多的人数，于是形成了高耸型的组织管理模式。但如果借助数据中心的运用，管理者的信息处理能力则大大增强，这就使管理者控制的范围增大，进而大大增加管理幅度。在组织规模一定的条件下，管理层次和管理幅度呈反比变化，因此，随着管理幅度的增加，管理层次减少，组织结构的发展趋于网络扁平化趋势。借助数据中心的信息传递和共享，传统油田组织的高耸的纵向结构被改变，而横向的信息交流得到了加强。同时，由于组织的等级层次减少，上层和下层之间的通信结点和环节削减了，使得组织高层与下层之间的信息沟通快速而顺畅，合作与协调关系也得到了加强。

(3) 数据中心的共享性架构使数字油田的生产经营过程实现集成化管理。数据中心包括管理数据总库和生产数据总库，是各个专业数据库信息的总和。通过企业网以及相关的基础服务把油气勘探、开发、生产和管理活动中产生的各类数据收集和统一起来，形成一个统一输入和输出的信息源，并以企业资产形式进行存储和备份，当其他部门有数据支持需要时，实现信息的即时传输与共享。

构建以数字信息技术为基础的网络型组织结构是数字油田建设的基本要求，而数据中心可谓是网络型组织结构的牵引核心，为各部门提供了强大的平台，为企业逐步实现从勘探开发，地面工程，原油成品生产、销售、服务到会计、财务、人事、研发等整个组织的物质流和信息流相结合、数据共享和集成化管理而服务，为业务过程的统一化、连续化和集成化奠定基础。

(4) 数据中心成为油田企业管理者未来最大的资产和资源，有着信息中心或数据信息中心所不具备的职能。现在很多企业并没有认识到这一点，总认为数据中心也好，信息中心也好，无非都只是为企业主营业务提供 IT 服务，就是一个“配角”。其实这是认识上的一个很大的误区。我们建议，要改变这种低估数据中心地位和作用的认识。要明确树立一种观念，即数据中心就是与财务部门、计划部门和生产经营部门等相平行的职能部门，而不是从属于职能部门的三级部门。另外，在决策层，应专门设立 CIO 岗位，由副总经理一级的高管担任，全面负责领导数据中心的工作。这样，数据中心就在企业架构的层面有了明确的定位，从而能够发挥其企业资源和资产管理的作用。

8.4 数字油田管理创新及策略

8.4.1 数字油田的管理机制

数字油田管理涉及多个环节和多个变量，综合以上各节的分析，可以建立数字油田管理的综合模型，如图 8.7 所示。

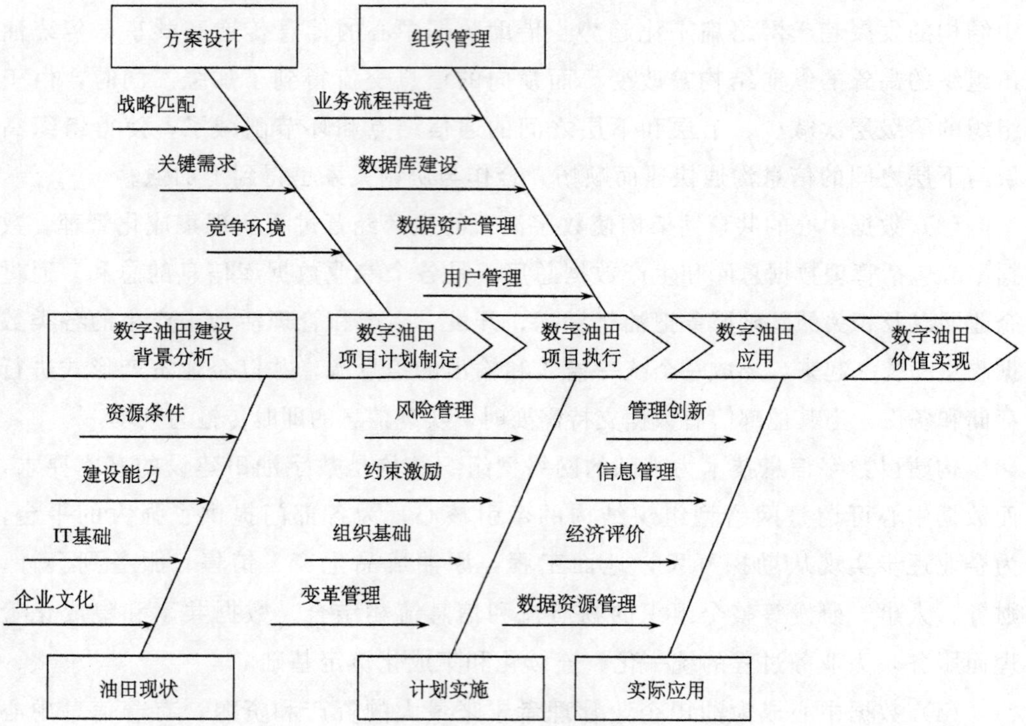

图 8.7 数字油田的管理环节及活动

数字油田管理过程划分为数字油田建设的背景分析、数字油田项目计划制定、数字油田项目执行、数字油田应用以及数字油田价值实现等五个环节。在上述各环节中，又依次涉及油田现状分析、方案设计、组织管理、计划实施以及数字油田实际应用等。针对这些环节进行相应的管理活动，构成了完整的数字油田管理体系。

(1) 数字油田建设背景分析。数字油田建设的第一步是背景研究。这一阶段所涉及的管理活动主要侧重于对油田现状的分析研究，内容包括 IT 基础、资源条件、建设能力以及企业文化等。

（2）数字油田项目计划制订。这一环节的管理活动主要与信息化或数字化战略的制定有关，具体内容包括内外部环境分析、发现关键需求、寻找信息化战略与油田经营战略的匹配。

（3）数字油田项目执行。这一环节涉及组织管理和计划实施两部分，其管理活动分别为业务流程再造、数据库建设以及风险管理、约束激励、组织基础和变革管理等。

（4）数字油田应用。这一环节的管理活动包括管理创新、信息管理、数字油田经济评价、数据资源管理等。

（5）数字油田价值实现。这一环节的管理活动包括油田运营管理以及价值创造过程管理等。

8.4.2 数字油田的管理创新

数字油田管理是一个需要长期研究的课题，在数字油田建设过程中需要不断创新。

1. 业务流程再造

业务流程是数字化油田运行的基础和出发点。如果业务流程不合理，再先进的数字化系统也不会有用武之地。因此，建设数字油田最重要的一项管理工作就是对油田原有的业务流程进行再造或重组。所谓业务流程再造，就是通过对油田核心业务流程包括供应链进行变革和整合，以实现经营效率的提升和改善。

油田应从财务会计、成本控制、资金管理、物资供应管理、项目管理和生产经营管理等功能模块分别梳理现有的业务流程，分析各流程是否合理有效，然后根据数字油田所建立的信息系统重新整合，按照新的业务流程需要重新规划。要以业务流程为重心，从油田企业整体出发进行数字油田建设。不必拘泥于企业资源计划（enterprise resource planning，ERP）、客户关系管理（customer relationship management，CRM）等业务职能模块，而要注重各模块之间的协同和集成，建立协同运营管理平台。

2. 组织结构创新

我国多数石油企业内部管理层次较多，各管理层次之间职能相互重叠，容易造成信息扭曲或衰减，沟通不畅，部门之间相互推诿、扯皮等现象，管理效率较低。因此，石油企业应进行组织结构创新，采取扁平化设置，做到管理层次分明、职能定位准确、管理权限清晰、责任重点明确。将专业化与集成化结合起来，精简组织机构，取消中间环节。先根据单项业务及其职责要求，定岗、定员，再根据业务联系紧密程度，定机构、定职责，把部门转换成具有明确服务对象的单元。

为了确保数字油田信息系统的高效运行，油田组织结构应作相应调整。

第一，设立数据中心，用以取代原来的信息中心或数据中心。要明确数据中心的战略地位，即数据中心不是技术服务部门，更重要的是一个业务部门，而是至少应和财务、生产和人力资源等职能部门平行的核心职能部门。为体现数据中心在油田架构中的地位和作用，应相应设立油田数字化委员会和 CIO。

第二，实行扁平化管理。数字油田系统要求将油田业务统一规范到一个操作平台上，消除部门之间信息传递的滞后。对于需要多部门协作完成的业务，要打破业务部门之间的独立操作界限，实现信息共享。油田可通过源头数据单点录入，各专业部门共享数据库，打破传统的强调垂直分工式组织和注重部门结果的工作模式。同时，设计横向跨部门功能、且注重最终结果的工作流程，使各部门之间的横向互动加强，组织趋于扁平化管理。

3. 管理模式创新

数字油田能否取得成功，不仅需要 IT 技术的支持，同时也需要先进的管理模式作保障。在一定意义上，数字油田不仅是技术上的改进，更是一场管理变革。建立与数字油田相适应的管理方式也是数字化油田建设的重要内容。经营模式的创新内容包括：①管理模式的科学化、规范化和电子化。科学化、规范化和电子化管理是数字油田系统实施的基础，可保证管理者更加规范和有效地管理本业务部门的业务操作。② 建立统一的内部控制机制，通过统一平台进行操作和协调，确保各项控制的程序化和规范化，使信息流在油田内部自上而下、自下而上、横向之间以及企业与外界进行有效的控制与传递。

4. 管理观念创新

数字油田是传统油田的一次管理革命，会对油田企业原有的管理思想与管理模式产生冲击，涉及企业的各个层面，包括管理、体制、机构和人的观念及利益等多方面的因素。企业在建设数字油田的过程中，一方面要加强油田企业高层领导的作用，实施“一把手”工程；另一方面，还必须改变中、基层管理者乃至所有员工的思维方式和行为方式。油田要对管理者和员工进行系统培训，学习数字油田先进的理念和管理思想，将数字油田系统中所包含的管理思想融入油田的日常生产经营管理过程之中。

8.5　数字油田管理未来趋势

数字油田的前景十分广阔。相对于国际大石油公司，我国的数字油田建设还有相当的距离。国际大石油公司信息化发展普遍经历了四个阶段：数据集成、专业集成、部门集成和企业间集成。根据诺兰模型，结合我国国情，可以将石油企业信息化过程划分为六个阶段，如表 8.2 所示。

表 8.2　信息化过程阶段（诺兰模型）

阶段		特　点
一	手工作业自动化	计算机作为业务部门代替手工作业的工具，完成数据采集、报表打印、数据传递等功能
二	职能部门信息化	信息系统在业务部门得到应用并发挥作用，如财务管理、进销存管理等
三	信息资源整合	建立统一的数据标准，通过信息资源的整合，实现企业的纵向业务管控
四	企业流程重组	利用信息系统横向整合业务流程，帮助企业实现扁平化管理
五	决策支持流程优化	利用信息手段充分挖掘业务能力，有效支持企业决策
六	驱动业务模式创新	新技术开发促进新的管理理念和管理手段，如整合外部供应链、开展电子商务等

对比分析各个阶段的特点，可以形成一个基本的判断，即我国大多数的石油企业信息化过程基本分布在第三、第四、第五阶段，虽然一些企业的组织结构已经能够有效地支撑现有的业务流程，但还是缺乏集成体系运作的机制。长远来看，我国石油企业要建成数字油田，还有很长的路要走，可谓任重而

道远。

诺兰模型是从管理的角度分析企业信息化过程的一般模型，用于分析油田企业的信息化阶段有一定的合理性。但相比之下，长安大学数字油田研究所关于数字油田发展阶段论的观点（见本书第4章）更为准确。根据该观点，数字油田的发展可分为初级发展阶段、数据正常化阶段以及智慧的油田三个阶段，目前我国多数数字油田尚处于数据正常化阶段。该观点指出，我国油田未来的发展趋势在于建设智慧的油田。在智慧的油田阶段，智慧从繁重的重复劳动中解放出来，用于解决技术和管理问题，无论是管理方法还是管理手段都会发生根本性改变。在这个意义上，数字油田三阶段之说不仅与诺兰模型殊途同归，而且更切合数字油田建设实际，更具指导意义。

8.5.1 企业架构及其在数字油田中的应用

数字油田的数字化建设是一项系统工程，需要循序渐进。信息化建设必然会牵动组织的变革，没有一个好的管理体制就无法构建出高效率的组织机构。要调整好组织机构，应首先进行管理体制的改革，二者是本源和派生的关系。但是由于我国的国情决定了目前的信息化组织只是在传统组织结构上的调整，故而变革并不彻底，只能是人员、机构的简单撤并、减少，而且这种调整很可能回潮，难以走出“精简—膨胀—再精简—再膨胀”的怪圈。

1. 企业架构的内涵

所谓企业架构，包括英文企业语境里面的关键业务、信息、应用和技术战略的整体描述，是对于业务战略驱动的、由技术支撑的、随时间成长的工作流程的描述。它的愿景是一系列的目标和要求取得的成果。它的原则表达了组织的价值，并为决策指明了方向。

2. 企业架构的优势

（1）企业架构应用有助于业务改革和转型。业务改革和转型是因为企业架构提供了战略管理的新空间。架构本身就是运用集成业务知识而构建的，没有这个业务管理知识就没有这个架构。它本身就是一个业务管理集成性创新，你在做这件事的时候，这个过程就是集成性创新。架构提供了多层次、互关联的业务结构和业务运作的描述，提供了可视化和数据化的管理实验平台。管理实验现在有一种尝试，就是通过架构设计、架构讨论来做管理实验，看看管理创新能不能推动下去，应该怎么做，为管理设计和管理变革提供了新的手段。

(2) 企业架构有利于大型复杂信息应用平台的顶层设计。数字油田建设十年过程当中遇到了一个瓶颈，尽管有了很详尽的软件工程、需求工程和信息工程等理论，但是仍然跳不出信息孤岛的怪圈。企业架构本身既是一种大型复杂应用系统经验的集大成者，同时又融入了很多管理类、行业类和领域类的专业知识，成为当今高难度信息应用系统设计的指导理论。在美军全球信息网格、网络中心站、国家级环保系统、地理信息系统、控制管制系统、医疗卫生系统、智能交通和反恐系统当中都能看到企业架构的身影。

(3) 企业架构有助于实现信息共享。信息数据是现代信息应用服务的中心，信息数据是信息化投资所能积累的最有价值的资产。信息资产的价值不是在硬件、软件，而是在数据上。企业架构里从各个层的角度分析了信息的价值，而且为信息共享提供了一个系统性的整体框架，为它的系统共享模式提供了设计指引。

(4) 企业架构有助于信息化投资管理。信息化建设投资在我国每年已达几十亿元人民币的规模，这个投资怎么管理？美国信息化投资管理是面向绩效的闭环管理，这个闭环管理是从业务战略出发，经过信息化架构、信息化投资、信息化实施，根据战略执行结果检查反馈，最后回到这里，其架构就是一个面向绩效的企业架构。

3. 企业架构与数字油田组织结构演变

数字油田组织机构随着企业战略的改变而发生着角色转变，由服务角色转变为决策支持，继而是参与决策。数字油田的信息化最高战略目标就是信息系统可满足企业各个层次的需求，从简单的事务处理到支持高效管理层次的决策，企业真正地把计算机同整个管理过程结合起来，将组织内部、外部的资源充分地整合、利用，并辅助决策，真正实现了信息资源的管理，从而提升企业的实力。

在企业架构的理念之下，数字油田的组织结构经历了一个从信息中心到数据中心，最后到“企业架构＋CIO”的演变历程。其中，“企业架构＋CIO”代表了数字油田未来的组织结构模式。也就是说，要从企业全局的角度审视与信息化相关的业务、信息、技术和应用间的相互作用关系，以及这一关系对业务流程和功能的影响，而不是采用传统的"项目导向"的方法。这种组织结构与传统油田形成了鲜明的对比。如图 8.8 所示。

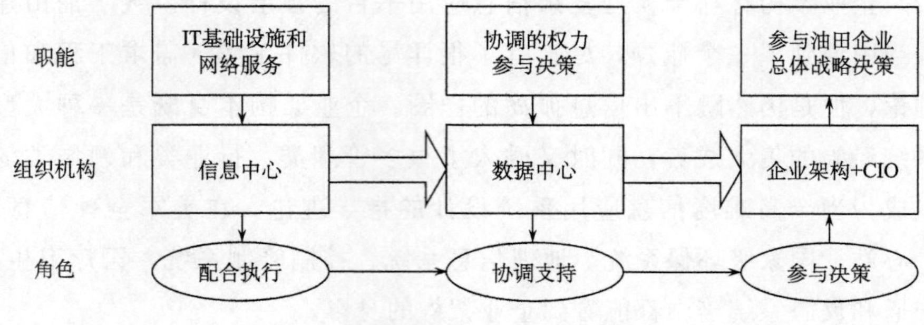

图 8.8　数字油田组织结构的转变历程

"企业架构＋CIO"的结构模式可以有效地克服业务部门与信息服务部门之间、业务主管与信息主管之间、业务与信息技术之间的鸿沟，消除实现信息化目标的最大障碍。企业架构能够搭起业务与信息技术沟通的桥梁，保证能够在同一个平台上，用各方都能够理解的语言，描述出业务与信息技术之间的关联。

8.5.2　数字油田集成应用和协同管理

数字油田管理的另一个发展趋势是实现基于企业架构的集成应用和协同管理。即从数字油田整体出发，运用信息集成、信息共享和工作协同的理念和方法，构建数字油田协同管理系统平台。目前，不少数字油田已经开始尝试进行有关试验，但大规模的系统集成和协同管理尚未完全展开。我们有理由相信，它将在未来几年成为数字油田又一个趋势。

信息系统集成，就是通过功能集成、网络集成和软件界面集成等技术手段，将各个分离的设备、功能和信息等集成到相互关联的、统一和协调的系统之中，使资源达到充分共享，实现集中、高效和便利的管理。系统集成实现的关键在于解决系统之间的互联和互操作性问题，它是一个多厂商、多协议和面向各种应用的体系结构，需要解决各类设备、子系统间的接口、协议、系统平台、应用软件等与子系统、组织管理和人员配备相关的一切面向集成的问题。

根据诺兰模型，我国油田企业信息化大致处于第三、第四、第五阶段，根据长安大学数字油田研究所阶段论，我国油田企业处在数据正常化建设阶段。如何将现有的资源，如 ERP 系统、HR 系统、MES 系统、CRM 系统和信息安全系统等进行有效的整合应用成为目前的关键。随着众多应用系统的先后上线，“信息孤岛”的问题日益突出。由于各个业务系统上是相互独立的，所以相互之间很难做到连通和共享。例如，ERP 和 HR 系统中，人事和财务数据不能共享，需要两套系统生成两份表格，再用人工处理的方式来解决，导致系统的优势没有展现，相反还增加了不必要的工作量。

系统集成和协同管理的终极目标在于避免“头痛医头、脚痛医脚”的开发模式，解决“信息孤岛”、“应用孤岛”和“资源孤岛”等问题。通过数据资源管理的集成，实现企业内部的纵向协同和企业间的协同应用，实现信息协同、业务协同和资源协同，充分发挥油田企业的核心竞争力。这不仅需要从信息技术上，而且需要在组织结构和管理模式等方面全面贯彻集成和协同的思想。

8.6 小　结

本章在界定数字油田管理概念的基础上，分别就数字油田信息化战略、数字油田组织与管理机制以及数字油田管理创新等进行了分析讨论。现小结如下：

(1) 将油田的信息化或数字化上升到战略的高度来认识。随着信息技术的发展和应用的深入，信息技术对油田企业的影响日益增强。与此同时，油田企业的信息化战略成为与经营战略、财务战略、人力资源战略和研发战略等同等重要的职能战略。油田信息化战略及其包含的信息技术战略、信息资源战略、信息安全战略、信息组织战略和信息服务战略等子战略，不仅极大地改变了油田企业对信息价值的认识，也直接导致了企业信息主管这个管理角色的出现。建设数字油田，必须从信息化战略的高度认识其意义。仅仅将数字油田视为 IT 技术的应用，或某一职能部门的具体工作是远远不够的。

(2) 建立适当的组织结构是数字油田管理的核心。数字油田组织结构的合理化，不仅包括数字油田的 IT 部门内部的恰当配置，更重要的是从企业治理结构或制度设计的角度明确信息机构的地位和作用，具体地说，是要从企业架构或制度层面明确信息化过程中的资源投入、使用等方面的权责配置。据现有比较成功的数字油田的经验，其组织机构应由信息战略规划领导小组或委员会、信息技术主管、CIO办公室（或信息化战略办公室）和数据中心等组成。这种安排有利于信息或数字化部门参与油田的战略决策，以保证数字化战略得以顺利实施。

(3) 尽管我国不少油田的数字化进程取得了长足的进步，但和发达国家相比，我国油田的信息化或数字化建设尚有不小差距。因此，要真正建成数字化油田，还有相当长的路要走。在这个过程中，除了要继续增加在信息技术和资源的投入之外，相应的组织管理变革或创新也是十分必要的。油田管理者要不断地转变经营理念，创新管理模式，并结合油田的数字化或信息化战略开展必要的业务流程再造。

第 9 章 数字油田经济学

石油作为一种重要的战略资源和工业产品，对国民经济具有举足轻重的影响；而对于我国这样一个经济高速发展的大国，石油产量对国际石油市场影响甚大。数字油田的建设对我国原油的稳产高产以及经济建设与发展非常重要。

数字油田建设以来，为油田企业的快速发展做到了良好的技术支持。但是，数字油田建设的投入产出成为大家一直关注的热点。建立数字油田经济学，旨在解决数字油田建设经济性和效用问题。

9.1 数字油田经济学概述

9.1.1 数字油田经济学的概念

矿藏的开发，要讲究经济性，以实现少投入、多产出的目标，获得较高的采收率。对油田的开发者来说，注重油田开发的经济有效性就是要尽可能地延长油田的高产稳产期，使油田开采出更多的原油，在保持高投入产出比的同时获得良好的经济效益，但是实现这一目标并不容易。

油气资源深藏在地下，是一个隐藏的矿产实体。在油田开采的过程中，其内部油、气、水不断流动变化，要实现油田的有效开发，就要在开发过程中，不断调整措施，以提高采收率。还要不断改造油层，使它朝着有利方向发展。为实现有效的开发目标，需要有先进的采油工艺技术、先进的监测技术、先进的油层改造技术和先进的管理模式。对于各种石油勘探企业来说，要想在千百米甚至是更深的地下获得最好的认知，必须依赖大量的地下信息和高科技的虚拟现实等新技术。推进信息化、建设数字油田，不仅是油田适应外部环境变化、参与国际市场竞争的必然选择，也是油田增强企业核心竞争力的有效手段。

总的来说，数字油田是具备先进的认识方法和管理模式的新技术，能帮助企业实现油田的有效开发。信息技术的应用对于提高石油行业勘探开发、数据应用和经营管理水平具有革命性的意义。国外油气工业每年在IT方面的投资超过100亿美元，约占总收入的2%。我国石油行业也越来越依赖信息技术，在IT上的投入和应用是逐年增加。然而，数字油田在我国提出和建设的10余年间，一方面有学者积极倡导数字油田建设对于传统油田企业的经济有效性，另一方面又有部分学者提及“IT生产率悖论”，甚至还有部分学者认为我国的油田公司走进了“数字油田泥潭”，掉进了“黑洞”，业界一时间不知何去何从。

基于这样的现实和学术背景，长安大学数字油田研究所展开了在数字油田领域的经济有效性研究。经济有效性，概括来讲，是指组织经营活动过程中获得一定数量和质量的产品和服务及其他成果时所耗费的资源最少，效率最高与效益最好。主要关注的是资源投入和使用过程中成本节约的水平和程度及资源使用的合理性。在数字油田研究领域的经济有效性，是指数字油田建设投入与产出的关系，以及利用数字油田技术在生产作业计划时要有利于油田企业的生产能力、缩短生产周期、降低生产成本、实现均衡生产、提高生产效率和经济效益。

经济学作为现代的一个独立学科，研究的主要对象是一个社会如何利用稀缺的资源生产有价值的物品和劳务，并将它们在不同的人中间进行分配。2008年，长安大学数字油田研究所在研究数字油田中引入了经济学的概念，并列为一个重要研究对象分支研究，并首次在我国乃至世界范围内提出“数字油田经济学”的概念。

9.1.2 数字油田经济学研究难点与问题

经济学的本质是输赢与均衡在公共空间里的概念，经常被引用的两个定义是下面两种形式。

(1) 经济学是研究人类行为的一门学科，它考察人们如何处理目的与具有多种用途的稀缺性手段之间的关系。

(2) 经济学是研究个人、企业、政府以及其他组织如何在社会内进行选择，以及这些选择如何决定社会稀缺资源的使用的科学。

数字油田经济学是研究数字油田投入产出的科学，也是研究数字油田建设与发展规律的经济学科，其首要任务是利用有限的资源（人力资源、资金和油气资源）尽可能持续地开发成社会所需求的油气商品并实现合理分配。

长安大学数字油田研究所经过论证，提出用数字油田经济学手段来帮助油田企业解决在实施数字油田建设过程中投资与效率、效益的无法量化难题。

1. 数字油田建设经济分析的难题

在数字油田建设过程中，需要编制规划、计划，在编制规划、计划中总要进行经济评价。但是，数字油田建设遇到的最大的一个问题是投入与产出的比。

从油田企业的战略高度来看，数字油田的投资回报与战略实施是企业最为关注的话题。数字油田建设的高风险性要求油田企业在进行数字化投资决策之前，要进行合理的战略定位，综合论证项目技术上的先进性和可行性、财务上的实施可能性，以及应用方面的合理性和有效性。简单地说，一个油田区块是否有必要实施或者顺利实现数字化取决于该区块的油气蕴藏量、企业有无数字化准备以及可投入的资金规模和人力资源储备。

2. 数字油田的选择行为难题

油田企业在实施数字化项目过程中，既是数字化产品的生产者，也是该产品的消费者。从数字油田的管理与控制层面看，如何保证整个系统的有效运营和管理，这是保证数字油田绩效实现的关键所在。有一种错误的认识，在一些油田的管理者眼中，数字油田建设项目投资，是增强企业竞争能力、提升企业价值的唯一道路。他们将数字油田系统看做一个魔术师的"黑箱"，认为只要将大量资金投入，就会有好的东西奇迹般地出现。事实上，数字油田的"黑箱"内暗藏着复杂的"机关"，需要富有经验的管理者进行周密的计划和组织，在运营过程中进行有效管理与控制，否则不管在建设阶段投入多少资金，在应用与运行阶段实现成本的回收和效益都只能成为梦想。数字油田经济学就是要给决策者一个行为判断标准，即在"给定条件"下，对既定的目标和既定的状况所作的准确判断。

3. 数字油田的资源配置效率难题

根据对我国数字油田的长期观察与研究，长安大学数字油田研究所发现不少油田企业有与其国内外竞争对手一样或者是相似的系统、软件，所以单从技术的成熟性和先进性而言，大家的整体水平旗鼓相当。但是为什么会出现有些企业的应用绩效偏低，或者说为什么就没有其他企业做得好呢？其原因就数字油田本身而言，它仅仅是个工具，并且这个工具并不是改善管理、业务流程和商业实践的万能工具。因此，和其他工具一样，数字油田必须通过有效的应用才能体现价值。要想让数字油田得到充分、有效的应用，并让信息系统绩效最优，一方面是信息技术和设备的先进性，更重要的另一方面则是向管理要效益。数字油田主要任务就是整合数据、整合信息和整合技术，在综合、整合的基础上，通过优化工程设计与实施，达到经济高效的油气田开发与生产。

数字油田的建设有着深刻的应用需求背景，富有明显的战略意义，其最终目的是支持石油企业自身的高效可持续发展。随着商品经济的发展和社会分工的深化，人类经济活动的内容越来越复杂、越来越丰富，专业化程度越来越细密；同时，各种经济活动之间、经济活动与其他社会活动之间相互依存、相互渗透的联系，也越来越紧密。适应这种情况，经济学的研究范围也越来越扩展。一方面，从带有高度概括性的理论经济学中不断分化出带有应用性的和独立的部门经济学、专业经济学等分支学科；另一方面，也出现了经济学科内部各个分支相互交叉的学科以及经济学科与其他社会科学乃至自然科学学科之间彼此联结的边缘学科。与此同时，随着经济学研究的深化，对分析的精确性的要求越来越高，出现了研究经济数量的分析和计量方法的经济学科。这些学科在一定的程度上也可以满足数字油田经济学的需要，从而数字油田经济学也会成为其重要的分支学科。

9.1.3　数字油田经济学研究的内容与对象

数字油田经济学的提出，离不开数字油田的实践，也离不开理论经济学的指导，同时它的发展反过来又丰富了理论经济学的内容，对数字油田的建设和管理起着指导的作用。

数字油田经济学研究的内容是数字油田建设投入与产出的关系，以及数字油田在油田企业主营业务中的经济性的作用和价值。

数字油田建设的目的是用数字化手段整体性地解决在油气资源勘探、开发、集输和管理中最大限度地利用信息资源的问题。数字油田建设从基础工程、数字工程、信息工程到知识、智慧的工程，是一个巨大的、开放的复杂大系统，是一个综合数据信息的系统工程。数字油田经济学作为研究数字油田投入产出的科学和研究数字油田建设与发展规律的经济学科，其研究的内涵涉及所有与数字油田项目实施过程中相关的内容。由于数字油田经济学是最新建立的，我们还是要依据传统经济学学科内容来看看数字油田经济学研究的内容。与之有关的或者相近的学科主要包括以下六个方面。

（1）以国民经济个别部门的经济活动为研究对象的经济学内容，如工业经济学、建筑经济学等。数字油田，归根结底是以油田为基础的工业信息化项目。工业中的经济学问题，主要体现在投入与产出之间的关系上。此外，工业经济学在数字油田的应用研究还包括：对长期目标、方针、措施进行规划的油气发展战略问题；对油气田生产活动和自然、社会之间关系协调上的产业环境问题；对企业的货币资源、劳动力资源、技术资源和信息资源的统筹问题等。数字油田的建设不仅是虚拟的信息建设，还有大量的实体建设工程，如数字井场建设等。在进行数字油田建筑的经济学研究时，首先要把整个项目建设本身视为一个大系统，其中的各类问题视为子系统，因为这些研究对象都是由若干相互联系的因素构成的有机整体。在对建筑群的建设规划过程中，必须着眼于未来，因为对建筑物内的生产管理活动，在数字油田的未来发展方针和技术政策，在研究数字油田的建筑活动时，除了要有足够的理论分析之外，还需要进行定量计算，以减少决策者的主观因素影响。

（2）以涉及国民经济各部门且带有一定综合性的专业经济活动为研究对象的经济学内容，如计划经济学、劳动经济学等。数字油田促使油田企业管理模式发生根本性改变，而计划是管理的最高层级。计划经济学在数字油田建设中的运用，是通过研究以实现数字油田的建设生产和油田企业的需要全面协调和平衡，综合运用普遍存在的客观经济规律，合理预期未来企业自身和外部社会发展的目标、速度，实现油田企业在数字化建设中的人力、物力、财力的科学投入和合理分配。数字油田项目的实施不仅是生产力的优化，还包括生产关系的优化，这种优化包括劳动力与生产资料的结合方式优化、劳动的分工与协作形式优化和对劳动者个人分配形式优化等主要内容。这种生产关系中直接与劳动有关的研究内容构成了劳动经济学在数字油田研究中的重要命题。

（3）以地区性经济活动为研究对象的经济学内容，如城市经济学、区域经济学等。传统的石油企业，由于多种因素，通常远离城市，即便地处城市的油田，也普遍存在着企业办社会现象，没有完全融入城市。由于数字油田的建设，打破了传统的空间界限，员工可以在城市远程操作和管理生产设施。同时，借助于数字油田技术资源，可以极大地推动数字城市的建设，促进油田企业和城市的融合。一个依托数字油田的新型城市的产生、成长、融合及其整个发展过程中的经济关系是城市经济学的研究内容。数字油田的建设必然带来区域内信息产业的高速发展，重点在软件业、城市数字化产业和信息服务业等方面。新兴产业的大发展，必然打破传统区域内的自然资源属性、人口分布、交通布局、教育水平和技术素质等，对于该区域的原社会经济活动和生产过程产生较大的影响。区域经济学在数字油田中的应用研究可以帮助实现区域内的经济发展效果优化选择。

（4）以国际间的经济活动为研究对象的经济学内容，如国际金融学、国际投资学等。数字油田在测定其经济效益时，一个很重要的指标是增产量，从增产到增收的中间指标是石油价格。我们知道，石油作为国际大宗商品，在国际市场上是以美元计价的，继国内油价与国际油价接轨后，人民币兑美元汇率和国际石油价格成为影响油田数字化项目收益的重要金融因素。例如，2005 年 7 月 21 日人民币汇率改革以来，美元兑人民币汇率已累计升值超过 20%，也就是说，如果国际油价不变的话，国内油价应下跌大约 20%，这也会造成数字油田经济效益缩水大约 20%。国际投资是跨国公司等国际投资主体，将其拥有的货币资本或产业资本，通过跨国界流动和营运，以实现价值增值的经济行为。在实际的投资过程中，除了以实物资本形式表现的资本，如机器设备、商品等，也包括以无形资产形式表现的资本，如商标、专利、管理技术和生产诀窍等。其中，以管理技术为代表的软实力对我国油田企业的影响意义深远。

（5）以企业经营管理活动为研究对象的经济学内容，如企业管理、会计学等。数字油田作为石油企业的一种现代基础设施，已成为石油企业重要的现代管理手段和方式。数字油田的管理从管理对象来分，可分为业务管理和行为管理。数字油田的业务管理更侧重于对企业的各种资源的管理，如财务、材料和产品等相关的管理；数字油田的行为管理则更侧重于对组织成员行为的管理，包括组织的设计、机制的变革、激励、工作计划、个人与团队的协作和文化等的管理。数字油田管理效率的提高，体现为投入产出比的优化，而这种优化的直接反应为企业的经营记录，这些基础信息为企业开展预测、决策、控制和分析提供了基础。

（6）数字油田经济学的研究内容还包括与非经济学科交叉联结的边缘经济

学科，如与人口学相交叉的人口经济学；与社会学相交叉的社会经济学；与自然地理学相交叉的经济地理学、国土经济学、资源经济学；与技术学相交叉的技术经济学等。

其实数字油田经济学更重要的是与信息技术、数字油田价值有很大的关系，如硬件投入、软件投入建设之后，所产生的效益与价值到底是多少，并通过研究给予量化评价。

总的来说，数字油田经济学就是指应用传统的经济学基本原理来研究数字油田本身及其涉及的各部门、各专业领域的经济活动和经济关系的规律性，或对该项目非经济活动领域进行经济效益、社会效益分析的一个经济学科，是研究数字油田投入产出的科学，也是研究数字油田建设与发展规律的经济学科，其属性是应用经济学的一个重要分支。

9.2 油田经济效益分析

数字油田的核心是利用IT技术对作业现场数据进行采集、数据管理和数据应用，并以此为依据进行生产调整与控制，达到降低生产成本、加速资金流动、提升安全环保和提高油田采收率。

数字油田建设的终极目标应是能切实产生经济效益，延长油田的生命周期。荷兰皇家壳牌集团和欧洲最大的管理咨询公司凯捷（Capgemini）曾对壳牌旗下50处应用了“智能油田”的资产进行了评估，发现剔除其他技术、管理改革的促进作用，保守估计，“智能油田”在上个10年为这50处资产实现了50亿美元的资产增值。而根据IBM公司提供的数据，该公司的“智能油田”解决方案单为一家客户可节约14亿美元的成本，足见数字油田巨大的经济性。

9.2.1 效率、效果与效益的概念

1. 效率

效率，本意是指有用功率对驱动功率的比值，在国民经济活动中，效率也引申出了多种含义。经济学中所讲的效率，一般指的是投入与产出之比，通俗地讲就是，在进行某个任务时，取得的成绩与所用时间、精力、金钱等的比值。

产出大于投入，就是正效率，产出小于投入，就是负效率。作为实施数字油田的主体，油田的第一属性是企业。企业的经营目标是追求经济效益最大化，这就要求油田企业在数字化的过程中必须把追求效率作为第一要务。

提高数字油田经济效率本质是追求投资行为的正效率值不断增大，其内涵主要包括两个方面。

(1) 充分、有效地使用现有资源，包括企业的内部资源和外部社会资源，以满足数字化建设的愿望和需要。

(2) 在给定投入和现有的技术条件下，资源浪费最小化，或对资源作出能带来最大可能性的满足程度的利用，实现配置效率的极大化。

鉴于人的欲望无限性和资源有限性之间的矛盾，就一项经济活动而言，最重要的事情是充分地挖掘现有资源并将有限的资源实现配置效率最大化。在经济学中我们这样来描述资源配置效率最大化，即在不会使其他人境况变坏的前提下，如果一项经济活动不再有可能增进任何人的经济福利，则该项经济活动就被认为是有效率的。从管理学角度来说，效率是指在特定时间内，组织的各种投入与产出之间的比率关系。效率与投入成反比，与产出成正比。

2. 效果

效果是指由某种动因或原因所产生的结果、后果。对于经济活动而言，人们把经济活动中取得的有用成果同消耗的劳动量之间的比值称为经济效果。数字油田的经济效果可以定义为油田企业实施数字化项目所带来的货币成果收益与为此所付出的资源费用的差值。若用 B 和 C 分别表示货币形式的收入和为此而作的付出（成本），则经济效果可用公式表示为

$$R=B-C$$

若 $R>0$，则有效果；若 $R=0$，则无效果；若 $R<0$，则负效果。

经济活动能够长期存在并不断重复的重要前提之一是活动的经济效果是有效的。用财务的指标来衡量就是企业的现金流，特别是自由现金流必须是正值。只有符合这个条件，企业才能够生存下来并不断壮大，反之，不论这个企业曾经多么成功，必将在市场竞争中被淘汰。美国安然（Enron）公司是世界上最大的能源、商品和服务公司之一，曾名列《财富》杂志“美国500强”的第七名，自称全球领先企业。然而，2001年12月2日，安然公司突然向纽约破产法院申请破产保

护，该案成为美国历史上最大的破产案之一。在此之前，企业经营毫无征兆。事后，美国证券监管部门把自由现金流加列为衡量企业经营效果的重要指标。

3. 效益

效益是一个十分广泛的问题。它既存在于生产领域，也存在于流通领域和消费领域；既存在于物质生产活动中，也存在于非物质生产活动中。经济效益，是通过商品和劳动的对外交换所取得的社会劳动节约，以尽量少的劳动耗费取得尽量多的经营成果，或者以同等的劳动耗费取得更多的经营成果。经济效益是对资金占用、成本支出与有用生产成果之间的比较。所谓经济效益好，就是资金占用少，成本支出少，有用成果多。

数字油田的经济效益，可以定义为油田数字化项目实施带来的成果与为此而付出的资源费用之差，即产出与投入，或所得与所费的比。数字油田经济效益若用公式表示则为

$$E=B/C$$

若 $E>1$，则有效益；若 $E=1$，则无效益；若 $E<1$，则负效益。

经济效果是经济效益的基础，经济效益必须以一定的经济效果作为前提，具体说来，要想取得经济效益（$E>1$），就必须首先有一定的经济效果（$R>0$，即产出必须大于投入）。

经济效果又不能等同于经济效益。经济效果是从生产建设的技术活动角度来考虑，把经济渗透到生产建设活动的技术中去。而经济效益不仅从生产建设角度来考察，还把经济分析渗入经济管理体制中去。例如，油田公司为保证输油管道的安全运行，需建立新型的 24 小时全天候远程监控系统，这个系统属于数字油田的一部分。由于该系统的运用，大大减轻了人工巡检量，同时缩短了油压变化定位时间，我们说这个系统是有效果的。但是由于发现油压异常后，管理存在漏洞，处置不力，在这种情况下该系统是否能产生经济效益就值得商榷。所以我们说，研究经济效益的意义更加广泛。

以上是经济效益的狭义概念。但是，人们在实际工作中则更多地从广义角度去理解经济效益，认为经济效益是社会经济活动中取得的有用劳动成果与资金、劳动力及其他资源等的投入之间，即产出量与投入量之间的一种比较关系。经济效益作为一个重要的经济范畴，其含义在 20 世纪 80 年代初期经济学界的讨

论中，已经明确并达成共识。学者们将它定义为人们在经济实践活动中的劳动成果与劳动消耗（含占用）之比，或产出的经济成果与消耗的资源总量（包括人力资源、物力资源和财力资源）之比，亦可根据“成果与消耗之比”、“产出与投入之比”、“所得与所费之比”把经济效益看做量的比较关系。经济效益的表示方法普遍采用除法形式及比率表示法。经济效益有宏观经济效益与微观经济效益之分。企业经济效益属微观经济效益，多用“企业在生产经营活动中所取得的劳动成果与所耗费劳动或占用资金之比”来表示。在研究中，我们将较多地使用经济效益的广义概念。

据报道，长庆油田采油二厂对华池作业区进行了数字化整体改造。数字化优化改造减轻了员工劳动强度，提高了生产运行效率。该厂针对老油田点多、线长、面广，人员、设备、设施分散等问题，在简化地面工艺流程的基础上，注重数字化建设的规模性和完整性，先后对华池、城壕、南梁、温台 4 个作业区的 57 座站库、462 个井场、868 口油井、466 口水井及 38 口水源井实施数字优化改造。华 13 转建于 1999 年 11 月，管理着 11 个井组、31 口油井，日产液量 229m^3/天，综合含水 72%，站内用工 7 人，主要承担着油井产液量收集、站内收球、双容积计量、加热及外输等工作，在对华 13 转数字化改造中，配套了数字化增压撬集成装置和自动收球装置，远程控制端设在华 12 转，不仅实现了站点无人值守，而且运行成本也从 37 万元/年降低到 23 万元/年。

在老油田地面工艺简化和数字化建设配套的基础上，该厂按照油田公司关于劳动组织架构扁平化改革的要求，优化岗位设置，建立起按照流程管理的扁平化组织架构，打破原有的作业区—井区—班组—单井四级组织架构，取消井区设置，实行采油作业区、联合站共建，成立应急班，构建以采油作业区（联合站）、增压点（转油站）为井站一体化管理的基本生产单元。据统计，城壕、华池、南梁、温台 4 个作业区劳动组织改革前用工总量为 2118 人，实施新型劳动组织改革后，328 人将脱离井站驻守，万吨用人由 32 人降至 27 人，下降 15.6%，综合单井用人由 1.5 人降至 1.2 人，下降 20%，年节约费用将达到 2213.4 万元。

通过对老油田采油作业区数字化整体改造，甩掉了运行能耗高、成本控制难度大、安全环保风险高三大“包袱”，老油田生产组织和管理发生了翻天覆地的变化。因此，我们可以说，长庆油田采油二厂对华池作业区的数字化建设是既有效率又有效果，还产生了可观的效益。

9.2.2　数字油田的经济效益分析

从经济学的角度看，数字油田建设的终极目标，应是让油田实现资产增值。

1. 数字油田效益分析

我国大庆油田在 2003 年，首次提出了大庆油田数字油田建设经济效益分析，并引用蒙特卡洛模拟对项目量化评估。模拟计算结果显示，大庆数字油田建设的期望总体经济效益净现值（ETRNPV）为 909 亿元，期望总投资净现值（ETKNPV）为 10.18 亿元，期望净现值率（ETRNPVR）为 89.3。模拟结果还显示，数字油田建设最少可获得 298 亿元的净现值收入，最多可获得 2051 亿元的净现值收入，有 50％的概率能够获得 887 亿元以上的净现值收入，而获得 909 亿元（期望总体经济效益净现值）以上的可能性为 46％。这是一个初步的尝试性的研究，其可行性和真正经济效益性有待进一步的研究。

在王权的《大庆油田有限责任公司数字油田模式与发展战略研究》之后，又有更多专家、学者也致力于数字油田的经济效益研究。但是，由于其难度太大和各种政治与社会因素，很难获得较好的结果。

长安大学数字油田研究所研究认为，数字油田经济效益既有一般经济项目效益的共性，又有其自身的特性。数字油田经济效益的表现形式随着油田企业或组织机构的管理水平、企业信息化的类型、目标及其应用环境的不同而不同。

目前数字油田可能取得的经济效益主要可以从两个方面来实现。

(1) 面向企业或组织机构的内部实体的管理。数字油田使企业的一系列经营活动及计划管理工作得到改进，从而提高生产率并为高级管理人员提供决策支持。

我们再以某公司对“上游生产信息管理系统油藏子系统”报道为例。2009 年，“上游生产信息管理系统油藏子系统”在大港油田研究中心投入运行。该系统投入运行 9 个月来，塑造出一个有利于油藏管理运转的工作流程，体现出快捷、规范和低成本的特点。它实现了油藏管理要素的有效整合，形成强有力的工作流，具有自动调节和约束作用，大大提高了整体工作的效率和质量，从而迅速提高执行力。其效益显示在三个方面。

首先，信息在网上通过通知、文件、邮件、短信和论坛等各种形式实现了即时并行流转、在线审批报告、计划工作、查阅资料、管理资源、交流沟通，打破了部门、职位壁垒，使油藏管理形成一支快速反应部队，所以大大提高了工作的便捷性。

其次，在系统里面，各种信息的传输是无障碍、无失真、无延迟的，领导者和员工能及时、直接得到对方思想，不再依靠个人沟通能力；各种资源、知识、文件和制度统一存档管理，杜绝丢失、泄密和混乱；员工责任明确，权限分明，具体事务落实到人，查有所依，消除暗箱操作；致力于核心事务的处理，让整个工作流程变得规范高效。

最后，系统实现了无纸化办公，节约纸张等大量办公用品的消耗，节省电话费，更节省人力、时间、精力和管理等各种无形成本，有利于将宝贵的资源用于油藏管理上。

(2) 面向外部实体的信息服务。数字油田通过信息加工或生产信息产品为社会提供信息服务而获利，如信息咨询系统等，这方面的经济效益可以直接用市场价格来衡量。

由此可见，数字油田的建设不但给油田企业带来工作便利，改变油田企业的工作方式，还提高了经济效益，同时还带动了国家信息产业的发展。国内数字油田的基础是统一的网络平台，网络基础设施的建设、业务系统的开发和数据库的完备离不开对必要的软硬件的需求。从数字油田的投入来看，一方面是硬件设施的建设，另一方面是软件和信息服务的完善。所以说，数字油田建设直接拉动对硬件产品、软件开发、网络系统和信息服务的市场需求，并带动IT教育与培训市场规模的扩大，对我国的经济增长作出直接贡献。

2. 数字油田经济效益指标分析

通常，我们比较常用的经济效益分类指标主要有以下几种。

(1) 按获取时间划分可分为近期、中期、远期经济效益。在制定数字油田规划时，一般应将实施方案按先后顺序划分为近、中、远三个阶段，其划分年限一般根据企业规模、信息化复杂程度和实施难易程度等选择，同样也应相应描绘近、中、远期经济效益。例如，统计系统的实施，一年之内就可直接节省大量人工统计的成本，近期经济效益明显；而客户关系管理（customer relationship management，CRM）的实施，通过为客户提供全面服务、细分客户市场等获取经济效益，一般需要通过几年的连续运行以及客户反馈信息的累计分析，才能证明有效获取经济效益，为中期经济效益；企业经营决策支持系统或数据挖掘，需要企业 CRM、企业资源计划（enterprise resource planning，ERP）等累积长期准确的企业运营数据，通过模型的建立、实证、修改等循环过程才能逐渐预测企业经营，并且科学支持企业经营决策。因此，一方面 ERP、CRM 等具有远期经济效益；另一方面，企业经营决策的决策支持系统（decision support system，DSS）也具有长远的经济效益。这也反映出数字油田的经济效益具有一定的滞后性。

(2) 直接经济效益和间接经济效益。一般来说，直接经济效益包括企业内部经济效益与直接受益部门、单位的经济效益的总和；间接经济效益则是指直接受益部门和企业自身经济效益以外的经济效益，多指对社会、环境和生态等的影响。

直接经济效益，如油田企业物资管理的信息化，压缩了库存、裁减了人员，于是就可以依据缩短时间的天数和库存物资的减少，以及裁减人员的工资等，定量地算出由此产生的增收节支额，计算出的结果就属于数字油田的直接经济效益。直接经济效益可以用不同的量化指标和计算方法加以体现。例如，据报道，胜利油田物资总库原有职工 135 人，平均每人的年均成本为 5 万元/年，胜利油田物流数字化平台的建设，将使职工人数减少到 50 人左右，每年节约人工成本约 425 万元，同时使得每个职工的工作效率都有显著提高。其中，每年节约的人工成本约 425 万元就是直接经济效益。

间接经济效益主要是指提高管理水平、管理效率以及数字油田建设所引起的油田企业企业管理上的一系列变革等。例如，油田企业数字化建设可能带来下列间接经济效益：使管理人员决策及时、准确、更科学；使企业上下级的信息流通结构更趋合理；提高企业信誉与知名度，扩大影响力，增强竞争力等。我们知道，在我国乃至世界范围内有许多资源型城市，这些城市的形成和发展与这个区域的资源型企业存在着必然联系。以大庆为例，大庆作为世界闻名的石油城，其社会产业结构也是以石油、石油化工和石油机械为主。据报道，随着大庆石油产量递减，国家“十一五”规划将大庆列为“资源型城市经济转型”的试点城市，这在政策上为大庆实现可持续发展提供了新的机遇，但是转向哪里、怎么转仍然脱离不了大庆的传统优势产业。事实上，在大庆的社会经济转型过程中，就是以大庆油田的数字化为契机，以软件企业为数字油田服务为基础，拓展出具有大庆特色的服务外包基地。这个案例告诉我们，间接的经济效益一般不能通过定量计算得到，具有一定的隐含性质和延迟性，但对于企业的管理以及企业的发展、壮大乃至社会的发展都具有不可估量的意义与作用，所以在评价数字油田建设的效益时，这部分效益应予以高度重视。

(3) 有形经济效益和无形经济效益。有形经济效益是指可以用货币定量计算的经济效益，主要来源于成本的节约和减免。例如，油田的数字化以自动化手段代替部分人工信息加工过程，从而带来工资费用的节省和油田企业物资管理的信息化，缩短了供货周期。据报道，以长庆油田采油八厂的樊学作业区为例，这个2009年8月建成的全数字化作业区，只有员工263名，却管理着517口油水井，年原油生产能力达35万吨。而如果没有数字化工程，这个作业区，光油水井的看守就需要250多人，作业区总人数少说也要500人。因为实施数字油田工程，樊学作业区总计节约了约240人的劳动成本，这就是数字油田的有形经济效益。

无形经济效益是指难以定量计算，不能直接用货币来体现的效益，主要指企业、组织机构的各种行为的有效性的增强。例如，油田企业数字化项目完成后，企业或组织机构能够获得更多、更及时和更准确的信息，使企业的组织计划加强，经营更具灵活性，加强了决策手段等。间接经济效益是一种带根本性的效益，由于其难以定量计算，具有一定的隐含性，一般需要比较长的时间才能反映出来，所以在评价油田企业数字化项目建设的经济效益时，这部分效益应予以高度重视。无形效益相对应的指标一般属于定性研究的范畴，可称之为定性指标。

9.2.3 数字油田的经济效益评价方法

数字油田是一项超大规模的信息化建设工程，所受的各类影响因素极多，并且极其复杂，致使经济效益和风险分析较为困难。对信息化建设项目，特别是大型信息化建设项目，尚无成熟的方法进行经济评价和风险分析。

数字油田进行经济效益评价的重点在于能较为客观和准确地确定数字化成本和收益。对传统项目的评价方法一般侧重从一个角度出发去分析经济效益。由于油田数字化的特殊作用，传统评价方法往往不能给出一个满意的评价结果。数字油田的经济效益评价问题实际上是一个多属决策问题，一般说来，我们可以将多维空间的信息通过某种规则压缩到一维空间上，从而进行项目的优劣比较。要让油田企业的数字化价值显现出来，我们需要一种合理的评估方法。这种方法，有助于把数字化建设给企业带来的经济效益识别出来。对于其他行业的信息化项目经济效益评价或预测，世界各国采用了多种方法，从各个角度进行研究。例如，日本企业曾运用第三利润的概念评价 MIS 经济效益；原苏联把投资经济效益系数作为衡量信息化项目经济效益的基本指标，认为其效益主要来自项目运行后的企业利润增加额；美国企业则注重于劳动力费用的节省，采用传统的项目评价方法，即利润成本比和投资回收期指标来计算信息化项目的经济效益。

目前可以用到的数字油田经济效益评价方法分为专家评价法、经济模型法、运筹学方法、其他数学方法和组合评价法等五大类，每一大类中又可细分成多种方法。我国现已进行的数字油田经济效益评价也大多采用这些方法。在实际应用过程中多采用组合评价的方法对不同阶段、不同类型企业的不同方案采用不同的评价方法。按评价方法所涉及的学科领域，可以把目前常用的经济评价方法分为专家评价法、经济模型法、法、组合模型方法和运筹学方法等几个大类，由于篇幅所限，在这里不再赘述。

9.3　数字油田投入与产出评价方法

9.3.1　基于非财务角度的评价

数字油田项目的成本评价主要包括两个大类：一类是一次性投入成本，主要包括采购的成本和部署的成本等；另一类是数字化项目上线开始运行以后的持续投入成本，主要包括运行的成本、维护的成本和变动的成本等。

数字油田项目的收益评价也可以分为两个大类：一个是数字化收益，即数字化项目直接产生的部门效益；另一个是业务收益，即面向员工、面向客户、面向供应商和面向合作伙伴的业务流程的效率提高情况能够产生的工作效益。这些都是在衡量数字油田的价值时要充分考虑的。相对于数字油田的成本评价来说，数字油田的收益评价更为复杂。我们习惯使用的财务指标在很多情况下只看到一个表象结果，没有办法表述其根源，也很难表示当前的企业运营情况。而且决定财务指标的因素是多元化的，如原油市场的情况好，财务指标最终收益就会大大增长，这种增长可能是价格性的因素，也可能是非价格性因素，而且很可能它并不是因为油田数字化直接带来的。所以，单纯的财务指标没有办法把信息化投资的效益很完整地描述出来。非财务的指标有很多方法。美国学者帕尔提出信息化的经济评价中可以使用一些非财务指标，这些指标可以用来强化回报率。在数字油田的经济评价过程中，我们也可以参照这种方法，对于有些“产出”无法用财务指标计算出来的，我们可以用一些参数，也可以用一些和财务指标相关的参数转换成财务指标，利用价值的关联，计算信息化对其他部门的贡献。例如，油田地质的数字化信息资产价值描述和原油损耗率降低等，这些都是通过信息化给企业所带来的价值。

大庆油田王权在《对大型国有企业信息化建设的思考》一文中表示，信息化总体效益来自于两个方面，即经济效益和社会效益，可用下列公式表示：

$$TR=ER+SR \tag{9.1}$$

式中，TR为信息化总体效益；ER为经济效益；SR为社会效益。

经济效益由显性效益（直接效益）和隐性效益（间接效益）组成，即

$$ER=DER+IER \tag{9.2}$$

式中，ER为经济效益；DER为显性效益；IER为隐性效益。

显性效益可以由收入减去成本得出，隐性效益可以由显性效益推断。

有研究显示隐性效益占总体经济效益的90%，也就是说，隐性效益是显性效益的9倍。设隐性效益占总体经济效益的比例为k_1，那么

$$IER=k_1 ER \tag{9.3}$$

将式（9.3）代入式（9.2），得

$$ER=DER/(1-k_1) \tag{9.4}$$

至此，信息化经济效益的简单测算方法已经给出。在实际测算中，k_1不一定取90%，可以适当调整，可用德尔菲法（专家评分法）得到。

为了在决策中容易应用，社会效益也应该是定量的，而且也应该折算成货币值。

我们首先作一个假定：本地区信息产业的总产值可认为是信息产业对本地区贡献的社会效益。那么本地区信息产业的总产值与本地区信息化建设总投入的比值可以作为某个信息化建设项目社会效益和本项目投入比例的参考值，那么，下式成立：

$$SR/TC=IGDP/ITC \tag{9.5}$$

式中，TC为本项目的总投资；IGDP为本地区信息产业总产值；ITC为本地区信息化建设的总投入。

设

$$k_2=IGDP/ITC \tag{9.6}$$

代入式（9.5）得

$$SR=k_2TC \tag{9.7}$$

至此，信息化社会效益的理论测算方法似乎已经给出。但在实际测算中，仍然有很多关键点制约我们对这种方法的应用。例如，我们使用的德尔菲法确定的若干系数是否能够真实反映客观现实以及地区的信息化建设投入和产出的有效衡量问题。

9.3.2　基于财务角度的评价

要做到对数字油田建设绩效的客观量化，就必须要界定清楚数字油田的投资成本和经济效益的产出，并在充分考虑货币时间价值的基础上，对数字油田建设的投入和产出进行量化分析。如图 9.1 所示，数字油田的成本构成按其发生的时间顺序包括项目初期成本和项目运营成本。

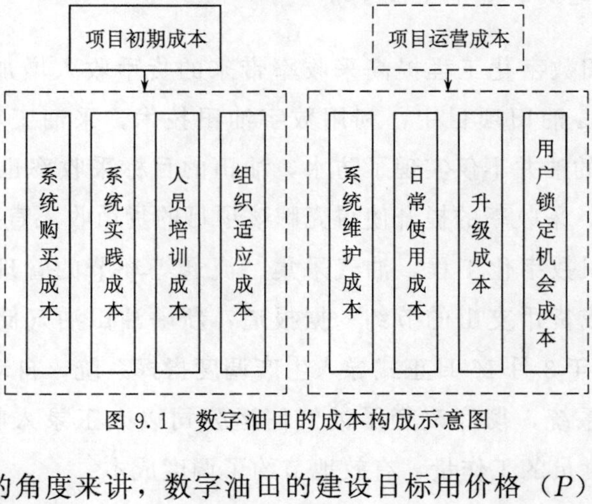

图 9.1　数字油田的成本构成示意图

从经济效益的角度来讲，数字油田的建设目标用价格（P）衡量是

$$P(\mathrm{TK})<P(\mathrm{TC}+\mathrm{TI})$$

$$P(\mathrm{TC}+\mathrm{TI})/P(\mathrm{TK})=\mathrm{MAX}(i)$$

式中，TK 为总投资额；TC 为节约的总成本；TI 为增加的总收入；MAX(i) 为投资绩效最大化。

1. 数字油田投入成本的确定

数字油田的建设成本由两个部分构成，它们分别是数字油田建设的项目初期成本和数字油田的项目运营成本。

(1) 数字油田建设的项目初期成本是指在油田数字化过程中所发生的成本，主要包括系统购买成本、系统实践成本、人员培训成本和组织适应成本。

(2) 数字油田的项目运营成本。数字油田的项目运营成本是指数字化油田建成后发生的成本，主要包括系统维护成本、日常使用成本、升级成本和用户锁定机会成本等。

2. 数字油田产出的确定

数字油田产出的确定，相对来讲比较复杂。从财务的角度说，包括有形的货币收入增加和支出节约与无形的资产和企业核心竞争力提升。从数字油田的角度说，应包括数据转化为信息，信息转化为资源，并以此提升探明储量和产量兑现的价值等。

1) 货币收入增加和货币支出节约

(1) 由于油田数字化工程提高采收率带来的货币收入增加。例如，壳牌在挪威海上 Draugen 油田项目中，利用数字油田技术，采油工程队在 2001 年至 2004 年期间确定的油井不仅实现了防水，油田的目标采收率也从最初的 50%提升到 73%。显然，采收率的提升使得壳牌该项目的货币收入直接增加 46%。

(2) 由于油田数字化工程，油气采集、流通等环节的管理水平提高，带来的货币收入增加或货币支出的节约。据报道，新疆油田油气储运公司自动采集生产数据于 2008 年 3 月 16 日正式导入生产调度指挥系统，自动采集生产数据成功导入生产指挥系统，彻底改变了油气储运公司以人工录入收集数据的方式，进一步减少了调度员的工作量，有效地节约了调度成本。

(3) 油田数字化工程，降低了单位产能的劳动力密集度和出采油现场的次数，节约了货币支出。例如，据报道，长庆油田借助“数字化”有效地控制了劳动力密集度。长庆油田从年产量 1000 万吨增长到 3000 万吨，产量增长了 2 倍，而员工人数一直保持在 7 万人没有变。据报道，未来长庆油田产量增加到 5000 万吨时，人员仍要保持在 7 万人左右。目前，长庆油田的人均年产量是 420 多吨，是中国陆上油田的最高纪录，如果到 5000 万吨时，这一纪录将是 710 余吨，达到世界石油界的先进水平。

(4) 油田数字化工程，提高了车辆、机械的调配效率，节约了货币支出。例如，长庆油田数字化指挥系统可以实时监控整个长庆油气的生产情况，细到每一口油井、每一个储油罐，甚至油田 7823 辆车目前行驶在哪里，行驶速度多少。

2）信息化资产

数字化地质信息是国家重要的战略资产，是数字中国的重要构成部分。油田的数字化地质信息，具有长期的使用价值，其寿命远远超过油田本身。传统的历史成本法、重置成本法不适用于信息资产价值的计量，对于数字油田的信息化资产估值应采用超额收益折现法。

3）企业核心竞争力的提升

加入世界贸易组织后，我国的石油产业面临的不仅是国内竞争，还有更为复杂的国际竞争。我国石油产业的国际竞争力取决于油田企业的国际竞争力，要提升我国石油产业的国际竞争力，必须首先从提升油田企业国际竞争力入手。油田数字化工程，极大地提高了石油企业的核心竞争力。核心竞争力的提升提高了数字化企业的行业排名，并带来资本市场上的股票升值。

3. 影响评价结论的其他因素

1）油田的储量

世界石油工业已有 150 年的历史，石油已与人类文明紧密相连，是一种不可再生资源，而石油储量是一个油区是否值得数字化或者说数字化后能否产生经济效益的基础。严格地讲，石油企业通过建设数字油田应符合这样的不等式：

数字油田带来的单位产量利润增加值×油田可开采储量≥数字油田建设成本

显然，对于高储量、高产量的油田，一是适合数字油田建设，二是数字油田建设的经济效益显著。

2）油田的采收率

油气田最终的可采储量与原始地质储量的比值称为采收率。影响采收率的因素很多，总体而言，数字油田建设有助于提高油田采收率。但是，如果油田企业实施数字化项目之前的油田采收率已经很高，那么借助于数字化工程进一步提高采收率的空间就较小，因而会降低数字化实施绩效。目前，世界先进国家采收率已达到50%，比国内的平均水平高16个百分点左右。从这个角度来看，国内石油企业的“数字化”潜质较高。

3）国际原油价格

数字油田的绩效评价最终体现为货币形式。影响这个结论的关键性因素除产量之外就是国际原油价格。当前国际能源市场对能源危机的心理预期已十分脆弱，每有突发性事件出现，都会被成倍放大，导致能源价格的剧烈动荡。近年与能源危机相关的突发性事件大致包括：①主要产油国国内政局动荡。目前最应关注的事件是利比亚发生的内战。据石油监督机构——国际能源机构（International Energy Agency，IEA）称，利比亚的石油产量已从此次危机前的每日158万桶降至极低的水平。在2011年3月份利比亚事态升级，直接导致全球油价基准——洲际交易所4月份交割的布伦特（Brent）原油期货价格收至每桶115.75美元，日内涨幅达1.6%；而在纽约，纽约商品交易所（Nymex）西得克萨斯中质原油期货价格也上涨了1.9%，至每桶103.03美元。②国际政治、军事冲突升级。例如，1973年10月第四次中东战争爆发，为打击以色列及其支持者，石油输出国组织的阿拉伯成员国当年12月宣布收回石油标价权，并将原油价格从每桶3.011美元提高到10.651美元，使油价猛然上涨了两倍多。③重大自然灾害。例如，日本地震后引发的国际原油价格波动。日本“3·11”地震后，由于日本本土炼油设施和工厂受损严重，初期国际油价大幅受挫，3月15日纽约市场4月份交付的得克萨斯中质油在上午的交易中一度跌破每桶99美元；而在后期由于日本核电设施受损严重及灾后重建需求，又一路推高国际油价。

4）数字油田的经济效益评价

在油田公司内部，油田数字化的最终成果应体现为原油产量的增量，但对于市场而言，油田数字化的最终成果要用货币来表示。我们选择的评价体系选用动态指标——净现值（NPV）作为基本的评价指标，并在此基础上计算期望净现值（ENPV）和期望净现值率（ENPVR）。

第一，增加总收入的计算。

（1）计算各年原油销售收入：

$$S_n = r_c P Q_n X_n \quad (n = 1,2,\cdots,N)$$

（2）确定年增加收入：

$$I_n = S_n[(1+i_r)^n - 1]i_s \quad (n = 1,2,\cdots,N)$$

（3）计算各年增加收入现值：

$$\mathrm{INPV}_n = I_n/(1+i_0)^n \quad (n = 1,2,\cdots,N)$$

（4）确定增加总收入净现值：

$$\mathrm{TINPV} = \sum \mathrm{INPV}_n \quad (n = 1,2,\cdots,N)$$

第二，节约总成本的计算。

（1）确定各年份的原油产量：

$$Q_n = Q_0(1-q_n)^n X_n \quad (n = 1,2,\cdots,N)$$

（2）计算各年份节约成本：

$$C_n = Q_n C_0[1-(1-i_c)^n]i_s \quad (n = 1,2,\cdots,N)$$

（3）计算各年节约成本的现值：

$$\mathrm{CNPV}_n = C_n/(1+i_0)^n \quad (n = 1,2,\cdots,N)$$

（4）确定节约总成本的净现值：

$$\mathrm{TCNPV} = \sum \mathrm{CNPV}_n \quad (n = 1,2,\cdots,N)$$

式中，Q 为原油产量；i 为年份编号；C 为成本；i_c 为成本年均削减率；i_s 为数字油田效用系数；S 为原油销售收入；r_c 为油气商品率；P 为销售价格；X_n 为工程进度系数；i_r 为年收入增长率。

我们在评价数字油田经济效益的过程中创造性的采用工程进度系数，使用这个参数的主要原因是数字油田的建设周期长、投资数额巨大，而且还具有边建设边产出的特点。如果采用传统的工程经济评价方法，势必造成评价的误差过大，影响经济评价的有效性。

第三，由节约总成本净现值、增加总收入净现值和总投资净现值可以得到数字油田建设的总体经济效益净现值，即

$$\mathrm{TRNPV} = \mathrm{TCNPV} + \mathrm{TINPV} - \mathrm{TKNPV}$$

以某采油厂井区集输管网数字化项目为例。管道是油气输运的重要条件，据调查，每年都会因为管道泄漏、堵塞等事故造成严重的损失，因此，油田企

业十分重视对大长管线的检测和数字化管理。但由于井区集输管网管径小、地埋浅，从井口到外输接口输油量小，不太引起人们的重视。其实，井区管网密布，作业队伍多，造成不易发现的小渗、小漏很多，损失也很大，长安大学数字油田研究所把其定义为“前方一公里”问题。它是数字油田建设的一个重要组成部分，它的建设使数字井场建设的内容更加丰富；它的建设可实现节能减排，减少工程技术人员劳动强度，提高工作效率和效益；它的建设减少井区管网渗漏，其实就是增产增油。以下是我们参与某厂井区集输管网数字化建设项目的工程案例，据该厂投资建设后的效益测算，该系统投入使用后，在降低运行成本方面具有突出的表现：站内检修岗可压缩 2 人，站外检修岗可压缩 3 人，联合站可压缩 6 人，其他相关岗位的工种人数也有明显减少，用工总量得到明显缩减。全厂建设完可以节约人工费 800 万元/年，可以减少损失收益在 1000 万元/年以上。该厂井区管网数字化项目直接经济收益估算如表 9.1 所示。

表 9.1　某采油厂集输管网数字化效益估算表

经济效益	评价项目	评价期/年									
		1	2	3	4	5	6	7	8	9	10
节约成本	年节约成本/万元	0	0	800	800	800	800	800	800	800	800
	$TNPVC_i$/万元	0	0	638	1208	1717	2171	2576	2938	3261	3549
减损增加收入	年减损增收/万元	0	0	1000	900	810	729	656	590	531	478
	$TNPVI_i$/万元	0	0	797	1437	1951	2364	2696	2963	3178	3351
直接经济效益	$TRNPV_i$/万元	0	0	1435	2645	3668	4535	5272	5901	6439	6900

注：①固定参数：年节约人工成本为 800 万元；年减损收益为 1000 万元；项目建设周期为两年。
②假设变量：原油年产量变化率为－10%；折现率为 12%；项目评价周期为十年。

如图 9.2 所示，该采油厂集输管网数字化项目运行十年的累积直接经济总收益现值为 6900 万元。总收益曲线斜率逐年降低，说明该项目所能带来的直接经济收益存在极限边界，其内在原因是任何采油区块都存在自然递减这一客观现实。假如我们设定该项目的投资回收期为五年，两年投资期内按年等额投资，则项目预算现值上限为 3668 万元，单年投资额为 1938 万元；若项目投资回收期设定为十年，其他条件不变，则该项目预算现值上限为 6900 万元，单年投资额为 3645 万元。可见，井区数字化管理建设的直接经济效益很好。数字油田建设的经济性价值很高。

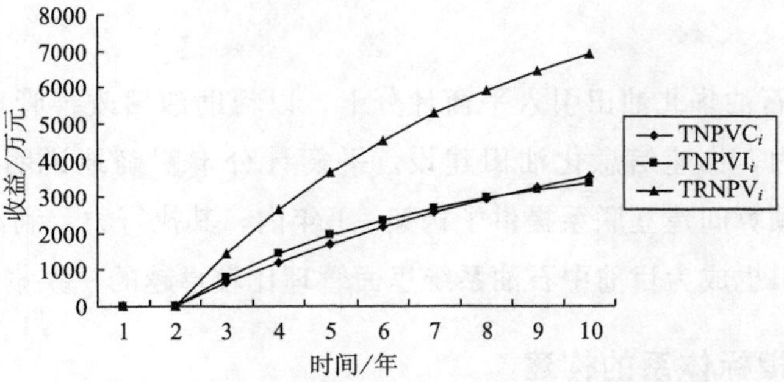

图 9.2　某采油厂集输管网数字化项目示意图

9.4　数字油田绩效的对比评价

数字油田的建设不仅仅是企业内部问题，更是一个超出企业个体的社会问题。这是由数字油田建设的一切资源耗费都是来自于社会供给决定的。在借鉴、学习其他行业信息化绩效评价的基础上，寻求一套兼顾效果与效率的数字油田建设经验和方法是我们对数字油田绩效对比评价的初衷。

9.4.1　BSC 的概念

由于基于财务角度的评测过度依赖财务指标，而财务指标中的某些指标具有一定的滞后性，他们只能说明油田企业过去的行动取得了哪些效果，至于业务的一些关键因素是否得到有效改善，以及企业朝着战略目标迈进了多少步，仍然无从知晓。平衡计分卡，改变了财务指标一统天下和绩效测评指标极端失衡的状况。在财务指标的基础上又引入了客户、内部流程和学习与成长这三个方面的指标，这些新指标衡量的正是企业良好业绩的驱动力。这四个指标合起来，构成了内部与外部、结果与驱动因素、长期与短期和定性与定量等多种平衡，从而为企业的绩效评测管理提供了立体、前瞻的评测依据。

1993 年美孚石油美国营销及炼油事业部引入平衡计分卡（the balanced score card，BSC），帮助埃克森美孚从一个高度中央集权的、以生产为导向的石油公司转变为一个分散的、以客户为导向的组织，产生的结果是迅速和富有戏剧性的。1995 年，美孚的行业利润率从最后一名跃居第一名，并连续四年保持了这个地位（1995～1998年）。不良现金流发生了戏剧性转变，投资回报率位居同行业榜首。

2008年中石油华北油田引入平衡计分卡，以帮助油田改善管理，提供集团公司的战略执行力，加速信息化油田建设。平衡计分卡明确地说明了战略的重点，并为在战略与预算间建立联系提供了构架。1年内，其执行力，利润等分别增长了12%。华北油田也成为目前中石油系统里面管理比较卓越的一家集团企业。

9.4.2　评价指标体系的构建

平衡记分卡在指标内容上实现了财务指标和非财务指标的统一，在绩效评价上实现了长期评价和短期评价的统一，它不仅是已取得成果的记录，也是预期结果的显示。因此，以平衡记分卡为准则建立的数字油田绩效评价指标体系具有较好的适应性。

为使数字油田以平衡记分卡为准则建立的指标体系满足科学性和实用性，其指标体系应该遵循以下原则：全面性、可操作性、与企业的战略相关联、结果型和驱动型的指标有机结合。基于以上原则，通过对企业的实地访谈（field interview）、相关专家的多次咨询和相关文献研究，最后建立数字油田的绩效评价指标体系。

表9.2　基于BSC的数字油田绩效综合评价指标体系

目标层	准则层	指标层
数字油田绩效	财务维度（X_1）	净资产收益增长率（X_{11}）
		成本降低率（X_{12}）
		销售收入增长率（X_{13}）
	客户维度（X_2）	商品油市场占有增长率（X_{21}）
		新客户的保持程度（X_{22}）
		商品油集输效率（X_{23}）
	内部流程维度（X_3）	库存周转率（X_{31}）
		资金周转率（X_{32}）
		新区块开发时间（X_{33}）
	学习和成长维度（X_4）	员工满意程度（X_{41}）
		知识共享能力（X_{42}）

平衡记分卡的四个维度不是相互孤立的，而是有着内在的联系。财务指标是油田企业最终的追求和目标；而要提高油田企业的利润水平，必须以客户为中心，满足客户需求，提高客户满意度；而要满足客户，必须提高企业的内部流程运作效率；提高企业内部的运作效率的前提是企业与员工的学习和成长。四个维度构成一个循环，它们之间存在着相互依存的因果关系链。如图 9.3 所示。

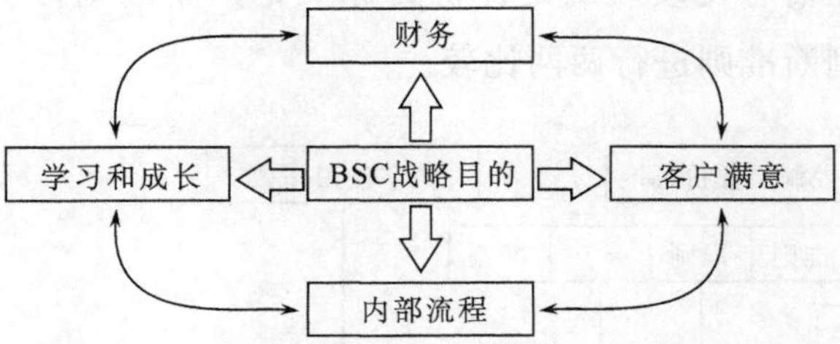

图 9.3 平衡记分卡四个维度之间的因果关系

9.4.3 指标权重的网络层次分析

层次分析法（analytical hierarchy process，AHP）是将系统划分为层次，只考虑一层次元素对下一层次的支配和影响，同时假设同一层次的元素之间是相互独立的，不存在相互依存的关系。

网络层次分析法（analytical network process，ANP）的特点是，在层次分析法的基础上，考虑到了各元素或相邻层次之间的相互影响，系统内的元素关系用类似网络结构表示，不再是简单的递阶层次结构，利用“超矩阵”对各相互作用及相互影响的因素进行综合分析得出其混合权重。

从以上分析可以看出，传统的 AHP 只是 ANP 的一个特殊形式。我们要建立的数字油田绩效的综合评价指标体系之间存在因果关系链，因此，宜采用 ANP 方法确定指标的权重。

1. ANP 模型构建

应用 ANP 方法构建网络层次结构，是指将系统元素划分为两大部分，第一部分称为控制因素层，包括问题目标及决策准则。所有的决策准则均被认为是彼此独立的，而且只受目标元素分配。控制层次就是一个典型的 AHP 递阶层次，所有的准则彼此独立，每个准则的权重均可用传统 AHP 方法获得。第二部分为网络层，是由所有受控制层支配的元素组成的，其内部是相互影响的网络结构。

根据前面对指标间因果关系链的分析，构造出本文的 ANP 的结构模型（图 9.4）。在这个模型中，控制层只有一个总目标——企业信息化绩效，而没有评价准则，所以企业信息化绩效既是评价目标又是判断准则，所有元素都根据企业信息化绩效为判断准则进行两两比较。

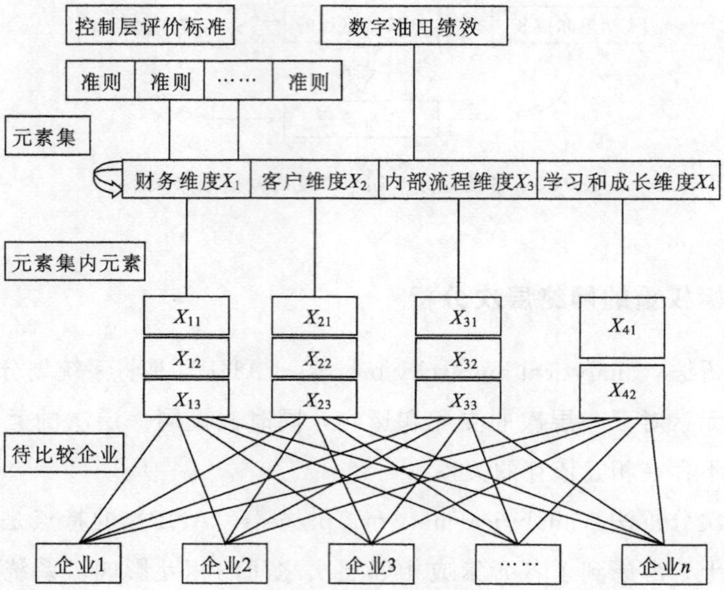

图 9.4　数字油田的绩效评价 ANP 模型

如图 9.4 所示，在网络层中建立的 ANP 模型共有 4 个元素集，分别是财务维度集、客户维度集、内部流程维度集、学习和成长维度集。每个元素集中都还有不同的指标元素，总共有 11 个。

2. ANP 方法指标权重计算

设 ANP 中控制层元素为 p_1，p_2，…，p_m，网络层元素集有 C_1，C_2，…，C_N，其中 C_j 有元素 e_{j1}，e_{j2}，…，e_{jn}。在每一控制准则下，应用两两比较的方法进行判断来构建无权重超矩阵 W_i，即以准则 P_s（$s=1$，2，…，m）作为主准则，以某一元素集 C_j 中的元素 e_{jl}（$l=1, 2, \cdots, n$）作为次准则，按照元素 e_{jl} 元素集 C_j 中各元素的影响程度构造判断矩阵，并求得归一化特征向量。

依次将 C_j 中的各元素作为子准则，将元素集 C_j 与元素组 C_i 中的元素两两比较，构造各自的判断矩阵，最后将各判断矩阵的归一化特征向量汇总到一个矩阵 W_{ij} 中，则 W_{ij} 就表示元素集 C_i 中的元素与元素集 C_j 的元素之间的影响关系。同样，以其他准则为主准则，依次将各元素集元素之间的内外关系比较，最终可以获得无权重超矩阵 W_s。

依据给定准则对元素集进行两两比较，由此可以获得在某一准则下的反映元素集间关系的权重矩阵 A_s。以权重矩阵 A_s 乘以无权重超矩阵 W_s 得到权重超矩阵 W。

在网络层次分析中，为了反映各元素之间的依存关系，权重超矩阵需要作稳定处理，即计算极限相对排序向量。如果这个极限只收敛，而且唯一，则权重矩阵 W 中每一列数值是在 P_s 下网络层元素对该列对应元素的极限相对排序。考虑到计算的复杂性，可以应用 ANP 的专门软件 SD（Super Decision）求解各元素的相对权重。

L 表示所有指标的权重集合，l_i（$i=1, 2, \cdots, 11$）表示第 i 个指标的权重值，$L=(l_1, l_2, \cdots, l_{11})$ 且 $\sum_{i}^{11} l_i = 1$。

3. 模糊指标的处理

在表 9.2 中，可以看到建立基于 BSC 的数字油田绩效综合评价指标体系中，有些指标难以精确度量，其定量计算比较困难，如 X_{22}、X_{41} 和 X_{42}。其余的指标都可以精确度量。我们计划引入模糊数学和数据包络法的方法来对这些模糊评价指标进行研究。

DEA 方法是根据多指标投入和多指标产出对相同类型的单位进行相对有效性评价的一种方法，其评价的依据是决策单元的输入和输出数据，无需对指标进行无量纲化处理。

我们先假设：

$A=\{a_1, a_2, a_3, \cdots, a_n\}$ 作为评价的油田企业集，n 为评价企业的个数。

$H=\{h_1, h_2, h_3, \cdots, h_k\}$ 作为模糊评价指标集，k 为模糊指标个数。我

们假设 $k=3$。

$G=\{g_1, g_2, g_3, \cdots, g_t\}$ 作为评价级度集，t 为评价级度个数。我们可以设定评级度集为｛很好，好，一般，差，很差｝，那么这里的 $t=5$。

则每一个模糊指标都有模糊关系矩阵 $\boldsymbol{R}_k$（$k=1, 2, 3$），即

$$\boldsymbol{R}_k=\begin{pmatrix} R_{k1} \\ R_{k2} \\ \vdots \\ R_{kn} \end{pmatrix}=\begin{pmatrix} r_{k11} & r_{k12} & \cdots & r_{k1t} \\ r_{k21} & r_{k22} & \cdots & r_{k2t} \\ \vdots & \vdots & & \vdots \\ r_{kn1} & r_{kn2} & \cdots & r_{knt} \end{pmatrix}$$

矩阵 R_k 为评价企业集与某一模糊指标 h_k（$k=1, 2, 3$）的评价矩阵。其中，r_{kit} 表示针对模糊指标 h_k，第 i（$i=1, 2, \cdots, n$）个评价的油田企业对应 G 中级度 g_t（$t=1, 2, \cdots, 5$）的隶属关系。

我们选用美国得克萨斯大学教授 A. Charnes 等著的《决策单元的有效性度量》一文中提出的数据包络分析方法，即 DEA 的 C^2R 模型：

$$C^2R\begin{cases} \min & [\theta-\varepsilon(\hat{e}^{T}S^{-}+e^{T}S^{+})]=V_D \\ \text{s. t.} & \sum_{j=1}^{n} X_j\lambda_j+S^{-}=\theta X_{j_0} \\ & \sum_{j=1}^{n} y_j\lambda_j-S^{+}=Y_{j_0} \\ & \lambda_j\geqslant\varepsilon \quad \hat{e}^{T}, j=1,2,\cdots,n \\ & S^{+}\geqslant 0, \quad S^{-}\geqslant 0 \end{cases}$$

通过上述 DEA 模型和模糊关系矩阵 R_k（$k=1, 2, 3$），用“很好，好”的隶属度作为系统的输出，“一般，差，很差”作为系统的输入。用 Matlab 求解出每一个评价企业在第 k 个模糊评价指标的相对有效性值（0～1 即的数值）。我们共设定三个模糊指标，经过三次上述计算，从而可以构造出隶属度矩阵 $\boldsymbol{D}$ 即

$$\boldsymbol{D}=\begin{pmatrix} d_{11} & d_{12} & d_{13} \\ d_{21} & d_{22} & d_{23} \\ d_{31} & d_{32} & d_{33} \end{pmatrix}$$

式中，d_{ij} 为第 i（$i=1, 2, \cdots, n$）个评价企业对第 j（$j=1, 2, 3$）个模糊指标的隶属度，其具体数值用上述 DEA 模型求得的相对有效性值代替。

9.4.4　数字油田的对比评价模型

数字油田的综合绩效评价就是根据上文的评价指标体系，分精确定量评价和模糊综合评价两大类指标分别进行评价。

根据已经设立的精确值评价指标集合，计算精确定量指标百分率矩阵为

$$\boldsymbol{F}=\begin{pmatrix} f_{11} & f_{12} & \cdots & f_{1s} \\ f_{21} & f_{22} & \cdots & f_{2s} \\ \vdots & \vdots & & \vdots \\ f_{n1} & f_{n2} & \cdots & f_{ns} \end{pmatrix}$$

其中，$f_{ns}\subset(0,1]$，s 为精确值指标的个数；n 为评价企业的个数。f_{ij} 为第 i（$i=1,2,\cdots,n$）个评价企业的第 j（$j=1,2,\cdots,s$）个精确值指标的百分率。

对于效益型指标 $f_{ij}=X_{ij}/\max\limits_{i}(X_{ij})$；成本型指标 $f_{ij}=\min\limits_{i}(X_{ij})/X_{ij}$

X_{ij} 为第 i 个评价企业的第 j 个精确值指标的具体数值。根据前面 ANP 方法确定的各指标权重集合，$L=(l_1,l_2,\cdots,l_{11})$。其中模糊评价指标的权重集 $L_d=(l_1,l_2,l_3)$，精确定量评价指标的权重集 $L_f=(l_1,l_2,\cdots,l_8)$，其中

$$\sum_{i=1}^{3}l_d+\sum_{j=1}^{8}l_f=1$$

评价企业集的绩效总得分为

$$C=(C_1,C_2,\cdots,C_n)=(L_d,L_f)\times\begin{pmatrix}\boldsymbol{D}^T\\ \boldsymbol{F}^T\end{pmatrix}$$

其中，$\boldsymbol{D}^{\mathrm{T}}$、$\boldsymbol{F}^{\mathrm{T}}$ 分别为 $\boldsymbol{D}$、$\boldsymbol{F}$ 的转置；C 为评价的数字油田绩效得分。根据 C 中元素的大小，就可以判断数字油田的绩效，值越大，说明数字油田的绩效越好。反之，则较差。

值得我们注意的是，数字油田高绩效方案并不一定是值得学习和推广的方案。这是因为数字油田的绩效相当于前文所说的效果，我们在进行数字油田的经济学分析过程中还应考虑到效率，即在进行油田数字化过程中，取得的绩效或效果与所用时间、精力和金钱等的比值。例如，有数字油田 A 和数字油田 B，A 的数字化绩效是 97 分，B 的数字化绩效是 95 分，我们并不能以此判断数字油田 A 就比数字油田 B 好，因为这里还涉及数字油田的投入问题。如果我们经过调查分析得知 A 的投入参数是 100，B 的投入参数是 90，经计算，A 的投入产出比小于 B 的投入

产出比，那是不是数字油田 B 就优于数字油田 A 呢？我们说也不一定。因为在经济学中还存在着边际成本递增现象，换言之，数字油田 B 为了实现和数字油田 A 相同的绩效，为了弥补这 2 分的差距而投入的成本参数是有可能大于 10 的。所以要想客观地比较不同数字油田的建设方案，必须满足下列条件之一：

(1) 待比较方案的数字化绩效相同或极为接近，数字油田的投入不同；

(2) 待比较方案的数字化绩效不同，数字油田的投入相同或极为接近；

(3) 待比较方案的数字化绩效相同或极为接近，数字油田的投入相同或极为接近；

(4) 待比较方案之一的数字化绩效优于其他方案且其数字化成本低于其他方案；

任何无法满足上述条件之一的横向比较，我们都认为是不科学或者是不负责任的。这是长安大学数字油田研究所坚持在数字油田领域开展经济学研究并认定这一研究非常必要的又一力证。

9.5 小　结

在信息化建设领域开展经济性研究已不是新鲜事物，但开展数字油田的经济学研究，长安大学数字油田研究所是国内第一个倡导者。通过对数字油田经济学概念、研究内容、指标体系的建立，找到了数字油田经济学的评价方法，建立了数字油田经济学模型。

(1) 数字油田的经济学是研究数字油田投入产出的科学，也是研究数字油田建设与发展规律的经济学科。它的提出有利于油田决策者利用有限的资源（人力资源、资金、油气资源）尽可能持续地开发成社会所需求的油气商品并实现其合理分配。

(2) 数字油田建设的重要考核标准是企业的内部考评，即基于投入-产出视角下的经济效益考评。数字油田的建设要求是既有效果，又有效率，在企业的后期生产运营中还得产生满意的效益。

(3) 由于数字油田是一个新生事物，缺乏统一的建设标准。到底哪一种模式更为经济、有效？我们试图选择一些数字油田建设的标杆企业作为样本，建立一个基于 BSC 的数字油田评价指标体系并借助 ANP 来回答这个问题。但是，往往在企业这些数据是保密的，目前还没有一个企业愿意作为样本让我们验证。相信通过我们不懈的努力，一定会有可靠的研究成果的。

第 10 章 数字油田的价值与风险

在第 9 章，我们研究了数字油田经济学的基本概念，通过分析给出了数字油田经济学评价的指标及其数字油田的经济评价模型。本章将进一步探讨数字油田经济学的应用方法及其所表现出来的数字油田的经济学价值与风险控制。

10.1 数字油田的价值

数字油田是一个有价值的建设工程。我们在本书中所阐述的数字油田的价值不拘泥于经济价值，更侧重于说明数字油田项目对于油田企业所具有、所释放的广义有序化的能量。随着国内外众多油田企业相继实施油田数字化项目，其“有序化能量”开始逐步显现。

10.1.1 数字油田价值的概念

数字油田的经济价值性，主要在于它的投入产出，即数字油田的建设投资与产出的效益之间的关系。

石油行业是我国开展信息化建设较早的行业之一，行业信息化经过多年的建设，投入在逐年增加，行业整体信息化应用水平不断提高。从某种意义上讲，数字油田不是技术目标，而是管理目标，数字油田是通过技术目标实现管理目标的重要手段与途径，从而体现了数字油田的价值。

价值是具体事物的属性，是从质和量的统一上对具体真理的度量。促进与实现和谐发展的功能，是它的质；这种功能起作用的时空范围与强度，是它的量。我们在日常的活动中，通常把价值理解成为经济价值，其本质是人类经济产品、关系发展过程中的人类劳动作用。传统的企业价值如图 10.1 所示。

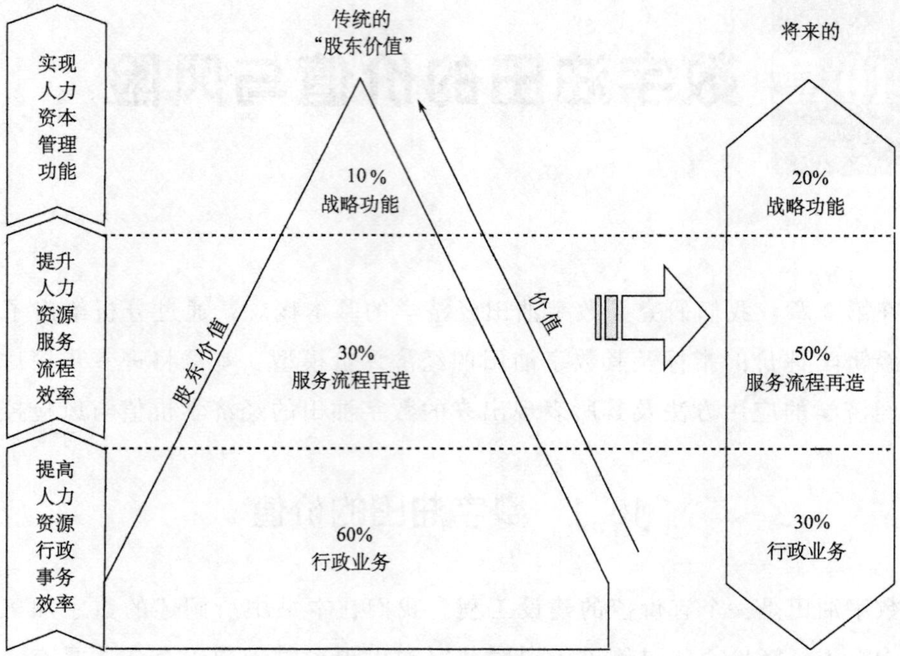

图 10.1 传统的企业价值（资料来源：百度百科）

数字油田是石油企业特别是上游生产或非生产部门信息化发展的产物，是受内因与外因共同作用的结果，是油田信息化建设进程中必经的阶段。其中，石油企业的实际需求是建设数字油田的内因，这种需求的涵盖面包括计划、组织、领导、协调和控制。科学技术的发展，特别是信息技术的发展为数字油田的发展创造了条件。当前，众多石油企业的数字化持续优化、升级，对国民经济相关产业的带动显著增强。石油企业已经普遍发展到把数字化建设作为企业发展、获得核心竞争优势的重要手段，提高信息化绩效与价值成为石油企业当前及未来一定时期内的主要任务。

随着数字化建设在石油企业的不断深入，企业数字化价值逐渐经历了从支持、支撑、推动企业业务发展，到引领企业发展与企业融合的阶段，数字化管理逐步走向价值的更高层次——打造数字油田。数字油田的价值，等于由它构成的、产生的、创造的，有利于促进与实现企业个体、企业与社会、企业与自然和谐发展的客观实际。数字油田要实现其价值性就必须通过科学的采集、分析信息来“消除不确定性”。这些不确定性包括时间、空间、品质、风险和环境等因素的不确定性。“消除不确定性”等同于“提高有序性”，“提高有序性”就是“提高功能有序性”，“提高功能有序性”就是“增加价值量”。

10.1.2　数字油田的科学与技术价值

爱因斯坦曾说：“提出一个问题往往比解决一个问题更为重要，因为解决一个问题也许只是一个数学上或实验上的技巧问题。而提出新的问题、新的可能性，从新的角度看旧问题，却需要创造性的想象力，而且标志着科学的真正进步。”古人云：“学贵有疑，小疑则小进，大疑则大进。”“疑”是人类打开未知大门的金钥匙。

数字油田的科学价值表现为油田企业生产过程中的“疑”，即如何快速、准确、低成本地发现油气资源并实施有效的开发。从 20 世纪 60 年代起，石油在世界能源消费中的比例上升到 40%以上，成为世界第一大能源。石油是过去 50 年影响世界政治风云和经济发展的重要因素之一。随着我国经济的快速增长，2010 年，我国石油对外依存度超过 50%。在国际第三届石油市场研究成果交流会上，中国石油天然气集团经济技术研究院市场所副所长戴家权表示，到 2015 年我国的石油需求总量将达到 5.3 亿吨左右。确保我国的石油安全，利用现有的先进科学技术，充分发现油气资源已是当务之急。

当前，我国中石油、中石化、中海油均已完成以集中统一为原则的信息化布局，从软件系统、基础建设和规划标准等方面实现了信息化建设及应用。从具体的情况来看，以中石油、中石化、中海油为代表的央企或股份制企业，信息化建设起步较早，但目前还处于企业级应用或从部门级应用向企业级应用跨越阶段。

数字油田技术主要是创建整合平台，使勘探、生产流程得到自动化操作实现一体化，将地震处理、地震预测、地质制图、油气分析 、3D 模型、油藏描述与模拟等放在一个平台工作。例如，开发地质学家和油藏工程师使用 3D 空间工具，把地震数据包与地质模型和仿真模型集成起来。通过一款真正的、能存储任何空间可用数据的 3D 关系型数据库来实现结构性及非结构性数据的 3D 可视化，为包括矢量/栅格数据和网络拓扑模型在内的所有地理空间数据类型提供支持，并对诸如平面、容积和最近邻域等执行复杂的统计及空间运算法则。借助 3D 空间工具来覆盖地震数据、速度模型、岩石物理模型和核心数据，以提高油藏描述能力，确定勘探井目标。对于老油田区块，他们则主要关注优化油井替换，并从非衰竭区域提高可采储量。

在国际上，全球最大的国有石油公司之一的墨西哥国家石油公司(Petroleos Mexicanos，PEMEX)，把地质、地理空间和运营数据集成到一个单一的、安全的、可扩展的中心库，并制作了全国地图产品。借助这个中心库，他们优化油井定位和油井路径，把定位错误降低到最低水平，提高采收率，并实现勘探产量的最大化，把其地理空间数据服务效率提高了五倍。

概括来讲，数字油田发展的过程中，催生的关键技术主要包括：①远程监测技术，主要包括四维地震监测、永久型地面检波器网络和永久型光纤井下检波器、油井监测与监控、大长管线在线检测技术等；②可视化技术，包括综合勘探与油藏的三维可视技术、虚拟现实技术等；③智能钻井与完井技术；④油田物联网技术；⑤数据集成、管理与挖掘技术；⑥集成管理体系等。

10.1.3 数字油田的经济价值

数字油田的经济价值主要表现为以下六个方面。

(1) 数字油田为提高采收率带来的经济价值。据报道，2011 年是胜利油田发现 50 周年，其勘探开发也已经超过 45 年的油田了，胜利油田把有效提高勘探开发水平、不断增加资源量、提高采收率作为关系油田发展的最重要目标。近年来，胜利油田通过地震资料处理系统升级，运算速度达 5 万亿次/秒以上，三维地震资料的年处理能力突破了 8800km^2，成为国内第二大地震资料处理中心；精细油藏描述水平显著提高，具备了整装大油田的全油藏整体模拟能力，建模精度、研究方法满足了油田开发后期提高采收率的需求。通过数值模拟技术，可以用二维、三维图像直观地显示地下油气的分布规律，增加了油气开采的针对性。据报道，“十五”以来，胜利油田加大信息技术的应用力度，配套先进的管理方法，增加可采储量 3500 万吨，提高采收率 2.5%。在勘探开发难度逐年加大的情况下，油田连续 22 年新增探明石油地质储量过亿吨，连续 12 年实现储采平衡，连续 10 年产量稳定在 2660 万吨以上。

(2) 数字油田建设，加大了数据、信息的集成度，将会为油田企业提高采收率提供更大的支持。数字油田为油气采集、流通等环节的管理水平提高带来的经济价值。

胜利油田实施数字油田建设以来，有 70 多个海上原油生产单井平台实现无人值守，生产装置遥测遥控；9 座原油站库实现油气水自动计量，电量、燃油等能耗数据自动监测，机泵自动控制，其中 5 座原油站库实现超高液位自动连锁报警控制，安全运行反应提高到秒级；对 51 座变电站进行了自动化改造，使 1/3 的变电站具备了无人值守的条件。这些环节管理水平的提高，既有效节约了油田的人力资源成本，又使得油田职工的劳动条件得到了进一步改善。

(3) 数字油田降低单位产能的劳动力密集度和减少人员带来的经济价值。长庆油田借助数字化管理建设有效地控制了劳动力密集度。

以大庆油田采油二厂为例，据报道，2010 年 7 月该厂开始井下作业数字化现场管理系统的应用。井下作业数字化现场管理系统是通过覆盖全厂的无线网状网获得高带宽、大覆盖和稳定的无线传输视频信号，实现多个用户在一个区域时同时监控。在全厂主要工作区域内，10m 高度无阻挡情况，覆盖率高达 95%。通过可视化动态监控，可对作业现场施工、生产组织衔接等方面实行区域全方位 24 小时安全防护，修补安全漏洞，规避安全风险，追踪责任落实，提升管理水平，完全实现安全生产零事故。有效解决了油田油水气井看护、现场施工作业监察等工作需要大量人员完成、劳动效率低、管理难度大等问题。

(4) 数字油田提高车辆、机械的调配效率产生的经济价值。油田生产车辆种类繁多、数量很大，使用范围涉及油田作业、测试、运输、勘探、试油(采)、油田安全和保卫等部门。车辆是油田生产中必不可少的生产运输工具，如何使车辆得到有效的利用直接关系到企业的经济效益。假如油田有 300 台车辆，由于应用定位调度系统后，平均每台车每天少走 10km 的话，那么一年约为 110 万 km，仅油钱就节省 60 万元以上。此外，在出现突发事件时，如井喷发生时，可以第一时间发现最近的特种车辆，通过及时准确地调度及指挥，降低事故损失。这不但提高了管理水平，而且降低了成本，是最大的经济效益。

(5) 信息化资产增值的经济价值。油田在开发过程中，产生了大量的勘探开发原始数据、处理解释成果、地面工程信息、原油和成品油信息等，这些信息是油田乃至国家的重要资产，也是油田企业的重要资源。

据报道，2004 年派往阿富汗参与重建项目的美国地质学家，在位于阿富汗首都喀布尔的阿富汗地质勘探局图书馆找到一些地质图表和数据。2009 年，美国国防部派赴伊拉克执行商业发展任务的一个特别行动小组，转赴阿富汗后得到了这批数据。由美国国防部官员和美国地质学家组成的一个勘探队发现阿富汗境内蕴藏包括铜矿、锂矿、铁矿、钴矿和金矿等大量金属矿藏，价值大约1万亿美元。这笔丰厚的“自然财富”远远超过外界先前对这个国家矿产资源蕴藏量的预计。这就是油田数据资源的力量，从而数据就成了重要的资产。

数字化地质信息是国家重要的战略资源，也是数字中国的重要构成部分。油田的数字化地质信息，具有长期的使用价值，其寿命远远超过油田本身。在大庆油田，有两座宝库，一座是有形的岩心库，一座是无形的数据库，里面装的全是精细油藏描述用得上的宝贝。大庆油田实施数字化工程以来，大力收集整理历史数据，并将其电子化，建立了勘探开发数据中心和综合研究环境，集成了油田勘探开发的各类数据，总量达到100TB以上，实现了勘探开发信息一体化。有关资料显示，石油企业信息化完成以后，分析数据时间/工作时间，由传统的20%提高到80%，工作效率提高到以前四倍。经学者研究认为，其中超出3倍即为信息化资产的超额收益。

(6) 数字油田为企业核心竞争力提升带来的经济价值。数字油田，就是采用先进的管理理念，应用先进的信息技术整合企业现有的生产、设计、制造和销售等环节，及时为企业的管理和决策层人员提供准确的、有效的信息，以便企业对市场需求作出迅速反应，其本质是加强企业的核心竞争力以及与其他企业协作的能力。数字油田的重要内涵就是用现代信息手段改造传统管理，创造新的管理概念和管理体系，提高管理水平和生产效率。

10.1.4 数字油田的社会价值

在以信息技术为核心的信息时代中，社会各行业对信息化的需求越来越大，人们希望通过信息化改变生活现状的愿望也越来越强烈。数字油田作为信息化社会建设的先导者，为社会的信息化建设提供了宝贵的经验和技术基础。

1. 数字油田技术推动我国新时期的两化融合

“十二五”期间我国国民经济和社会发展的重点任务之一就是推动信息化和工业化深度融合。信息化和工业化进程相互交织、相互融合，是我国当前经济社会发展的重要时代特征，也是我国信息化时代的特点。

目前，大多数企业已经完成信息化的起步阶段，正处于向综合集成阶段发展的关键时期，这一步跨越集中体现了信息化应用的效果和效应，涉及跨部门整合和运用，这也是我国当前阶段利用信息技术改造提升传统产业面临的突出矛盾。我国油田企业的信息化工程起步较早，并在长期的数字化过程中探索出一套适用的技术与方法，这对我国两化融合的战略目标具有重大的推动作用。

2. 数字油田推动信息化创新，加速信息技术产业化

数字油田的“零距离”新时空观，积极探索物联网、云计算等在信息化建设中的应用，对信息化创新和加速信息技术产业化具有划时代的现实意义。

有学者提出，“十二五”期间，石油行业 ERP、MES、EAM 等核心信息系统的深化应用将是信息化工作的重要领域，数据中心、灾备和 IT 基础设施建设将继续稳步推进，RFID、GIS、物联网、云计算等信息技术的创新应用将取得更大进展，将会带动传感器产业、通信产业和数字油田软件产业的大发展。

3. 数字油田促进社会技改节能，打造低碳经济

石油资源作为战略资源，其保障程度直接涉及国家能源安全。我国是世界上人均资源储备很低的国家，煤炭人均储备量仅为世界平均水平的 1/2，天然气为 1/23，石油为 1/9。原油进口依存度首次超过警戒线 50%，达到 51.29%。同时，中国石油进口源和石油运输线相对单一，进一步加剧了国家能源安全的风险。

油田信息化项目一方面依托信息系统的应用，形成全方位的网络体系，覆盖到油田勘探开发和经营管理的多个专业和部门，把井场“搬”进计算机，构造“低碳”绿色交通。另一方面，以网络体系为依托的无纸化新型办公方式取代传统纸质文件传递、存档，在提高行政效率的同时又节约了纸张，而节省纸张等于保护了森林，森林可以回收二氧化碳，在一定程度上间接地实现了碳的负排放。

4. 数字油田带动区域产业升级转型，不断提高城市的创新能力与竞争力

信息产业作为一种新兴产业、朝阳产业和低碳产业，具有高度的创新性、渗透性和带动性。依托数字油田建设，大力推进信息化创新，积极发展信息产业，是资源型城市融入新经济发展进程的一个切入点和突破口。

克拉玛依在城市发展规划中指出：以软件业、内容数字化业为重点，以信息服务业为未来发展方向，以特色化发展为导向，以发展特色软件业为突破口，以建立相对完整的软件产业链为目标，大力发展面向油田和城市信息化的应用软件，促进软件产业集聚发展；坚持现代信息技术与地域文化相结合，积极发展具有“世界石油城”特色的数字内容产业。从行业纵向和区域横向上延伸信息化建设成果，面向油田和城市提供专业化信息服务，并不断拓展信息服务业发展领域。

10.2 数字油田控制经济评价与应用

10.2.1 评价应用分析

考量数字油田建设的经济效益是数字油田一个重要环节。数字油田到底能给油田企业乃至社会带来多大的经济性，这是数字油田建设规划需要的一个重要内容，是油田企业领导投资决策时的重要依据，更重要的，是我们考量数字油田真正价值的重要内容之一。

但是，由于数字油田建设投资的商业秘密和数字油田的后效应机制，并且数字油田还在大规模推进中，其经济性考量有一定的难度。所以我们在对数字油田经济学评价方法应用中，只能粗线条地给一个案例，仅供大家参考与研究。

我们将数字油田的经济效益分为直接经济效益、间接经济效益和社会效益三个部分。

(1) 直接经济效益是指数字油田系统运用后，因生产效率提高和销售收入增长以及降低生产、管理成本性支出等因素带来的现金净流入量增长。据我们对延长油田某采油厂的实地研究，2005 年，该厂共在其 420 余口生产油井上安装抽油机无线数据测控系统。该系统是石油生产企业利用传感器与终端控制装置，对抽油机生产状态进行监测，并将所采集到的油井生产流程上的数据，通过多种信道上传至控制中心，经过数据处理后，为石油勘探与开发生产服务的综合系统。安装了本系统后的一年内，共发现停井 965 口次，利用示功图分析故障井 255 口次。经计算分析，其经济性尤为突出，主要包括：可节约采油工 57 个，减少采集示功图的技术人员 1 人，车辆 1 台，实现新增产值 2935.05 万元，节约开支 128 万元。由此可见，数字油田建设后可直接产生经济效益。

(2) 间接经济效益是在对其直接经济效益估值的基础上，对油田企业核心价值提升而带来的包括商誉在内等企业无形资产的资本化估值。由于油田公司的信息化建设极大地提高了集团公司的盈利能力，必然推动公司股价的上升。我们以中石油为例，2010 年 4 月 23 日中国油收盘价时市盈率 21.73 倍。由于绝大多数油田的股份并未在资本市场上实现上市流通，所以我们对其市盈率（P/E）的估值定位 1/0.12，约为 8.3 倍。

(3) 社会效益是指数字油田系统运用后，在社会上引起的广泛关注和对于区域产业结构升级、财税收入增长、节能减排等环节的贡献，一般用定量和定性两个标准评价。

10.2.2　数字油田评价参数选择

数字油田所表现出的经济性，也就是油田公司绩效评估。我们以英国 BP 公司和长庆油田采油七厂白 155 区块为参照：BP 公司从 1995 年到 1998 年 4 年间因为信息化使年度单位工作成本从 20 000 便士降低到 8000 便士，降幅达 60%，信息化使年度总有效工作量从 18 000 单位提升到 52 000 单位，升幅达 189%。长庆油田采油七厂白 155 区块由于数字化的介入，百万吨规模用工总量由原来的 1719 人下降到 1000 人，人均年产油由原来的 582 吨上升到 1000 吨。以此为参照，油田数字化油井进行项目改造后 5 年也能达到年度单位工作成本下降 40%；年度有效工作量上升 70%。经计算，成本年均削减率（i_c）和收入年均增长率（i_r）分别为 9.71%和 11.20%。

(1) 单井原油现产量为 Q_0。我们以国内某油田公司单井原油平均产量 140 吨/年计。

(2) 现吨油成本为 C_0。假定该油田公司吨油综合成本约为 $C_0 = 1600$ 元/吨。

(3) 原油年产量变化率为 q。初步假设衰减率为 10%。

(4) 折现率为 i_0。亦即期望收益率，油田勘探与开发项目期望收益率规定为 12%，即 $i_0 = 12\%$。

(5) 油气商品率为 r_c。假设 $r_c = 90\%$。

(6) 投资为 K_0。单井投资成本按 15 万元计，资金来源为自有资金。

(7) 评价年份跨度为 n。设置年份跨度 $n=10$ 年。

(8) 原油销售价格为 P。只给出国际价格和国内基准价。根据预测，在金融危机之后若干年，石油平均价格应在 60 美元/桶至 100 美元/桶之间，最有可能取值 80 美元/桶，该地区原油密度约为 0.85，按美元兑人民币 6.5 计算，对应国内基准价为 3848 元/吨。

(9) 项目效用系数为 i_s。其值取 75%。

(10) 项目建设周期。假定项目建设周期为 1 年。

根据数字油田经济学概念和数字模型，依据所选定的参数及其参照数据，进行系统运算。

10.2.3 评估结果

根据 10.2.2 节中的参数，数字油田项目完成后，单井效益如表 10.1 所示。

表 10.1 数字油田单井效益表

经济效益*	评价项目	评价期/年									
		1	2	3	4	5	6	7	8	9	10
节约成本	Q_i/吨	140	126	113.4	102.1	91.9	82.7	74.4	67.0	60.3	54.3
	年节约成本/万元	0	1.46	2.51	3.23	3.91	3.96	3.57	3.21	2.89	2.60
	$NPVC_i$/万元	0	1.31	2.00	2.30	2.47	2.25	1.80	1.45	1.16	0.93
	节约总成本 $TNPVC_i$/万元	0	1.31	3.31	5.61	8.08	10.34	12.14	13.60	14.77	15.71
增加收入（参照油价 3848 元/吨）	$NPVI_i$/万元	0	4.07	7.73	15.58	18.56	16.70	15.03	13.53	12.18	10.96
	$TNPVI_i$/万元	0	4.07	11.80	27.39	45.95	62.66	77.69	79.23	91.41	102.38
直接经济效益	TRNPV/万元	−15	−9.62	−0.12	18.01	39.05	58.01	74.85	77.84	91.19	103.10
间接经济效益（P/E 为 8.3）	资本化估值/万元	—	44.68	80.83	148.48	174.60	157.36	139.77	124.42	110.81	98.85
社会效益	减少碳排放（以千克计）	车辆节约燃油（升）×2.7＋节约用水（方）×0.91＋节约用电（度）×0.27＋节约办公用纸张数×0.0002									
	负碳排放（以千克计）	节约办公用纸张数×0.012									

*计算口径以项目单口受益油井为标准。

10.2.4 评价结论

(1) 由于各油田公司的经营现状差异性大，所以本案例将规模投资细化为单位投资，具有较强的代表性。

（2）在给定项目条件下，该案例投资的动态回收期约为三年。

（3）影响数字油田投资经济效益的关键因素主要是：①单井投资额；②单井产量；③生产成本控制；④企业增收弹性；⑤国际油价；⑥人民币兑美元汇率；⑦信息化效用；⑧数字化建设投资额。

（4）给定条件下，如果投资回收期设定为五年，单井投资额上限为39万元；如不考虑项目推动企业增收，在没有投资回收期现在条件下，单井的最低产量要求为108吨/年；若要求五年内收回投资，则单井最低产量要求为205.6吨/年。

（5）项目假定投资资金为企业自有资金，实际操作过程中会有部分资金来自于外部融资。在当前利率条件下，融资成本不会从根本上改变数字油田投资收益的基本面。

10.3 数字油田的贡献

随着我国数字油田建设的不断深入，数字油田必将在推动油田持续稳定发展中发挥更大作用，为提升油田企业经济效益和核心竞争力作出积极贡献。数字油田的实现将大大提升油田生产、管理水平，为油田生产发挥巨大的作用。

我们研究数字油田，一定要介绍数字油田到底有什么样的贡献，其实也就是数字油田究竟有什么作用。从大的方面看，如果数字油田是一个思潮的话，那将会给整个石油界都会带来革命性的变革，对此留到今后来探索。但就当前来说，数字油田的贡献主要表现在信息化与工业化两化融合的引擎，推动企业资源整合与提高油田企业经济效益的动力源泉。

10.3.1 数字油田是我国两化融合的引擎

“十二五”期间我国国民经济和社会发展的重点任务之一就是推动信息化和工业化深度融合。推进信息化与工业化深度融合，就是要加快信息化带动工业化，工业化促进信息化，实现创新能力的提高，实现产品和服务，实现绿色希望发展能力的增强，形成经济发展方式转变的动力和新基准。我国的数字油田起步较早，并在长期的数字化过程中探索出一套适用的技术与方法，这对我国两化融合的战略目标具有重大的推动作用。大庆油田提出的“以信息化带动油田主营业务，以主营业务促进信息化，推进两化融合，探索新型工业化道路”

更是加深了对两化融合的理解。

1. 数字油田为我国两化融合培养和储备人才

我国新时期的两化融合不只是要企业多购置几台电脑，而是需要把各种数据输入电脑并运用信息技术对企业的整体生产、销售和管理进行改造，甚至把整个生产过程重新组合。两化融合，在未来给产业发展带来变化的同时，也将对人才的知识结构、水平提出新的要求。所以我们说，两化融合的根本是人才融合。在我国由于数字油田建设的需要，培养了大量信息技术、石油地质、地球物理、油藏工程、企业管理和项目管理等有关方面的专业复合型技术人才，并创造出一套有效的两化人才培养方法。因此，我们说数字油田为我国培养和储备了两化人才。

2. 数字油田为我国两化融合提供技术支持

油田一般远离城市，资源和设施分散于边远的戈壁、沙漠、草原或海上，许多油田或探区更是在人迹罕至的地区，决策和管理层难以感性地了解油田的自然环境、地质、工程、建设和交通的真实情况。因为科学管理需要而催生的远程监测技术、可视化技术、油田物联网技术及数据集成、管理与挖掘技术等为我国新时期两化融合提供了有力的技术支持。

3. 数字油田为我国两化融合提供宝贵经验

当两化融合作为一个新生事物被我国政府提出时，数字油田已走过十多年建设历程。在这场轰轰烈烈的建设过程中，中国的石油行业创造出了“大庆模式”、“胜利模式”、“新疆模式”和“长庆模式”等一系列企业模式。这些模式有些是非常成功的，也有一些因为认知上的因素或者是其他因素而走了一些弯路，但这些企业都已经形成包括生产操作控制层、生产执行层、经营管理层和企业管理层的完整的信息系统应用体系。我们要肯定的是，这些经验无论是成功的或者是不成功的，都为我国的两化融合提供了宝贵的借鉴。

4. 数字油田为我国两化融合开创产业新局面

我国政府提出的五化并举、两化融合，将信息化推到新的高度。作为我国信息技术应用起步较早的行业，石油石化工业的信息化整体水平在国内处于领先位置。目前，随着数字油田建设的深入，一条围绕着数字油田的产业链已颇具规模，而这条产业链在新时期必能为我国两化融合开创产业新局面。

10.3.2　数字油田推动企业资源整合

1. 数字油田推动数据整合

油田的数据主要包括基础地理信息数据和油田研究、生产、经营管理数据，是数字油田的基础，是构建油田模型的基础信息。要实现这一点就必须把来自不同岗位的不同技术、不同数据整合在一起。而数字油田技术可以迅速地集合占地质数据库资源量 80%的有深度属性的信息，如地质、试油、地球物理、地球化学、钻井工程和生产测井等数据，并以柱状图和剖面图的方式灵活地组合展现。这一机制为地质研究人员和管理者科学决策提供了有效的技术保障。

2. 数字油田推动信息整合

油田企业信息整合及其重要性已被越来越多的人所认识。信息整合是依数字油田的发展趋势，在一定组织的领导下，实现对信息资源序洁化、共享化、调化，进而实现信息资源配置最优化、拓宽信息资源应用领域和最大化挖掘信息价值的管理过程。新疆油田公司近年来逐步建立了由决策层、管理层、执行层和支撑层构成的信息化管理体系，成功地研发了油田数据管理平台、油田空间数字平台和业务流程管理平台等数字油田信息平台。同时，收集整理了自 1941 年以来的油田生产数据，目前拥有数据 78TB，各类应用系统 120 套及强大的数据库服务器和应用服务器。为了实现油田数据的共享，充分发挥数据在油田各行业中的作用，各二级单位数据和应用需要逐渐实现集中管理，并对现有资源进行整合。

3. 数字油田推动技术整合

数字油田以地理空间信息为基本平台，将油田的各种空间实体组织在一起，彻底打破油田各专业信息平台横向分割的局面。数字油田的数据和信息整合需要由技术上的整合来驱动。例如，随着传感器、RFID、通信网络和云计算等新技术的成熟和日益普及，这些单一技术在数字油田的建设中整合成为油田物联网技术，实现人类社会与物理系统的“智能”融合。

数字油田是信息技术和勘探开发技术的融合。例如，以数据中心、应用服务器为支撑，以工作站和微机为界面机，借助高速网络，采用虚拟技术，搭建勘探开发综合研究应用体系，为勘探常规解释、特殊处理解释和连片资料综合研究，以及储量计算、开发规划编制、工艺设计、开发调整、产能建设和地面工程等提供了强大的应用支持。

数字油田体现了信息技术和自动化技术的融合。通过在现场设备上安装传感器等自动化部件，对井站库生产参数、输油管线、供水供电管网、油田道路和通信线路等，以及勘探开发各个现场的运行状态进行远程监控，既可以大大提高生产指挥水平，又能够有效降低人员劳动强度，减少用工数量，节约生产成本。

数字油田还是信息技术和管理技术的融合。MIS 系统和 ERP 系统的建立，使油田企业的人财物管理得以更加有效地实施，特别是 ERP 系统实现了物流、资金流和信息流的“三流合一”，使油田管理业务更加规范透明、核算更加细化、决策中心上移。

10.3.3 数字油田提高企业经济效益

1. 数字油田提高企业获得外部环境信息的效率实现效益增收

据报道，借助数字油田系统，新疆油田的天然气勘探工作过程不是传统的以月为计算单位，而是以小时来计算的。因此，气田的勘探进程大大加快。更重要的是，科研人员把更多的精力用在研究和思考上，拿出的成果更准确、更有水平。科研人员从露头开始，很快把火山岩的岩性划分清楚，并对以前的所有火山岩进行了甄别，划分出有利层系。短时间内便定了 3 口预探井的井位。实施结果是，3 口探井均获高产工业气流。由于数字化系统的作用，前期工作与后续工作衔接紧密，整体性和继承性强，所以，此后的勘探工作势如破竹，启动仅仅一年多以后，一个储量达 1000 亿立方米的大场面就显露出来。同时，由于数字油田系统的作用，勘探开发可以先在数字油田中实现一体化，并迅速把这种模拟一体化变成现实。

吉林油田借助数字油田技术，在英台油田率先实施的勘探开发一体化配套技术，实现了油田高效开发，快速建成百万吨采油厂，并逐步形成了成熟的勘探开发一体化的工作思路、管理体系和技术系列。在勘探开发一体化集成技术的指导下，仅用两年时间建成百万吨采油厂，探明石油地质储量 5243 万吨，动用石油地质储量 4046 万吨，投产新井 739 口，新建产能 97 万吨。新建 7 座中转站，新建联合站 1 座，新建输油管线 119 公里，油田原油年产量突破 400 万吨。

2. 数字油田自动化技术实现企业效益增收

在油田的生产后期，将出现大量的低产低能井，在连续开井生产过程中出现供液不足或液面超泵深，对于这些井采用调开方式生产，现场根据经验确定开关井周期，避免不了空抽现象的发生。数字油田监测系统的应用，改变了传统的生产管理工作制度，巡检由全面巡检向故障巡检转变，设备管理由事后告知向事前预知转变；图像监控、数据采集和设备诊断，保障了员工人身安全和设备平稳运行，减轻生产一线员工劳动强度；为油田开发的优化决策提供直观、动态的综合诊断分析信息，实现了控水、稳定产量、生产均衡、节能、提高生产效率的目标；对不同含水期、不同产量状态、不同油田开发阶段具备通用计算分析能力，进一步提高产量计算或产量劈分精度和适用范围。

在数字油田支持下的油田自动监控系统，可以将油井生产信息与地质信息叠加在三维空间模型上，为油田开发的优化决策提供直观、动态的信息，实现控制注水、稳定产量、均衡生产和提高采收率的目标。

3. 数字油田降低生产成本实现企业增收

在油气田开发中，降低开发成本、优化地面建设是永远不变的主题。在当前形势下，低成本战略显得尤为关键，而数字化管理则成为低成本战略实施的有效手段。

长庆油田把数字化管理提升到与油气发展同等重要的位置。一方面按计划对老油田、旧管道及已建成的基地全面进行数字化改造；另一方面，对新建的所有工程项目全部应用数字化管理系统，实现了油气井生产及管道运行数据的自动采集处理，紧急情况自动关闭阀门，异常情况自动报警，现场工况实时监控及所有配套生活基地治安保卫的视频监控，发挥各种职能的“电子员工”遍布油区各个角落。数字化使大发展的长庆油田步入了“增产不增人”的良性发展轨道。

4. 数字油田促进资源整合实现企业效益增收

油田生产覆盖多专业、多领域，具有地域广泛、结构复杂、层次繁复和跨度巨大等特点。数字油田技术改造了传统的公司模式，使之更趋合理，更加高效；同时，大幅度提高公司人力资源的整体素质，使人和企业达到高度融合，最大限度地发挥人的主动性和创造性，并为油田创造更大的利润。

可以预见，数字油田建设仍将是未来中国油田信息化建设的主旋律。数字油田可以将油田的复杂性整体客观地展示给管理者，在虚拟现实表示的数字油田拟境系统中，人们可以把复杂的地形和地质经过三维技术转换成动态、可视和可交互的立体图像，直接寻找油气圈闭和油藏，直接设计井位和开发方案、确定钻井轨迹、发现剩余油藏和隐蔽油藏。配合油藏模拟软件可以亲临其境地追踪油藏的生产史，优化开发方案，改善油藏管理。实现桌面化的油田研究、管理、指挥和决策，能够获得不同思路的建模和模拟结果，从而达到降低风险，优化决策的效果。一个以油田全面信息化建设为中心的新产业链已经形成。

10.4 数字油田的风险与风险控制

通常，我们对风险的理解大致可以分为两个层面：一个层面是强调风险表现为不确定性；而另一层面则强调风险表现为损失的不确定性。若风险表现为不确定性，说明风险只能表现出损失，没有从风险中获利的可能性，属于狭义风险。而风险表现为损失的不确定性，则说明风险产生的结果可能带来损失、获利或是无损失也无获利，属于广义风险。

对于石油企业来说，通过对风险的识别、预测和衡量，选择有效的手段，可以降低成本；通过有计划地处理风险，获得企业安全生产的经济保障。这就要求石油企业在生产经营过程中，应对可能发生的风险进行识别，预测各种风险发生后对资源及生产经营造成的消极影响，使生产能够持续进行。

10.4.1 投资建设的风险

数字油田的风险贯穿于项目的始终。数字油田作为一个巨系统工程，其风险更是自项目论证开始，贯穿于后期的建设、运营和推广上。概括来讲，数字油田的风险可以归纳为前期的认知风险、投资过程中的投资风险和后期的运维风险。

1. 认知风险

认知风险是指数字油田的论证者或决策者对数字油田的理解错误或者片面而导致项目仓促上马或者下马带来的风险。主要包括以下几点。

1）动机风险

所谓动机风险，即油田企业引入信息化的动机，也就是数字油田建设的目的，是油田企业数字化建设的风向标，正确的动机不一定能带来正确的结果，但是错误的动机肯定不能带来正确的结果。

根据对目前众多油田企业的数字化动机调查，我们发现很多企业实施“数字化”的目的并不完全是为了用信息化提升管理，促进战略目标的实现，而是为了所谓的“领导工程/面子工程”，迫于行政或舆论压力；炒作，以期在资本市场获利；向老总或者高层提供“信息简报”。

很显然，这些实施数字化的动机本身就是对“数字化”的曲解，必然不能达到从根本上提升管理水平、促进战略目标实现的理想结果，根据这样的动机来实施信息化的结果的风险性是非常大的。因此，油田企业在实施数字油田战略之前一定要摆正数字油田建设的动机，并且在实施的过程中不断审视是否偏离了原始的初衷。

2）发展中的风险

数字油田的建设思路是不断发展、不断变化的，它随着管理理念和相关的技术（尤其是信息技术）的发展而不断发展变化，是一个螺旋上升的过程。数字油田的建设是一个不断发展变化的过程，因此也为石油企业的信息化建设带来了一个不可避免的问题——发展中的风险问题。

3）时间风险

数字油田的实施过程是一个长期的过程，往往要连续一年以上，而项目的磨合则可能需要更久，随着时间的推移，对企业的相关人员，尤其是领导的积极性是一个很大的考验。有些油田企业因为看不到暂时的成果，对数字油田的实施产生了疑问，更有的领导急于求成，擅自修改实施进度规划或终止数字化项目的建设。

2. 投资风险

我们这里所说的投资风险是指在数字油田建设的投资过程中，由于判断失误而导致的无法按时完成投资或者实际投资数额超出预算的风险。主要包括以下四种。

1）组织风险

数字油田建设过程是一个非常复杂的过程，主要表现在三个方面：①数字油田建设涉及范围广；②数字油田建设的知识综合性强；③数字油田建设涉及的部门广，是一个全员参与的项目。

数字油田建设项目除了涵盖油田企业的各个职能部门外，甚至将供应商、客户和运输商等都纳入到系统中，是一个内、外互动的系统。组织实施数字油田系统，需综合运用计算机知识、项目管理、系统工程论、管理理论、相关软件知识（CAD/CAPP/CAM/CAE/PDM、NC、ERP、CRM、SCM 等）、行业经验和实施方法论。同时，成功的数字油田还应表现在全员的参与，从现场的操作工人、职能部门的专业人员、部门经理直至高级经理，因此其项目组织的难度之大、细节之多是一般项目很难比拟的，因此数字油田的组织风险显然存在。

2）服务商选择的风险

数字油田的技术方案确定后，即将面临的风险就是服务商的选择。目前从事信息化服务的提供商（咨询商、软件提供商和系统集成商）为数很多，但技术水平良莠不齐，因此总体的实施效果很难保障。石油企业在选择信息化服务商时一定要慎之又慎，如果服务商选择不当，将给整个数字油田的建设带来毁灭性的打击。

3）合同风险

石油企业在选定数字油田项目服务提供商后，在签订相关合同时企业往往只注意到价格等因素，而忽视了其他的如服务等细节问题，如果不注意很有可能在今后的实施过程中带来不必要的纠纷，将会直接影响整个数字油田建设的实施效果，所以油田企业在签订数字油田建设合同时应注意：①要分开签订系统软件、硬件、实施、培训及服务合同；②合同细则越细越好，尤其是双方在实施过程中的责任和义务；③付款方式最好按照阶段性验收结果来实现；④明确并量化项目最终验收标准。

4）项目实施风险

实施数字油田过程中，服务方缺乏相应的实施规范，忽视或者不深入进行项目的可行性研究、需求分析和系统分析等前期工作，可能导致数字油田系统的功能、实用程度都不够理想。由于实施过程中的监控力度不够，也可能导致数字油田项目不能按计划完成。实施结束，没有相应的验收，或是验收的标准出现分歧（因此在签订合同时必须确定），则会使油田企业的数字油田项目成为“烂尾工程”。

3. 运维风险

运维风险是指数字油田建成后，由于配套改革不到位导致系统无法正常发挥其效用的风险。主要包括以下几点。

1）管理变革风险

数字油田首先是一个管理问题，其次才是技术问题。

信息技术和管理技术的不断发展推动了整个石油产业的信息化变革，从而使企业的经营管理理念发生了本质的变化，它的变革如同“工业革命”一样是历史发展的必然。实施数字油田战略以来，我们的一些企业应用数字化的手段不是从理顺自身的管理本身入手，而是寄希望于用数字化代替以往的手工操作。如果用这样的思路去引导数字油田的实施，其结果仅仅是计算机的手工实现，并不能给油田企业带来本质的变革，而且油田企业在实施数字化战略的过程中由于不能面面俱到，所以实施的结果是局部的效率提高了，但是整体的效率没有任何改变。

因此，数字油田的建设要从我们的管理变革开始，而管理变革必然伤及企业的核心，其风险性是必然的。

2）技术风险

我们要强调的是，在数字油田建设和运营过程中，所有信息的安全性、唯一性、集成性和共享性是所有关键技术中的最难点，它涉及设计数据、生产控制数据、营销数据、财务数据及管理数据等，如何去整合这些数据是油田企业在数字油田建设中需要投入巨大精力去关心的。

3）使用和维护风险

我们有时会碰到这样的情况，一些油田企业投入了大量的资金和精力实现了数字化改造，但是这个系统没有多少人会用，更没有多少人喜欢用、愿意用，最终成了闲置的摆设。

数字油田是实实在在的事情，需要务实而不是务虚，更需要企业里的每一个员工和实际操作者切实掌握新的业务流程，养成使用习惯。而要做得这一点就需要我们的企业领导者要有非常的魄力，制定相应的制度，强制推行。

4）人员风险

数字油田建设归根到底是要人来完成的，建设信息化项目需要企业建立自己的信息化建设梯队。信息化人才是典型的复合型人才，他们是既懂业务，又懂管理，还懂计算机的人才，这就需要我们的企业更加注重培养人才，培养出人才还要留得住人才。

10.4.2　数字油田的风险控制与目标规划

风险控制是基于风险而提出的措施和办法。

油田数字化是一个复杂的、多层结构的信息化系统，该项目集中了多种硬件平台、软件平台和多种开发工具，是多个厂家共同实施和开发的特大型数字化项目。实施周期长、投资数额大是数字油田的建设与运营不得不面对的残酷的现实。

数字油田的建设和运营过程中风险控制措施主要有：

（1）用变革管理和风险管理的思想来指导整个数字油田的建设；

（2）用发展的眼光来看待数字油田所带来的巨大变革；

（3）按照项目管理的思路来进行整个油田数字化项目的管理；

（4）借助专业的咨询公司来进行整个数字油田的规划工作；

（5）提出的项目指标应该具有较强的操作性，最好有一个对内和对外的双重指标体系；

（6）对数字油田项目的服务商选择尽量合理；

（7）在人力、财力和物力等方面确保数字油田项目的实施；

（8）引入独立的第三方的监理机制；

（9）数字油田项目实施完成后用制度的方式固定下来，强制实行。

数字油田是一个系统工程，在数字油田的建设过程中存在多目标决策的问题。油田企业在拟订建设计划时，不仅要考虑建设的成果，而且要考虑企业利润、设备质量和设备利用率等。有些目标之间往往互相矛盾。例如，设备质量可能同建设成本控制目标相矛盾。如何统筹兼顾多种目标，选择合理方案，是十分复杂的问题。应用目标规划可能会较好地解决这类问题。

我们需要注意的是，数字油田建设目标规划中的目标不是单一目标而是多目标，既有总目标又有分目标。根据总目标建立部门分目标，构成目标网，形成整个目标体系。制定目标时应注意协调各个分目标，消除分目标间的矛盾，以利总目标的实现。各分目标必须服从总目标的实现，不能脱离总目标。由于是多目标，其目标函数不是寻求最大值或最小值，而是寻求这些目标与预计成果的最小差距，差距越小，目标实现的可能性越大。目标规划中有超出目标和未达目标两种差距。一般以 Y＋代表超出目标的差距，Y－代表未达目标的差距。Y＋和 Y－两者之一必为零，或两者均为零。在实际的决策中，有时超过目标的差距，有时未达目标的差距。目标规划的核心问题是确定目标，然后据以建立模型，求解目标与预计成果的最小差距。从本质上来讲，数字油田的建设不是追求“最优方案”，而是寻求“满意方案”。即事先给出每个目标一定的目标值，要求尽可能实现目标，而不是必须实现目标，但其不足之处是可能还存在更好的方案，这也是不同企业的数字油田方案的争论焦点。

确定好数字油田的目标规划，就进入数字油田的建设期。由于数字油田的建设涉及的投资范围广、类别多，如何在保证质量的前提下控制好数字油田的投资成本也是一个亟待解决的难题。长安大学数字油田研究所的思想是，在数字油田的投资建设过程中应引入价值工程理念，即通过集体智慧和有组织的活动对产品或服务进行功能分析，使目标以最低的总成本（寿命周期成本），可靠地实现产品或服务的必要功能，从而提高产品或服务的价值。价值工程是将技术和经济问题有机地结合起来，以产品成本、功能指标和市场需求等有关的信息数据资料为基础，以功能分析为核心，寻求最低寿命周期成本，克服只顾功能而不计成本或只考虑成本而不顾功能的盲目做法。在数字油田的建设实践中，价值工程的理念不但可以应用在工程建设和生产发展方面，还可以作为一项指导决策、一套有效管理的科学方法应用到油田的组织经营管理方面。

10.5 小 结

数字油田的价值研究和风险控制研究是数字油田投资建设过程中，不可的或缺的重要环节，这是因为：

(1) 数字油田价值与风险控制是对数字油田经济学的落实，是理论与实践的关系。数字油田的价值本质是指数字油田的真理含量。这些真理形象地表现为数字油田的科学与技术价值、经济价值和社会价值。

(2) 数字油田的经济价值是油田管理者最关心的价值之一。由于各油田的状况不一，我们把数字油田投资分解成最基本的生产单元——单井。通过对单井的数字油田投资分析向管理者解释项目投资的临界点。

(3) 风险是项目投资中不可回避的问题。对于数字油田的建设者来说，通过对风险的识别、预测和衡量，选择有效的手段，可以降低成本；通过有计划地处理风险，获得企业安全生产的经济保障。

战略・趋势篇

第 11 章 数字油田发展趋势

我国的数字油田建设，如果按照前人对信息化时代规律的研究，即 15 年一个轮回的话，这 11 年的数字油田建设算做进入第一个轮回的暮年了。其实，我们认为数字油田才刚刚起步。

在今天，对于发展中的数字油田，我们一定要给予一个准确的定位，尤其对于数字油田的深层次问题、数字油田现在的建设方法、数字油田现在的建设走向，一定要给予深度研究。所以，论述我国数字油田发展趋势，应该也是本书中最为重要的章节之一。

11.1 数字油田建设的基本估计

对于我国的数字油田建设的现状，我们应该如何评价它，经过多年的研究和思考，在今天，我们可以用三句话概括：①建设的速度很快；②建设的成就显著；③建设的热度不减，但是，也存在着问题。对于这样的评价在这里就不需要展开论述了，因为在其他章节中都有表述了。

对于我国数字油田建设的基本估计，我们也用三句话概括：①油田网络覆盖率已达到 80%以上；②历史数据入库率达到 70%以上；③各种应用平台建设达到 60%以上，正处于从部门级应用向企业级应用跨越或者企业级应用的初级阶段，基本完成了数据集成和 ERP、GIS、MES、SCM、电子商务和一卡通等管理应用。

我国数字油田建设的热点包括数字油田理论初步形成、数据转化信息机制正在构建、油藏数字化管理研究不断深化、油田物联网建设落到实处。数字化管理仍在普及，数字化、智能化油田建设正在推进，数字油田关键技术——863 计划国家重大研究项目与基于云计算＋物联网的技术带动下的数字油藏管理、透明油田等新型技术正在兴起。

对于我国数字油田未来趋势，我们认为会有三个重大转向：数据建设转向数据的关联整理与深层次应用；数字油田建设由地上转向地下，智能油藏将成为重点；数字油田转向知识、智慧的油田，数字油田开始迈向知识化油田。数字油田从地上到地下是一个必然趋势，“十三五”我国数字油田将趋于成熟。但是，当前也遇到了难题，出现了一道一道的坎，需要大家共同努力攻克这些难关。

根据这样一些评价与估计，下面分别予以叙述。

11.1.1 对数字油田研究的基本估计

我国数字油田研究进行了这么多年了，好像突破性的进展并不大，原因肯定是多方面的，但是，主要原因有以下几点。

(1) 学者们在很大程度上仍然受到早先数字油田的思想和理念的束缚。早先的数字油田理念，最重要的思想产生于1999～2005年。当时对数字油田的认识和对数字油田建设的认识，都还处在萌芽状态。对数字油田的认识主要受学者自己所学专业或本学科领域专业方向的深刻影响，学者大都站在自己的专业领域定义数字油田。所以，在数字油田最初几年出现的有关理论、思想和模式都没有超越相关专业方向，最典型的就是地理信息系统理论下的数字油田理论与建设理念。后来还出现了地球物理数字油田理论与理念、自动化数字油田理论与理念、VR数字油田理论与理念等，专业的痕迹都比较深刻。至今依然还有这样的学者，在引用、转述、描述中受到前人的这些思想影响，还打着那个时代的这些专业化数字油田的烙印。

(2) 在现实的数字油田建设中，油田企业比较追求实际，理论难以突破禁锢。对于油田领导、油田主管信息化建设部门及工程技术人员来说，希望越具体越好，建设的东西能摸得着，看得见，大家就不会说钱没花到地方上。大多数企业领导都有规避风险的能力，即不要在自己主管任期对于这样的新生事物在建设上出问题。所以，数字油田的初期建设往往很重视网络工程、通信工程和计算机等这些基础性建设。这些建设当然很重要，而且的确就处在初期必须建设的阶段，但是，主要还是因为大家的认识与这些建设有关，可以看得见、摸得着。这样就会导致对于数字油田的理论、原理、技术等不太重视，研究数字油田的学者们在没有大量实践经验可借鉴的条件下，研究的质量和深度自然会受到影响，技术大于理论，方案超越原理，研究就难以突破。

（3）对数字油田定位不清。这可能是数字油田研究中最重要的一个问题，甚至是一个很严重的问题。其实，大家对数字油田的认可度还是比较高的，原因是数字油田是一个比较新颖的事物。对于商家，数字油田可以“标榜”油田企业信息化建设产品的先进性，占领市场；对于油田企业，可以用数字油田“标榜”企业建设与发展的业绩。于是，由于在官方文件与官方语言中仍然把数字油田叫油田企业信息化或者石油信息化，而且每年的计划投资都是以信息化建设作为规划、计划列入，这样容易得到主管计划等部门的批准。于是，在信息化建设的“大伞”下更加混淆了数字油田和信息化的界限，即使到今天数字油田建设仍然在延续，数字油田与油田信息化概念互换也没有停止过，导致数字油田的概念不清，自然定位也就不清，在某种程度上说数字油田还没有太大的地位。

虽然从研究的角度看数字油田，还存在这样一些问题，但是，数字油田研究还是取得了巨大的成就，如果我们要给一个基本的估计的话，主要有如下几点。

（1）学术专著和高水平的论文等文献不断出现，具有很高的研究水准。中国数字油田研究虽然走得很慢，探索得很艰苦，但是，学者们始终在坚持，表现出了我国知识分子的优良传统。尽管在当今社会人心浮躁，可是仍然有一些学者在默默地追求真理，艰苦探索，取得了很好的成绩。对此，我们应给他们以足够的尊重。据初步统计，十年来有关数字油田的专著在十部左右，数字油田的相关论文在 200 篇左右，在各种会议上的发言和 PPT 形式讲稿达到数百种。很多商家都以数字油田作为名头，举办各种会议，每次会议以数字油田为名作报告的企业和 IT 人员都很多，这种百花齐放的学术氛围非常的好。

（2）高端研究代表了中国数字油田研究的最高水准。数字油田高端研究在我国主要表现在国家 863 计划项目和一些重大先导性实验项目建设上，具有很强的攻关和探索性，一般难度都比较大，具有很重要的创新性，所有的承担者都是不怕艰难，敢于承受的人们，他们的精神令人钦佩。高端研究取得的重要成果，除了与我国科技领域领导高瞻远瞩的支持有关外，更重要的原因是这些学者都有追求真理、艰苦卓绝的探索精神。数字油田关键技术的研究为中国数字油田研究作出了巨大的贡献。

(3) 没有公开出版与发表的文献，其实也有很高的价值。数字油田研究更多的表现形式主要在数字油田建设过程中的发展规划、年度计划、项目总结和专项建设解决方案及各种会议上学者们所作的报告中，这些规划、计划、总结和解决方案，包括 PPT 报告和“数字油田网上论坛”内容十分丰富，尽管没有正式地发表在各类报刊杂志上，但是，这些没有公开发表的文献，更加有思想，不拘一格，百花齐放，应该给予一定的地位和肯定。

对于我国数字油田研究的基本估计没有很好的办法量化，主要是目前还没有作出具体的统计结果，尽管我们在 2009 年西安会议上有一个截至 2009 年的专著和文献的统计，但是，仍然不全面。总的来说，数字油田研究和数字油田建设一样具有很大的成就。

11.1.2 对数字油田建设的基本估计

我国数字油田建设曾经有过两次大的高潮，第一次是 2001～2004 年，数字油田的初期，很多油田大规模地展开基础建设，投入大、场面大、延续时间长、成就大。第二次是 2008～2010 年的数字化管理建设，包括油田物联网建设，这次可以和前一个高潮相媲美，甚至超过先期的热潮，投资大、影响面广、轰动效应大。如果我们给一个基本估计的话，数字油田建设有以下几点成就。

(1) 基础建设成就显著。这主要体现在网络建设、计算机应用的普及和通信能力上。这是数字油田基础工程中的重要建设内容，各大油田在机房建设、数据存储和数据安全上都做了大量的工作，应该说我国数字油田的 80% 的基础建设任务基本完成了。随着 IT 技术的发展，很多油田企业都进行过升级改造。但是，在基础工程建设上数字化员工建设和高端管理人才，如 CIO 和跨学科、交叉性人才工程建设得不够。如果我们给数字油田基础工程建设打分评价的话，可以打 60 分。还有 40 分没有给，其中的 20 分在于人才建设和数字化员工建设的扣分，还有 20 分是在数字油田建设的不平衡性上的扣分。这就是说，由于数字油田在全国发展建设的不平衡性，影响了基础建设的分值，更重要的是影响了我国数字油田建设的整体水平。

(2) 数据建设取得重要突破。数据建设是在基础工程建设过程中的一项重要内容，对此各个油田企业都作了巨大的努力。这项工作不同于基础建设的网络建设等有现成的产品和成熟的技术，而是需要时间和尽心。在信息技术方面，或者说数字油田建设技术中，数据建设技术含量并不高，有人戏称“体力活”。但是，数据建设包含了所有数据都要到位，每一个字符都要到位，时间和精力是主要的，这就限制了建设的速度，加上长达几十年积累的数据要全部数字化入库，这就要求建设者们具有足够的耐心和坚持的精神。我国基础数据建设的重大突破主要表现在对历史数据的入库上，入库率可以达到 80%以上，这样好的成绩是值得肯定的。在数据建设上不太理想的地方是对数据的整理、整合还不够，其实在这一点上现在也遗留下很大的后患，这是未来数据建设要重点解决的问题。同时数据建设也存在着很大的不平衡性，这也是影响分值的关键。

(3) 系统建设各具特色。系统建设主要是指应用系统建设，这其实是一个大工程，技术含量高，建设任务重。在系统建设中需要很高的认识，认识水准跟不上，就会建设不到位，或者重复建设。目前我国没有国家统一标准，基本处在各自为政的局面，有的系统很大，设计、研发不灵活都会带来使用的不便。有的系统不科学，需求分析不到位，建设还没有完成，也就注定建成了用不成，造成很多的浪费。但是，我国数字油田系统建设是中国数字油田建设的一大特色，是油田业务与管理需求的结果，现在依然还在建设之中，还有很长的路要走。

以上是对我国数字油田研究和建设的基本估计，虽然我们还没有很有说服力的数据作支持，但是，基本的成绩和问题，还是看到了。在此我们对我国的数字油田用几句话作点概括。

第一句，我国学者认为数字油田源自数字地球，1999 年由大庆油田提出；

第二句，数字油田是一个边缘性、交叉性、综合性、跨学科的应用科学与技术；

第三句，数字油田的先进性、可操作性、系统性与显著的经济效益，决定了它在油气田中的地位和作用；

第四句，数字油田的本质内涵在于把数据转化为信息，为油田寻找更多油气资源、提高采收率、延长油田的生命周期作技术支持；

第五句，数字油田研究和建设取得了很大的成就，但是，数字油田建设仍然处在初级阶段，还需要很长一段时间和更多的努力去建设它。

这几句话就像是一个电影的画面，将中间一些东西剪掉了，如果连起来就是一个历史的画面。其实数字油田建设后面的任务还很重，如平台建设、知识体系建设和技术体系建设等。

在数字油田提出和建设到今天，我们如何来看待我国的数字油田，仍然是一个问题，尤其深层次的问题，值得探索和研究。

11.1.3 数字油田的深层次问题

我国数字油田存在着很多深层次的问题，由于难度比较大，一般来说大家都不愿意去涉及它。因为，层次越深牵扯的问题越多，各种矛盾交织在一起，往往说不清，做研究往往吃力不讨好。所以，深层次问题被尽可能地回避了。但是，当研究的问题达到一定程度的时候，最好还是不要回避，即使还不可能彻底地说明白、讲清楚、以理服人，还是要把问题摆出来，展现给大家，让所有的学者们一起参与研究，甚至予以批判，目的是为了数字油田未来发展得更好。

数字油田建设，其实就是一个事业，需要不断地研究、建设和推进。

数字油田所牵扯的深层次问题，应该有以下几个重要问题。

1. 数字油田与学科关系

数字油田能否成为学科或者专业？这是一个严肃的重大问题。什么是学科？学科简单地说就是学术分类，是指一定科学领域或一门科学的分支。学科是与知识相联系的一个学术概念，是自然科学、社会科学两个知识系统内知识子系统的集合概念。学科具有三个的要素：

（1）研究的对象和研究的领域，具有独特性，即是不可替代的研究对象；

（2）理论体系，即特有的概念、原理、命题和规律等所构成的严密的逻辑化的知识体系；

（3）方法论，即学科知识的生产方式。

由此可以看出，学科追求知识的发现与创新，学科的知识形态以科研成果服务于社会。

那么，数字油田会不会成为一个专业？专业是高等教育的专业名词，专业的要素是具有专业培养目标和方向，专业目标是为社会培养各类专门人才，专业方向是课堂体系和专业教育等组成的培养专业人员将来从事这个方向的专业教育。

按照国家 1997 年颁布的《授予博士、硕士学位和培养研究生的学科、专业目录》分为哲学、理学、工学和管理学，共 12 大门类 72 个二级学科 249 个专业，但是我们在这里很难找到数字化、数字技术等学科门类，那当然更找不到数字油田了。

显然，数字油田专业学科尚未形成，但是，目前的严重性是：

第一，数字化的人才非常短缺，而且是各类数字化的人才，包括数字化操作人员、管理人员和建设监理人员，尤其是缺少既懂油田勘探开发、生产技术，又懂数字化技术的人员，交叉性、跨学科的人员少之又少，这让我们感到数字油田建设遇到了瓶颈。

第二，数字化人员的培训机制不健全。数字油田建设这么多年来，数字油田管理与建设人员主要是原来从事信息化的人员，也就是 IT 人员，这类人员对数字化技术认识很到位，建设的积极性也很高，发挥了很大的作用。但是，遇到数字油田的深入发展和深层次的建设，计算机的思维与地质、勘探、开发有很大的差距。其中也有很多的人员通过努力，成为数字油田的专家，但是这类人还是很少，所以需要大量的培训，可是培训的机制不健全，很多人想学不知道学什么，也不知道在哪学，油田派出去还没有相近学科的院校接收培养。

第三，高等学校没有培养这类人才的学科，既不可能招本科生，也不可能招研究生。这个学科设置起来估计困难很大，除了对数字油田认识不够外，各种门槛会将其拒之门外，原因很简单，在一级、二级学科里找不到，新的学科没有，新申报很困难，没有人愿意花费很多的时间和精力来做这件事。

严重的人才短缺，严重的数字化专门人才的短缺，将严重地阻碍数字油田建设与发展。数字油田建设发展到现在，最需要既懂专业技术，又会写程序，既懂勘探开发、生产，又懂数字油田管理的人。

2. 数字油田与信息化的关系

信息化、数字油田，多年来这是一个比较容易混淆的问题，也是一个比较严重的问题。翻开数字油田的历史，早年很多文章与报道，数字油田叫得很响，但是数字油田是飘在信息化上空的浮云，以数字油田的名头唤醒人们，但投资和建设却是信息化建设。

人们对信息化的定义，是指新的信息与通信技术普及应用导致的信息传递时阻碍性的消失。在信息基础设施到达的地方，信息化归属地理学（一级学科）的经济地理学（二级学科）。显然，这个归类和定义都不尽合理。信息化，人们最不可理解的两个词：信息与化，组成的一个先进的概念，当然就更加地不易理解了，所以，我们认为这个定义和归类都不正确。

信息化，这个“化”字很符合我国人或者汉语词组，如工业化、农业化、自动化、四个现代化等，在某种程度上代表着先进性或者一种状态。建设工业化，就是一定比传统的工业先进，四个现代化成了我国20世纪很长时间追求与建设的目标。所以，信息化一定是比信息技术还先进的东西，在企业追求信息化建设就成了一个目标。

油田信息对以勘探开发为主营业务的油田企业非常重要，油气在哪里？专家说在“地质家的头脑里”，地质家的头脑里放着由海一样的数据做成的地质图件、油藏图件等，地质家是根据这些图件判断油气在哪里。油气信息其实是从图件中判读出来的，图件信息是由数据组成图件表达出来的，这样就推出来：数据可以转为信息。

从这些描述中不难看出，信息化就是信息在当前的状态变化。所以，油田追求信息化建设是在完善了信息化过程中的数据采集、数据传输、数据存储和数据管理之后将数据在时间、空间条件下转化为信息。要完成这样的转化，需要一个机制和平台，数字油田就成为数据转化为信息的机制和平台，构成了数字油田与信息化的基本关系。

因此，在数字油田建设中，在数字油田和信息化之间，数字油田的表现是：

第一，从数字油田的整体建设上看，数字油田是油田企业信息化的一个创新，数字油田不但要借助信息技术的采集、处理、传输、交换、安全、显示、存储和管理，还要把数据转化成信息，从而读取油气信息，寻找更多的油气资源，提高采收率。显然这是对信息化的一个丰富和创新。数字油田是油田企业建设与发展的需要。

第二，数字油田是油田信息化建设的引擎。数字油田的出现把油田企业信息化建设的速度大大地提升，并且快速推进。数字油田牵引着油田企业信息化快速发展，并取得了很大的成就。

第三，信息化是国家层面推进国家进步的战略。1997年我国首届信息化工作会议上提出："信息化是培育发展以智能化工具为代表的新的生产力并使之造福于社会的历史过程。国家信息化就是国家统一规划和组织下，在农业、工业、技术、国防及社会生活各个方面应用现代信息技术，深入开发，广泛利用信息资源，加速实现国际现代化的过程。"这就足以证明信息化是大众化的，是普及、广泛应用信息技术，且使用现代化信息技术的过程，是提高国民整体素质和国家技术进步的需要。

数字油田不是大众化的，是行业的，主要是石油石化的特色建设，也可以说是企业的，就是以勘探开发为主营业务的油气生产企业的数字化的建设与未来发展的战略。但是，信息化包含了数字油田。

国家为信息化提出七个要求：开发利用信息资源；建设国家信息网络；推进信息技术应用；发展信息技术和产业；培育信息化人才；制定和完善信息化政策；形成国家信息化体系；现在又加了一个确保信息安全。

我们为我国数字油田建设提出五个要素：实现油田企业数据正常化建设；有效完成油田数据与信息资源的共享；开发和利用油田海量数据资源，实现数据转化信息寻找剩余油和提高采收率；油田信息化与工业化融合推进国家战略在油田的落实；数字油田技术体系为油田经济发展提供技术支持，保障可持续发展。当然，我们也要加上数字油田的安全体系建设和完善。

3. 数字油田与信息技术的关系

我们都知道，IT 是来源于 information technology，简称"IT"，翻译成汉语为信息技术。对于信息技术的定义为：信息技术是有关数据与信息的应用技术，其内容包括数据与信息的采集、表示、处理、安全、传输、交换、显现、管理、组织、存储和检索等。从这些描述来看，信息技术应该归通信技术学科（一级学科）通信原理与基本技术专业（二级学科）里，显然，在高校通常认为是电子技术类。还有一种认为信息技术是利用电子计算机、传感技术、现代通信技术和智能控制技术等获取数据、传递、存储、显示和应用信息的技术。这一描述可以归为资源科技学科门类（一级学科）的资源信息学专业方向（二级学科），这应该是计算机或者地理信息系统一类。

信息技术在信息时代到来以后推进得更快，在社会现实中从事 IT 技术服务的部门很多，有各种类型的公司，比较典型的是网络技术，计算机供应、销售和配件服务以及软件开发等，它们一般都被划归为这一类。能够从事信息技术服务的人员大都毕业于计算机专业，基本上80%都是这一专业方向的人员。

由于信息技术包括科学、技术、工程和管理，在某种程度上其管理成分比较大，包括信息需求、系统配置、信息流程和信息标准规划等，刚好和油田企业对信息化建设的需求相一致，这样大多数的油田企业都成立了一个管理部门——信息中心。信息中心基本职能是编制计划、规划；计算机网络设备采购与安装；系统维护、软硬件配置和计算机维护等。所以，有人认为信息中心就是IT管理部门。

IT在现实社会中具有广泛的领域，市场细分使得IT也在不断地分化组合，大浪淘沙。IT界具有很强大的精英人物，他们是一个个团队的核心，强大的精英团队占领着最强大的市场。

在油田开始数字油田建设之初，IT界功不可没。我们所称的IT界是对从事各种信息技术服务的部门和企业的总称，IT界在信息化时代到来之时首先敏锐地感受到了数字油田是一个崭新的事物，从事数字油田建设将会给IT产业界的销售、工程带来巨大的商机，所以IT界在完全不知数字油田的内涵和外延的情况下，只认准了一条：网络建设和计算机普及及相关无纸化办公设备必将商机无限，包括机房建设，在数字油田的大旗下到处宣传，到处作报告，与油田信息中心一道推进了数字油田的初期建设高潮。

我们认为微电子和软件技术是信息技术的核心，集成电路和集成度、运算能力、低功耗等都是信息技术追求的目标。在21世纪初，人们研究信息技术认为，每18个月就翻新一次，一个芯片集成上亿个元件，构成了单片系统(SOC)，模糊了整体机与元器件的界限。软件渗透在硬件之中，成为固化了的软件或硬件软件化等，这些技术才是真正的信息技术。所以，我们还是应该还原信息技术高、精、尖的本来真面目。

由此可见，数字油田是需要IT的，也就是信息技术是数字油田建设必需的技术之一，但是，数字油田绝不能等同于信息技术。数字化就是数字化，信息化就是信息化，信息技术就是信息技术。在数字油田的初期，油田企业信息技术是主要的建设技术，成立信息中心组织数字油田的基础工程建设是合适的，随着数字油田的深入发展，信息中心这个部门的功能已经不能满足数字油田建设的需要，原来的那种服务于油田专业的思想，已经不适应数字油田发展的要求和地位，传统的信息中心挂在办公室下的模式也不适应数字油田发展的要求，必须改变。

4. 数字油田与油气产量的关系

油田企业的产量或者油气当量与数字油田建设有必然的联系，这是我们自 2005 年以来一直探索、研究的一个问题。在我们当初的设想：检验数字油田的成就，就是发现了多少油气资源，如何提高了采收率，而检验这两点的指标就是每年的数字油田建设投入与油气当量的增量。

多年来，我们追踪各个油田企业的油气产量变化，也追踪各个油田企业数字油田建设投资与投入。但是，由于油田企业对投入无法量化，对投资的保密，我们很难进行深入细致地研究。

产量，我们每年都要收集整理，希望形成一个变化的趋势图，特别是对于典型油田企业。我们认为，数字油田建设突出的油田企业更是要关注和研究的对象。

我们统计了排名前十位的油田企业 2003～2010 年的历年油气产量，从统计中根本看不出数字油田的投资建设对油田企业产量有多大的影响，而且，奇怪的是，我们认为建设的水平同全国的水平相比可能要落后五年之多的油田，原油产量每年却都在增长，我们认为数字油田建设最为先进的企业，原油每年增长很少或者不增长。对此，我们也到过相应的油田企业作调研，仔细地分析了油气产量和数字油田建设有什么千丝万缕的联系。可以得出这样几点。

(1) 数字油田是个后效应。数字油田建设投入巨大，对油田的业务与管理可以立竿见影，尤其是网络建设、数据建设和数字化管理建设，它们共同的效应是改变了工作状态和生产运行方式，这就是效用与效应。但是，数字油田建设对产量的增量影响力现在还看不出来，这与数字油田的后效应有很大的关系。后效应是指，现在投资建设，它的影响力慢慢地渗透在业务中，需要很长的时间才能看到结果。这是数字油田的一大特征：先投资建设，后见效果。

(2) 油气产量太复杂。油气产量与油藏有关系，与地层有关系，与井筒有关系，与生产管理和运行有关系，与抽油机设备和电力等配套有关系，每一个环节都在影响着它。油气产量不像我们看到的那样，油田企业每年都在定任务，每年都能完成，年年有增量，年年还能超产，这个好像很神奇，其实油田企业每年都在作调整，新建产能有各种方式，新增产量有各种措施。对于油田企业来说稳产、高产、增产都是目标，这些目标的实现都需要依靠科学技术，数字油田没有直接地作用于产量和增量，所以好像没有必然的联系。其实不然，数字油田对产量没有直接的关系，但是数字油田建设对产量的影响力处处可见，它不过是一个间接的关系，而且是很密切的关系。

（3）数字油田与产量的作用现在没有发挥出来。例如，我们对油井的监测与监控，就是为了能够及时发现抽油机的工况和油井的井况变化，能够及时地发现油井作业现状，不要造成损失，这是一个精细化管理的问题。我们要做到对油井每时每刻的掌握，如果这个井筒结垢、结蜡了，我们要在它还没有影响产量的时候知道，马上进行处理，用很短的时间清理，这样就不会占用太多的时间影响生产。现在数字化的程度对油井的精细化还做得不够。数字化就是要在精细化管理上做文章，发挥作用。

数字油田建设的作用是在数据转换为信息上发挥作用，这个作用没有人能替代，所以，我们还在建设中，没有形成一个完整的数字化技术体系，对油田企业的产量还没有发挥到应有的作用。

5. 数字油田与专业软件的关系

专业软件，服务于不同专业领域，有各自的应用群体，解决各自领域的问题。专业软件是油田业务中的重要工具，多少年来专业工程技术人员就是依靠各类专业软件完成了数据的转化，做出各种地质图件，研究各类地质问题。据我们粗略地统计，中等规模油田的石油专业软件已达到13类77种，大规模油田的专业软件更多，现在随着数字油田深入建设这些专业软件却成了一个严峻的问题。

石油专业软件的13类77种为：地质绘图类，6种；地震处理类，11种；地震解释类，17种；测井解释类，7种；盆地分析类，7种；地质建模类，8种；数值模拟类，3种；油藏工程类，1种；动态分析类，8种；注水模拟类，2种；水文地质类，2种；评价类，3种，储量评估类，2种。

上述分布在多个专业领域中的软件，勘探类软件占据强大的软件地位，地质研究类次之。这样多的专业软件，如何统一在一个平台上，实现协同工作？这是一个技术难题。加上油田业务中还在不断地产生新的专业软件，数字油田究竟如何发展，未来还有很长的路要走。不过这一技术在不久的将来一定可以实现。

数字油田还有很多深层次的问题，我们暂不一一阐述了，需要所有学者和建设者们再挖掘，更重要的是研究问题和解决这些深层次的问题。

11.2　数字油田建设方法论及其体系

在论述了数字油田研究和建设的基本估计和对数字油田进行了深层次问题的探讨后，还有一个问题，数字油田这么多年来是怎样建设的？这是一个方法问题。

方法是建设中的一个重要问题，方法正确说明办法对路，方向正确，就会沿着正确的方向发展，从而看出其发展的走向。

11.2.1　数字油田建设方法论

我们在研究我国数字油田发展趋势之前，一定要摸清我国数字油田建设及指导我国数字油田建设的思想与目的，摸清我国数字油田的建设格局与方向，摸清我国数字油田建设的方法，这样才可以看清我国数字油田发展的趋势。

为什么要先研究方法呢？因为，方法是人们认识世界，改造世界活动都要遵循的“方向法则”。这就是说，我们在认识世界的过程中要方向正确，办法对路，在改造世界的过程中方向明确，技术科学。无论认识世界还是改造世界，都要运用一定的符合对象实际的方式方法；否则，就不可能成功。正是由于在人类活动中具有方向法则，在方法论指导下，才可以摆脱“自在存在”而成为“自在自为的存在”，从而建立起高度的方法论体系。

人类已进入高度的物质文明和精神文明的时代，数字化时代使得物质文明与精神文明发生了质的飞跃。数字油田就在这样的飞跃中产生，又在油田企业中形成一个数字化的时代，这个时代前所未有。

人们进行数字油田建设的过程，其实就是一个认识世界的过程，这个认识过程就是认识数字油田本质的过程，为此也要方向正确，办法对路；数字油田建设的过程也是改造世界的过程，这个过程更要方向明确，办法对路。这就需要方法论作指导，才可以达到，并建设得更好。

方法论，是关于认识世界和改造世界的理论，一般包括内在结构、本质特征、基本功能等。方法论是一切科学技术（哲学、工程学、技术等）的理论基础，是一切科学技术、实践活动的动力，是科学技术活动与创造发明的工具和“杠杆”，是人类理想到达实践的“桥梁”。

数字油田在某种程度上讲，为油田企业的进步作出了很大的贡献。但是，数字油田建设不能盲目地建设，不能随意地建设，人类已经进入信息化和数字化时代，并将很快迎来智能化的时代。数字化是当今社会发展与进步的一个趋势，数字油田完全包含了这样一个时代进步的全部思想、技术与智慧。这样，对数字油田的认识与建设提出了更高的要求。

方法论的核心是方法内涵，“方法”是什么？古人说“中吾矩者，谓之方，不中吾矩者，谓之不方。是以方与不方，皆可得而知之。此其何故？则方法明也”（《墨子·天志》），这里强调了度量方法的重要性。在中国古代“道”、“术”、“规”都是方法之义。在西方“method”（英语）、“méthod”（德语），都来自于希腊语，为“遵循某种道路”的意思。

实际上方法的内涵分为：①关于指明活动的目的方向；②关于达到目的的方向而必须通过的途径；③关于达到目的的方向而必须采取的策略手段；④关于达到目的的方向所必须运用的工具；⑤关于有效地运用工具所必经按照的操作程序等。这样五个有机程序的层次和要素构成方法体系。人们在完成某一重大活动或者建设工程时，都要注意方法，其实就是强调要依照这五个要素和层次办事。

在方法论中的五个方法要素或环节，层层相连，一环紧扣一环，从而构成了有机的方法体系，适用于人类社会任何时刻、任何时代的认识世界和改造世界的活动。因此，数字油田建设是当今时代油田企业建设与发展过程最重要的认识活动和建设活动中的一个重大工程，所以，一定要依照和遵循方法论思想，在方法论指导下建设好数字油田。

11.2.2　数字油田建设的方法体系

1. 关于数字油田建设的目的方向

方法论中的目的方向问题是方法的重要问题，它处于方法系统的最高层次，认为人的任何活动，只要是有意识的，无论是认识活动还是实践活动，无论活动复杂与否，总是为了实现认识对象或改造对象的某种目的，这就是要解决“做什么”的问题，这是一个战略性问题。

“做什么?”就是要解决方向问题，方向不清，目的不明，就成为盲目的活动，盲目活动是无意的，必将失败的活动。数字油田建设“做什么”就是要解决方向问题，即“方向法则”。

数字油田建设究竟是做什么？当年提出数字油田时，给人们的第一反应就是实现“信息共享”。多年来，油田企业面对点多、线长、面广的生产特点，希望能够得到一个快捷的方式做到“互联互通”，最便利地让上游、下游生产管理过程中的信息畅通，最便利地使生产前线与决策者的信息互通，最便利地把生产与研究之间的信息沟通。

其实，对于数字油田的建设者影响最深刻的是，当快速发展的“信息高速公路”建设得很完美的时候，大家一个最为直接的感觉是“信息高速公路”有了，“跑什么?”。因此，第二个意识就是数据建设。

网路上要跑的就是数据，中心机房建设存储的也是数据。数据在哪里？大量的数据还在档案库里，在文件柜里，在档案盒里。于是大家开始不遗余力地建设数据库，这样就出现了数据建设的高潮。这是当时条件下的第二个目的。

油田企业具有海量的数据，数据是油田企业的资产，因为数据很重要，地质研究、储量计算、开发方案编制等，任何时候都离不开数据。传统的数据管理方式是档案室、档案柜、档案盒，全是纸质的。数据建设就是将纸质表格电子化，将各种图件矢量化，将文件报告电子化，全部装进电脑里，然后建立相应的数据库管理数据，建设相应的应用系统应用数据。

数据库分为基础数据库和专业数据库，将油田企业的各种数据分别放在不同的数据库里，然后供各类人员共享。随着数据建设的深入发展，人们发现数据建设并不是设想的那么简单和容易，数据其实很复杂。一是数据电子化整理入库并不是将数据录入，管理了就算结束了，其实“数据建设，标准先行”，没有标准，数据是无法入库的，没有标准，就没有数据的良好管理与使用。二是数据分为历史数据和适时数据。历史数据指的是自油田企业诞生以来所有的勘探、开发、生产数据，这些数据几十年甚至上百年都躺在文件盒子里，要实现共享，必经电子化入库。适时数据是正在生产中产生的数据。油田企业勘探、开发、生产在每天、每时进行，数据在每天、每时都在产生，数据建设不能顾了历史的数据，又让新产生的数据再成为历史数据。于是在数据建设中提出了“数据正常化”建设。

经过十年的数字油田建设，我们仔细地回顾一下建设的历程，其实，数字油田建设十年，我们就干了一件事：完成了“信息高速公路”建设，让数据在“信息高速路”上运行。这是我们十年来数字油田建设最大的成就，这个建设方向是明确的，办法是对路的。而且，解决了数字油田初级阶段做什么的问题。

其实，数字油田“做什么?”是一个大的方向与方法问题，必须很好地解决。

第一，方向问题。主要体现为数据正常化建设方向不明确或者半明确。“数据正常化”的理念，就是数据中心管理数据，从数据的源点采集、数据管理、数据监管到使用后的数据返回，有一个完整的办法，这就是中国石油新疆油田分公司的方法。

新疆油田对数字油田数据正常化的诠释是：“数据正常化是指在生产过程中产生的新数据由数据源单位作为正常业务工作按照规定的时间、格式和质量要求加载进入数据库，实现信息资源管理的良性循环。数据正常化的内容包括业务数据入库的及时、准确、完整、规范，即数据正常化包含数据的及时更新维护、数据的准确性、数据的完整性、数据的规范性，最终实现数据的质量保证。”

这个理念和方法非常好，我们认为数据正常化就是数据常态化管理和运行、使用。它至少包含三点。

(1) 对于数据要进行严格的标准化整理。这个整理不是一般意义的整理，要求不但分类、入库，更重要的是数据的关联。

(2) 对已经标准化入库的数据要实现严格的科学化的流转。中国有句话：“户枢不蠹，流水不腐”，数据也要做到科学化的流转，新疆油田给我们带了一个好头。数据申请、数据使用、数据返回、数据监管、数据再入库等形成一个闭合的圈。

（3）现行生产的数据是我们正在产生的新数据，一定是从数据的源点产生的数据。这个正常化是个难点，也是很多人方向不明，办法不对路的最大的问题。我们很多数据做不到正常化，把新数据又变成了历史数据。所以我们强调，数据正常化要做到常态化。

所谓常态化，就是数据建设不要有阶段性，数据建设没有节点，是一个完整的链路，在每时每刻地正常化地流转，这是数字油田完美的必备条件。

现在数据建设还存在差距，还有很多油田企业的数据仅完成了纸质数据的“搬运”，电子化搬到数据库了，这不算数据建设。没有整理的数据，还不算是完整的数据，也就不是真正的数据；没有实现数据正常化，即常态化的规范流转和应用的数据，不是真正意义的数据。这一点，我国的数字油田还有很长一段路要走。

第二，方法问题，也是数字油田“做什么”的问题，是数字油田的最终目标是什么的问题，这在我们之前很多章节中论述过，但是这个问题始终没有完全解决，主要还是认识问题。

我们认为数字油田就是解决为油田企业寻找更多的油气资源，提高采收率，延长油田的生命周期，这是我们数字油田建设的根本方向和目的。但是，有学者提出，数字油田怎样寻找油气资源？怎样提高采收率？按照传统的作业方式，需要直接作用于油田的地质与油藏中的技术是找油气技术，如地球物理勘探找油，就是依照地球物理的原理，利用地球物理勘探设备和技术，采集数据，然后数据处理，作出地球物理专业图件进行解释，发现异常，得出油气在哪里，地质人员依据这样的信息和结论布钻打井。这是技术和方法，可以解决寻找油气资源的问题。数字油田的确没有这样的功能和技术。但是，这种看法不对，数字油田最大的功能在于整合，整合是数字油田的一个基本技术与方法，数字油田通过整合数据、技术、方法，将多源、异构、多尺度的数据放在一个平台上，提供给不同领域、不同专业的人员在同一个平台上研究同一个技术难题，只有数字油田才能做得到。所以，数字油田“做什么”的问题，一定是解决寻找更多油气资源、提高采收率、延长油田生命周期的问题，这是油田企业最大的方向问题。

数字油田建设到今天，很可能要进入一个盲点。数字油田“做什么”的问题，会困扰着大家。

2. 数字油田建设的途径

途径问题是个路线方法问题。数字油田建设是有规律可循的，要按照数字油田的规律建设数字油田就没有错，不按照数字油田规律建设就会出问题。

数字油田的规律就是数字油田建设内容的必然联系，我们不能把它割裂、撕开、独立了。数字油田从网络工程建起，数字工程、数据工程、信息工程、知识工程到智慧工程，一步一个台阶，不能越界，可以交叉建设，但不可能超越建设。例如，我们没有建设网络工程，就开发应用系统，那就是一个一个孤立的单机版应用软件，是没有前途的。

如果我们希望针对自身的特点，与众不同地建设，那就选择一个主题建设，前提条件是必须在数字油田大的框架下。例如，长庆油田的数字化管理建设，就是数字油田大的框架下的典型代表——数字化管理主题建设，建设很成功。

数字油田建设策略既有大策略，又有小策略。大策略是大政方针，这个不能乱，要做到主体能动性与客体必然性的高度统一。人所特有的方法系统，不仅是人的直觉能动性的一般标志，而且还是人的主观能动性的最高标志。主、客观高度统一的本质是实现正确地反映主体、客体以及主、客体之间的本质特征与发展的规律性。

策略还具有层次有机性与功能互补性的高度统一。所有系统都是多层次的，系统方法论要求这些多层次一定是有机联系的，不能割裂。同时，所有层次要素的功能是相互补充的、合力的。数字油田就是一个大系统，层次多，功能多。数字油田建设的最终结果一定是一个高度统一的整体，层次之间的高度统一和有机联系、功能之间的高度统一和有机联系、层次与功能之间高度的统一和有机联系，只有这样才可以建成一个完美的数字油田。

在数字油田建设中就是要坚持按照主体能动性与客体必然性的高度统一、层次有机性与功能互补性的高度统一，确立大政方针，即我们的建设规划和年度计划，还有平台总体设计，甚至于将来解决方案中要采取的措施等。

小策略，也不能忽略，它可以带来大的效益，如建设的速度与效果。这个主要体现在我们的数据建设、系统建设等。“建设上有系统，使用上无系统”就是一个策略，是系统建设，甚至于平台建设的策略。这一策略有难度，但却是一个很有价值的策略。

数字油田建设的策略在长安大学数字油田研究所编制的“数字油田建设总图”（见附录图 A2.1）中的左侧给予的全是方法、技术与策略，在建设的不同阶段，都有相应的策略可供选择。如我们提供的：“以引进为主，自主研发为辅”；“以自主研发为主，以引进为辅”等都是策略。我们必须要高度地重视方针和策略，这是非常重要的一个问题。

3. 数据油田建设的方法体系

数字油田建设的目的方向、途径和策略等构成了数字油田建设的方法体系，在这个体系中还有技术、程序和工具等，这里不一一叙述了，但由它们共同组成的方法体系，是我们数字油田建设过程中一定要遵循和采用的方法，这也是我们数字油田建设的方法论体系。

数字油田的方法体系保障数字油田沿着正确的方向，经过良好的途径，实现数字油田建设的真正目的。

11.3　数字油田建设发展趋势

有专家认为，我国石油发展史是一部科技发展史。到了 21 世纪末，是否也会有学者可以增写为：我国石油的发展史就是一部数字油田发展史。数字油田将会伴随石油企业发展的全过程。

新中国成立时，原油产量仅有 12 万吨，现在产量已达 1.8 亿多吨，翻了 1500 倍，其中科技的作用是主要的力量。将来还会补上一句：其中数字油田的作用也是主要的力量。

数字油田发展到今天，一定会坚定地走下去，怎样走？走到哪？如何走？大家都很关心。这就是今天我们要做的一件事，预测一下我国数字油田的发展趋势。

11.3.1 数字油田趋势分析

数字油田趋势分析要建立在我们前面分析叙述的基础上，然后根据现在的数字油田建设与发展走向，判断出未来数字油田的发展趋势。

1. 数字油田发展，内因是关键，外因是条件

我国数字油田发展、建设的动因是多方面的。由于国内油田与国外石油公司对数字油田有着完全不同的理念，所以，我国数字油田发展之快有着深层次的原因。

事物发展变化必须具备两个条件：内因和外因。按照内因是关键，外因是条件的哲学观点，我们站在哲学的层面上看，数字油田本身内涵使得数字油田得到人们的认可；站在技术的角度看，数字油田的高科技含量使其建设推进得很快；站在油田企业需要的方面看，数字油田的先进性决定它走得更远。

2. 数字油田的内因与外因

这样看，我们需要知道数字油田的内因和外因是什么？

2006年，我们在研究数字油田的演化过程时，认为推动数字油田演化有两个动力：原动力和推动力。原动力是采收率；推动力是全球化和IT业界。同时认为数字油田又是石油信息化的引擎，数字油田拉动油田企业信息化的快速发展。数字油田演化过程如图11.1所示。

图11.1是研究数字油田演化过程的一个示意图，在图左侧有一句话："增强企业实力，提升企业国际竞争力"，这是数字油田最初的思想。这是当时大家最爱说，也是说得最多的一句话。图11.1的上下方是数字油田演化过程中出现的事件或者是国际、国内信息化、数字化的基本动态过程事件。图的右侧是从数字油田到智能油田、智慧的油田，这是数字油田从出现到发展的结果。关键是中间这个有箭头指向的过程。在全球化这样的大背景下，数字油田被提出来了，并且在两个动力推动下发展到数字化、智能化，直至智慧的油田。图11.1中其余的都是数字油田需要建设的内容。

我们依据这样一个思想，可以看出数字油田的内因是油田企业的需求导向，就也是原动力，表现在油田的目的性上是提高采收率。这是最为直接和关键的

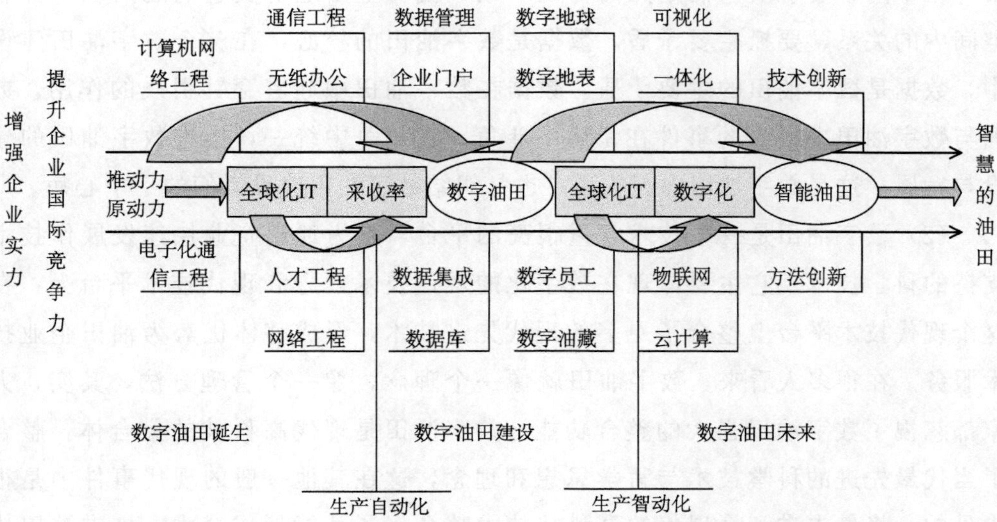

图 11.1　数字油田演化过程示意图

一个内在因素。按照哲学的观点，内因是事物变化发展的内在根据，是指事物内部矛盾对立双方的相互作用和斗争。内因是事物存在的基础，是一事物区别于他事物的内在本质，是事物运动的源泉和动力，它规定着事物运动和发展的基本趋势。所以，我们研究数字油田的内因除了油田企业的业务需求导向外，还有就是数字油田的内生结构性和目的效果一致性，这也是数字油田的基本内因。

在图 11.1 中的推动力是指全球化的趋势和信息技术的快速发展，这是数字油田主要的外因。数字化、数字油田都是在这样的大背景下产生的，也是在这样的条件下发展的，从哲学的观点看外因是条件，没有这样的条件也就没有数字化和数字油田的建设与发展。

3. 内因外因作用的结果

（1）数字油田是一个开放的巨大的系统，它包含着油田业务的所有方面，勘探开发、生产、集输和经营管理，构成了一个大系统。数字油田要把数据流、信息流、业务流融合在一起形成一个整体，在一个整体中完美地运行，为油田主营业务技术服务。但是，任何事物都存在矛盾斗争，数字油田包含这样多的事件在中间，要解决它们之间的协调一致，就要全面地解决它们之间在事件和空间中的关系，要抓主要矛盾。数据是数字油田的核心，在整个数字油田建设中，数据是数字油田的主要矛盾。数据在数字油田中起着穿针引线的作用，数据与数字油田中很多的事件在矛盾中斗争，在斗争中统一，推进数字油田的建设与发展。这是数字油田内因关系，也是纠结数字油田建设者们的一个心病。

（2）数字油田是一个技术含量很高的平台，是为油田企业快速发展作技术支持的科学技术。它主要体现在数字化的现代技术理念和现代技术平台上，在这个现代技术平台上整合了更多的现代先进技术，形成整体优势为油田企业技术服务。在很多人看来，数字油田就像一个理念，像一个管理方法，其实，大家都忽视了数字油田强大的整合功能。数字油田是现代高科技的集合体，整合了当代最先进的科学技术与科学思想和理念，这在其他一般的现代事件中是很少见的。将最先进和最现代的高科技技术整合好了就能形成合力，推进油田快速发展。但是，整合技术与整合后的结构构成内生结构性，这个结构一定是有机的、自然的，不能是生硬的，这就是数字油田内因的一个基本动因。在整合中内生结构出现不一致性就会形成矛盾，阻碍数字油田的发展。

（3）数字油田建设的最终结果要和人们心目中期盼的那种目标是一致的，这就是效果。目的和效果一致性是数字油田的又一个内因。在数字油田之初，人们宣传数字油田最多的一句话是“提升油田企业的管理水平和国际竞争力”，这其实是数字油田的一面，但是，数字油田的管理作用是毫不夸张的事实。而且数字化管理的作用非常强大，远远超出了原来人们认识的那么一点点管理作用。如“听数字指挥，用数字说话”，这是前所未有，也是挖掘出数字油田的高科技含量的管理功能的动因之一。目的和效果一致了，就出现了建设的效果，人们就会加快建设，加大力度建设，从而推动数字油田的发展。

由此可见，数字油田本身的内在因素是数字油田发展的主导因素，全球化与信息技术的快速发展，包括数字油田在国际、国内和企业技术环境条件是外在因素，内因决定外因，内因是关键，外因是条件，数字油田的这些因素导致其具有很强的生命力，这是数字油田发展的主要原因。

11.3.2 数字油田发展中的问题

数字油田在发展，我国的数字油田在快速地发展。当然，在发展中还存在很多问题，而且这些问题其实还很严重，应该引起我们足够的重视。

(1) 数字油田发展不均衡。数字油田发展得并不均衡，尽管数字油田建设有 10 年之久了，数字油田在一些油田企业中的建设速度之快，数量之大，都令人称奇，但是，即使在同一个集团公司各企业的情况也不同，有些差距还很大。

从总的情况看，在集团公司排名靠前的油田分公司建设得比较好，在一些新型油田企业建设得也比较好。而产量递减比较快，衰退型的油田，一般建建停停，连续性不够。带来问题的主要原因有两点：①这与油田企业的实力有一定的关系，但是，关键还是与油田企业领导的认识水平和油田人的观念、理念有很大的关系。②中国“四架马车”建设差距也很大，主要表现在投资、建设理念和速度上。

(2) 数字油田建设不完全性。数字油田建设不完全是指没有把一个项目很彻底地推行完，就是完整性不够。我们一些油田搞了一个主题建设，带了一个头，创了一个先机，轰轰烈烈地搞了一个大场面。参观的人很多，学习的人很多，其实只作了一点先导性的实验，根本没有把这个项目或者工程彻底推行，留下很多的问题，甚至出现难以收拾的摊子。①数字化井场建设，轰动一时，一般性技术很成熟，安装容易。但各种队伍齐上阵，技术水平参差不齐，造成很多后患。因为，深层次的技术问题根本没有得以解决，维护问题非常多，维护费用有可能大大高于安装费用，总的成本未必比人工成本低。②由于体制问题，领导更换比较频繁。换一人一个想法，导致工程不连续，数字油田建设不能依据数字油田建设的规律，出现前人建设，后人推倒的现象。其实，无论领导怎样换，数字油田建设还是应一步一步连续向前走，这个目前仍未做到。③各大油田都在强调“五统一”原则，其实在建过程很难做到，由于认识和领导更换，使得建设中系统不连续，解决了信息孤岛，又出现“系统孤岛”。

(3) 数字油田“支线效应”。在数字油田建设中有一个“前方一公里”和“最后一公里”问题，前者是油气集输管网问题，后者是网络、通信问题。“支线效应”就是坐飞机从主干线到支线，支线飞机受制于主干线飞机到达与否。主干线飞机到不了，支线飞机就只能一推再推地晚点，这就出现一个“延迟效应”。飞机运输是远程最快、最舒服的运输工具，但是，现在机场越建越多，飞机越来越多，延迟、延迟、再延迟，越来越让人感到没有优越感了。我们在数字油田建设中如何避免这种支线效应和延迟效应，值得研究和注意。

(4) 平台建设，“一键式”操作技术。网购有一句话：“一点秒杀，漫长等待”，这也是一个效应。网上购物非常便捷，不要跑路，不要花交通费等。但是，漫长地在家等待成了新的问题。数字油田建设会不会出现这样的“一点秒杀，漫长等待”的现象呢？这就产生一个问题，平台是否建得越大越好，越全越好呢？节点越多，环节就越多，过程就越长，等待的时间就越长，我们提倡“一键式”操作，就是傻瓜化，这个实际上是智能化程度很高才能做得到。因此，过程优化，减少节点与按钮，高度智能化目前还做不到。

(5) 数字油田在油田，“N 院一中心”，“谁主沉浮”。各大油田都有研究院、勘探院（钻采院）、开发院等，虽然叫法不同，但是，大体上是三个院，勘探院是数据量最大的，研究院是专业数据最精确的，还有设计院、工程院都拥有数据。现在如何解决数据的不唯一问题，遇到了很大的麻烦，信息中心的职能也受到了质疑，办公室下的信息中心更是不能胜任这一艰巨的工作。

数字油田建设与发展中问题还很多，不能不引起我们的忧虑。

11.3.3 数字油田的走向

数字油田的发展趋势，是由内因和外因共同作用的发展结果。在内因和外因作用下，数字油田的发展趋势是更高、更快、更深、更宽、更聪明、更安全和更好发展，关键表现在宽度、深度和高度三个方面。

(1) 宽度，数字油田建设横向拓展。数字油田包含油田的所有方面：勘探、开发、生产、地面工程、集输储运与经营管理等，数字油田建设不再拘泥于网络、机房和数据库，已拓展到井场数字化管理、云计算、油田物联网与地下三维可视化油藏管理等。其典型代表有长庆油田数字化管理与新疆油田的智能油田。这些我们认为就是数字油田建设的一个主题，但是，这个主题的贡献在于把数字油田在横向上拓宽，是一个很好的建设方法，使得数字油田的内涵更加丰富，外延更加广泛。

(2) 深度，数字油田建设纵向深入。主要体现在由一般的数据建设转向数据的应用建设、数据共享转化为信息的共享、数据转为油气资源信息得到更广泛的认同、寻找油气资源的方法技术更加明确。其深度最典型的代表是胜利油田的数字油田关键技术研究。数字油田关键技术的研究对中国乃至世界都是一个贡献，即从高端入手，从深层次探索数字油田的本质内涵，建立数字油田的技术体系，这是一个很了不起的贡献。

(3) 高度，数字油田必然走向智慧的油田。数字油田需要智能，这里的智能是指自动化水平更高，接近人的应变能力。但是，它毕竟不是人，只是依靠计算机将本来需要人来完成的一些动作完成，而且更加人性化。这些也都是由人设计和制作的，主要是简化和优化环节，是一个技术问题，不要将其扩大化地表述，似乎未来油田连人都不要，这是不可能的。

油田需要智能化，在油井生产过程中，发现油井故障，自动关停或者远程启停；油气集输管网自动检测，发现跑、冒、漏等然后报警等；在系统建设中我们的数据自动检索和提取，平台系统之间的智能化耦合等，这些都需要将数据智能化地关联好，才可以达到智能化。智能化的数字油田为智慧的油田提供基础。

智慧的油田是数字油田＋大成智慧的综合体，是用智慧来解决在当前条件下无法解决的难题。可以理解为在数字油田的平台上，加上科学技术人员的智慧，来解决油田重大技术难题。因为数字油田为专家们准备好了一切咨询和技术手段，专家和技术人员只需在数字油田准备好了的图件和辅助决策上作出正确的判断，形成一致的决策意见。这就可以应用数字油田综合研讨厅技术，在未来油田远程诊断与难题研究时都可以在这个研讨厅中会商完成。

这里我们顺便介绍一下钱学森同志的大成智慧思想。大成智慧是钱学森早年提出创建系统学的基本思想之一。钱老认为处理复杂问题的系统工程方法就是“坚持从定性到定量的综合集成法”，这是从整体上研究和解决问题的方法。随着科学技术的发展，系统工程和系统科学从工程系统走向社会系统，进而提出开放的复杂的理论和处理方法，即以人为主的人机结合的、从定性到定量的综合集成法，这就是大成智慧工程，也就是要集信息技术、知识之大成来解决复杂系统问题。1993 年在同钱学敏教授通信中又提出性智、量智的“大成智慧者，就是要把所有科学家的智慧集成在信息革命时代发挥作用”。因此，数字油田正是钱老所指的“第五次产业革命（信息革命）”的时代，就是人们利用网络、数据库、计算机、全球通信、多媒体技术，再发挥人的聪明才智，使我们在数字油田平台上完成“量智”的过程，最终形成数字油田＋大成智慧＝智慧的油田。

通过以上的分析研究，我们认为未来数字油田的发展有三大趋势：

(1) 数字油田一定从地上走向地下，这是一个必然趋势；

(2) 数字油田一定从数据、信息、业务整合走向数据、信息、业务的融合；

(3) 数字油田一定从数字油田走向数字油田＋智慧＝智慧的油田。

这三大趋势需要五大基点来支持，因此，五大基点是：

(1) 数据正常化，即数据的关联整理与深度应用；

(2) 油藏数字化与动态管理，即智能油藏；

(3) 勘探开发一体化，即多源、异格、多尺度数据同平台技术；

(4) 地上地下一体化，即通明油田；

(5) 知识与智慧的科学转化。

三大趋势与五大基点支撑，具有很大、很广泛的内涵，需要时间来研究和证明它。在此只作三点说明。

(1)“数字油田一定从地上走向地下，这是一个必然趋势”。这是因为，在油田企业，就是地下决定地上，地下油气资源的丰富程度，决定地面工程的投资与建设，决定油田发展的规模。地下没有油气资源，地上建设得再先进也是没有意义的。所以，在油田企业，往往都是等待勘探完成后，决定地面工程的方案编制，实施地面工程的投资与建设。储量决定产量，产量决定规模和发展速度。数字油田建设和油田企业建设刚刚相反，数字油田一开始就抓住数据不放，将数据建设作为主线来抓，这是对的。同时还在抓地面数字化建设，地理信息系统三维可视化，集成地面工程三维可视化，油井、井场、站、库智能化监测监控，包括正在进行的油田物联网建设都是油田企业的地上建设。根据地下决定地上的观点，数字油田必将走向地下。

(2)“三个一体化”是大家一直坚持讲的问题，即勘探开发一体化，地上地下一体化，经营管理一体化。大家觉得这些已经说得太烂了，没有新鲜劲了，也就没有意义了。其实不然，数字油田整合的作用就在于使之成为合力，合力才能给力。数字油田一个最重要的作用就是整合，整合数据、整合业务、整合信息、整合系统等，整合的目的就是优化后发挥优势，从技术上说就是要成为一体化。

地上地下一体化，包括三维可视化，不是炒概念，是一个未来技术问题，它包含地上地下多源、异构、海量数据在同一平台上的应用技术，地下地层真实再现技术，油藏流固耦合与真实储层仿真技术等。可视化是一个挑战，地下可视化，就是让地下情况不止停留在地质家脑袋里，从一定程度上要解决高分辨率显示的难题，还有以机群为图形驱动引擎技术。针对海量数据的可视化算法集中在数据压缩编码、特征数据提取、基于微机图形卡的加速算法和并行可视化算法等技术，这是个难题。

“一体化”的难点不在理念，不在技术，而是在于机制和体制。机制和体制是最难的一件事，大家都觉得很好的事，但是一提到机制与体制大家就放弃了。即使坚持做了，由于难度和反对，最后失败，这是一个现实问题。数字油田“三个一体化”多年来一直停留在口号中，并没有具体实施就被叫烂了，真是可惜。随着数字油田向智慧的油田发展，这些难题也就迎刃而解了。

(3) “三大趋势”与“五大基点”是一体的，他们相互依存，相互制约。基点是为趋势作支撑的，趋势是发展过程与目标，这些基点一定是需要具体的实践来支持趋势沿着这个趋势发展。这就是我们前面论述的方法、途径和策略以及哲学层面的内因和外因的联合作用。

在数字油田建设与发展中，“五大基点”是关键，趋势是一种预测，趋势需要人们通过建设来实现，它不会自然而然地达到。“五大基点”正是我们数字油田未来建设的重点和难点。数字油田建设到今天，一定还是越来越难，不是越来越简单，这就需要我们坚持，坚持就是胜利。

最后我们简单地分析一下当前数字油田建设中的几个走向问题。

(1) 数字油田与油田生产实际结合得更加紧密——数字化管理（宽度）。主要技术包括井场视频监控技术和抽油机传感器技术，利用无线传输技术将所采集的数据和图像传输到控制中心，实现远程控制、电子巡井、功图计产。

发展趋势是创新，正在走向智能化无线一体化数据采集、无线自组织寻址、太阳能供电，安装、运行走向简约、绿色、环保、节能降耗。

数字化集输管理从大长管线的数字化管理到在线检测建设初见成效，目前，已经开始关注“前方一公里”——油田井区集输管网数字化管理。数字化集输管理将采用多种新兴技术联合，如 skyline 技术＋SACAD 技术结合远程在线管理与控制。同时，利用遥感卫星数据处理判定大长管线渗漏等技术将会在数字油田中得到发展和应用。

(2) 油田智能化建设使油田走向物联网时代——感知油田（宽度）。主要技术包括传感技术＋物联网技术、无线自组织寻址技术、无线传输技术和太阳能供电技术等。智能化建设技术是一个体系，将形成油田“感知”的世界，为油田生产和技术服务。

发展趋势是智能化建设将成为数字油田的重要组成部分和必然趋势。集中在数据采集、传输和运行过程的智能化，也包含系统建设中数据提取智能化和系统之间智能化。因此，智能化表现在油田生产过程中自动化程度更高，而油田物联网将油田数字化技术、智能技术结合到一起，使数字油田建设显得更加有意义。

“感知”油田，为油田的透明化提供了条件和保障。

(3) 数字油田与主营业务融合，实施数据转化信息，为油田主营业务提供支持（深度）。主要技术（包括转化技术）目前还没有得到人们的重视，总认为应用系统就是数字油田最终的结果，其功能就是信息管理，其实这是个误区。数据转化为信息，要靠软件来实现，现在专业软件全是单机版，功能很强大，所以做到无所不能，但要实现跨平台应用，全是障碍，这就导致数字油田建设的路还很长。

发展趋势是现在人们正在努力实现跨平台协同工作机制的研究，这就是数字油田深度发展的趋势。数据的高端应用正在到来。专业软件通过中间件实现协调和协同一致将成为可能。

(4) 数字化精细油藏描述（深度）。油藏描述技术＋数字油田技术＝油藏数字化精细描述，或者智能油藏表征。

主要解决薄差储集层和厚油层的未水洗带问题（正韵律层的顶部），对长期注水开发的厚油层内部结构和薄差储集层分布特征的精细刻画。这在传统的油藏描述中是做不到的，只有数字油田建设与发展到今天才可以做得到，见图 11.2。

图 11.2 是一幅典型的经过精细描述的技术成果。经过精细刻画发现薄差储集层和厚油层的未水洗带（正韵律层的顶部），对长期注水开发的厚油层内部结构和薄差储集层分布特征的精细描述可以发现剩余油。

(5) 数字油田从地上必然走向地下——油藏管理，建成“透明油田”（深度、高度）。主要技术包括地面三维可视化和油田地面工程数字化管理及三维展示技术，实施二、三维图形联动，地下油气井立体展示，地层接触关系及部分地层构造特征三维展示，四维动态数据集成展示技术。井柱上表示地层及厚度，

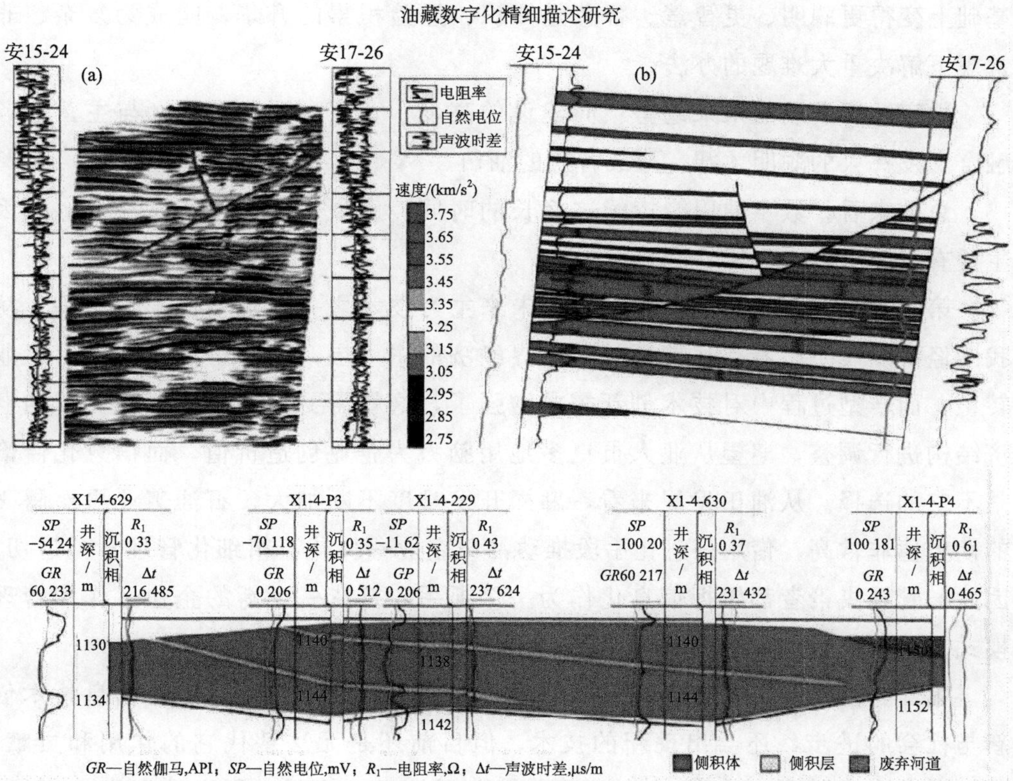

图 11.2 数字油田油藏精细描述技术

并利用开窗口方式将每口油井现状在线查询。

发展趋势是地上地下三维可视化可对油藏精细表征与管理，地层、储层多方位旋转、切换在三维空间中准确定位，发现未发现的构造体和小砂体，发现剩余油，实施补孔打钻。建立油藏真三维模型与数字模拟流、固耦合，实现油藏动态监测与监控。油田 3000m 以下三维可视化，实现“透明的油田”。

1999 年澳大利亚 Gars 博士提出“玻璃地球”。2009 年中国国务院总理温家宝指出：“让科技引领中国可持续发展”。我们也要研究“透明地球”。中国科学院路甬祥院长说：“我们也有透明地球计划”。2010 年，巴西要在巴西领海边界建设海洋实验室，2011 年，中海油傅成玉总经理说：“我们要建数字海底世界”。可见“透明地球”不是梦，因此，“透明油田”也不是梦。

（6）数字油田走向智慧的油田（宽度、深度、高度）。智慧可以传承，前人的智慧变成各种思想方法留下来供后人学习、借鉴，使后人在继承前人思想的基础上变得更聪明、更智慧。智慧是知识、经验积累的升华，能成为复杂、非常规下解决重大难题的办法。

数字油田发展的未来趋势：向建设的高度、宽度、深度发展，与主营业务融合，发挥人的聪明才智，形成智慧的油田。

总的来看，数字油田能持续这么长的时间，发展得这么快，这么好，原因主要有以下三点。

第一，从全球看，信息技术作为未来主力技术之一在油田已形成共识。从我国经济发展阶段看，目前还处于世界经济的中下层，工业正在实现向后工业转型，而转型过程中对技术创新需求增强了，这就需要对密集型劳动支撑的经济结构进行调整，期望从业人员更多地用脑力为企业创造价值，而信息化恰恰是不二的选择。从油田发展来看，勘探开发难度不断加大，石油工业再次腾飞的期望值非常高，借用信息化手段推动油田企业一体化、精细化管理日益迫切，因此，管理决策者都想把信息化作为一个抓手，打造一个新的企业运作和管理模式。数字油田作为一个新生事物是最好的选择。

第二，数字油田向高、向宽、向深发展是必然的，虽然，随着信息技术创新与社会的进步，还会出现新的技术，但目前还是无法替代它的作用和贡献。由于油田本身就是一个基于计算机进行数据处理、解释、研究油田专业问题。随着信息技术的发展，信息渗透到生产、经营、管理中产生的效果更好，因而，数字油田一定会持续发展。

第三，数字油田发展迫切需要中国自己的硬件核心技术与平台关键技术。中国 IT 企业还处在初级阶段，计算机硬件核心技术都是国外的，软件开发多数以项目为主，自主产品商业化程度低。在物联网建设推动下，油田现场自控网和计算机网集成整合可能是一个方向，在产业上可能会更注重基于互联网的智能传感器发展。在软件上，平台技术将走向前台，深度发展。

数字油田发展态势基本明朗，数字油田发展趋势基本定向，现在需要我们抓住机遇，坚持不懈，数字油田建设一定会走向美好的明天。

11.4 数字油田面临的难题与应对的措施

数字油田发展趋势，我们还不能定量化地研究，给出结果，但是，我们可以预见到数字油田建设中将要遇到的难题。与此同时，我们也需要坚持做好几件事。

11.4.1　数字油田面临的难题

数字油田建设到今天，发展中仍面临很多难题，构成一道一道坎。这里对主要的五大难题简述之。

（1）思想解放的难题。数字油田经过十多年的建设，基础建设初具规模，数据建设初步达到预期，应用系统建设初步完成，满足了无纸化办公和计算机管理的需要。这些成就使得油田企业数据共享、信息共享的愿景得以初步实现，需求的满足会使人们的思想禁锢和停止不前，或者不知道下一步该做什么。这其实是一个坎。由于我们的思想认识还停留在之前的那种数字油田的概念上，这就成为我们未来数字油田建设的桎梏。所以，我们要清醒地认识到数字油田建设的任务仅仅过半，需要走的路还很长，而且下一步建设的任务更加艰巨。因此，现在需要进一步解放思想，突破前人，超越自我，这就是我们面临的新一轮的思想大解放的难题，这一次的思想大解放恐怕要比十年前或者数字油田建设过程中更难。

（2）数字油田建设的难题。数字油田建设是有规律可循的，必须按规律建设。但是，在实现了当前已有的建设，已经满足了人们的需要后，数字油田建设走在了何去何从的岔路口上，很多油田企业面临着下一步走向哪里的重大难题。数字油田建设完成了基础工程建设、数字工程建设和数据工程建设，仅仅可以说是任务过半，路程过半。其实，数字油田在后面的建设难度更大，任务更艰巨，随之而来的难题更多。

（3）数据存储与应用的难题。数据入库实现数据的计算机管理，其实远没有完成数字油田的最终要求。因为，数据还在海量地增长，我们的机房越建越大，超大的机房和同水平、同规模的异地备份数据设备购置与设施建设也越来越大。在未来，我们虽然数字化了，但是机房越建越大要比当年的资料室规模大得多，数据难以寻找堪比当年的档案盒资料难找一样。电子数据寻找的劳动量将会大大超越纸质档案寻找的劳动量。由于我们当前的数据数字化管理之前对数据的整理不够，数据关联性整理不够导致未来的数据更难寻找。所以，未来在解决不断建设超大规模的机房和备份条件下寻找数据成了一大难题，寻找关联数据将是更大的难题。

(4) 数据转化为信息的技术难题。数据一定要转化成信息，才能使数据有价值和信息增值，否则，数据存储的作用没有得到很好的发挥。未来油田企业更多地追求对油藏的精细化管理和对油藏的动态监控。对多源、异构和多尺度的数据挖掘，转化应用的智能化技术更加迫切。但是，现在还没有这样的配套技术，这些技术由谁来主持完成，在什么样的思想指导下，用什么样的先进技术来完成都将成为难题。更为重要的是数字油田建设后使得人的操作能力退化，有很多国外学者认为信息化使人的大脑严重退化，人们不断地追求快捷、简单、"一键式"，数据转化过程的复杂性和"一键式"操作技术难以实现的矛盾，使得实现技术更加有难度。

(5) 国际金融形势动荡的难题。美债、欧债危机不断，地区性战争频发，拥有石油的国家动荡不安。国际金融秩序受到严峻的挑战，因此，最为艰难的时刻才刚刚到来。数字油田由于走完了IT技术成熟的建设时期，新的技术正在开发，更高、更难的技术还没有成熟，甚至没有出现，所以，新的建设投资才刚刚启动。严峻的国际政治经济形势，将会严重地影响到集团公司的投资趋向，数字油田将要面临严峻的投资形势。

数字油田在未来建设中的难题会更多，还有更加深层次的问题，但这五个方面的难题将是当前的主要难题，构成五个坎，我们必须跨越它。

11.4.2 应对的措施

面对数字油田建设将遇到的难题，未来我国数字油田建设将要做以下几件事。

(1) 完善基础，固本强基。十多年的数字油田建设已经取得了重大成就，但是，由于思想认识、技术与经费等的局限性，在我们进行数字油田建设过程中还有很多地方不完善、不到位，有遗憾。在初步取得成就，完成了阶段性的目标任务后，要利用一定的时间加强完善，扎扎实实地打好基础，不但要保护已有的成就，还要在这个基础上完善得更好，做到固本强基。

(2) 理论建设，开拓创新。数字油田理论研究和建设一直比较薄弱，加大对数字油田理论研究和理论体系的建设迫在眉睫。因为，没有正确的理论，就没有正确的实践。在未来的数字油田建设中更加需要理论，数字油田理论确定数字油田建设的方向。因此，从现在起需要求真务实，开拓创新，加快对数字油田的理论研究和理论体系建设，以推动数字油田建设与健康发展。

(3) 技术研发，寻求突破。随着数字油田建设的深入发展，其建设的难度越来越大，对数字油田建设的技术需求也越来越高。当前，人们对数字油田的期望更高，原有的各种技术很难满足人们的期望和数字油田建设的需要，实现对数字油田技术的研发与创新越来越迫切。在数字油田理论指导下，不断对数字油田技术进行研发，只有在研发的过程中才能获得技术的突破与创新。

(4) 标准建设，评估定级。数字油田建设关键要有很好的标准体系，目前的数字油田标准都是信息技术与一般的企业级的数据、应用系统的编码标准。未来更加渴望有国家标准，有了国家标准才能走向世界，才可以对数字油田评估定级。加快数字油田的国家标准化建设，完善数字油田的标准体系，实施数字油田评估定级，有利于我国数字油田创新发展和走向世界。这是在数字油田建设过程中必须要走的一步。

(5) 培养人才，科学发展。数字油田能否成为学科，还是一个问题，但是采取什么样的方式加快培养数字化的员工和数字化建设与管理的人才，已迫在眉睫。我们呼吁各大石油院校都应积极努力，设立与传统专业融合的数字化新学科专业很有必要，未来的油田企业人才一定是具有数字化技术的专业化的人才。没有持续的数字化人才培养，数字油田就很难快速发展、科学发展和可持续发展。

11.5 小　结

数字油田发展趋势研究对于数字油田建设的未来发展十分重要，通过研究可以回答人们在数字油田建设的过程中思考数字油田的未来是什么的问题。

(1) 数字油田发展趋势是一个非常重要的研究课题，集中体现在对数字油田未来走向的把握。因此，在研究数字油田趋势的过程中，首先要研究数字油田建设的方法论和数字油田的内因外因及其关系。

(2) 数字油田的方法论集中解决了数字油田是“做什么”的问题，这是解决数字油田未来走向的关键问题。因此，经过讨论，认为数字油田的未来一定是解决油田企业寻找更多的油气资源，提高采收率和延长油田企业生命周期的大问题。这是数字油田的真正使命。

（3）数字油田内因集中体现在业务需求导向、数字油田内生结构性和数字油田的目的效果一致性上，数字油田的外因集中体现在全球化和信息技术的发展与成熟。内因是关键，外因是条件，数字油田之所以发展得这样快，是内因和外因共同作用的结果。

（4）数字油田发展趋势简单地说是向着更高、更宽、更深的方向发展，严格地讲是按照数字油田的方法论，遵循数字油田的基本规律，按照“三大趋势”与“五大基点”的数字油田规律发展，这个趋势无人能够阻挡。

（5）数字油田走向“透明的油田”和“智慧的油田”，这是历史的必然。但是，数字油田建设将会遇到“五大难题”，同时，数字油田需要做好“五件事”。数字油田的前景是美好的。

数字油田发展趋势的分析一定要给出数字油田今后一段内的走向。我们认为，数字油田的发展趋势可能会出现三个重要转向：数字油田的数据建设仍将继续，但将转向对数据的关联整理与深度应用；数字油田的整体建设将从地上转向地下，智能油藏将会成为重点；数字油田转向知识、智慧的油田，知识油田开始受关注。相关研究得出的结论是每一个转向都会催生一系列的新技术，带来技术、方法、业务的创新与变革，使得油田企业更加有活力。

第 12 章 数字油田战略

战略，是指作战谋略。战略，从作战谋略引入经济、社会后就有投资战略、科研战略、人才战略等战略问题。

战略的特征具有统领性、全局性、方向性、预见性、谋略性和对抗性，其中还包括谋略、方案和对策，可以左右战争的胜败与事物的成败。

数字油田是油田企业信息化建设的一个最大战略，多年来，一直作为油田企业信息化建设规划的目标。在“十五”计划中就有油田企业将数字油田定为：“到十五末建成数字油田”，在制定“十一五”、“十二五”规划中仍然有企业把建成数字油田作为战略目标。

我们将数字油田作为战略来讨论，旨在揭示数字油田战略本质特征与规律，同时，希望站在国家层面上考量数字油田未来在信息化建设中的作用和地位。

12.1 数字油田战略格局及发展战略

不同的国家有着不同的国情，不同的油田企业也有不同的油田特征。在我国，数字油田建设一定是具有中国特色的数字油田，基本依据是坚持科学发展观，走可持续发展之路。因此，数字油田建设一定要坚持科学发展观，科学建设，为油田企业寻找更多油气资源作技术支持，以延长油田的生命周期。同时，一定要统筹兼顾，满足各个油田特征需要，为油田可持续发展作出贡献。这是数字油田最基本的战略原则。

12.1.1 数字油田的建设格局

我国油田企业分为四大石油集团公司，下属约 20 多个油田分公司，不确定的原因是油田企业分公司在不断地重组，这些油田分公司和集团公司在某种程度上都是数字油田建设的主体。但是，我们站在全局看，我国数字油田建设是“四架马车”格局。

“四架马车”是指中国石油天然气集团公司（简称中石油）、中国石油化工集团公司（简称中石化）、中国海洋石油总公司（简称中海油），还有注册在延安市的陕西延长石油（集团）有限责任公司（简称延长油田）。前三者为国家石油企业，通称为国企或者央企。后者是地方企业，也是唯一一个除三大央企石油集团外具有石油开采权的地方企业。这四大石油集团公司构成了中国石油勘探开发的主力军，每年为我国生产油气 1.8 亿吨左右，为国民经济建设与发展作出了巨大的贡献。在数字油田建设中，构成了“四架马车”的格局。

用“四架马车”作比喻，主要是可以形象地表达四大企业数字油田建设的特点。由于在之前多章中都对四大企业数字油田建设作了描述，这里不再重复，但需要把“四架马车”格局的基本特征作以说明。

中石油、中石化在数字油田建设中齐头并进，对数字油田具有各自的理解和认识，也走着各自不同的建设道路。起点高、动作快、场面大是中石油的基本特征。按照 A、B、C、D～G 的设计思想基本上是引入国外或者借鉴了 ERP 的建设思想，大手笔地走着一个张扬的建设路线，成为中国数字油田建设的“大一统”的代表，即在中石油所有分公司内部，按照统一标准建设的大系统。中石化基本走着内敛、不张扬、以“数据中心”建设为目标、以自主建设为主、适当引进为辅的建设道路。数据整理和数据应用是中石化的基本特征，坚持国家级的高端研究，具有很好的氛围。

中海油是针对海上作业的基本特征而建设适合于自己特点的数字油田，在集团化的数据建设条件下，对海上平台可以大规模地引进或者自建最先进的自动化系统。这是因为海上数字化具有超大的难度和需求。

第四架马车延长油田具有非常特殊的地位，在很小的矿权和超低渗透油藏的条件下，顽强地生存了 100 多年。延长油田在 1998 年突破 100 万吨原油产量，在改革开放后 20 年原油生产突飞猛进地突破 1000 万吨，创造了“延长模式”。数字油田建设起步晚、动作慢，但具有后发优势。目前正在蓄势待发，前途无量。

12.1.2　从格局看战略

“四架马车”格局从正面看，具有百花齐放、争奇斗艳的好处。经对比研究，“四架马车”在数字油田建设上具有共同的一些特点。

（1）十分重视基础建设。各大石油集团公司都建有超大的机房，在机房设计、建设上都具有很强的战略性，有的集团公司分为东北区、西北区、东南区等，有的分为中心区和外围区等，有的分为“两地三中心”等，十分重视数据管理和长远的战略性和安防性。

（2）十分重视数据的获取。各大石油集团公司在集团内部加大基础数据建设，采取各种有效措施，实施数据源点采集、数据流转、数据管理和数据监控，把油田数据作为油田企业的资产和资源管理。

（3）十分重视数据集成与应用。数据是对客观原始事实的描述，是构成信息和知识的材料。油田信息是根据数据按有意义（目的）的关联排列的结果显示或者制造出的油气在哪里的信息。数据承载着信息，信息要经过对数据的处理才能得到。因此，油田企业在数据建设中都为数据集成、数据的有效应用不遗余力。

（4）十分重视从地上走向地下的数据建设。在完成了基础建设和完善了数据的整理、关联、应用之后，各大石油集团公司都在关注地下，即井下、地层、油藏的数据建设和信息的捕捉。地下数据是一个复合体，对地下的重视要注意其动态变化的过程，监测油井产量和利用地面先进技术对温度、压力、动液面、流体变化的动态监测是有效的办法，各大集团在完成了地面的数字油田建设后将目光开始移向地下。

（5）十分重视数据与信息的增值。油田数据具有可复用性，每个专业领域或者不同的专业人员，对同样的数据站的角度不同，对数据的利用不一样。尤其是后人对前人使用的数据完全有着复用性，并且利用了新数据的补充后得出更新的结论，获得更大的成果，显示出其增值性。“四架马车”在数字油田建设中都十分重视实现数据转化为信息，实现数据、信息的增值。

以上这些是我国数字油田建设“四架马车”所表现出的共同特征，从这些特征中看出我国数字油田的战略意义。其战略性表现在以下三方面。

1. 发现油田企业自身高效与可持续发展的机遇

我国的石油天然气勘探、开发已经进入了二次创业的关键时期，在油气勘探方面，大量的易寻找、易开发的油气资源基本找到，开发了。目前已经进入向埋藏更深、更隐蔽、更难找的油气资源进展，难度更大。在油气开发方面，剩余油普遍存在于复杂的“生、储、盖”环境条件下，高含水、超低渗透成开发的难题，超稠油、差薄层是开发的目标。据学者对国际跨国公司上游投资结构与储量替代率关系的分析研究（徐腾、邓景澜，2010），研究的时间跨度为1999～2009年，研究的范围有埃克森美孚、BP、道达尔、雪佛龙、康菲等国际知名大公司，研究的结果是储量替代后大于100%。

有学者从储量复算、储量均衡、扩边新发现和提高采收率几个方面，通过对四大跨国石油公司新增储量构成的剖析发现，储量复算、扩边及勘探发现是新增储量的主体。从5年平均程度看，扩边及勘探发现占新增储量的比例要比储量复算大。而提高采收率，除了BP公司外，其他公司提高采收率的比例很低，其他几乎微乎其微。因此，可以看出石油上游公司勘探开发的难度。

在油气加工方面，随着原油价格的不断波动与迅速的攀升，石化企业生产成本不断上涨，成品油价的升幅与老百姓生活的承受能力构成了一对矛盾。1990～2009年世界油气、煤价格变化，给人很多的思考。

据学者研究，1990年以来，世界油、气、煤价格呈现前稳后升的态势。2002年以后在油价持续大幅上涨的带动下，气、煤价格大幅上升。尽管在1998年和2009年前后出现了两次下降，但是，“未来油价将继续引领能源价格的上涨”（龙延兴，2010）是个趋势，我国是世界能源消费大国，应积极应对国际、国内能源市场变化。

面对国际、国内油气资源勘探开发难度的加大，我国四大石油石化集团均已进入国际市场，并走到了国际竞争的前沿，承受着日益加大的来自国际石油竞争的压力，在国际上唯一优势是低成本和现代科学技术水平。数字油田建设对提高我国石油石化公司油气勘探开发与加工能力以及降低管理成本、提升决策水平、降低经营投资风险具有十分重要的战略性意义，数字油田是各大石油公司走出去战略，同国际石油公司竞争的重要条件，对此，不能小看数字油田建设的重要性和战略性。

所以，数字油田的建设就是为了支持油田企业自身的高效和可持续发展及走出去的重要战略，为其寻找更多的机遇提供条件。

2. 数字油田建设是国家信息化建设在行业信息化中的特色与典型代表

石油化工行业在我国经济发展中占有极其重要的地位，其发展水平直接影响着国情民生，影响着与其关联的下游行业，如物流、医药、轻工、汽车等许多企业的发展。

据学者研究我国石油化工行业发展与增长建设直接影响着 GDP，对 2000～2007 年的相关数据分析显示，石油化工行业产值的平均年增长率为 16.11%，高于我国 GDP 的平均增长。在 2000 年和 2001 年，行业的增长幅度还远远达不到 GDP 的增长速度，从 2002 年以后突飞猛进地增长，“十五”以来，行业产值增幅远远高于 GDP 的增幅，见表 12.1。

表 12.1　我国石油石化行业增长率与 GDP 速度对照表

	2000 年	2001 年	2002 年	2003 年	2004 年	2005 年	2006 年	2007 年
工业总产量/万吨	13 500	13 812	15 029	18 403	24 666	33 762	42 602	51 900
行业增长率/%	—	2.31	8.81	22.45	34.03	36.88	26.18	21.83
GDP 增长率/%	8.0	7.3	8.0	9.1	9.5	9.9	10.7	11.5

资料来源：《石油石化物联网》2011 年 5 月“石油和化工信息化情况”，内部资料。

据分析，增幅较大的原因是多方面的，但主要原因来自国家基础建设投资较大，推动相关行业对石油加工产品的需求快速增长，从而也可以看出石油化工对国家 GDP 增长的贡献率。

我国石油化工的快速发展吸引了国际大公司的眼球和注意力，据报道，BP 公司与我国中石化的上海赛科项目，法国道达尔与中石化的合作等，都促进了石油化工行业总资产的提高，石油化工企业向规模化、上下游一体化方向发展。石油化工行业的业务快速发展，规模不断扩大，“走出去”在国际舞台上占有席位，促使石油化工行业的信息化建设快速发展。

石油石化是我国信息化建设最早的企业之一，从“十五”开始，我国四大石油集团公司相继编制了信息化建设规划和以 ERP 为代表的推行工作。例如，2001 年的“能源一号网”，面向整个能源行业协同交易平台的电子商务业务，将能源企业与银行业联系到一起，提供了广泛的电子商务功能与服务，实现网上实时交易，使用电子商务与所革新的交易方式获得显著的经济效果。据统计，2001～2005年，五年累计实现的电子交易额超过960亿元，累计节约资金超过35亿元，降低成本平均达到5%左右。

面对经济全球化和我国加入WTO的挑战以及国际业务的需求，中石化、中石油、中海油相继推行ERP系统，包含了财务管理、分销管理、生产管理、库存管理等方面业务。ERP是一个大型集成综合管理信息系统，通过对ERP的推行，借助ERP管理功能可以全面提升企业的管理水平，增强企业的核心竞争力。中石化率先在集团内部推行，2000年就完成了《中国石化ERP系统关系规划》，2001年在镇海炼化、仪征化纤、江苏石油、天津石化等石油企业试点，2003年全面扩广，至2010年100%的企业上线达标，这是国际水准结合中国国情的石化行业信息化建设的典型，采用统一规划，由点到面，逐步展开的集团化实施策略的成功案例。

随着石油化工信息化建设规划的全面实施，数字油田在四大集团公司也在快速推进，数字油田建设成为快速推进石油化工企业，尤其是油田企业信息化建设。数字油田全新的概念和以数据建设为中心、数据与信息共享的理念，在油田企业全面推开，数字油田建设加快了石油化工行业信息化的进程。石油化工行业信息化发展又促进了数字油田的建设。从而使我国数字油田成为国家行业信息化建设的特色与代表。

我国数字油田建设所表现出的中国特色比较明显，数字油田是国家行业信息化建设的奇葩和典型代表。

3. 数字油田自身的战略意义远远大于其功能与作用

多年来，人们对建设数字油田的关注点始终放在数字油田能做什么，怎么做的问题上，也就是对数字油田的功能与作用十分重视。数字油田在以勘探开发为主营业务的油气生产的上游企业，就是一个信息化、数字化建设的战略目标，其战略性表现在两方面。

（1）油田企业的发展需要阶段性和长远目标，油田企业在编制规划中是以建成数字油田作为重要目标，这是数字油田具有先进性和战略性的具体表现。

（2）数字油田的战略性表现在包容了油田企业对信息化、数字化的全面需求和知识、智慧服务，数字油田的包容性、全面性和前瞻性具有战略性。数据、信息增值使得数字油田更具价值。信息化提供技术服务增值是数字油田一大特征，据长庆油田 2006 年统计，合同管理累计 4.3 万份，金额 463.5 亿元，每天动向量 1000～3000 人次，网上合同流转节约成本在 500 万元以上，电子商务累计网上成交 67.5 亿元，每年有效降低采购成本 0.58 亿元[①]。油田企业信息化增值的方法是“数据挖掘”，就是利用数据挖掘技术，从大型数据库或数据仓库中寻找有价值的业务信息，也就是从数据中寻找有用的数据；还有利用新的技术、新的方法对数据重新组合，研究得出新的结果。

信息增值是走着一条数据—信息—知识—智慧的路线，数据承载着信息，就是数据包含着大量的信息，需要人去挖掘，信息是通过对数据处理后判读出的有价值事物的特征。有价值信息和实践经验构成的结果，就会成为知识，智慧是来源于长期对事物数据、信息、知识学习研究后，在实践中应用—实践—再应用，从而装在专家和工程技术人员大脑中的那些理性的点子。所以，数字油田建设为智慧的人准备好了一切，数据、方法、技术和知识，数字油田＋智慧，可以解决油田企业勘探开发中的难题，达到信息的增值。

（3）数字油田将数据、信息、业务融为一体，需要一个长期的建设过程，是一个长期的战略性的目标，不可能一蹴而就，同步地完成数据建设，信息建设、业务流程改造是阶段性的目标。因此，数字油田本身就是一个具有战略性意义的目标。

大庆油田提出数字油田后，历年油田的战略非常理性与智慧。大庆油田已经有 50 多年历史，油气产量 5000 万吨稳产达到 27 年之久，这本身就是一个奇迹。经过这么多年的努力，在高含水时期稳产在 4000 万吨长达十多年，又创造了奇迹，现在大庆正在昂首迈向百年。我们认为把百年作为企业奋斗的目标是完全可能的，大战略中提出数字油田伴随大庆油田推进百年，也是一个奋斗目标和战略，这是对全体大庆人的鼓舞，也是对石油行业人乃至全国人民的鼓舞。

数字油田不是一成不变的固化物，它一定是伴随着时代的变化、社会的进

① 见高玉龙《着力打造“数字油田”》，陕西省行业信息化交流，2006 年 9 月。

步、油田企业的发展而在不断地演化、进化与发展的。因此，当数字油田在一段时期被大家叫得不新鲜了，很可能出现一个新的名词替代它，但是，无论怎样改换名词，数字油田就是数字油田，数字油田在发展中更新，在更新中前进，油田全面数字化是最大的目标和战略，将会永远地伴随着油田的成长与发展，数字油田为延长油田生命周期发挥着最重要的作用。

12.1.3 数字油田发展战略

在本书中的其他章节到处都散见于数字油田的机遇、挑战和目标、趋势研究中的内容，那么，为什么还要在这里专设一章和一节论述数字油田发展的战略呢？我们认为专门论述数字油田的发展战略很重要，虽然现在受历史条件和认识水平的限制，我们还不能高瞻远瞩，但是，数字油田一定在发展，这是毫无疑义的。

1. 数字油田是国家信息化战略在行业中的重要组成部分

国家把信息化作为战略，我们可以在很多资讯中查找到。早在1983年，国家在制定新技术革命对策时，就把信息技术纳入了国家总体科技发展战略规划中。邓小平同志当年也从战略的高度提出“开发信息资源，服务四化建设”(1984年9月)。1986年在制定国家科技863计划时，首次将信息技术列为重点开发的高技术领域。之后在中共中央召开的党的十四届五中全会上，中央提出了“加快国民经济信息化进程”的战略。

1991年，江泽民同志提出“实现四个现代化，哪一化也离不开信息化”，这是国家领导人首次把信息化与工业化、现代化、科技化等融入到一起的提法。到1993年我国重大信息化工程项目陆续推进，先后有金桥、金卡、金关和金税等“四金”信息化工程建成。

1993年12月，国务院成立由20多个部委共同组成的“国民经济信息化联席会议”，统一领导与组织全国信息化工作及重点工程建设。1996年4月，联席会议改组为“国务院信息化工作领导小组”，下设办公室，领导小组主要任务是研究经济和社会信息化的发展战略、方针和政策，拟定国家信息化发展战略总体规划及分阶段实施方案，制定相关的技术标准和应用标准。

国务院信息化工作领导小组先后出台了相关政策性文件，特别是在1997年召开的全国信息化工作会议上提出了 24 字方针："统筹规划，国家主导，统一标准，联合建设，互联互通，资源共享。"从而确立了政府在国家信息化建设中的主导地位和作用。

2000 年 10 月，在中国共产党第十五届中央委员会第五次全体会议通过的《中共中央关于制定国民经济和社会发展第十个五年计划的建议》中提出，"以信息化带动工业化，发挥后发优势，实现社会生产力的跨越式发展"。

2002 年 11 月 8 日，江泽民同志在党的十六大报告中强调；"信息化是我国加快实现工业化和现代化的必然选择。我国必须坚持以信息化带动工业化，以工业化促进信息化，走出一条科技含量高、经济效益好、资源消耗低、环境污染少、人力资源优势得到充分发挥的新型工业化路子。"

国家信息化自 1993 年进入探索阶段以来，经历了信息化建设的启动阶段(1993～1997 年)，展开阶段（1997～2000 年 10 月）和发展阶段，再经过2000～2010 年的十年快速发展阶段，出现了前所未有的繁荣与发展。

石油行业是我国信息化建设较早的行业之一，是我国国民经济中最重要的，也是对 GDP 贡献最大的行业之一。多年来，石油行业一直处在国民经济贡献的前列。石油行业又是一个产业链很长的行业，从油气采集、油气炼化到销售，跨越了三个领域，石油行业生产优化与管理需求决定着它"向管理要效益"，实现降低管理成本和提高综合竞争力。石油企业都是大型企业，对于集团化的企业来说，由于企业机构庞大，拥有很多下属机构和二级企业，纵横交错的管理使之难度加大，特别是石油行业以勘探开发为主营业务的上游油气生产企业，在生产过程中具有点多、线长、面广的特征，依靠海量数据处理的勘探业务对信息化的需求更加迫切。根据有关研究机构的监测，石油行业 2006～2008 年信息化的投入水平达到 86 亿元，而且每年呈上升趋势。可见，信息化建设在石油行业中的投资比重相当大。

石油行业信息化是国家信息化建设的重要组成部分，是一个庞大的体系，涉及勘探、生产、流通和管理等方方面面，由于行业的复杂性，带来了信息化建设的复杂性。由于上游和下游工作性质的不同，信息化建设的任务和目标也不同。在石油行业上游生产企业具有其上游油气生产的特殊性，对数据的精度要求很高、很强，因此，油田企业数据建设是信息化建设的最为重要、最为关键的一项巨大的工作。数字油田提出以后得到很多石油企业，尤其是油田企业的广泛认可，并坚持了十年之久的建设，这就是数字油田能在我国长期建设与发展的根本原因。

对于数字油田建设内容在很多章节中都有描述，但是，讲到这里后，有必要简单地交代一下信息化条件下的数字油田建设内容，可以更加明确地在战略上看出它们的关系和依存度。从大的方面看数字油田分为三大块建设，一块是基础设施建设，包括网络、通信和数据库建设；第二块是数据建设，勘探开发有大量的数据，需要整理入库，数据集成；第三块是应用系统建设，通过应用系统建设，企业可以对油田信息资源进行加工，提供给勘探开发生产等部门的最终用户，使数据共享，信息化建设发挥作用，产生效果。

根据对数字油田建设内容的简单划分，不难看出在之前的数字油田建设中所有的一切其实就是信息化建设所做的工作。

可见，数字油田是石油行业信息化的组成部分，数字油田作为新概念、新名词，导引着油田企业信息化建设快速发展。石油行业信息化又是国家行业信息化建设的重要组成部分，从而数字油田也是国家信息化战略的组成部分。

2. 国外信息化战略与数字化战略的启示

国外在地学等行业信息化的建设中，从战略的高度特别关注对数据提供服务与对知识管理及服务。这是国外普遍存在的高端战略，而中国信息化与数字油田的建设战略更加关注建设的战略，这是本质上的一个区别。

我们以某国地质调查局信息化为例，其实际上是一个提供地学信息知识的机构，但他们十分重视信息的采集、管理和传播。该机构在2003年制定的战略是确保满足客户们的数据信息需求。在他们提供的报告中说："在数字地学数据和信息提供上，他们处于世界领先地位。"其实，国外把数据和信息作为资产，为实现信息资产的长期战略价值、满足信息更新换代的需求，不断开发信息系统，提供有效的信息服务，同时把丰富数据的内涵和应用，挖掘应用数据的潜力作为一项战略任务，这也是信息化建设的主要任务。

国外信息化建设围绕核心科学主题建设，如陆架三维地球科学框架，地球环境信息，海岸、陆架与陆相三维特征化，可持续的资源管理，可持续地表（地壤）管理，可持续与安全的能源提供及矿产资源，岩石圈的物理化学、生物及其影响，地球动力学与整个地球过程监测等。科学主题是信息化的核心，涉及信息理念、方法、技术和手段的具体应用，但始终将数据、信息作为资源和资产战略，这在高度上具有战略性的意义。

国外石油信息化战略也十分重视数据信息资源和资产战略，他们认为：石油公司就是可以掌握百分之百的油田信息，将所有数据带回一个操作中心，并让最好的技术人员集中管理油田。这是剑桥能源研究所的一个报道表述的基本思想。

减时增效、降低成本是国外油田企业另一个关注热点。油田上游生产企业属于艰苦劳动行业，尤其是海上平台工作。艰苦劳动行业的劳动成本和人工成本都很大，而且具有很大的作业风险。降低风险、降低成本是他们的主要目标之一，并且放在战略的高度上认识与建设。油井远程测控数字化管理是信息化的重要战略目标之一。他们希望得到一幅图像，从中能看出每口油井在整片油田中发挥什么作用，这是一个系统工程思想下在三维可视化技术中实现对油井的精细化管理，也就是“全方位观察”整个油田的观念和战略。

可见，信息化是应对环境快速变化，应对高度不确定性的战略趋势。

3. 中国数字油田发展战略

数字油田发展一定要符合国家总体战略，也就是符合国家信息化的战略需要。国家信息化战略自十七大以来提出工业化与信息化融合的战略，这对石油企业尤其是以勘探开发为主营业务的生产油气的企业是一个难题。

信息化与工业化融合的典型事例，是在产品中渗透信息技术，如喝水杯子在倒进热茶后马上知道温度和茶的浓度，这样这个喝水杯子的附加值和品质大大提高。而信息技术渗透在油气产品是不可能的，因为，油气深埋在地下，处于流体状态，通过勘探手段找到，通过开发技术从储层中开发，通过生产手段将油气从地下抽吸到地上，然后采用管输或者车辆运到集输站处理，最后到炼油厂，成为成品油。虽然链很长，但是很单一，就是流体形态，它不能加入任何的信息技术来提高其产量或品质。但是，在油田企业，两化融合是一种间接的融合，主要是信息技术渗透在生产过程的每一个环节中，依靠信息技术和数字化技术提高过程的优化和环节的优化，从而缩短过程，达到生产周期缩短，产量提高，这是一个特殊行业的一种特殊的融合方式。

数字油田就是把国家两化融合战略落到实处。首先，在勘探过程中，无论是地震技术，还是非地震技术找油气，除了这些地震和非地震技术渗透着信息技术外，最重要的是它们共同产生海量的数据，利用大型专业软件进行数据处理和解释外，对数据的科学管理是数字油田必须要做的一件事。同时支持大型数据的运行和计算的工作系统、高性能机群或并行计算等技术都是信息技术作支撑来完成，这些海量的数据存储与服务等都需要IT作支持。最终能够找到油气资源，这与信息技术的渗透介入是分不开的。同时，在勘探中的智能测井技术、智能完井技术甚至智能钻井过程都渗透着高科技的信息化技术手段，可以在远程控制和指挥钻探，这些技术可以将数百公里甚至数千公里外的钻探过程放在控制中心完成指挥调动和监控。

其次，在油气开发中，利用数字油田平台实现地面导航，指导地面布钻寻找井位已经不是技术难题，而且可以将多源、异构、多尺度的图形放在一个平台上展示，开发工程技术人员可以将不同时期的同一区域的各种图件同时调出对比研究，从而确定储量或者剩余油，这在没有实现数字油田之前是要人工翻阅大量的图件来完成的。数字油田建设使得油气开发更加快捷和先进。

最后，在油气生产过程中，全面实现数字化管理，在井场、站、库实现远程监控，完成电子巡井；在抽油机上安装传感器利用功图判识井况和工况并且可以计算产量；建设电子围墙，实现撞入报警；抽油机可以远程启停；在油水井生产数据管理系统中接入站、库信息，实现远程控制和报表，全面实现远程数字化管理，这在现在已经是很成熟的数字化技术。

近年来，又发展到油田物联网技术，除了上述的各种信息化、数字化技术外，还利用RFID技术和通信技术对站库流动人员、车辆流动进行管理。还有集输储运、地面工程等方面的信息化、数字化渗透在传统的工艺技术之中，大大提高了工作效率和技术含量。通过数字油田建设，信息化与油田生产过程结合，涉及更加广泛，渗透得更加深入。这就是在这样一个特殊的行业，不同于产品生产企业两化融合的方式；也是以一种特殊的方式把国家信息化与工业化融合战略落地的技术。

数字油田作为油田企业信息化建设的战略目标，其发展一定是符合国家信息化战略的，只有符合国家大战略，油田企业大目标才能得以更好发展。

12.2 中国数字油田建设战略

建设也有战略？回答应该是肯定的。

数字油田建设一定要有战略，在数字油田建设上，各个油田企业都做得很好。早在 2003 年大庆就通过了数字油田建设规划，后来各个大油田都相继有自己的数字油田建设规划。

规划，就是一个很好的谋略，至少有 5 年的建设步骤，这样的宏观性谋略，有利于数字油田建设的顺利进行和健康发展。

12.2.1 数字油田战略存在的问题

站在全局看数字油田发展战略，还有几个很重的问题需要解决。

1. 数字油田建设标准问题

由于国家体制的改革，原石油部统管的职能和工作相对弱化，在过去石油开采有国家统一的标准，体制改革后除了传统勘探、开发、生产标准的传承和延续外，新的项目和技术包括创新技术基本没有统一的国家标准。

数字油田是一个全新的事物，在“四架马车”格局下建设的数字油田更没有国家统一的标准。在这种情况下各大集团在“五统一”原则下，都相应地建立了大集团的标准。但是，在国家层面上是很难统一的。现在条件并不影响数字油田的建设与发展，但是，如果按照走出去战略，同国际接轨时，就会出现“一个国家几个标准”、“一个国家几个声音”的局面，对国家技术在国际上站位和占领国际市场相当不利。主要原因有两点：①集团化组织建设，按照集团化的标准，就会出现各自为政的局面，这种局面可能会长期地维持下去；②由于建设是一个行业的问题，还没有引起国家的关注，这个建设总被认为是一个行业技术问题，其实是国家在石油行业信息化的战略问题。

2. 数字油田品牌问题

截至目前，在数字油田建设中没有中国品牌，当前的局面是国际大公司炒概念，我国大企业跟风，然后不约而同地购买国际大公司的产品。在数字油田建设中，无论基础设施建设、软件产品购买，还是解决方案，基本上没有中国品牌。对于这样的局面主要原因有以下几点。

(1) 我国的产品没有一家能同国际大公司抗衡，无论是计算机产品、网络产品还是软件产品，基本上无法敌得过国际大公司，在功能、品质和使用操控性都不可以同国际大公司相媲美。

(2) 我国油田企业的经济实力还是比较强，总希望建设一步到位，不论价格，只讲性能，在性价比上国内公司或者国家产品在性能、功能上都被淘汰，从而性价比上不占优势。

(3) 国家在品牌战略上扶持的力度还不大，尤其在建设、推广机制上没有相应好的措施，国家数字油田或者油田企业信息化产品的品牌不敌国际大公司，因而在品牌战略上就败下阵来。

(4) 我国人民是很聪明、很有智慧的民族，但是保守、内敛、矜持，一些人被“信息高速公路”化，被“数字地球”化，被“智慧的地球”化了，人云亦云，人家提出了“信息高速公路”，我们建网络，而且建得很快；人家提出“数字地球”，我们建设数字城市、数字油田，而且建设得很好；人家提出“智慧的地球”，我们建设智慧的城市等。我们希望我国企业大胆地提出自己的想法，引领全球信息化的未来。

(5) 还有一个重要问题，是乱。主要表现在图政绩、图新鲜、抢概念、不彻底。在一个油田企业推出一个建设项目或者主题时，就会出现全部跟进的局面。但是，建设的都不彻底，留下很多的后遗症。数字油田建设与发展需要具有连续性，无论社会如何发展，领导如何更替，新概念过了几年，做一件事一定把它当做一个事业做完，做彻底，做好。

由于存在着这样的一些问题，影响了我国数字油田的整体建设与发展，更加影响我国数字油田的战略，站在国家层面上应该完整地解决这些问题，制定好国家数字油田的战略。因此，我国要扶持和推广国家数字油田名牌和IT企业，制定出国家数字油田战略，提出国家数字油田理念和解决方案，从而在国际上占领地位。

3. 数字油田战略问题

我国数字油田建设与发展战略，应该表现在这样几点上：

（1）国家统一的数字油田建设标准；

（2）国家在国际上具有影响力的数字油田理念；

（3）国家数字油田知名品牌产品和知名 IT 企业，占领国际市场；

（4）国家数字油田的统一平台标准和可走向世界的技术体系；

（5）尽快制定《2011～2020 年数字油田发展战略规划与远景目标》，形成指导我国数字油田发展的纲领性文件。

这些思想、技术、品牌要想在我国完全得以实现，必须加快制定我国的数字油田战略。

我国数字油田实践让我们取得了很多与国际公司不同的经验，具有很好的价值取向。但是，由于我们现在的机制和体制影响了数字油田的战略，还不能同国际大公司抗衡，只要我们现在能够认识到这些问题及其严重性，加快数字油田建设与发展战略的制定，相信我国的数字油田一定会走向国际，一定会为我国的两化融合作出贡献。

12. 2. 2　数字油田主题建设战略

数字油田是一个伟大的事业。作为一个事业一定具有这个事业的先驱者、开拓者和继承发展者。数字油田是一个巨大的系统工程。作为一个巨大的工程，一定是需要很长的时间，有很复杂的关系，有很重要的建设任务与过程。数字油田是一个有内在规律的新生事物。作为一个有内在规律的事物，在建设上一定要遵循数字油田的规律来建设。

由于数字油田的巨大，建设需要很长的时期，我们主张选择主题建设的战略。

1. 数字油田主题建设战略内容

数字油田包含的内容很多，从而使数字油田显得很大。1999～2010 年或者至今，我们依照数字油田的基本规律和油田业务的基本要求，完成了基础设施建设，对于这一点，所有油田企业建设得很好，有的企业还进行过几次更新、扩容、换代等。目前都在着手云计算等新的技术的引入。

在数据建设方面，虽然存在着一些问题，如没有对数据很好地进行整理，但是，经过多年的艰苦努力，基本完成了历史数据的入库，正在实施数据正常化建设等。

在应用系统建设方面，完成了很多应用系统的建设，有的油田企业可达100多个系统。在整个数字油田建设中，应用系统建设方面百花齐放，形式多样。原因是应用系统与油田企业自身的勘探、开发、生产方式有关，尽管在所有的油田企业勘探、开发、生产技术与工艺没有多大的区别，但是各个油田企业的管理风格有很大的不同，不同的管理和工作风格，就有不同的要求，在应用系统上就有很多不同。

油田企业应用系统的差异性，导致其不可能成为一种成熟软件而批量产销，因此必须定制研发，这样就出现了百花齐放的局面，而且建设的程度也大不一样，有的系统很大，将相近的事尽量集成在一起，开发出很大的一个系统；有的则不是很大，可以按照需要开发出适应性很强的小系统，形成的系统搭建大平台，这样的好处是系统构成了插件，当对一个系统进行更新、改造时，不会影响其他方面的正常应用，灵活度比较大。而大系统就要差一些，尽管包含了很多的内容，功能很完善，但是，一旦需要完善或者换代某一个方面，就会牵一发动全身，困难比较大，问题也比较多。

这就是我国数字油田建设十多年来，完成的三件事。其实主题建设是一个很好的方法。

主题是指选取数字油田某一个方面将其做大，做好。数字油田在完成了基础工程建设、数据建设后可以分解成很多的建设主题，如数据正常化建设、数字化管理建设、数据整理建设和油田物联网建设等。

选择主题是需要智慧的，有智慧的选择主题建设就会唱出主旋律，可以成就一个轰轰烈烈的大场面、大事业。

2. 长庆油田的数字化管理建设

（1）数字化管理是数字油田的重要功能，数字化管理建设是数字油田的重要组成部分，在数字油田大前提下，不仅没有脱离数字油田，而且还借助了数字油田的东风，形成了一个数字油田的数字化建设，场面宏大，反响巨大。

（2）智慧的长庆油田人没有拘泥于将数字化管理仅作为一个单项技术来建设，而是同油田企业的总体发展目标、计划、人力资源管理、减员增效和降低成本等联系在一起形成了一个整体优势。特别是能同国家大政方针、行业要求联系在一起，从一个一般的技术问题上升到国家、行业的宏观层面上，非常符合大局利益。具体表现在，从技术上提出“听数字指挥，让数字说话”，虽然看起来是一个口号，但是，高度地概括了这一主题的内涵，长庆提出的要建成西部大庆，实现 5000 万吨当量的油气产量，但是，人员保持在一个基数上，万吨/人员比不再提高的目标，就是利用这项数字化的技术来实现，完全解决了行业多年来非常苦闷的一个大难题——当油气产量达到高峰时，企业人员与规模也达到高峰，当油气产量递减、下滑到低谷时，人员与规模仍处在高峰，给行业企业来带无法卸载的沉重负担。

(3) 数字化管理是一个新概念下的老技术和常规方法，但是，通过整合可以将其作为新技术、新方法。老技术是因为，在这些技术中很多都是几年前，甚至很多年前都在用的技术，有的技术其实很成熟了，如传感器技术、油井监测与监控技术等，常规方法就是远程对油井管理与控制等，在国外都做得很多。但是，对于长庆油田，重在整合上，他们将各种常规的方法、成熟的技术组合在一起，形成合力，这就是一种创新。他们将各种技术优势进行整合，发挥更大的优势，这也是一种创新。所以，长庆油田的数字化管理，出现了很多的专利和自主知识产权的技术与产品。

3. 主题建设可以集中力量办大事

首先，主题中心思想比较明确，是围绕一个主题做事，不会出现精力分散和东抓西抓的现象，在一个主题目标下，做深、做透、做大。

其次，主题建设可以集中投资，将钱用在刀刃上，集中投资会看到很好的效果，投资与回报相一致，回报率高于分散、多次投资建设。

最后，效果明显，易出政绩。主题集中时，围绕主题可以高度地概括，技术效应明显。正是效应明显，可以走向高端，成为行业乃至全国的典范，取得一定的轰动效应。

数字油田主题建设其实就是一个战略，经过多年的研究，数字油田能够出彩的地方，除了数字油田的提出和建设的初年，再就是选择主题建设，它效率高、应变快、轰动效应大。

12.2.3 油田物联网建设

物联网也是中国国家战略之一，油田物联网是国家物联网战略的重要组成部分，同时，油田物联网建设又是数字油田建设中的重要战略之一。

1. 关于物联网的概念

有人把物联网的元年定位在2010年。但是，2009年9月，欧盟就制定了物联网行动计划，而这个计划的前提是2009年IBM抛出了“智慧地球”的构想。

在我国，2009年8月7日，我国领导人提出“感知中国”，各地政府出台扶持政策，加快物联网工程建设，推动新型产业发展。

2010年，在两会政府工作报告中首次提出物联网，众多代表与委员建议将其作为国家战略来抓，认为物联网将成为今后全球新型产业的制高点。

在油田物联网建设上，油田企业快速反应，以数字化井区建设为基础，加快对油田物联网建设标准与方案编制。

但是，对于物联网的定义有很多。

字面定义：物物相连构成的物联网。最典型的注释是：在物件上装有芯片，走到哪里都知道，形成一个物流过程的网络。其实，由于物联网内涵和外延的不断丰富，其概念也发生了很大的变化。

(1) 扩展定义：物联网是下一代的互联网。基本观点是随着传感器、RFID、通信网络、云计算等技术的成熟与普及，智能设备遍地都是。物联网能够实现人类社会物理系统的整合，将会成为继计算机和互联网之后的“第三次IT浪潮”，但是，这一观点很快就被大家否认了，认为物联网一定是建立在互联网之上的物联网，物联网是离不开互联网的。物联网是通过射频识别装置和无线网络设备，把物品连接起来，进行信息交换和通信，实现信息传输的高效安全。

(2) 物联网，是一个新概念，老技术。持这种观点的人多数是传感器企业的专家和工程技术人员。他们多年来都在研发、生产传感器，据推算这项技术也有100多年，至少也有几十年的历史了，为什么在“智慧地球”一提出就变成了一种新型产业和技术。完全是一个新概念，但玩的全是老技术。经过注释后，持这种观点的人逐渐地多起来了。

我们尊重各方观点的存在，就象数字油田一样，尽管大家认识不同，但建设方兴未艾，成就显著。物联网其实就是在新时代出现的一个新事物，利用传感技术、RFID 技术和互联网技术完成对各种事物的组合，能够提供给人类社会全新的技术服务，提高社会、经济和生产效率就是好事，应大力支持，加快建设。

2. 油田物联网

油田物联网，也有称之为石油物联网，应该说石油物联网的概念更大于油田物联网。石油包含石油和化工，油田仅限于以勘探开发为主营业务的油气生产企业，在这里我们重点讨论油田物联网。

1）油田物联网的概念

对于油田物联网至今也没有公认的定义。但是从概念上可以这样说：油田物联网是基于物联网技术在数字油田建设中的应用，包括油田数据采集、远程检测监控、物资管理、油品运输和地面工程的全面信息化管理等。

一般人认为，只要用到传感器的工程、设备都应是物联网技术，只要用到 RFID 技术的工程、设备工程都应是物联网。目前，在数字井场建设中的传感设备有很多，其中比较常见的传感设备的功能与作用等见表 12.2。

表 12.2　油田传感器功能与作用

序号	传感器	功能	作用
1	位移传感器	装在抽油机上采集角度位移数据	共同构成判读设备工况和井况
2	荷载传感器	装在抽油机悬绳器采集荷载数据	共同构成判读设备工况和井况
3	液位传感器	利用流体静力学原理测量液位	测量油罐液位
4	压力传感器	油气管输安装在井口管道上	测量管网压力
5	电流传感器	检测电机电流变化异常，采集电流数据	井场电动机
6	渗漏检测传感器	输油管道渗漏检测	管道检测
7	惯性传感器	采用高灵敏和超低频率记录和拍摄地震勘探数据	数据记录
8	井下传感器	监控钻进轨迹和智能定井等	智能钻井定向指挥

首先，我们看看在油田有多少传感器使用的地方，还有温度、湿度、超声波、红外、气敏等传感器，表 12.2 中的八种是目前使用比较广泛、用途比较多

的传感器，主要用于数据的采集，用一句时髦的话就是“感知油田”。

其次，考察油田无线网格在油田物联网中的应用。无线传感器网络是由大量无处不在的，具有通信与计算能力的微小节点密集部署在监控区域而构成的网络系统，由于规模很大，无线网格很难像传统传感器那样人工部署与管理，无线网格更多的依靠自组织或者智能性完成数据与信息的传输。无线网格提供了一种低成本、全方位感知油田的便利，引发了测控领域的变革。近年来，将这种无线自组织技术引入到油井检测监控之中，就是将位移荷载传感器一体化，加上太阳能供电和无线通信模块，数据采集一次完成，数据传输可直接传输到井场 RTU，全部采用自组织网结构，省去了有线安装时的到处拉线、到处挖沟的成本和劳动，特别对于丛式井，这种自组织具有更大的优越性。

在集输管网和站库管理用无线射频卡后，汽车无须进门查验，人员流动始终在监控之中，拉油全程电子化操作，结算，司机不用下车完成一切流程。

由此可以看出：油田物联网，就是利用传感器技术和 RFID 技术、通信技术和互联网技术，把油田生产环节中需要检测监控的过程用传感器链接，源点数据采集，通过 RFID 和通信技术进行数据传输，在互联网上实现远程测控，完成油田企业管理从后端直接推到前端，提高了工作效率和安全度。

2）油田物联网的特点

(1) 油田物联网规模大，油田在实施油田物联网建设时牵扯的面比较广，一般要以站为中心，辐助到井区很大的范围，包括油水井、接转站、计量站、配水间、井场和管网等，构成一个完整的体系。

在安装建设中涉及很多的领域和专业，设备多、通信方式多、技术要求高，需要完整性、协作性、系统性全面实现，这对建设者提出了很高的要求，在建设过程中需要总体设计，整体布局，按次序安装，一次性成功。

(2) 投资大。油田物联网建设需要大量传感设备和配套的通信系统、浩大的工程量、多种专业人员同时施工的协调指挥、琐碎的辅材消耗。设备大都比较精密，参数要求全，精度要求高，因此，比较专业，这样的投资，一般需要油田企业具有一定的实力。

实力就是能力，油田企业油藏潜力大，产量稳定，建设的必要性就很大；油田油藏潜力小，产量递减快，产量不稳定，一般企业装不起，也不愿意装。

（3）维护量大。油田物联网建设给人一个很大的预想不到的事实，那就是安装时轰轰烈烈，场面很宏大，反响也很大，效果也很好，但是，庞大的高科技设备和配套系统是附着在油田生产过程中各种设备上的辅设品，频繁的油井作业和站库设备更新改造，造成油田物联网设备屡屡被破坏，或者安装主设备时忘了辅助的油田物联网设备，数据采集中断、传输不正常经常发生。

维护费用大，包括人员费用和设备费用，需要一批人员常年跟踪维护，是多次性投资，这也给油田企业带来了很大的困难。

3. 油田物联网的前景

（1）物联网被认为是继宽带无线、移动通信网络、互联网发展方向之后的又一个互联网、宽带无线移动通信网络融合的重要发展方向。这一方向的确定将创造新的产业链和商业模式，是我国信息化与工业化融合快速发展的契机，将会改变人们的生活方式和工作方式，改变很多工业生产的运输方式。物联网融入信息化与工业化的融合，将会带出一个全新的信息化的社会。

（2）油田物联网作为一项新概念和创新技术应用到油田生产实践之中，这一趋势不可阻挡，将继续推进油田生产方式的改进。基于物联网技术的数字油田建设，在油田数据采集、数据传输、远程监控、物资管理以及油田全面数字化方面具有很广泛的应用前景，“感知油田”的结果不仅可以实现油田数据的全面采集，还可以实现跨地域的协同工作。物联网技术紧密连接生产过程的各个环节，更重要的是实现了技术与油田业务的整合，拓宽了油田勘探开发的业务，优化了油田生产经营管理，有效提高了油田的经济效益。

（3）油田物联网作为一种战略，将加速推动我国数字油田的建设。“十一五”期间我国数字油田建设取得了巨大的成就，中石油、中石化、中海油和延长石油均完成了数字油田的基础建设、标准建设、数据建设和数字油田的总体布局，ERP、MES、SCM、电子商务和多种应用系统推行与研发逐步成熟。在“十二五”期间深化 ERP、MES、SCM 等核心系统应用，RFID、物联网、云计算等新技术推广与创新应用成为重点。从国家层面上看这些技术的推广应用将会进一步提高 GDP 的比例，拉动经济与新型产业增长与发展；以油田企业层面上看将会加速推动数字油田的深入发展。

12.3 从数字油田到智慧油田的战略

后数字油田时代是个什么时代，现在没有太多的关注度，只有新疆油田率先宣布“全面建成数字油田”，在“十二五”建设智能油田，走在全国的前列。

12.3.1 油田智能化建设

新疆油田率先宣布“全面建成数字油田”，启动了“智能油田”建设，这是一个新的开端。

新疆数字油田建设处在全国数字油田的前列，新疆油田的特征在第3章中已专题叙述，在这我们概括起来，应有如下几点特点：

(1) 起步早。1993年就起步建设，当时还没有数字油田这一概念，但是数字油田建设他们的确起步了。

(2) “108个系统”、“三个桌面化”、数据正常化，这的确是一个“数字化的体系”。他们走着一条中国特色的数字油田建设道路。

(3) 将油田信息化建设分成数字化阶段和智能化阶段建设。

由此可以看出，新疆油田数字油田建设成就巨大。

新疆油田在2009年开展“实现管理决策智能化”主题年活动，这是基于油田数据正常化建设和数据共享、数据应用、完善数字油田的一个很有效的建设活动，很有必要。这是新疆油田为开启“智能油田”建设所作的准备。

新疆油田经过多年数字化油田建设的探索，有很多成功的经验，这些经验将会成为中国数字油田建设的财富。新疆油田尝到了油田信息化数字的甜头，油田产量连续28年保持增长，在沙漠深处建成一个现代化的克拉玛依城市，建成数字化的新型油田，还要建成“世界石油城”，事实胜于雄辩，他们的成就无法否认。

油田需要智能化建设，其主要表现有三点。

(1) 数据的采集。利用传感器和各种自动化技术采集数据一直是数字油田追求的技术，没有源头的数据就没有可能实现全面数字化，通过智能化建设，利用智能化技术和手段将油田全面数字化。尽管在数字油田建设过程中已经采用了各种技术和手段，坚持源头采集数据，但没有主题智能化技术，就做不到全面数字化建设。通过智能化建设，利用传感器、油田物联网技术，全面地感知油田，使油田全面数字化。

(2) 数据建设和系统也需要智能化。现在通过数字油田建设完成了数据集成、系统集成、地上地下技术集成，但是集成是需要技术和智慧的，不是只需要按照数据库技术、平台技术将数据放在一起，将系统放在一起就行了，有一定的机制和方法，建立数据和系统的机制是有原则的，这就是智慧。

在我们大面积、广泛地数据建设和系统建设时没有意识到智能化，或者意识到了，还没有条件，如时间紧、精力不足或者技术还达不到。在大规模地完成数据建设、系统建设后，优化、智能化这一步是必须要走的。

(3) 智能化的深刻含义在于反馈控制，也就是操控简单、简便，要求步骤少，“一键式”、“一步到位”的“傻瓜化”。因为，复杂的过程由计算机已经完成了，人们在操控时只剩下最简单的一两步了，这在数字油田过程中处处都需要。但是，由于在数字油田前期设计思想和技术的缺陷，也许在建设中还没有精力和时间完成它，在智能化建设中全面地实现是很有必要的。

所以，我们认为智能油田建设是数字油田建设过程中必须要走的一步，是数字油田建设初期的战略之一，只是在技术上有的学者把其划归为数字油田建设的一个发展阶段，有的学者把其作为数字工程建设中的技术发展的必然，数据建设中优化、智能化的必然，系统建设中优化、智能化的必然。总之，智能化是数字油田的技术使然，也是一个重要战略措施与目标。

12.3.2　智慧的油田

在讨论智慧的油田时不能绕开智能油田，也不能绕开智慧的地球。我们认为中西方人在理念上由于文化的差异性，表现出的认知结果不同，IBM 的智慧地球其实完全是“智能”的表述。智能集中体现在人工智能上，即它可以替代人完成简单的判别，替代人工实施操作，但完全不可能取代人的决策力。

中国人的智慧完全体现在人的聪明才智上，表现出来的是正确的决策。哲学家熊十力认为人的智慧分为“量智”和“性智”，量智是通过计算所获得的数据支持的决策力，性智是人的文化素养、道德品质集合的能力，一个人的聪明是量智＋性智的结果。

智慧不容易量化，也不可以复制，智慧用过一次后就变成知识，后人学习前人的聪明才智，就是学习这个智慧的基本思想方法和理念，变成自己的知识，然后使自己聪明起来，变得更加智慧。

智慧的油田是数字油田＋智慧的油田，是数字油田为专家工程技术人员准备好了一切，在数字油田平台中完成了一切研究，即数据转化、智能化、辅助决策建议等，专家和工程技术人员在研读了这些信息和辅助决策建议后，对重大技术难题作出正确的决断，这就是智慧的油田。

12.3.3 数字油田技术战略

数字油田技术已有章节论述，在论述数字油田战略时再提出数字油田的技术战略问题。一个技术能成为战略应该说不是一个小问题，但是，还是有人会提出质疑的，在这里要交代一下缘由。

1. 油田勘探开发技术

我国油田已经进入了二次创业阶段。在二次创业背景下出现了很多新兴科技和前沿技术。

一般来说，当处于低油价时代时，石油企业要不断推出新兴的技术来降低勘探开发成本，以保持在低油价阶段还有盈利。在高油价时代，石油企业利用高收入，投入大量资金推动技术更新换代。这已成了一个规律。

目前在国际上处在高油价时代，在国内正处在二次开发热潮中，两者合起来推动了很多新兴技术的出现。其中比较前沿的有极大储层约束井技术、全自控油田技术、无源地震监测技术、仿生井技术、纳米级侦测技术、微孔钻井技术和数字油田技术。这是学者经过研究，总结了20年来具有影响力的技术，其中数字油田也作为勘探开发技术列在其中，这些技术中对未来数字油田紧密相连的有如下几点。

(1) 全自控油田技术，就是最终实现油田全面自动化。其主要做法是将井下储层资料、井口信息与管理结合起来进行实时的油藏模拟，得出最优的注采比，并向每一口井的井底控制阀发送指令，实现自生成的上产策略，这其实就是智能技术的延伸，将地面与地下结合起来，将数字油田的数据处理技术与智能技术有机结合，形成了一个智能化的数字井控技术。

(2) 无源地震监测技术是近年来发展很快的技术。其主要做法是在井区布局一系列检测器来接收那些微小地震或者压裂等作业引发的微地震信号，用于监测储层的变化。该技术主要运用于储层压裂监测、油藏动态监测、识别可能引起储层分区或充当过早水淹流动通道的断层或小裂缝，可识别潜在的井眼不稳定区域，确定新的注水井、采油井位等。

(3) 对于数字油田技术，埃克森美孚石油公司应用的流程是，首先资源可视化与远程合作，采用先进的钻井技术与完井技术，达到实时数据的获得和油藏监测，最终达到设备、流程、环境优化和物联。这是数字油田技术最完美的体现之一，也是油田常规技术与数字化技术的结合、信息化与工业化在油田业务中的融合的表现。

由此，给予我们几点很重要的启示：

(1) 数字油田技术一定是和油田传统技术融为一体的，数字油田如果脱离了油田勘探开发的原有技术，就没有活力，也不可能具有技术的生命力。

(2) 数字油田与传统的技术结合后实现数字化、智能化的创新技术，这些技术要比传统的技术发挥更大的作用，开拓出更多的功能性，为我国油田二次开发提供新兴技术支持。

(3) 数字化、智能化、信息化技术还有巨大的潜能，微孔钻井技术、可深入储层的纳米级监测技术和仿生井技术的完善和延伸，更需要数字油田提供数据支持、网络支持和三维可视化技术的支持，从而在可视化的条件下仿生井的分枝“生长”与“砍掉”在可视化监测之中完成；纳米传感器能在可视化监测中发现封喉堵渗和监测油气等。

总之，数字油田技术还在继续创新与发现，数字油田技术将大有作为。

2. 数字油田技术战略

数字油田技术战略集中体现在形成完整的技术体系。数字油田技术体系目前还没有人完整地提出和完整地建立起来。但是，胜利油田承担的国家 863 计划重大课题——数字油田关键技术研究正在进行中，整个研究和再次深度研究，一定会形成一个完善的技术体系的。

我国数字油田完整的技术体系，我们认为至少应该包括以下几点。

(1) 国家层面的数字油田技术战略——优化数字油田技术、推进数字油田关键技术发展、构建数字油田技术体系。数字油田技术将会在油田企业的全过程中渗透和体现，也就是从数字盆地、数字地质到勘探开发、生产储运，直至数字油藏。在这样的每一个过程中，数字油田技术都会有关键性的技术渗透在常规性油田企业技术之中，我们只要将这些技术梳理清楚，完整地总结、细化，就会形成数字油田的关键技术体系，只要我们将这些体系优化和科学化，它们就会不断地得到创新发展。

（2）油田企业层面的数字油田技术战略——优化数字油田结构，推进科技创新。数字油田具有很强的综合与整合能力，整合数据、整合系统、整合技术。对数字油田结构细化和优化是未来数字油田必须要做的一件事，现在我们已经意识到了，但是，现在结构还不至于影响当前的应用。当数字油田建设到一定程度后，数字油田平台技术就会出现瓶颈，这就需要对数字油田结构进行优化和改造。因此，现在就要提出，作为技术战略加以注意，在一定的时候，对数字油田结构进行优化，从而使数字油田更好地为油田企业寻找更多油气资源提供保障。

（3）数字油田的三个转变正在悄然到来，这就是数据建设转向数据关联整理与深度应用，地上转向地下，数字油田转向智慧的油田。其中由地上转入地下已经开始，数字油田技术就要适应这样的转变。油藏精细描述，油藏精细管理，包括井筒精细化管理等，这已不再是说说而已的事，而是正在利用数字油田的地上地下一体化和数字油田三维可视化技术实现精细化管理与动态管理及监控。这虽然有点难，但是，技术攻关的中心已经转移，将会成为未来一定时期新技术研发战略。

新的数字油田技术还将不断涌现，如基于数据的“DNA”和“全数据定位系统”在网格化技术条件下开发，为数据无障碍使用提供智能化查询、检索，这在不远的将来一定会实现，在今天，我们将其作为技术战略提出来，而它一定会在那一刻出现。

总之，数字油田战略是一个宏大的战略，需要我们深入地研究和探索，把数字油田战略作为数字油田研究的一个重要内容来研究。

12.4 小　结

数字油田是一个新生事物，它的建设和发展将会引领油田企业走向新的时代。因此，从现在起就应该从战略高度上重视数字油田的建设与发展。

（1）数字油田战略是数字油田研究中的一个重要内容，把数字油田作为战略是油田企业多年来坚持的一个策略，并且把其提高到对数字油田长远发展以及国家信息化在石油石化行业发展过程中的战略的高度上，来认识和研究它，具有重要的意义。

（2）数字油田战略研究了数字油田的发展战略、建设战略和技术战略。发展战略站在国家层面上看统一国家标准将是一件大事；建设战略站在国家和油田企业层面上看，信息化、数字化渗透油田企业传统技术中形成融合与合力是个关键；技术战略提出了国家技术体系战略，是一个重要的战略。

（3）数字油田战略仅仅研究了当前条件下的一些战略思想与展望，未来数字油田思想创新、方法创新和技术创新都是数字油田研究的关键性战略，这是数字油田研究者未来研究的重要课题。

第 13 章 数字油田服务运维

数字油田建设的主体，包括建设主导方和服务运维方。

建设主导方是油田企业集团公司或者油田分公司。这是一个很强大的建设主体，是一个具有建设目标、建设规划、建设计划和投资权的群体，包含了众多个油田企业或者集团公司，他们具有很强烈的需求与愿望，在数字油田建设中起着主导作用。

服务运维方是指为数字油田建设提供软件产品和硬件产品及技术服务的众多公司，这也是一个很强大的主体。在这个主体中，具有为数字油田建设主导方提供各种资源、解决方案、技术服务和满足主导方愿望的产品的强大群体，包括数万个大大小小的技术服务公司和运维商，他们具有很强烈的获得建设项目的愿望，在数字油田建设中时刻处于激烈竞争之中，基本结局是强者为胜。

13.1 数字油田服务运维特征

据估计，自 1999 年以来，数字油田建设在中国的投资可能高达 100 亿元，这 100 亿元的费用分为两个部分，一部分是硬件产品及其形成的运行、应用大系统，主要有计算机、网络、通信、机房建设和数字井场、油田物联网、云计算等。另一部分是数据建设、应用系统、应用平台和专业软件等投资。为这 100 个亿的投资诞生了数万个技术服务商和数万人的服务大军，他们每年为数字油田建设在作出努力与贡献。

13.1.1 数字油田服务运维的变迁

1999 年，是数字油田的元年，当时的人们还处在对计算机狂热的追求之中，在很多过来人的印象中，计算机在 386、486、Pentium 等一路狂奔，几乎是睡一觉醒来，计算机就提高一个档次，而人们的计算机水平还处在连字都不会打的地步，学习输入法是个热门。从天而降的计算机技术在日新月异地变化之中，很多人总感到跟不上时代的步伐，人们对那些“聪明”的人，即满口说出CPU配置参数的人感到很佩服和惊讶。家庭计算机也在悄悄地开始由少到多地急剧增长。计算机出现了由高端走向普及。

在油田企业，最早使用计算机的人是以地球物理勘探人员为主体的人群，因为学习地球物理专业的学生，使用计算机是一个基本功，大量的地球物理勘探数据处理在出现了计算机之后，他们才将中国式的计算器——珠算算盘，包括对数计算器放在了库房，用上了当时还是比较先进的计算尺——PC1500等。最让人记忆深刻的，还是那超大躯体的计算机——可足足装在两个大教室的计算机，让现代人不可思议的是，将写好的程序打在纸带上，纸带送入计算机之中，然后在另一端等待着结果。在20世纪80年代末计算机还在“神秘”地显示着其尊严，因为能上机的人很少，给你上机的机时也很少。不过很快大型计算机就被PC机所取代了，其尊严不在，但是“神秘”依然。到了20世纪90年代中期，油田企业已经开始普及专业工作站了；90年代末油田已有自己的机房，进行数据处理和解释。在计算机应用，或者超大计算机数据处理中，油田企业始终处在前沿。

网络的出现使计算机的普及率大大地提高，学习五笔字型打字成了时髦，会五笔字型打字的人很自豪，学校、单位在热衷于开办各种普及班。在这样的热潮中，高等学校计算机专业在狂热地开办中，不论是什么样性质的大学，都会有计算机专业在招生，都会有计算机专业学生在毕业。每个人会上网，都有自己的邮箱地址是一种渴望和追求，发邮件成为最大的热门话题。

在油田，网络建设成为行动最快、投资最大的一项活动，超大的机房建设与超大的带宽很快就得以实现。随着计算机和网络技术的发展，带动了光纤、通信的快速发展。在数字油田中，网络工程、通信工程、人才工程构成了三大支柱工程，缺一不可。

由此简单地回顾，我们不难看出数字油田的诞生正值计算机、网络大普及，大发展之中，这使得计算机快速由高端走向普及，网络由神秘走向通用，计算机、网络应用由打字、发邮件走向办公自动化。计算机、网络是无纸化办公的必备工具，使用计算机、网络由个别走向大众化。在这样飞速的变迁中，计算机、网络供应商遍地开花，在全国各大、中城市电脑城一建再建，一扩再扩，形成了现代化城市的象征，庞大的计算机、网络服务商群体对于推动国家信息化建设作出了很大的贡献，对于数字油田建设也功不可没。

13.1.2 计算机、网络服务运维商的变迁

在中国大地上，似乎一夜之间人们都学会了计算机和网络的使用，使得这些高科技的产品在普通家庭中成了必备的物品。在20世纪90年代初，计算机供应商在不断地衍生着新生代和新型人类。本来还是某某供应商的核心骨干，过不了几天由一个打工人员变成了与原来供职的计算机供应商同台竞争的对手，在这个新型企业中时间不长自己的骨干又扯起了旗帜，在自己不愿看到的地方摆起了和自己同样的柜台，成为同一品牌的供应商，这是当年的景象，毫不夸张。

高额的利润和固化了的技术，使得计算机、网络技术变得门槛比较低，从而出现了计算机供应商的分化，有的由小变大，由大变强；有的由大变小，由强变弱，直至最后更换门庭。

为数字油田建设提供高技术服务的供应商必须具备良好的信誉和技术实力，油田信息化建设不是一般企业或者个人计算机和家庭网络那样简单，是一个大的系统工程。

首先，要有足够的资金作先期的垫支，没有足够的资金作保障很难保证工程的正常运行。

其次，要有足够的技术力量，做出比较像样的方案，这是网络、计算机和系统开发建设中的基本功。一个完美的解决方案浸透着很强的技术思想，很高的技术水平和智慧，只有拥有技术、思想和系统工程学基础理论与原理的人，才能作出最完美的、最优化的解决方案。

最后，要有良好的运维能力、良好的品牌、良好的技术和良好的售后服务。

在这样的条件下，大型供应商，尤其是国际知名品牌供应商，有着突出的优势，在强大的技术团队支持下，在超强地、不断地更新换代的创新产品支撑下，还要拥有雄厚的经济实力作后盾，这样市场的份额逐步地偏向了这些超大、超强的供应商，较小的供应商在高压挤兑中慢慢地消失了。超强、超大的供应商更加地超强、超大，最终形成了几个国际品牌，在更加残酷的竞争中生存与

发展。

由于供应商出现优胜劣汰，在大浪淘沙中强者之间的竞争除了产品技术的先进外，更大的竞争力是理念、思想与智慧。于是，出现了一流企业“炒”概念，二流企业“炒”方案，三流企业搞代理的说法，又形成了新一轮的竞争大战。

13.1.3 数字油田建设服务运维特点

数字油田建设是一个庞大的体系，为数字油田建设提供技术服务的供应商——运维服务也是一个庞大的群体。

在数字油田基础建设中，网络工程、通信工程既有产品供应，还有工程建设，包括系统运行中的软件。数字油田对于基础过程建设具有很高的要求，除了对产品参数选择、性能选择和运行、安全性外，更重要的是售后服务能力的选择。售后服务在供应商投标之时，构成了一个判断指标，如 2h 响应，7×24h 不间断服务等都成了评判这些企业是否可以投标成功的条件。由此，数字油田建设技术服务的基本特点有以下三点。

(1) 品牌产品占据主要优势，无论是国际、国内品牌。在数字油田建设中，选用品牌产品是首要条件。品牌产品具有技术成熟、性能稳定和服务周到的多种优势，特别是选用品牌可以降低投资风险，在大型建设工程中胜出的可能性与概率较大的都是品牌产品和知名企业。

(2) 资源优势。技术服务需要占据很大的资源优势，服务商并非国际、国内知名大公司，往往胜出的公司一般是油田公司或者集团公司比较认可的，相对来说比较熟悉的企业或者业务人员，除了有一定的人脉关系外，关键还是对服务商这个人或者企业比较了解，核心问题仍然是降低风险。

(3) 数字油田基础工程建设是高投资、高回报的风险投资。巨额的投资往往让领导望而却步。但是，投资后领导又感到放心的还是基础工程建设，因为，这个投资建设的项目可以看得见，摸得着，巨大的机房摆满了机柜，轰鸣的机器声响，提供着强大的服务，企业快捷的信息化水平提升，领导者、监管者和操作者都是满意而放心的。

然而，软件开发商就没有这样幸运了。软件开发商首先要有很强的说服能力和超强的等待功夫，因为，软件产品是高科技产品，有时有点高不可测的感觉，让人可信又可疑。但是，往往技术管理者还是很需要，可是一个“光盘”的东西到底能值多少钱？使“一把手”难以给定投资，或者再论证，或者暂缓投资等，甚至是“泥牛入海无消息”的结局。

其实“光盘”的背后有着很大的一个开发团队，这个团队首先要做的事是需求分析。需求分析要投入多大的精力和资金，这是一个技术问题，中国有句俗话“磨刀不误砍柴工”，需求分析的工夫在于理清业务和数据流、信息流的关系，在很多人来说不愿意在这方面下工夫，还有很多企业总以为自己就这样的开发干了很多年了，轻车熟路地套用先前经验。其实，这个思想方法是错误的，它导致了软件开发的不成功和提交期的延误，很多软件系统，开发所占用的时间只用了 1/3，而 2/3 的时间都在修补之中，这就是需求分析没有做到位。

更为重要的是各个油田企业表面看来是相同业务，其实不一样的管理方式和技术应用导致需求不一，再到系统软件管理中区别是很大的，套用先前给别人所做的套路是极其错误的。

除此之外，就是程序编写、测试和安装、运行、培训、维护要花很大的精力，这些东西都是看不见的劳动力通过大量劳动才完成的。所以，软件往往卖得很贵，这是一个基本原因。

13.1.4 数字油田建设服务运维的问题

数字油田建设技术服务近 10 年来经过大浪淘沙，很多队伍被兼并，很多队伍被淘汰，还有的队伍在新生和成长。

基础建设队伍基本是高端而且强大的公司，这些公司大都拥有国际知名品牌或者国内信誉好、实力强的代理公司，这些公司越来越成熟，也越来越稳健，全国各大油田的销售和建设业绩及信誉使他们分得很多市场份额。

软件公司同样也走了一条分化组合、优胜劣汰的道路。目前在国内能够在数字油田建设中站住脚的大型软件公司也就 4～5 家，这些公司占据了数字油田系统建设中较大的份额。其他的小公司也只能是星星点点地做一些小系统，分得一点点份额。

目前数字油田技术服务暴露出来的主要问题有：

(1) 技术服务团队不整齐、良莠混杂。数字油田建设一定是一个“万丈高楼平地起”的工程，基础工程建设一定是要为数字油田打好基础，只有良好的基础才能有良好的发展。所以，数字油田建设就是一个事业，是一个千秋大业，基础建设的错误犯不得，选择不好技术服务的团队，企业将会损失更大。

（2）数字油田建设技术一直得不到很多人的高度认识，总认为数字油田就是信息技术，往往同购买计算机、网络建设等同，这是一个非常错误的想法。数字油田具有其特殊性，从普通技术上来说，的确和我们平时一般的信息化建设相似，但是，数字油田的基础建设工程是一个完整的系统工程。首先要作好完整的规划，在建设过程中要先建什么，后建什么，建设的目的要满足油田公司的业务需要，因此，规划、计划相当重要。在数字油田应用系统建设上依然要注意规划和计划，现在油田应用系统越来越多，高达上百个，都要在一个平台上运行，如何保障运行稳定，相互不干扰，保证在系统升级时不影响其他系统，这些都是思想、技术和方法的体现。如果在数字油田一开始就有良好的架构，那么系统越建设，平台越健壮。

其次，数字油田建设是一个系统工程。系统工程最重要的原理之一是过程优化、环节细化，要为应用和使用者着想。系统平台到底如何建设，在业界一直是一个争论的焦点。

（3）数字油田技术服务是一个领域，现在领域非常广阔，数字油田技术服务又是一个专业，但现在没有专业学科培养专门的人才，人才奇缺成了大问题。在数字油田基础建设中的人才问题目前相对能好一点，多年来的计算机学科建设，各大专院校广泛招生，培养了大批的计算机、网络、通信专业人才。虽然专业不同，但技术具有相同性，它们都与油田业务有一定的联系，只是不像软件系统那么紧密。这类人才经过油田公司十年来的数字油田建设、机房管理、网络管理和安全管理锻炼，基本可以满足油田建设需要。

但是，数字油井建设、智能油田、油田物联网和软件研发与管理人员奇缺，大量的技术都掌握在服务商的手中。由于在建过程中的需求与需求分析与油田业务联系十分紧密，而油田企业大量从事信息化管理者都是计算机专业人员，技术服务商的人员也都是从事计算机网络或者比较接近专业的专门人才，所以一旦同油田业务挂钩，基本都说不清。油田公司借用专业人员作指导，又往往对数字油田建设技术不理解，相互沟通很困难。这就造成了交流不畅，技术难到位，建设不成功。

现在最紧缺的人员就是既懂信息技术，又懂油田业务的人。在油田，由于专业分工和岗位的不同很难培养出这样的交叉性、跨专业的人才。这样的人才只有落在技术服务商的肩上。谁拥有更多的这样的跨专业的人才，谁就会拥有更多的市场。但是，现在我们所有的数字油田技术服务商都做不到，这是中国数字油田建设过程中最大的问题之一。

总之，数字油田建设的技术服务商经过多年的优胜劣汰正在发生着深刻的变革，从弱变强，从小变大。已经在数字油田建设市场中站住脚的技术团队，又经过这么多年的历练，逐步成熟和稳健，拥有大型服务团队能为油田企业数字油田建设提供良好的、优质的技术服务的企业也逐步清晰。但是，数字油田建设中的技术服务过程、团队、技术还存在着很大的问题，仍然需要经过各种方式的优胜劣汰和技术提升，这样才能有较大的改观。

13.2 数字油田服务运维模式研究

13.2.1 数字油田建设方式

对于中国数字油田的建设，我们在“数字油田建设总图”中曾经总结与提出过，目前，在中国数字油田建设中有三种技术服务方式。

1. 以引进为主、自主建设为辅

这是一种方式，也是一种模式。借助国外的技术力量建设，这也是一种选择。因为，国外先进企业技术力量雄厚，他们占有世界绝大多数的市场份额。选择一个技术力量雄厚的技术服务商没有太大的风险，这在我国其他行业、技术领域比比皆是。但是，引进会出现以下几个问题。

(1) 国外技术力量雄厚的服务公司，大都处在西方国家，西方国家的思维方式和理念，在很多领域我们可以接受，而且适应得也很好。但在数字油田建设中未必就能适应我国的思维方式和管理要求，如果全盘照收，就会出现“水土不服”的现象，尤其在应用系统建设和平台建设上，技术最先进的国家和国际企业不一定是最好的。

(2) 国内引进也要注意相同、相近油田企业不同管理方式和运行模式的差异性，在建设过程中可以借鉴他人经验和先进技术，也可以全盘移植。但是，一定要把业务与管理方式的异同作比较，由于企业与企业的差异性，硬性照搬很可能损失本企业的运行和业务“神经”，使得数字油田建设适得其反。

(3) 以引进为主，自主建设为辅的方式，引进比重大，自建比重小，很可能自身特点不突出，没有自己的特色，就如一个歌唱演员一样唱得很好，但没有自己的特色，永远都是一个模仿秀。这对数字油田建设来说也一样，如果不是针对企业量身打造，其技术和油田特点也就不会很好地结合在一起。

当然，以引进为主，自主建设为辅也有优点：

(1) 快。这是最大的特点之一，不用费太多的精力和时间，可以引进先进的技术，把自己需要建设的事业在短期内建设好。

(2) 风险小。引进的技术一定是经过反复考察、论证的技术，比较成熟、可靠，拿来就用，投资风险比较小。

(3) 以引进为主，自主建设为辅的方式，只要认真地组织，把握好需求，以业务为导向，把自身企业的管理运行方式与引进技术的特点紧密结合，去除不适合本企业特点的方式、技术，选择适合本企业特点的技术，用自主研发技术作弥补和补充，也能形成自己的特色，这在中国数字油田建设中也有成功的案例。

2. 依靠国外技术，全盘引进

这在数字油田建设的初期还是有先例的。因为在我国数字油田建设之初，在大家对数字油田是什么还不是很清楚的情况下，国外又有成功的经验，直接引进、全盘引进也是最好的办法。但是，这样的技术引进会带来一些问题。随着我国数字油田建设的深入发展，我国数字油田技术队伍逐渐成长、成熟，全盘引进的方式也不再出现了。

但是，对于一些高难度，技术要求高的数字化、智能化建设还是要采用这种全盘引进的方式，如海上平台自动控制和智能化技术，最好还是采用世界最先进的技术、方法比较好，自主建设往往带有很大的摸索性，成本反而高。

3. 以自主建设为主，适当引进为辅

这种方式在我国的数字油田建设中比较普遍，是一个比较好的方式或者模式。

(1) 自主建设有其建设的适应度和适合度，也就是根据本企业、本企业业务的需要而自主建设，这种建设安全性、适应性比较高，尽管可能存在开发过程长、技术不完善、使用起来不是那么得力的问题，但是，可以用较长的时间修正、完善，更重要的是可以比较好地同其他系统对接和二次开发。

(2) 自主建设会获得更多的自主知识产权与相应的专利，这些知识产权和专利都是资产和财富。

(3) 自主建设过程中，对于高技术、高难度的产品可以适当地引进，以弥补自主研发过程中的不足，引进的高技术产品和技术方法可以增加本企业的特色。

当然，自主建设也存在一些问题：

(1) 相对比较慢，企业规划、计划、论证、立项过程长，建设周期长，比较慢，投入使用期相对较长。

(2) 有一定的风险性。这种风险就是对技术服务商的选择是否准确，有时错误地选择技术服务商和团队导致错误的结果，使得投资后没有回报，这在我们的数字油田建设过程中出现了不少的案例。

这三种选择方式在中国数字油田建设中都存在。哪一种是最好的方式，不同企业可能会给出不同的结论。经过多年的建设，目前，中国数字油田建设大部分企业还是选择了第三种方式，即以自主建设为主，适当引进为辅的方式，这种方式能够适应当前的需求，也适合中国油田企业的特征。

13.2.2 新疆油田模式

新疆油田是指中石油新疆油田分公司，新疆油田的数字油田建设理念、特征和贡献在第3章中已有详细的描述，这里不再赘述。但是，在表述数字油田技术服务模式时，我们不得不再一次推出新疆油田。

新疆油田的数字油田建设，我们在很多地方定义为：走出了一条中国式的数字油田建设的道路。主要有以下三方面原因。

(1) 在建设方式上新疆油田坚持以自主建设为主，适当引进为辅的建设方式。新疆油田多年来在努力学习和借鉴他人先进经验的同时，坚持自力更生、艰苦奋斗，自主建设数字油田。新疆油田始终坚持探索，按照数字油田的建设规律，以业务需求为导向，建设具有新疆油田特色的数字油田，创造出了一条独特的数字油田建设道路。

(2) 新疆油田始终走着这条开放的建设道路。新疆油田地处西部偏远地区，在地理位置的概念上就是信息不畅、思想落后、管理僵化。其实，用这样的词描述新疆油田完全错了。恰恰相反，新疆油田对外开放、管理科学、技术先进，这完全得益于信息化建设和数字油田的建设，数字油田使得新疆油田数据共享、信息畅通，建立了完全开放的、先进的数字油田。

(3) 新疆油田有一个特别熟悉油田业务、信誉特别优良的数字油田技术服务团队（公司）在作技术支持与服务运维。一个能够长久为一个企业作技术服务的企业一定是守信用、服务好的乙方；一个能够长期信任一个 IT 团队为自己不间断地作技术支持的油田一定是一个特别敬业、特别尊重他人的好甲方。这两个好成一好，构成了一个非常默契的合作伙伴，从而共同成就一个伟大的事业。对此我们称之为新疆油田模式。

通过几年的跟踪研究，我们认为新疆油田模式特点主要包括三点。

(1) 共同拥有一个目标——全面建成数字油田。全面建成数字油田是新疆油田早年立下的誓言，也是新疆油田坚持不懈地建设数字油田的根本目标。但是，这一目标同样适用于为新疆油田提供技术支持的技术服务方，于是这样一个共同目标将他们融为一体。在这样一个目标的大旗下双方克服一切困难，填平了甲、乙方之间的各种鸿沟，沿着既定的目标向前走，从而使他们共同收获了“全面建成数字油田”的成果。2010 年，新疆油田对外宣布：全面建成数字油田，技术服务公司同样获得了全面建成新疆数字油田的喜悦。

(2) 捆绑式的贴身技术服务是其基本特征。油田企业信息化、数字化建设需要动员社会最先进的企业为其技术服务，常规的办法是通过招标完成，即严格地在社会上全面地考察、认真地筛选服务企业，通过技术（市场）准入使其进入油田企业，为油田企业提供技术服务。在技术服务过程中对信誉和技术良好的企业保持合作关系，对于服务信誉、技术比较差的企业剔除，然后再引进好的企业，始终处在动态的变化过程中。这种动态的好处就是可以始终保持引进先进技术和良好企业为自己做技术服务，不断处在择优的动态选择中。但这样做也有不好的地方，有这样几点：①由于是甲乙方关系，在项目实施过程中要走很长的程序，如市场准入、项目论证、技术论证、招标、投标、签定合同和首付等，一个项目的50%时间和精力基本处于前期的“走程序”之中，只有30%的时间在开发，20%在安装、试运行和培训中，这样短暂的开发时间内，是不可能出精品的。②甲方希望得到最优秀的技术服务商常年跟踪服务，这是正确的，在数字油田建设过程中，只要一个项目上手了，基本上处于“你离不开我，我也离不开你”的状态，如果一个技术服务企业只做“一锤子买卖”的事，这个项目技术服务肯定不会到位，至少不会成为精品。但是，有时一个技术服务企业不一定完成了本项目可延续下一个项目，这对企业其实损失还是很大的。数字油田建设工程是一个大工程，需要多个技术服务团队协同完成，如果有了一些信誉好、技术良好的企业常年贴身服务，将会服务得更好。③数字油田建设需要一致性，因为，庞大的数字油田工程需要数年或者更长的时间完成建设。如果没有与油田企业具有共同目标、共同理念、共同奋斗的建设精神，就很难坚持到下一个目标的共同建设。在数字油田这样一个大平台上，会出现很多模式的技术，协同性相对比较差。尽管有各种接口技术，其实平台上的“硬伤”留存成为遗憾和隐患。因此，如果能选择一个志同道合的技术服务企业，捆绑式的贴身技术服务和服务运维，可以避免上述一系列的麻烦和问题。

(3) 共同拥有一个精神，这就是艰苦奋斗的精神。1993年新疆油田开始建设数字油田，也称为油田信息化，同年技术服务公司成立。新疆油田每走一步，技术服务公司跟进一步，新疆油田当年发动全员输入每条信息两毛钱，技术服务公司发动员工为建好每一个数据库提供技术服务；新疆油田实现“三个桌面化”，技术服务公司为“三个桌面化”作技术保障；新疆油田实施数据正常化建设，技术服务公司坚持为数据正常化作好技术支持。他们拥有的共同精神就是埋头苦干的精神。

新疆油田模式创造了一系列经验，这里仅叙述了一二，还有待于进一步挖掘。但是，他们所共同创造的数字油田建设的道路是在中国值得推广的道路，他们所共同创造的建设经验将是我国数字油田建设的精神财富。

13.2.3 捆绑式贴身技术服务特点

捆绑式的贴身技术服务，可以做到这样几点：

(1) 急用先做，这是一个基本特征。由于数字油田建设工程巨大，投资也巨大，所有的程序不可少。但是，由于油田业务的急需，往往走程序需要很长的时间，这样就会影响油田业务的正常进行。在这种情况下，捆绑式贴身技术服务企业可以急用先做，这是因为长期形成的默契，不用担心甲方另有人选，不用担心甲方不付款等问题，使得技术服务先行，保证不影响油田业务的急需。

(2) 服务到位。数字油田成为甲、乙双方的共同事业，在处理问题时甲、乙双方看来不分你、我责任，而将数字油田看做共同的大事业。甲、乙双方不再需要承诺 2h 受理，7×24h 不间断服务之类的服务约定，而是确保运行稳定，发现问题填单备案，先处理再完善手续，无论是在项目服务期还是免费维护期，还是应付款服务，解决问题是第一，付费等成了第二。技术服务公司做到跟踪服务，贴身服务常态化。技术服务公司建立了网上论坛 24h 用户发帖提意见和公布用户问题，并有专人全天候跟踪，这是其他一般服务企业做不到的。

(3) 技术创新。由于是捆绑式贴身技术服务，乙方能同甲方一道在业务需求导引下展开技术创新。因为，大家目标是一致的，不存在保密和涉密之嫌，为了一个共同的目标可以坐在一起研究技术问题，引进先进技术，确立试验项目，开创性地进行先导试验，实现技术创新。只有技术创新，数字油田建设才更具有先进性和生命力。

通过多年的跟踪研究，新疆油田-技术服务公司共同创建的模式是一个很典型的数字油田技术服务和运维模式，在我国很具有推广的价值。

13.2.4 数字油田建设服务运维的其他模式

在数字油田建设中还有很多的技术服务方式，在这里也作一点简单的探讨，或者提出问题，供广大读者和数字油田建设者们共同商榷。

(1) 大牌公司服务运营模式。大牌公司往往都是国际、国内的知名企业，这些企业一般技术力量雄厚、经济实力强，无论从技术上、理念上都具有先进性。它们管理规范、操作流程化，在技术服务上按照流程做事。但是，往往也比较呆板，按套路，收费高。近年来，我国引进国际大公司技术服务团队实施数字油田建设的案例并不成功，国际上的理念往往并不适合国内油田的管理模式，出现“水土不服”的现象，对于这一点还需要探索和研究。

(2) 众牌杂陈，只取先进的模式。这是比较大众化的一种模式。在我国能从事信息化建设的企业数万家，但是，能从事数字油田建设的企业并不多，特别是能完整地做完一个油田企业的应用系统的企业更少。油田企业面对众多服务商择优选择是正确的，即在同一个工程中，在同等条件下，需拥有最先进技术、最优良服务的团队为我所用。

(3) 其他技术服务模式。在数字油田建设中，根据需要和需求，选择曾经在这个方面有过开发、建设经验的企业或者团队来做，或者引进先进技术指定企业来做等。

13.3 数字油田服务运维趋势

中国数字油田建设发展到今天，我们认为是成功的、健康的，其中技术服务团队功不可没，也就是在其他各章节中多处提过的IT业界的贡献。

13.3.1 数字油田建设服务运维的现状

时至今日，我国数字油田建设现状，还是令人深感忧虑。考察我国数字油田建设技术服务现状，存在着以下问题。

(1) 在我国，截至目前没有一个国家名牌产品和知名企业，无论信息技术产品、数字油田产品还是技术，都无法同世界大的IT企业抗衡。这同我国信息技术起步晚，国际前沿技术跟踪不够及体制有很大的关系。虽然在体育等其他方面我国都能做到国家体制下的发展，成为世界霸主，但是，在IT业这么多年来，虽然我们也成就了很多大型的企业，然而，在国际上也只能占领很少一部分市场份额，尤其不能在理念上领跑世界潮流。即使是国内知名企业，也总在跟着人家理念跑。

(2) 现在一些技术服务企业为数字油田建设做事不扎实，耍“小聪明”，搞投机取巧，这要严厉地批评与制止，这样的建设将严重影响数字油田的建设质量。我们希望无论提供技术服务的企业多么大牌或多么渺小，如果一旦承接了数字油田的建设工程，必须把它努力地建设好，不要搞投机，若投机了，你赚钱了，赔了的是油田企业，伤害的是数字油田这个大事业。

(3) 选择固定的技术服务团队会不会陷入一种怪圈，即技术服务到位了，经济界限模糊了；经济界限模糊了，技术服务也模糊了，这是一个严肃的问题。我们大多的油田企业为什么不太愿意长期选择一个IT企业做技术服务，也许就是避免前嫌。其实，这是一个品质问题，就是技术服务企业的品质问题。

（4）企业“做大做强”的忧虑。每一个企业在发展过程中都希望做大做强。“大”的标准是规模大，占领市场大；“强”的标准是“不差钱”，有实力。往往 IT 企业在发展过程中占据一个市场，要么被更强有力的企业挤掉，转向其他，要么不满足现有市场，实行对外扩张。一个为油田企业捆绑式贴身服务的 IT 企业一定要坚守阵地。

以上这些只是对数字油田建设工程中存在的一些问题的思考，提出来是为大家共同思考。现在企业已经这样做了，其实也没有什么不对，只是希望企业在“做大做强”中，不要忘了数字油田建设这个伟大的事业。

13.3.2　数字油田服务运维的发展趋势

数字油田还在发展，数字油田建设还在继续，但是，数字油田建设的技术难度越来越大，这是一个必然的趋势。因此，对数字油田建设技术服务的要求也越来越高了。考察我国数字油田建设技术服务发展趋势，我们认为基本走势有以下三个。

（1）分化组合仍在继续。数字油田建设的技术含量不断增高，从而“门槛”也就越来越高。在数字油田建设的基础工程建设中，随着技术成熟，产品成熟，安装、运行方案固化，相对门槛较低，其风险难度降低，而在并行计算、云计算等高技术含量技术出现后，一般企业做不了了，就会通过分化组合和大浪淘沙的方式淘汰一些企业，优化组合先进企业将进入高技术含量的技术服务当中，这是一个必然趋势。对于研发系统软件的企业，这种分化组合将会更加明显。随着油田完成了数据库建设，所有的历史数据入库，现行的数据保持常态化，其简单的应用系统开发完成。升级换代工作量变小后，就会出现两种可能：一些小型的软件企业转入其他行业或者转入专门的技术维护，一些大型的软件企业将会把目标盯在更高层次的系统开发之中。

（2）数字油田建设将会有三个转向：数据建设转向数据的深层次应用，地面数字化建设转向地下数字化，数字油田转向知识、智慧的油田。三个技术转向为广大的 IT 企业带来了机遇。这三个转向的技术要求、投资额度会大大超过数字油田建设的初期。IT 企业是否能够迎接新的曙光的到来，是一个考验。谁的眼光好，谁将得到天下；谁的技术转型快，谁将得到市场；谁的技术服务好，谁将获利更高。数字油田技术转型一旦出现，将会催生更加先进的技术和引出更加优秀的技术服务团队的诞生。

(3) 解决好机制、体制问题，建立捆绑式合作伙伴，为数字油田事业共同奋斗。通过多年的研究，新疆油田模式是一个不错的模式，我们主张每一个油田企业在数字油田建设过程中，都能找到固定的、信誉度高的、技术良好的IT企业为数字油田建设提供良好的技术服务。特别是随着数字油田建设工程的巨大，后期维护量也巨大，仅靠油田企业信息管理部门和技术服务部门的力量是远远不够的。数字油田技术服务外包和数字油田运营将会成为一种趋势。

现在就看我们油田企业准备好了吗？IT企业准备好了吗？

13.3.3 数字油田服务运营的维护外包模式探讨

油田企业的数字油田建设到今天，可以预见未来几年在建设与运维上将会出现巨大的压力，其中最大压力就是数字油田的技术维护。

1. 国际、国内技术服务的现状

1) 国际上服务外包领域在日益扩展

随着近年来信息技术及网络技术的发展，服务外包所需的技术水平逐渐提高，全球知识密集型服务外包兴起，许多公司不仅将数据输入、文件管理等低端服务转移出去，而且还将风险管理、金融分析和研究开发等技术含量高、附加值大的业务也外包出去。目前，在全球范围内，伴随着服务外包总量的扩大，新的服务外包领域也在逐渐形成，服务外包的定义也有了新的外延。总体上看，目前全球服务外包涉及的范围已由传统的信息技术外包和业务流程外包拓展到多个领域的外包。

2) 市场细分的全球服务外包中垂直市场更加得到重视

市场细分是一个不变的规律，多少年来市场在不断地细化，服务外包市场一样也在不断地细分。通常外包服务项目和产业类别无关，尤其是在IT领域中。例如，数据输入或维修服务，是不分垂直市场的。但是，随着外包市场竞争的激烈，外包服务公司很难在与同业的竞争中凸显特色，以赢得有利的位置。同时，客户也迫切希望服务外包公司能提供更符合自身需求的外包服务。所以，

近年来，通过掌握垂直市场所需的专业技术，从而切入垂直市场，获得为客户提供更专业服务的能力是一种很有效的策略。例如，通过增加特定市场知识，具备担当不同行业 IT 外包服务风险的规模和实力，能够针对客户的不同需求提供外包服务，成为提供 IT 服务外包公司日趋重视的问题。

3）我国将日益成为全球最大的外包基地之一

世界发达国家和地区是主要服务外包输出地，在全球外包支出中，美国占了约 2/3，欧盟和日本占近 1/3，其他国家所占比例较小。发展中国家是主要的服务外包业务承接地，其中亚洲是承接外包业务最多的地区，约占全球外包业务的 45%。中国、印度、爱尔兰、菲律宾和俄罗斯等 20 多个国家是全球外包市场的主要竞争者。随着全球服务外包业的日益发展和完善，中国和印度已成为吸引发达国家制造业和服务业外包的最主要地区。并且，由于地缘因素以及历史因素的影响，中国的软件公司成为日本软件业外包的主要合作对象。

2. 数字油田技术服务外包可能性的探索

数字油田在中国具有巨大的市场，但是，我们这里的技术服务外包不同于前面所叙述的那种外包。因为，我们知道，在数字油田建设中油田企业是主导企业，IT 业界是服务企业。将来的数字油田技术服务外包主要是油田企业是发包主体，数字油田技术服务的 IT 业界是承接者。为什么会出现数字油田技术服务外包呢？

数字油田建设工程巨大，这是最主要的原因之一，现在一般的建设者很难完成售后服务，这给售后服务带来了巨大的压力。尽管油田企业也负担相应的费用，但是往往研发、安装企业都不具备长期技术服务的能力。数字油田建设主体采用外包技术服务是一个必然趋势。

数字油田建设高新技术对技术服务提出了很高的要求，一般的小企业难以胜任。在数字井场建设、油田物联网建设和智能油田建设之后的技术要求更高，从而要求专门技术服务团队提供专业技术服务与维护。

市场细分后一定会出现数字油田的专业技术服务群体，这样有利于在技术服务上专业化。

3. 数字油田技术服务外包模式创新

在信息化、数字化建设中，随着服务结构进一步朝着技术和知识密集型方向发展，与高新技术相关和以高新技术为手段的服务外包发展迅速，将来IT业界和金融服务结合构成外包主导的可能性将会出现。对于数字油田外包服务而言，它是指油田企业战略性地选择专业技术和服务资源，以解决油田企业内部的部门和人员不足，无法承担企业数字油田系统或系统之上的业务流程的运营、维护的问题。数字油田技术服务外包包括数据托管、系统外包服务和业务流程外包服务等服务运营。

对于数字油田服务运营，我们不妨在此作一个大胆的预测：在我国数字油田全面建成后，数据已成为企业重要的资产，同时也成为国家资源，国家将会对油田勘探开发数据实施注册，进入市场买卖和有偿使用，或者通过数字油田平台在全国进行数据付费使用。有可能未来的数字油田数据银行兴起，将会发挥"支付宝"的作用。因为，金融业在日趋复杂的内部整合与外部衔接后，在专业化分工和规模经济的影响下，许多部门都在寻找机会扩大经营范围，数据银行、数据保险理赔、数据股票交易和数据金融分析等业务都可能相继诞生，进入数字油田数据金融业。

未来的数字油田服务运营也许会同金融业联手实施数字油田技术服务和服务运营，就像现在流行的网上购物"支付宝"一样，他们联手油田企业，实现在数字油田技术服务的外包中获得利益，其主要形式可能是数字油田数据银行模式。此外，随着IT业与金融业的交叉和融合，两者以相互结合的方式强化了服务外包的趋势。因为，现代金融业已经是知识和信息技术密集型行业，为外包主要业务以及各种IT服务提供经济保障，从中获利。而承接外包技术服务的企业不需要同油田企业在经济上发生经济往来，只要提供好技术保障就可以从中获利。

当然，一个具备外包和具备承接外包能力的企业，一定要具备相应的条件。严格、规范的外包服务管理要求：具备高水准、多层次的数字油田专业服务工程师队伍，拥有完善的数字油田技术服务体系，有丰富的数字油田建设经验或者技术服务经验，拥有数字油田多平台开发、服务的技术和经验，有即时、准确的服务质量和监控体系，有非常完整的配套业务体系，客户可获得更多的附加价值等条件。但是，所列这些是最基本的条件。未来数字油田建设或者数字油田某些方面进行技术服务外包或者服务运营是完全可能的。

随着建设的规模不断加大，数字油田的服务运营业将会由此诞生，这是数字油田建设后的又一个新生的事物，将会在后数字油田时代成为数字油田发展中的一个大事，这是对数字油田的拓展和延伸，极大地拓展了数字油田的内容，使数字油田的内涵和外延更加丰富。

13.4　小　结

数字油田服务运维是数字油田建设过程中的一个重要课题，之前并没有引起人们的注意。随着数字油田建设的深入发展，技术维护已经摆在了数字油田建设者们的面前，数字油田服务运维将会大有作为。

(1) 数字油田建设是一个长期的大事业，又是一个巨大的工程，数字油田不但需要油田企业主导建设，还需要很强大的技术服务群体，这些技术服务群体，过去是数字油田建设的主力军，未来仍然是主力军。

(2) 在长期的数字油田建设过程中，出现和创造了很多的数字油田建设模式和技术服务及运维模式，我们认为以自主研发为主，适当引进为辅的模式是最好的建设模式，这个模式符合我国的国情和油田企业的现状，使一些油田企业走出中国式的数字油田建设的道路，也培育出了新疆油田这种捆绑式贴身服务的模式，值得推广。

(3) 未来数字油田技术服务可能走向技术服务外包和油田企业联手金融业推出的第三方支付方式的技术服务模式，以保障数字油田的正常维护和技术升级。现在还做不到，但是，未来一定能做到。

参 考 文 献

毕新华．2002. 企业信息系统建设与管理变革．吉林：吉林大学出版社：144～151

曹莎莎．2009. 数据挖掘在油田生产中的应用．山西电子技术，37（5）：81～82

晁会霞．2009. 基于油田多源数据分析与挖掘的白豹地区储层特征研究．西安：长安大学

陈波，赵海涛．2006. 储层精细表征的研究方法体系与思路探讨．河南石油，20（1）：21～24

陈强，王宏琳．2002. 数字油田：集成油田的数据、信息、软件和知识．石油地球物理勘探，37（1）：90～96

陈新发，曾颖，李清辉．2008. 数字油田建设与实践：新疆油田信息化建设．北京：石油工业出版社

崔勇，王双明．2010. 油田信息系统中 SCADA 与 WebGIS 集成的实现．科技传播，2（15）：196～197

杜平，曾澜，承继成等．2010. 数字中国发展报告．北京：电子工业出版社

段鸿杰．2004a. 胜利油田信息化框架构建研究．胜利油田博士后流动站出站报告

段鸿杰．2004b. 数字油田从理论到实践．数字化工，2（9）：11～13

高志亮．2010. 中国数字油田研究数字油田发展趋势与智能化

高志亮．2011. 数字油田建设与发展趋势．西安石油大学学报，26（4）

高志亮，李忠良．2004. 系统工程方法论．西安：西北工业大学出版社

郝晓玲，孙强．2005. 信息化绩效评价——框架、实施与案例分析．北京：清华大学出版社

何生厚，毛锋．2001. 数字油田的理论、设计与实践．北京：科学出版社

侯伦，唐小我．2001. 企业信息化及其指标体系探讨．电子科技大学学报（社科版），3（3）：38～44

惠立，高志亮，宋艳萍．2011. 数字油田油气集输系统“前方一公里”问题研究．石油工业技术监督，27（3）：8～11

霍国庆．2001. 企业战略信息管理．北京：科学出版社：74

金云华．2009. 新疆油田“虚拟”整合．中国计算机用户，25（6）：54～55

景民昌．2003. 数字油田与石油企业信息化．石油工业计算机应用，11（2）：3～5

孔小利，马小晨．2005. 虚拟现实技术在数字油田中的应用研究．承德石油高等专科学校学报，7（3）：1～3

雷玲，张明．2003.“数字油田”的发展趋势．石油工业计算机应用，11（4）：3～6

李传斌．2008. 关于数字油田标准规范建设的构想．石油天然气学报，30（3）：421～422

李道银，余忠凯，田海．2007. 数字油田应用系统建设构想．石油天然气学报，29（3）：324～326

李建华．2004. 以应用为主导建设长庆数字油田．数字化工，2（9）：19～23

李建华．2005.“数字油田”究竟能走多远？中国软件网．http//mlqxq. nmgnews. com. cn

李建华．2007. 打造特低渗透创新管理示范油田．数字石油和化工，5（4）：29～32

李剑峰．2004a. 数字油田面面观．数字化工，2（9）：17～18

李剑峰．2004b. 数字油田在中国的发展及面临的问题．数字化工，2（9）：4～7

李剑峰，李恕中，张志檩．2006. 数字油田．北京：化学工业出版社

李杰，余飞．2007. 油田数据融合关键技术研究．计算机与信息技术，15（9）：1～4

李清辉，文必龙，曾颖．2008. 数字油田信息平台构架．北京：石油工业出版社

李永忠，杨光，李秀国．2008. 关于岩心数字化建设的思考．胜利油田职工大学学报，22（4）：53～54

李志才．1995. 方法论全书（III）. 自然科学方法．南京：南京大学出版社

梁宝娟，高志亮．2010. 物联网技术在数字井场建设中的应用．西安邮电学院学报，15（6）：88～91

刘宝和. 2008. 中国石油勘探开发百科全书. 北京：石油工业出版社

刘宝军．2005. “数字油田”建设框架设计研究．胜利油田职工大学学报，19（3）：71～72

刘芳．2006. 信息技术投资的绩效问题研究．科技情报开发与经济，16（23）：138～139

刘睿，余建星，孙宏才等．2003. 基于 ANP 的超级决策软件介绍及其应用．系统工程理论与实践，23（8）：141～143

刘新华．2005. 数字油田的误读．中国石油石化，8（6）：64

刘学锋，何贞铭，何幼斌．2008. GIS 辅助油气勘探决策——原理方法及应用．北京：石油工业出版社

刘玉珊，张军利，张布军．2004. 数字油田 行稳以致远．数字化工，2（9）：8～10

刘振武. 2006. 石油科技进展综述. 北京：石油工业出版社

刘振武．2003. 高新技术在石油工业中的应用展望．北京：石油工业出版社

刘振武，方朝亮. 2003. 21 世纪初中国油气关键技术展望. 北京：石油工业出版社

龙正兴. 2010. 1990～2009 年世界油、气、煤价格变化分析. 中外能源，15（12）：1～6

陆瑾．2006. 胜利油田备战“数据集中”．中国计算机用户，22（30）：52

马智民，吕艳红，张岱琼等. 2007. 主要发达国家地质调查机构信息化跟踪报告——美国地调局. 北京：中国地质调查局发展研究中心：51～90

毛锋，孙世友，周文生等．2007. 数字油田的理论与实践．数字石油和化工，5（6）：2～6

皮声洪，张德忠，张立群．2001. 地震勘探数据整理与石油数据银行文集．北京：石油工业出版社

裘国泰．2005. 加快数字油田建设，提高企业核心竞争力．当代石油石化，13（7）：36～38

申农. 1965. 通信的数字理论. 上海：上海市科学技术编译馆.

沈建林. 2008. 数字新疆油田的建设实践. 数字石油和化工. 6（1）：21～23

沈占锋，骆剑承，黄光玉等．2004. 数字油田解决方案浅析．西安石油大学学报（自然科学版），19（6）：77～80

盛昭翰等．1996. DEA 理论、方法于应用．北京：科学出版社

宋玉贤等．2005. 企业信息化管理．北京：北京大学出版社：85～97

滕铁军．2004. 数字辽河油田初探．数字化工，2（9）：27～30

田锋，王权．2004. 数字油田研究与建设的现状和发展趋势．油气田地面工程，23（11）：52～53

汪煜凯，刁顺，岳优生等. 2005. 石油行业计算机应用技术综述. 北京：石油工业出版社

王桂荣，吴静．2007. 数字油田前景分析和保障体系探讨．中国管理信息化（综合版），10（3）：42～44

王辉. 2006a. 企业信息化过程中的数据质量监控. 数字石油和化工，（10）：14～17

王辉．2006b. 数字油田建设与实践．数字石油和化工，4（12）：10～14

王辉. 袁耀岚. 2006. 数字新疆油田建设与应用. 石油工业计算机应用，14（4）：5～9

王家华．2008. 迎接油气储层建模理论、应用的大发展——从2007年国际石油地质统计学大会谈起．地学前缘，15（1）：16～25

王晶玫．2007. 数字油田：现状与趋势．石油科技论坛，26（2）：39～41

王权．2003. 大庆油田有限责任公司数字油田模式与发展战略研究．天津：天津大学硕士学位论文

王权，管尊友．2004. 数字大庆油田实施框架与发展策略．数字化工，2（9）：24～26

王权，杨斌，张万里．2004. 数字油田及其基本架构．油气田地面工程，23（12）：47～48

王胜利，田世澄，蒋有兰．2010. 论精细油藏描述．特种油气藏，17（4）：6～9

王铁男，李一军，刘娇．2006. 基于BSC的企业信息化绩效评价应用研究．中国软科学，21（4）：136～147，155

王章红，王红芳．2010. 企业信息化模式选择的路径依赖及决策影响研究．科技进步与对策，27（7）：88～91

维纳. 1978. 维纳著作选. 钟韧译. 上海：上海译文出版社：4

吴春华．2005. 胜利油田地震台地下流体观测数字化技术改造．华北地震科学，23（3）：34～36

徐杰锋．2005. 胜利油田建设数字油田的实践探索．经济问题，27（8）：32～34

徐腾，邓景澜. 2010. 石油公司上游投资结构与储量替代率关系实证分析. 中外能源，15（12）：17～22

杨世海，高玉龙等．2011. 长庆油田数字化管理建设探索与实践．石油工业技术监督，27（5）：1～4

于兴河．2008. 油气储层表征与随机建模的发展历程及展望．地学前缘，15（1）：1～14

余伟萍，金卓君，胡豪．2004. 组织变革——战略性ERP价值实现的保障．北京：清华大学出版社：87

袁耀岚．2003. 建造数字化新疆油田．数字化工，1（11）：23～25

臧毅．2006. 黑龙江省企业信息化建设与评价研究．哈尔滨：哈尔滨工程大学

曾佑新．2007. 企业信息化管理．北京：科学出版社：136

张可春，王金法. 2004. 胜利油田开发“数字油田”. 瞭望，14（13）：45～46

张卫东，袁文奎，田克忠. 2009. 未来石油勘探开发技术展望. 石油钻探技术，37（3）：118～123

赵欣梅，黄光玉，徐元柳．2007. 运用信息技术构建数字油田．石油规划设计，18（2）：15～18

赵玉国．2006. 石油企业规划建设“数字油田”的思路及建议．当代石油石化，14（2）：19～22

朱振．2004. 如何构建数字油田．数字化工，2（9）：14～16

Abraham S，Henry F K，Sudarshan S. 2006. Database System Concepts（5th Edition）. McGraw-Hill Companies

Chapman P，Clinton J，Kerber R，et al. 2000. CRISP-DM 1.0 Step-by-step Data Mining Guide. Chicago：Publish House of the Central China University of Technology and Science：13～34

Cross T A，Baler M R，Chapin M A，et al. 1993. Application of high resolution sequence stratigraphy to reservoir analysis. In：Eschard R，Dolgez B（eds）. Subsurface Reservoir Characterizatio From out Crop Observations. Paris：Editions Technip：11～33.

Foster I. 2001. The anatomy of the grid：enabling scalable virtual organizations. International Journal of Supercomputer Applications and High Performance Computing，15（3）：200～222

Jervey M T. 1988. Quantitative geological modeling of siliciclastic rock sequences and their seismic expression. In：Wilgus C K（ed）. Sea Level Changes：An Integrated Approach. Soc Econ Palaeontol Mineral Spec

Publ，42：47～69

Miall A D. 1985. Architectural element analysis：a new method of facies analysis applied to fluvial deposits. Earth-Science Review，(2)：261～308

Posamentier H W，Weimer P. 1993. Siliciclastic sequence stratigraphy and petroleum geology where to from here. AAPG Bulletin，77 (5)：731～742

SPSS Inc. 2003. Clementine 8.0 User's Guide . Chicago：Publish House of the Central China University of Technology and Science：597～606

SPSS Inc. 2005. SPSS 14.0 Command Syntax Reference. Chicago：Publish House of the Central China University of Technology and Science：579～596

van Wagoner，Mitchum J C，Campion R M，et al. 1990. Siliciclastic sequence stratigraphy in well logs，cores and outcrops. AAPG，Methods in Exploration，7：55

附录A 关于“数字油田建设总图”的构想说明

高志亮

（长安大学数字油田研究所）

数字油田研究需要新思维，数字油田建设需要新思路，数字油田站在新起点。

A1 数字油田构想的背景

自1999年由大庆油田提出数字油田的十多年来，各个油田企业数字油田建设方兴未艾，成就喜人。我们在2005年成立研究所之时就想，数字油田到底是个什么样？数字油田的最终目标是什么？后数字油田时代什么样？等等。带着这样一些问题，经过五年的研究，我们认为数字油田肯定不是信息化；数字油田不同于其他数字化，它一定要落地；数字油田还处在初级阶段。那么，下一步是什么？最重要的是要给大家说明白，讲清楚数字油田是什么？

2009年10月，我们成功举办了中国数字油田高端论坛峰会，在这次峰会上通过的《西安宣言》，是数字油田研究和建设史上具有里程碑意义的标志。在会议之前的想法是，《西安宣言》要对大家已经认同的事件、观点等给予结论，指明未来的发展方向。其中关于数字油田是什么，我知道是有分歧的，但还是想能给一个初步的定义，让大家在这个定义上再研究和发展。但在10月24日的烛光会议（由于三楼餐厅晚上没有电灯，酒店提供的是手电筒）上大家还是觉得现在对数字油田定义有一定难度，建议“搁置，再论”，这说明大家对数字油田总的概念和深度认识还是不能认同。

在会议上，我的报告放在最后作，报告中对数字油田的阐释还是给了大家一个启发。现在我要把这个想法公布出来，先征求了几位同仁的意见，大家很尖锐地提出了疑问，问得非常好。对问题，有的我修改了，有的需要作点说明，以便大家能看明白在说什么。

A2 数字油田构想说明

A2.1 关于题目

我们在西安会议上是以“数字油田整体解决方案（总图）”为题对外宣布的，这个题的初衷就是想给大家一个数字油田建设的总体解决办法，即按照数字油田的建设规律构建一种建设可遵循的方案。当时是想沿着每一个工程做出所有的模型图，合起来就构成一部巨大的模型图册。会后王权同志仔细地看了后说：这个不能叫整体解决方案，这就是数字油田，但现在推出必须要给它一个响亮的名字，现在有人卖几台电脑都给一个整体解决方案。所以，我们后来几易其稿，在山东石油学会北京会议上我们又做了讲解，将其定为2.0版本。会后还有同志提出了看法和建议，我们于2010年10月再次修订，从此定义为“数字油田建设总图”。这就是现在版本的数字油田，定为3.0，见图A.1。

A2.2 关于构成

数字油田是一个宏大的系统工程，数字油田构想也就构成了一个复杂的巨系统，因此，要编制一个“数字油田建设总图”，必须在系统思想指导下进行。3.0版本的数字油田构想基本上分为两个部分，图的左侧是理论、方法与技术，图的右侧是五大工程。如果把图平放着看，这五大系统就像一棵棵树，直至它们的末梢，就像人体生命基因一样，我想，如果我们把它坚持编下去，就像一个数字油田的“DNA”图谱。而且左右二者大体上有个基本对应，至少在发展阶段上是同步的，即在什么阶段要做什么事，给出什么样的方法，采用哪些技术，基本上是由低到高，从一个初级阶段向高级阶段发展的过程，从而构成一个数字油田的整体。

A2.3 关于基本理念

基本理念是什么？这是问题的核心，即要在这个图上说明什么？我个人的

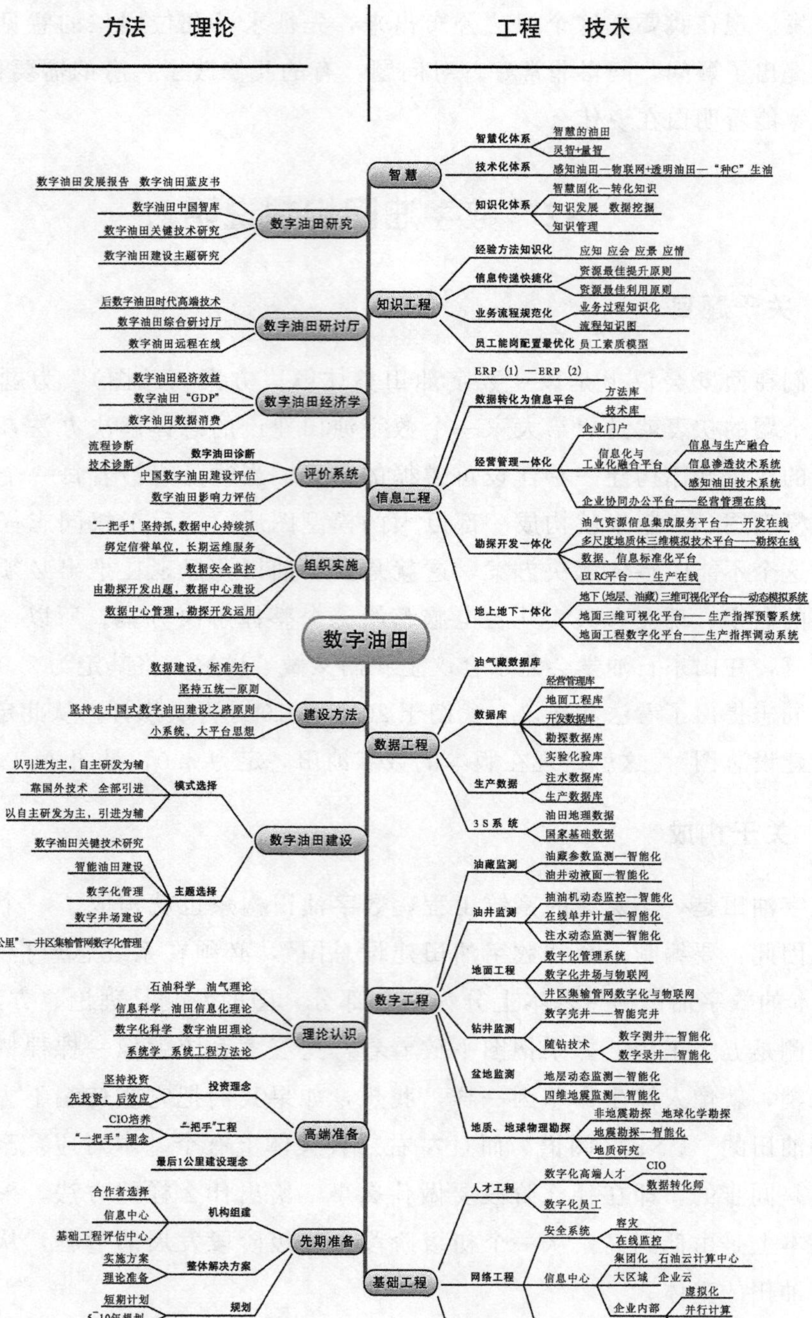

图 A.1 数字油田建设总图

思想就是要说明数字油田是什么，数字油田怎样建。

早先我认为，数字油田是将油田中所有事物（地上地下）全部抽象为数字，通过数字处理，将多元、异构、多尺度的数据存储、集成，从而对油田地上地下作完整的表征和直观的展示，然后实施数据转化为信息，其终极目的是发现剩余油、提高采收率，不但延长油田的生命周期，还让油田始终充满活力，简称油田全面数字化。

这就是一个完整的数字油田。如此界定，出于这样几点考虑：

(1) 数字油田是适应数字化时代产生的新生事物，在还没有说清是什么时，就被大家广泛认同是未来的油田，该图景装在每个人的心里，印在每个人的大脑里；

(2) 数字油田不同于其他数字化的事物，完成了虚拟化和人-机互动即可，数字油田是要“落地”的，即具有生命力的，要发现资源，提高采收率；

(3) 数据是数字油田的命脉，贯穿始终，它的内核轨迹是数字转为数据、数据转化为信息、信息转化为知识、知识转化为智慧。

(4) 为了便于人们说明数字油田是什么，能言传及意会的简单表述为：数字油田就是油田全面数字化。这就告诉人们未来的油田就是数字化了的油田，肯定是最先进的油田。

基于这种思想，我们还是在不断地探索，在2010年10月修订“数字油田建设总图”时，我们对数字油田定义再次修订：“数字油田就是数字化了的油田，是关于油气资源发现、开采和油气田管理全过程的数字化。”

这样修订的意义和目的是：

(1) 简单、明了，不需要费很大的力气解释和说明，也不用花很大力气去记忆和理解。

(2) “数字油田就是数字化了的油田。”这是数字油田最简单的表述。但它也说明了数字油田最后的结果，这就是未来油田一定是被数字化了的油田。

(3) 数字油田的内涵在于：“关于油气资源发现、开采和油气田管理全过程的数字化。”这既是数字油田的内涵，又表述了数字油田的外延，这个不仅仅是关于油田本身的数字化，还与油气资源发现、开采和生产及整个油田管理都有关联，具有很广阔的边际和内容。

(4) 我们的基本理念是，数据是数字油田的根基，业务是数字油田的主线，信息是数字油田的命脉，知识是数字油田的结晶，智慧是数字油田的灵魂。数字转化为数据，数据转化为信息，转化技术是数字油田的关键技术。寻找更多油气资源和提高采收率是数字油田的核心价值，延长油田的生命周期是数字油田的使命。

所以，数字油田在当前是一个最美好的图景。

A2.4 关于作用

数字油田构想的作用很简单，就是指导数字油田建设，让数字油田健康发展。我们不想让数字油田就这样在轰轰烈烈中走入歧途或“生命”的终结。

(1) 数字油田建设总图可以指导人们实施数字油田建设，数字油田建设是有规律可循的，要按照数字油田的规律一步一个脚印地建设好数字油田。

(2) 数字油田建设总图展示了数字油田的全部内容，它告诉人们数字油田从基础工程建设做起，沿着五大工程往前走；五大工程相互依托，由底层做起，互为基础。

(3) 数字油田建设总图给未来人空前的想象力，有很大的发展空间，人们会随着时代的发展，按照数字油田建设走向增加或减少相应的内容，以全面引导人们沿着数字油田总的目标前进。

这就是编制这个总图的基本作用。

A2.5 关于整体思想

我个人坚持认为数字油田是两个循环嵌套在滚动发展着的闭环体系，即一个由下到上的纵循环，就是基础工程→数字工程→数据工程→信息工程→知识工程，知识+智慧达到了最高境界后又反哺到各个工程，出现一个新的轮回；还有一个面循环，就是在理论、方法、技术和五大工程的循环。由于还不能给出一个立体的三维图模型，只能简单表述为图 A.2。

(1) 图 A.2 构建了数字油田建设的综合体系。数字油田是一个综合体，它同油田业务紧密结合，在业务过程中产生数据，在数据过程中产生信息，完整的决策来源于完整的信息。只有有了油气信息才能寻找油气资源，从而使油田纵深发展。

(2) 构建了数字油田建设的循环体系。数字油田循环体在交叉、综合、

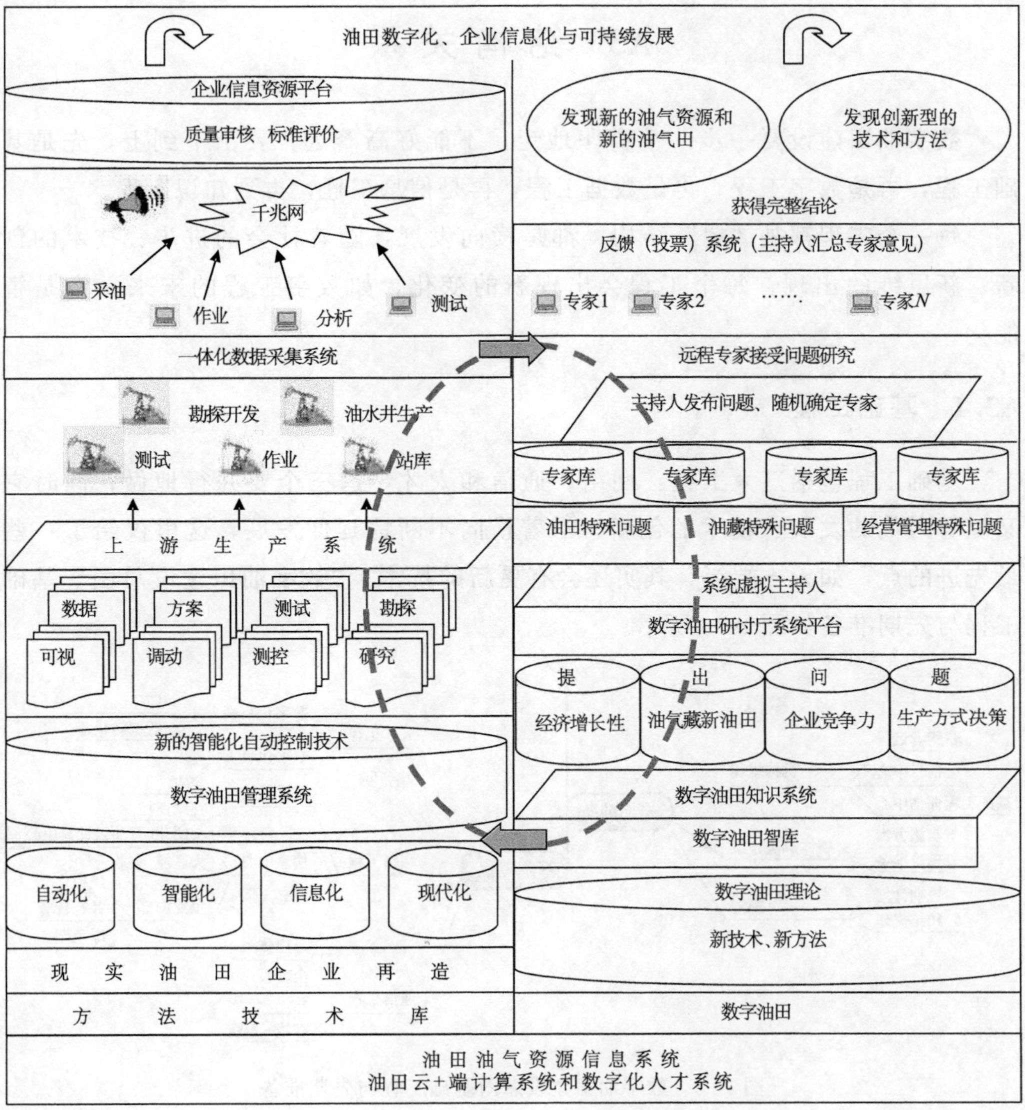

A. 2　数字油田建设综合体系模型

滚动中发展，在油田业务过程中实施业务流、数据流、信息流三流合一，在完成一个闭环后新一轮的三流又开始，周而复始，数字油田与现实油田融为一体。

A3 结构关系

数字油田建设要一步一个脚印地走，不能好高骛远，要由下到上，先是基础工程，再是数字工程，再是数据工程，再是信息工程，再到知识工程。

每一个工程都是“树”结构，都是横向发展，随着社会的进步、技术的创新、新思维的出现，每个工程会出现新的变化，如数字工程的未来一定是智能化。

A3.1 基础工程

基础工程包括三大工程：网络、通信和人才，这三个要并行地做，同时它又随着时代的发展、技术的创新，沿着横向不断地延伸发展，这里仅给了一些最先进的点，如云＋端等，其实还会有更新的技术。“数字油田建设总图”基础工程与先期准备如图 A.3 所示。

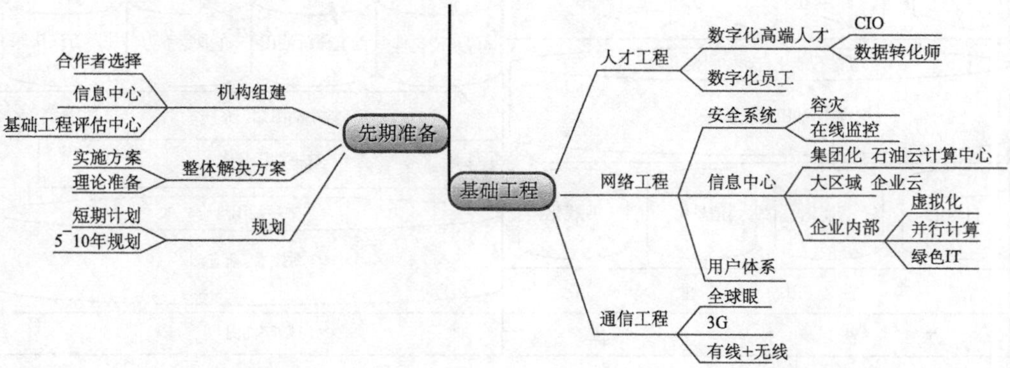

图 A.3 数字油田建设总图基础工程与先期准备

基础工程十分重要，这在数字油田十年的建设过程中抓得很好，建设的速度和质量都很好。但是，新的问题也随之而来，机房越建越大，服务器越购越多，未来必须解决这样一个问题，包括数据安全问题等。

人才工程说重视也重视，说不重视也不够重视，中国数字油田截至目前还没有一个 CIO。

A3.2 数字工程

数字工程是在基础工程之后的一个很大的工程，它不被人们所理解，目前油田很多人把它作为“形象工程”，导致毁了“声誉”。它的横向发展就是智能化（见图 A.4）。

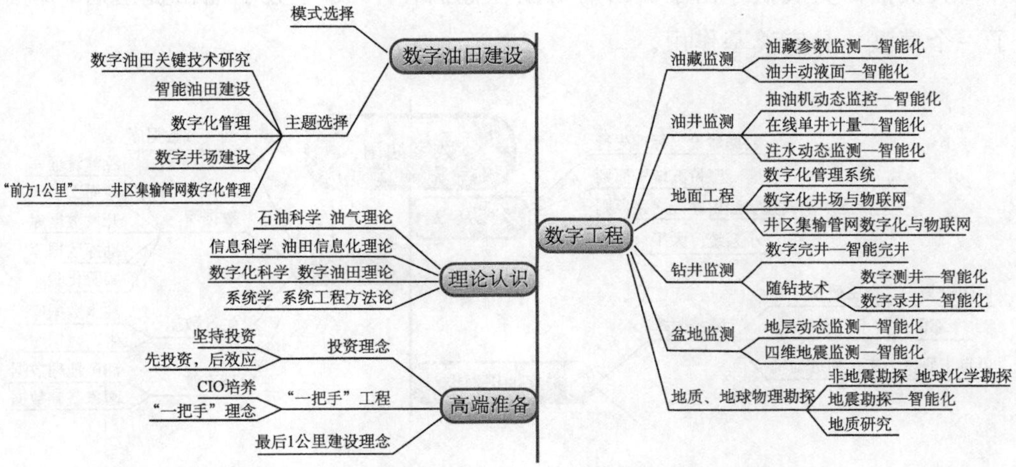

图 A.4 “数字油田建设总图”数字工程、高端准备及理论认识

数字工程的本质是要提供质量可靠的数据，一定是“真数据”，如果数据不真，就是“假数据，真分析，假结果”。

数据工程的核心是数据正常化建设，数字采集一定要在前端建立相应的标准，准确地采集各种相应的数据，这个数据一定是真实、有效的数据。数据传输、数据处理、数据存储、数据应用、数据返回和再存储是一个闭环，在每个节点上都要保证安全、通畅、优化。在新建设的地方按照数据正常化的标准完全正常化，最终成为数据常态化。新疆油田为我们作出了表率。

数字油田的数据原点采集的智能化建设工程在我们数字油田井场建设和油田物联网建设中都是解决这一问题的，同时还包括智能钻井、智能完井和智能测井等，未来的地球物理勘探也依靠“透明油田”技术对盆地的感知来完成，实现智能化。

A3.3 数据工程

数据工程是建立在基础工程和数字工程的基础之上建设的重要工程。数据是资源，数据在油田就是财富；数据也是数字油田的一个命脉，数据建设的核心是建库、管理、共享和转化（见图 A.5）。

大庆油田为我们作出了突出的贡献，他们在 1999 年数字油田提出后，就给了一个模型，具有奠基作用。

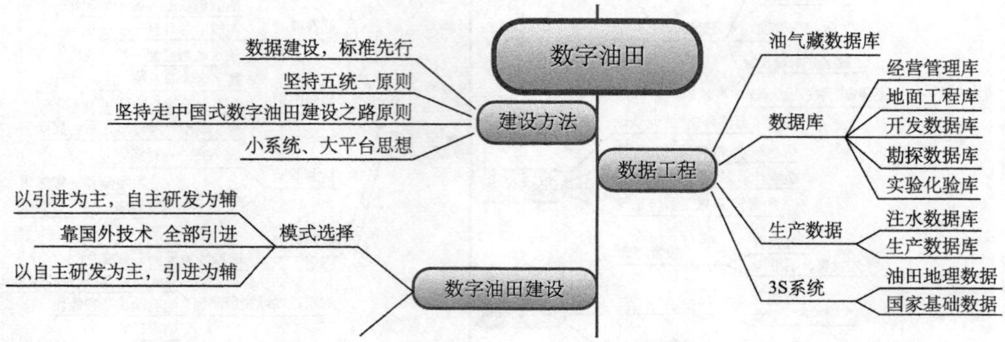

图 A.5 “数字油田建设总图”数据工程与数字油田建设方式

数据建设在我们各大油田，大家的认识比较一致，投入很大，做得也很好。但是，数据的转化是个大问题。我们目前最难的问题是将数据转化为信息，这么多的数据格式、这么多的管理模式、这么多的专业软件及生成的数据，做了这么多的系统，好像走到尽头了。其实，数据建设也存在智能化建设。数字油田建设中的数据管理建设除进行数据的整理、入库、监管外，还有数据的提取。数据放在数据库中，大家觉得已经完成了数字油田的一个重要建设，其实没有完全完成，我们对数据的关联整理，对数据的无障碍使用等才是关键。智能化数据管理是未来数字工程建设和数据工程建设中需要联合攻关的一个技术。2009 年，长安大学数字油田研究所提出数据“DNA”管理思想，就是对存储在数据库中的数据编码，就像我们每个人一样，都有自己的“DNA”，利用空间概念进行坐标和身份识别，这就实现了智能化的数据管理，这就是数据智能化。

这一技术还没有出现，从而建设也没有进行。相信对数据的关联整理和智能化管理一定会实现。

A3.4 信息工程

对信息工程的理解，我们不能定义在普通意义上的油田企业信息化，这里的信息是油气资源信息，我们要把地质家们常说的那句话：“油气在哪里？在地质家的头脑里”变为“油气在哪里？就在电脑里”。三维可视化技术提供直观展示，最先进的系统将油藏自动描述，未来数字油田为人们准备好了一切：数据、图件和三维可视化的油藏、动态流体驱替模拟等，还给出辅助决策，地质家们要做的就是发挥聪明才智。这就是后数字油田时代——智慧的油田（见图A.6）。

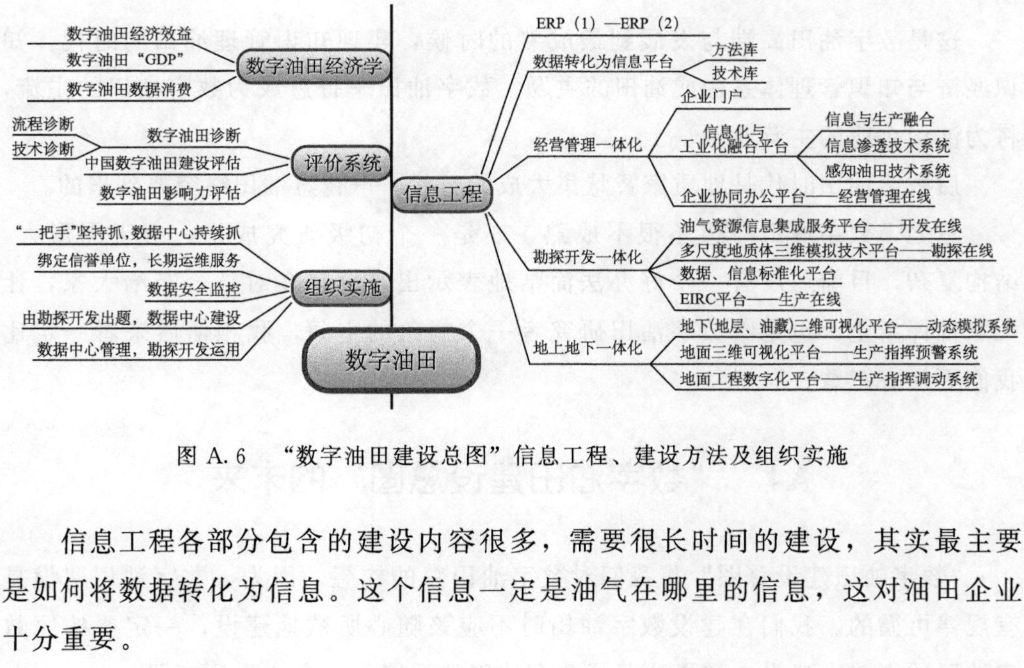

图A.6 “数字油田建设总图”信息工程、建设方法及组织实施

信息工程各部分包含的建设内容很多，需要很长时间的建设，其实最主要是如何将数据转化为信息。这个信息一定是油气在哪里的信息，这对油田企业十分重要。

A3.5 知识工程

在信息工程的基础上是知识工程，这个工程不要简单地理解为一般意义上的知识管理、知识挖掘，而是信息转化后的智能和智慧的结晶（见图A.7）。它是一个平台，集油田和领域及全社会的智慧大成。在这个平台上数字油田研讨厅把每一个地质家的智慧不受时空限制地集中起来，让每一个地质家一展雄风，让他们的智慧一览无余。

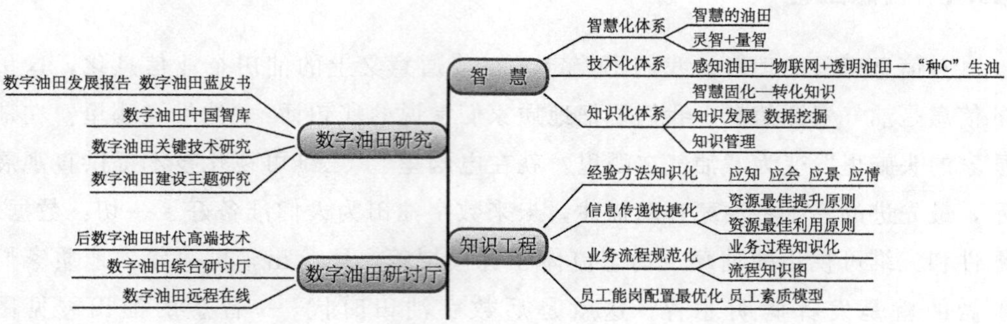

图 A.7　数字油田建设总图的知识工程与评价及研讨厅

这是数字油田高端与发展到最成熟的时候，实现知识管理油田的时代。知识经济与知识管理体系构成油田的主题。数字油田＋智慧成为数字油田的主流，将为油田企业的主营业务。

后数字油田时代是地质家智慧集大成的时代——智慧油田终究要到来的。

总之，数字油田构想还很不成熟，还是一个初级研究成果，由于图形大，结构复杂，目前还没有一个好办法简洁地表示出来。现在对外公布给大家，让大家批评指正，也是给数字油田研究者一个想象的空间，我相信后来者一定比我们更加有智慧。

A4　“数字油田建设总图”的未来

“数字油田建设总图”是我们对数字油田总的构想，因为，数字油田建设是有规律可循的。我们在建设数字油田时不应该随心所欲地建设，一定要按照数字油田的规律去建设，如果违背了数字油田的规律，一定会受到惩罚。

数字油田总的构想是建立在系统科学理论和原理之上的，在系统科学思想指导下，依据系统工程的原理，将数字油田的体系结构和建设内容融入在其中，完成了这样一个结构庞大、体系庞大、开放性的数字油田巨系统。这个系统是符合数字油田发展规律和数字油田的体系结构的。

“数字油田建设总图”的未来是为数字油田作一个长远的规划。我们建立了这样一个庞大的数字油田总图，就是希望这个体系结构能给人们带来一些思想和建设的方法，如在这样庞大的结构中，可以选择一定的主题建设，尽管是一个主题，但其总的布局属于数字油田的组成部分，这样就不会把数字油田建设搞乱，让数字油田始终沿着这样一个正确的方向发展。这是我们一个最简单的思想。

总之，数字油田是一个巨大的系统工程，我们要遵循数字油田的基本规律，把数字油田建设好。数字油田还有很长的路要走，我们一定要耐心地坚持到底。

附录B “透明油田”建设及其关键技术研究

高志亮

（长安大学数字油田研究所）

B1 问题的提出

B1.1 国外研究现状

自1998年提出“数字地球”后，有关对地球的虚拟表示及其研究问题纷纷出炉，在1999年悉尼矿产勘查研究组（SMEDG-ALG）覆盖层之下勘查讨论会上，就有Cars博士第一次系统介绍了“玻璃地球”的概念。后来澳大利亚联邦科学和工业研究机构矿产勘查与采矿部还把玻璃地球计划正式列入了2000～2003年预算规划项目。2001年7月，Cars博士在另一次研讨会上又作了“通过玻璃地球底部的勘查——为2010年发展新的勘探能力和技术”的主题报告。目前，澳大利亚玻璃地球计划并未以一个完全明确、独立的计划运作，而是由一系列项目组成。

玻璃地球（glass earth）即澳大利亚“玻璃地球”计划的宗旨是，使大陆地表以下1公里的深度以及发生于其中的地质过程变得“透明”。“玻璃地球”计划作为一种勘探的理念，是澳大利亚在100多年金属矿产勘查经历的基础上，在金属矿产勘查取得巨大的成功和探索，矿产勘探越来越深化，各种资料密度越来越大，精度越来越高的形势下提出来的，也是基于过去20多年诸多因素，如各大地质块体的深度风化、块体隐伏和勘探成熟度增加等造成勘探成功率大幅下降的背景下提出的。

“玻璃地球”计划包含三个主题，即获取新资料的能力建设、新资料判识、综合和解译能力建设。基于澳大利亚大陆的勘探模式的建立，项目主要包括：

机载重力梯度研究；机载磁力梯度研究；航空、航天和地面矿物化学填图；地球化学勘探过程中的同位素示踪；使用新型切割介质的高级钻探技术多重作用耦合的地质模型；基于网络的虚拟与假设的验证能力等。“玻璃地球”计划的预期成果是建立可验证的针对澳大利亚不同地质块体的四维地质模型，并验证这些模型与实际资料的近似程度，最终这些模型将被用于对潜在的成矿区带进行客观的预测。

21 世纪初，澳大利亚开始实施“透明地球计划”，这是深部找矿的新发展。同时，加拿大等矿产资源大国也在实施类似的计划。

近年来，世界范围内发现地表矿、浅部矿的概率日趋减少，深部和覆盖区的矿产资源预测已成为今后找矿预测的新方向。同时，世界上已发现的超大型矿床大都具有较大的深度，一些矿业大国矿床的勘探开采深度已达 2500～4000m。为发现下一代巨型矿床，各国都在纷纷制定“透明”计划。

B1.2 国内研究现状

我国是一个拥有 13 亿人口的大国，矿产资源消耗很大。但是，中国矿产勘探开发领域目前存在着缺乏隐伏矿床成矿理论和成矿预测研究，缺乏深部隐伏矿床精确定位技术和方法，缺乏已有矿床勘探，开采深度大都小于 500m 等问题。因此中国覆盖区和深部找矿潜力巨大，如果实施“中国地下四千米透明计划”，系统开展覆盖区和深部矿产资源探测理论和技术方法的研究，将可为国内新增一大批矿产资源储量。

基于我国的现状和科技能力，中国科学院在 2000 年公布了中国 2050 年科技发展路线图，其中提出“中国地下四千米透明计划”，力争到 2040 年，使中国主要区域地下 4000m 以内变得“透明”，为准确圈定覆盖区和深部的矿产资源提供了理论与技术支撑。

2009 年 9 月，国务院总理温家宝在我国召开的三次新兴战略性产业发展座谈会上，在听取经济和科技等专家的意见和建议后。温家宝总理作了题为“让科技引领中国可持续发展”的报告，在报告中指出国际上正兴起海岸带可持续发展研究，我们也要切实加强这方面的工作。

据悉“中国地下四千米透明计划”旨在解决三大关键科技问题：一是揭示矿床形成深度及其控制因素、矿化规律与矿床的保存条件，建立不同尺度的矿床成矿模型；二是突破深部矿化信息的地球化学提取技术、深部矿床探测的物探和钻探技术等；三是建立定位盲矿床和深部矿床的勘察评价方法体系及三维可视化模型。

在地球深部资源探测方面，中国已有固体矿产勘探开采的深度大都小于500m，而世界一些矿业大国已经达到2500～4000m，南非计划开采的深度达到6000m。澳大利亚提出“玻璃地球”计划要使地下1000m变得“透明”。加拿大近期也提出了类似的计划，要搞到3000m。中国人均资源短缺，资源勘探水平不高，开采利用率也比较低，这是制约我国未来经济发展的突出矛盾，我们要千方百计地提高资源勘探开采水平和效益，充分挖掘和利用好各类资源。

B2 “透明油田”与透明油田计划

B2.1 关于透明油田

透明油田是指将油田范围地表以下4000m以内变得“透明”。就是将正在开发的油田所属范围内的地表以下4000m以内的油井、地层、油藏实施三维可视化，实现对油藏的三维可视化管理。

这是一个浩大的系统，它包含了油田地上地下全部的事物。在地表主要是地面工程，有集输管网、地面建筑、抽油机系统、道路和地表物质等；地下主要是井筒、地层、油藏和油、气、水等物质，地上地下构成了一个整体。

这是一个浩大的数据工程，透明油田需要大量的数据体作支持，地形地物需要数字化；地面工程需要设计数据；井筒钻探、录井、测井、监测数据，地层、油藏研究、模拟数据，油、气、水等所有的流体物质需要数字化。还要研制新的检测设备，如利用“四维地震”对盆地进行动态监测的数据，必须用数据来作支撑。通过对这些海量的数据处理建立三维可视化。

这是一项浩大的系统工程，要动员油气田勘探、开发、生产、地面工程、集输管网等所有方面的工程技术人员参与，更重要的是需要地质研究、油藏工程、计算机软件开发和应用数学家们一起参加，联合攻关和共同研发。

B2.2 关于透明油田计划

“透明油田”计划，是做战略性的思考，是借助这一先进的理念和技术，很直观地解决人们在浅部工作程度较高的地区深部找矿和成熟油田寻找剩余油的好办法。目的是通过油田透明化解决地层关系、油藏本质等的深度认识问题。因此，我们建议数字油田建设比较好的油田在全国率先实施“透明油田”研究，攻克关键技术，进而在透明地球下确立国家“透明油田”计划，并实施“透明油藏”战略，可以很好地解决成熟油田中油气藏勘探、开发中的各项难题，这也是油田数字化建设一个新的发展方向。

“透明油田”计划在中国，具有很好的前提条件，我国有大大小小 20 多个油田企业，据粗略统计陆地面积为 180 万～200 万 km^2，海洋面积为 80～100km^2。部分油田的数据统计见表 B.1。

表 B.1 我国部分油田的数据统计表

序号	油田名称	油气年产量/万吨（气）	资源占有量/万吨
1	大庆油田	4495.10（$24.43\times10^8m^3$）	58 670.0
2	胜利油田	2694.54（$8.80\times10^8m^3$）	161 034.0
3	辽河油田	1242.02（$9.21\times10^8m^3$）	227 512.0
4	新疆油田	1165.38（764.07）	184 405.0
5	长庆油田	940.0（75.30）	143 090.0

资料来源：中国石油勘探开发（综合卷）；统计时年 2005 年。

在浅部工作程度较高的地区深部找矿已成为包括我国在内的世界地质工作的大势所趋。

B3 “透明油田”技术及可能实现的效果

B3.1 “透明油田”关键技术与已突破的技术和问题

数字油田建设方兴未艾，数字油田的关键技术在我国已列入国家 863 计划，正在被研究。我们研究所一直致力于油田地上地下一体化三维可视化研究，基本思想也是基于“数字地球虚拟化”的思想，但又有所不同，我们认为虚拟化仅是“互访和探查”是不够的，我们提出油田地上地下一体化三维可视化和开发历史资料可追溯以及产能动态预测的四维可视化等基本思想，这都是基于为油田“提高采收率”技术服务，因此，一直坚持研究，攻克关键技术，目前已取得了一定的成果和进展。

自 2008 年以来，我们实施油田地上地下一体化三维可视化技术与国家透明地球计划接轨研究，并借此技术又致力于利用油田地上地下一体化三维可视化技术及其透明油田技术，实施油藏精细管理研究，希望利用油田中的钻井、录井、测井数据和地球物理勘探（地震、非地震）数据，将地层展布、地层接触关系三维可视化，将砂体特征及构造还原三维可视化；将油藏精细特征描述与地质建模有机结合，通过油藏数值模拟技术计算孔、渗、饱和各项产能参数的变化，可在四维空间中获得其储藏规律与渗流关系等。

目前，我们已实现了地面三维可视化技术所有资源的三维展示（见图 B. 1），二维、三维图形联动以及地下油气井的立体三维展示（见图 B. 2），地层接触关系、部分地层的构造特征三维展示以及四维动态数据集成展示（如图 B. 3～图 B. 6 所示），目前获得的可利用效果有三项。

图 B. 1　延长油田某采油厂油井分布与地面三维可视化

（1）将油田中的油井三维可视化后，可以在每一口油井的井柱上表示地层厚度，并利用开窗口方式将每一口油井的井史、现状记录在案，实现“四维互动与探查”。

（2）通过油井三维可视化技术很容易发现油井的空间位置及定向井的定向

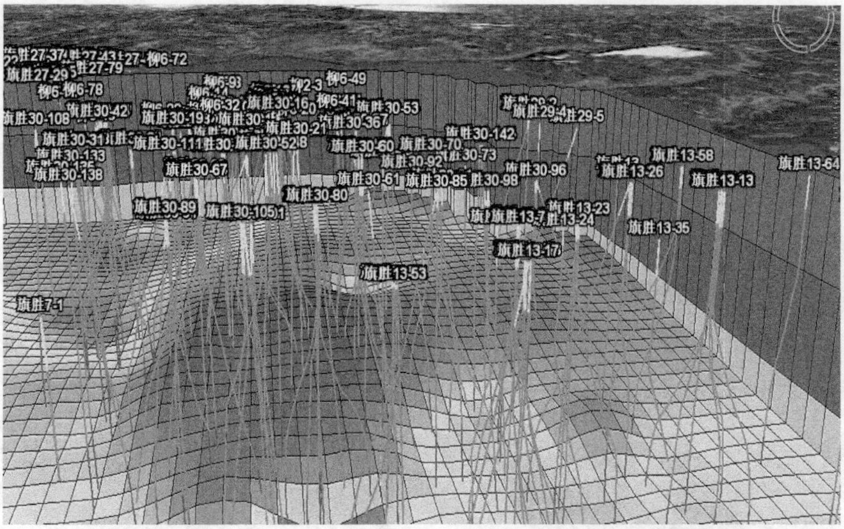

图 B.2 油井空间走向、靶心位置与构造顶面分布三维可视化关系

准确性，特别是在后期开发中很容易实施补井打钻，在三维空间中可以找到原来布井、打钻中出现空挡（剩余油藏）。

(3) 地上地下三维可视化后可以很直观地看出地面某一坐标点与地下对应的某一坐标点的地层、砂体的基本情况，很容易找到地上地下的对应关系，对油藏精细管理提供了非常便利的条件。

最终还是要实现油藏在三维空间环境中的表征。

现在的主要技术问题有以下三点：

(1) 地下地层三维可视化需要多学科、多方法、多技术的合作，要实现多源、多尺度和四维资源信息透明化的关键技术需要研发和联合攻关。

(2) 对这项技术的认识还需要一个过程，目前，油田企业更多关注于利用某项技术找到的油气资源量和可采油量，因此，这样的高新技术只有寻求研究机构、具有超前思想的科技专家、组织的支持。

(3) 除了寻求技术力量合作外，我们还需要寻求资金和现场的合作，只有油田企业能做到并提供充分的技术实施和发展空间。

需要攻克的关键技术有以下三点。

(1) 现在的关键技术难点在于真实地层三维和砂体的再现，我们利用数值

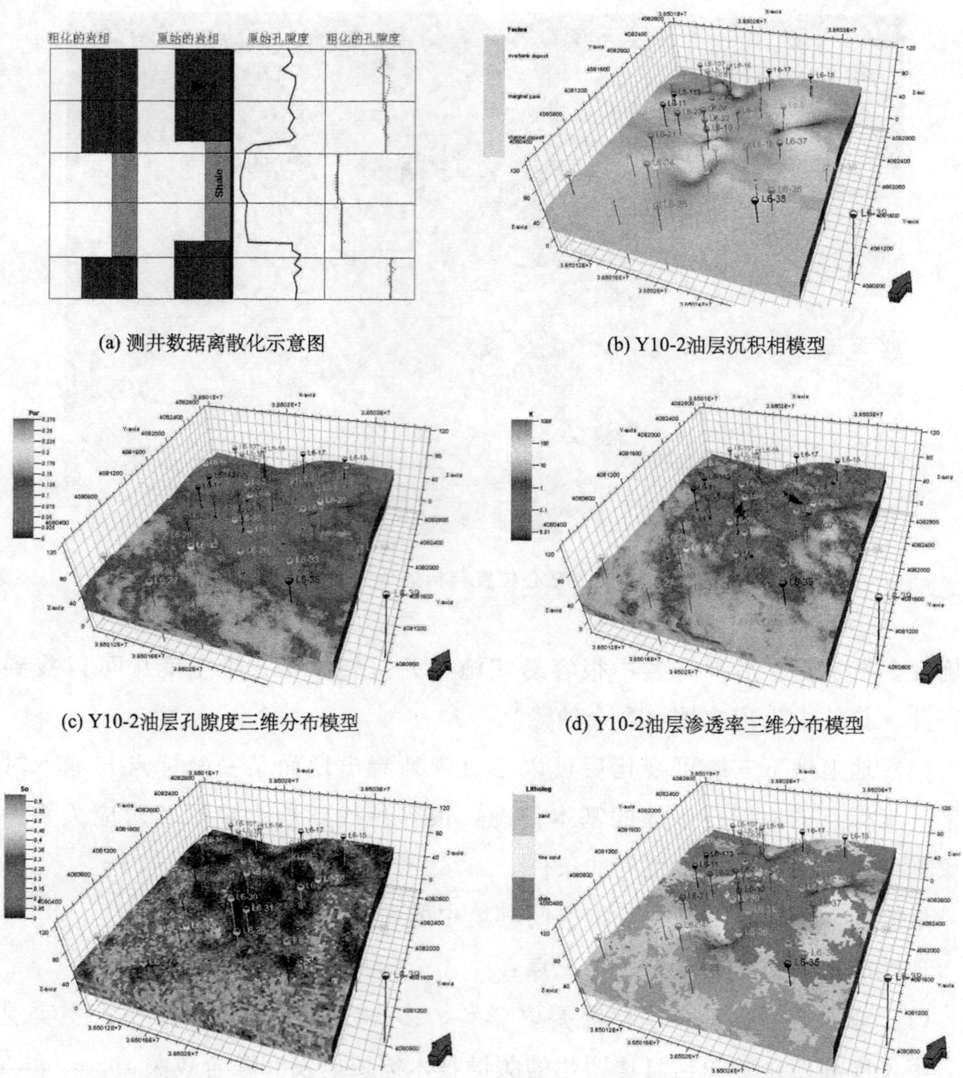

(a) 测井数据离散化示意图 (b) Y10-2油层沉积相模型

(c) Y10-2油层孔隙度三维分布模型 (d) Y10-2油层渗透率三维分布模型

(e) Y10-2油层含油饱和度三维分布模型 (f) Y10-2油层岩性三维分布模型

图 B. 3 吴起柳沟油田沉积微相约束储层随机建模技术

建模可以实现地层的展布及层与层之间的接触关系等（见图 B. 3），但还达不到真实再现，需要对算法再研究，寻找最优化算法及其实现，并在此基础上进一步探索，如陕北三低油藏环境的数值模拟技术。

（2）这是目前一个全新的技术，这项技术的实现对老油田后期开发、改造、

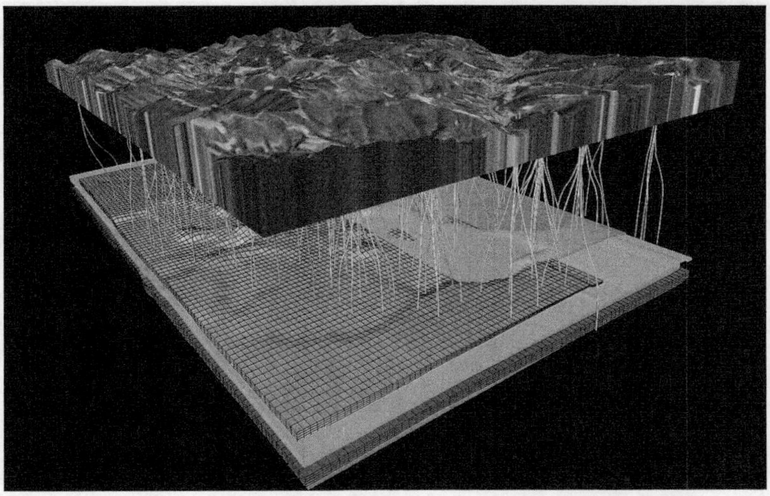

图 B.4 某采油厂柳沟油田地上地下三维可视化与地层展布及层与层接触关系展示

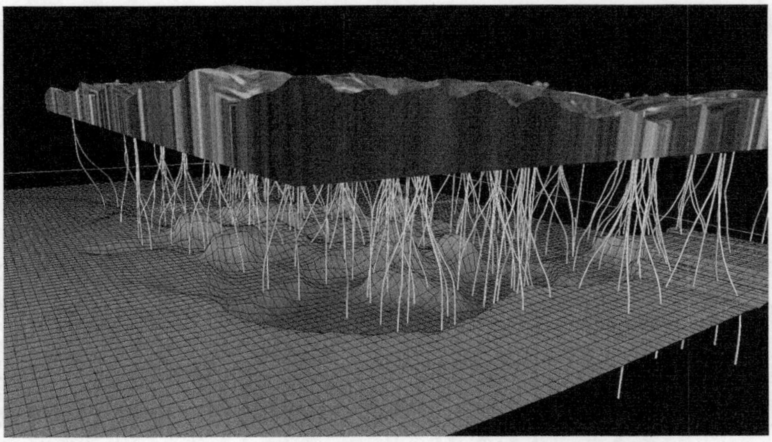

图 B.5 某采油厂柳沟油田地层构造（隆起、洼陷、河流、支流河道）展示

挖潜、注水都会产生非常大的作用和效果，但是，这项技术也是相当有难度的，地面三维可视化技术我们基本掌握，并且在某些关键技术上还有突破，但地下还要再深入地研究和攻关。

（3）现在要攻破的关键技术是基于沉积微相精细地层建模算法的实现及实

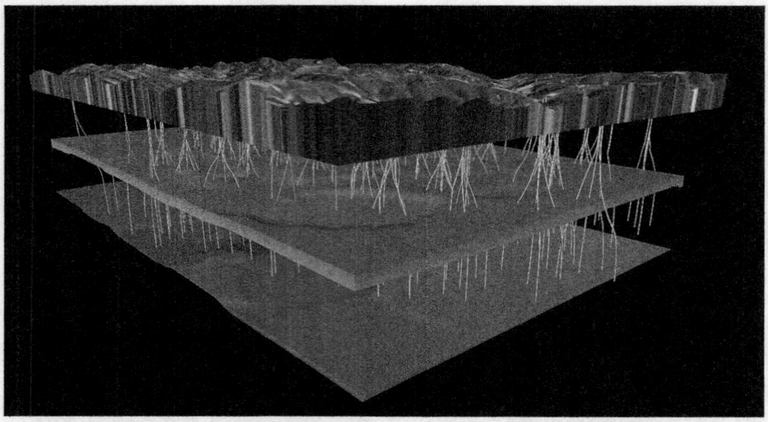

图 B.6 某采油厂柳沟油田地下层与层叠合分离关系展示

现精细油藏超大规模并行数值模拟（千万网格级别）与四维可视化的动态展示的技术融合。

解决油藏描述或者地质研究过程中砂体与砂体之间的接触关系及其尖灭问题，一直是个难题，这样的模糊关系通常是依靠地质家长期研究的经验，认为是这样，或者那样地尖灭了，其实不一定。研究这样的“模糊地带”，必须借助先进的算法和三维可视化技术、四维模拟建模技术等关键技术加以解决。

B3.2 “透明油田”可能实现的效果与涉及的关键技术

自澳大利亚在21世纪初提出的“玻璃地球”计划以后，目前还处于萌芽阶段。中国科学院十分重视，在2009年提出了4000m以内变“透明”计划，并且联合国土资源部等部门共同投资实施。对于“透明油田”，首先实施油气资源的“透明”发现计划，就是为准确圈定覆盖区和深部的矿产资源提供理论与技术支撑，利用传感器检测技术将波转换为数据，制作成虚拟化的地球体，以寻找油气资源的储存规律。目前，国家还处在传感器研究阶段，还需要走很长一段路。如果我们利用油田中已有的钻井数据、录井数据、测井及其他地质研究和地球物理数据并进行整合，将油田信息地上和地下实现一体化三维可视化，这将是对国家“透明计划”的一个有益的探索和补充，并且比较容易实现。

1. “透明油田”可能实现的效果

“透明油田”，我们设想的基本效果是：

（1）集成化平台。把多源的信息整合在一起，达到数据集成管理、统一入库、便于共享。地上的信息包括油田区块的基本地形信息、油井井位坐标定位以及井、站、场的分布、道路情况等；而地下则涵盖了地层、储层、地质构造、古地理、井的展布等，将所有与油田相关的信息都集成在一起，使得人们在认识地表的同时，也能很直观地对地下架构有足够的了解，这就便于研究工作的开展，使研究透明化和智慧化。

精细油藏描述是针对已开发油田的不同开发阶段，充分利用各阶段所取得的油藏静态、动态资料，对油藏构造、储层、流体等开发地质特征作出现阶段的认识和评价，建立精细的三维地质模型，通过油藏数值模拟生产历史拟合即动态资料来验证或修正，最终量化剩余油分布并形成可视化的三维地质模型，为下一步油田开发调整和综合治理提供可靠的地质依据。

（2）多方位直观可视。在平台的基础之上，将地质学家、地球物理学家、油藏专家的认识和认知直观、明确地展示出来，可以全方位、多角度地看待问题，可以实现油藏的透明展示，将所有涉及的要素都采用信息树、信息表、模型展示或是属性外挂、属性弹出等手段多样化展示出来；静态建模和动态仿真结合起来，实时模拟与实验分析，在多因素参与下进行及时实验，这就缩短了实验时间，降低了实验成本。

（3）智能化与互操作性。地上地下一体化研究是把人的认识视角从局部延伸到整体，这就从宏观上很容易建立概念。单个对象的单独操作可以实现不同组合产生的作用与效益，提取的分析因子可以根据研究问题要求精确度进行选择，这就能快捷、方便地知道研究人员在不同状态下的模拟与仿真成果，打破了传统的显示限制，加入互操作性，由于是建立在实物的分析之上，就强化了科学性。在一个全新的角度下研究分析，提高认知的技术高度。

（4）身临其境与油藏精细管理。建立一个大的显示与数据模拟室，配合多屏幕的组合高分辨率显示，多角度的变幻立体显示，加以虚拟现实技术的支撑，这样就让研究人员置身于虚拟的场景中，增强了真实感观的同时，也便于人们在整合的研究环境中灵活地处理问题，由于多因素都是集成显示，这就便于在宏观的基础上抓问题的本质与细节，实现“透明油田”下的油藏管理。

2. 关键技术

涉及的关键技术有以下几个：

（1）3S融合技术。主要完成的是地上部分数据储备，这样就能确保研究区块数据的实时更新，同时结合高精度DEM生成完美的实际地形，真实地反映地形状态，并反映出井和实际起伏地形的情况，有利于分析井的定位、计算土方量、灾害预估、救援路线的选择等。

（2）物联、互联网络融合技术。主要解决视频监控，在工作室或是工作站里完成监控，出现问题随时以信息或是邮件的形式发送给相关的部门，发现问题及时处理。

（3）格网技术（千万网格级别）。主要完成地层模拟。格网的大小和数量都直接决定了模拟的精度，而格网的算法是关键点，要兼顾研究的精度和数据的精细程度选择合适的格网，以达到最佳的模拟结果。

（4）科学计算。主要完成数据的成果显示，应用计算机处理科学研究和工程技术中所遇到的数学计算。模拟过程中要和数据库打交道，油田企业庞大的数据库就体现了科学计算的优越性，便于在复杂的数据关系中得出成果，提高计算的效率。

（5）互操作技术。要求不同数据类型之间能自由访问，注意数据的格式要求，数据语义的表达唯一性，便于研究者自由游弋于数据中，保障运行速度。

（6）可视化技术。解决三维成果的显示，包括静态的模拟和动态的模拟。可视化技术主要是把研究对象借由不同的表达方式表示出来，直观展示的同时增加了可读性，地上地下一体化的成果也就便于研究者建立概念，在模拟的环境里完成发现问题、分析问题、解决问题这一过程。

（7）云计算技术。是一种基于互联网的计算方式，通过这种方式，共享的软硬件资源和信息可以按需提供给计算机和其他设备。企业只需将人力、物力集中到建设一个“私有云中心”，或干脆连“私有云中心”也不建设，完全利用社会的“公有云中心”，企业的任务就是保障内部的每一台处理业务的电脑都能时刻通畅地与网络相连。关键是要解决诚信与数据的安全问题。

（8）油藏模拟与三维可视化融合技术。油藏描述本身是一个动态的过程，在这些技术的融合下，我们能将认识的视角从地面引申到地下，可以很明了地认识地下的情况，在认识对象上就做到了从局部到全局，从点到面的层面，加深了研究力度，特别是能动态地、直观地观察到油藏的真实现状。

B4 问题与建设

B4.1 存在的问题

（1）数据问题。万丈高楼平地起，研究都要基于实际的生产、勘探开发数据之上，在庞大数据库的支撑下，研究才能保障质量与有章可循，数据的完备性就决定了研究的完善程度与准确程度。数据质量是研究质量的根本保障。

（2）技术问题。可视化技术是将研究对象直观地呈现给研究人员以及普通用户，要对油藏实现精细管理，就必须将油藏精细管理所涉及的方方面面整理在一起，将空间信息、属性信息分别予以表达，这就存在一个很大的问题——如何将这些要素很完备地表示出来，同时又不影响研究人员或是普通用户正常、快速地获得信息。因此，要将传统二维表达方式以及三维可视化表达方式结合起来，同时还要兼顾不同要素所反映出来的不同表达方式的多样性与灵活性，确保多技术的完美融合，做好接口，以便后期的更新与维护。

（3）人员问题。目前，地上地下一体化的研究还处于萌芽阶段，要将这一技术应用于油藏的精细管理领域，就必须将具有油藏知识、信息管理知识以及可视化表达研究的技术人员有机地组织起来，各取所长，将技术最终整合应用在油藏精细管理这一领域，这就要求人员的专业素质过硬，以及对知识灵活把握的能力与反应力要敏感，这样才能高效地研究与处理问题。

（4）经费问题。由于这是一项超前的高科技攻关问题，油田企业一般不愿意投资研究型项目，因此需要寻求在这项高科技技术上有超前思维和认识的科技领导的支持，或者科研机构进行有效合作，可以获得较为超前的先进技术，为未来的油气开发提供技术支撑。

B4.2 建设问题

选择试点单位，进行先导性试验研究是很有必要的。

（1）选取一块油井密度相对均匀、各种资料相对好、地层关系相对清楚的低渗透油田进行立项试点研究，可以获得知识产权与先进技术制高点权。

（2）在试点成功后可申报国家863计划等国家重大科技研究项目，加大研究力度，力争早日实现技术的突破。

（3）希望研究后，这项技术能引进到油藏的精细管理中，作为数字油田建设的深层次问题成果，是对数字油田建设的有益的补充。

附录C 数字油田评估体系研究

高志亮　张　琦

（长安大学数字油田研究所）

C1　数字油田评估体系的说明

我国油田企业历经十余年的数字油田建设，成就显著，如何检验数字油田建设的最终结果，一直是业界关注的问题。虽然实践是最好的检验办法，但是实践的检验是需要时间的，因此迫切需要建立一个评估体系，在先期对数字油田建设结果进行标准化评估。因此，长安大学数字油田研究所自 2008 年就开始对数字油田的评估体系进行研究。主要做了以下两方面工作：

（1）评估指标的研究。我们主要依据数字油田的建设环境、建设内容与数字油田的规律等情况，研究制定了包含多种指标的数字油田建设评估体系，其中有一套比较详尽的指标评估体系和一套简单指标评估体系。通过我们研究所的试验，初步认为该评估体系适合我国各大油田的基本情况。

（2）评估体系建设。评估体系包含四级指标。在量化统计时，应依据每一指标在数字油田建设中所起的作用大小分别给予权重。我们准备在进一步完善、修订此评估体系的各项指标后，将其编制成一个软件系统，便于统计和量化分析。希望这个体系成为我国最先进、准确、公正的评估技术与方法。

C2　数字油田评估标准与方法

C2.1　数字油田评估标准（见表C.1）

表C.1　数字油田评估标准

一级指标	权重	二级指标	权重	三级指标	权重	四级指标	A	B	C	D	权重
油田基本情况评估		油田周边情况		交通状况		铁路					
						公路					
						航空					
						海路					
				文化科技水平		大学					
						研究所					
						图书馆					
						博物馆					
				经济发展水平		所在地区的GDP					
						财政收入状况					
						油田产值所占地区的比重					
		油田本身情况		组织机构		领导重视程度					
						总信息化主管在企业的作用					
						信息化主管部门的行政级别					
						各级信息部门健全程度					
				油田信息化总况		ERP系统建设情况					
						ERP系统运行情况					
						信息化总体方案的制定					
						信息化总体方案实施					
						信息化建设标准规范的制定					
						信息化建设标准规范实施					
						信息化建设投资所占比重					
						核心业务流程信息化水平					
						精通IT和业务人才的比例					
						计算机拥有率					

续表

一级指标	权重	二级指标	权重	三级指标	权重	四级指标	A	B	C	D	权重
油田基本情况评估		信息主管部门情况		组织情况		是否有 CIO					
						主管对油田业务的熟悉程度					
						IT 人员的比例					
						规章制度健全程度					
						在信息化建设中主导作用					
						人员分工明确程度					
				技术状况		高级职称所占比例					
						研究生学历以上所占比例					
						专著、文章发表情况					
						年龄结构					
						学术气氛					
						爱岗敬业程度					
基础信息工程建设		网络建设		链路带宽		主干链路					
						分支链路					
						互联网链路					
						外网链路					
						末端链路					
				信息处理能力		工作站的数量					
						小型机数量					
						PC 服务器数量					
						服务器负载均衡与容错能力					
						常规外设配备情况					
						特殊外设配备情况					
						磁盘阵列存储容量					
						阵列容错与备份情况					
						阵列存取速度					

续表

一级指标	权重	二级指标	权重	三级指标	权重	四级指标	A	B	C	D	权重
基础信息工程建设		网络建设		信息交换与路由能力		网络覆盖油田范围					
						主交换机背板带宽					
						主交换机帧转发率					
						主交换机处理时延					
						主交换机 MAC 地址表					
						主交换机管理功能					
						主路由线速转发能力					
						主路由吞吐量					
						主路由背板速度					
						主路由时延					
				信息安全部署		认证中心的能力					
						防火墙配置情况					
						入侵防御配置情况					
						安全审计配置情况					
						网络杀毒部署情况					
						容灾与备份能力					
				网络机房建设		云计算建设与云安全					
						建设完整					
						安全到位					
						专人管理					
						容积率					
						恒温恒湿					
						防雷设施					
						接地情况					
						UPS 能力					
						监控能力					

续表

一级指标	权重	二级指标	权重	三级指标	权重	四级指标	A	B	C	D	权重
基础信息工程建设评估		源头数据采集				无线/有线数据传输的能力					
				固定目标源头信息		智能钻进数据采集					
						智能测井数据采集					
						智能录井					
						智能测井					
						油井自动计量					
				移动目标源头信息		野外流动作业信息采集与回传的能力					
						车辆路线 GPS 记录的能力					
						研究成果数据返回					
		音/视频应用		前端布局		井场视频监控					
						站、库视频监控					
						生产与调度指挥情况					
				传输方式		视频传输技术选择					
						信息流畅程度					
基础对象数字化工程评估		地表数字化		GIS 数据		地表数字化覆盖范围					
						执行 2009 年 4 月 1 日正式实施的三个关于数字中国规定情况					
						数字化地图比例尺满足程度					
						基础地图数字化图层数					
						油田专题图数字化图层数					
						与常用其他 GIS 系统兼容性					
				卫/航片信息		覆盖范围					
						图片的精度满足应用程度					
						图片更新周期					
						图片数据库的兼容性					
						图片数据库的可用性					

续表

一级指标	权重	二级指标	权重	三级指标	权重	四级指标	A	B	C	D	权重
基础对象数字化工程评估		勘探开发与生产经营数字化		资料数字化		勘探开发资料数字化程度					
						油气井下作业数字化程度					
						集输数字化程度					
						营销数字化程度					
						人力资源数字化程度					
						突发事件预案数字化程度					
						行政办公数字化程度					
				数据库建设		使用主流数据库情况					
						数据库建设涵盖业务的范围					
						信息代码标准化状况					
						数据库跨平台性能					
						海量数据适应能力					
				数据质量		数据的多元性					
						数据的完整性					
						数据的一致性					
						数据的标准性					
						数据的兼容性					
						数据的安全性					
						数据的及时性					
				数据管理		集中管理情况					
						授权使用情况					
						数据使用、建立、添加、修改、分发等行为的监督情况					
						数据容错情况					
						数据异地容灾情况					
						数据备份情况					

续表

一级指标	权重	二级指标	权重	三级指标	权重	四级指标	A	B	C	D	权重
信息工程建设评估		地上地下一体化工程		地层油藏三维诊断决策系统		基础数据建设的完备情况					
						盆地动态监测水平					
						地层油藏仿真水平					
						油藏三维可视化程度					
						诊断能力与辅助决策					
						系统扩展性					
						与其他系统交换数据的能力					
				生产指挥调度系统		日常生产指挥调度发挥作用					
						地面工程数字化管理程度					
						井区管网数字化管理程度					
						远程监控的能力					
						生产数据上传汇总的能力					
						音视频交换的能力					
						与其他系统交换数据的能力					
				应急处理系统		移动地理信息系统的功能					
						移动音/视频传输能力					
						应急预案储存与处理能力					
						移动联网信息交换能力					
		勘探开发一体化工程		油气信息综合解析决断系统		油气藏评价的能力					
						钻井设计智能决策的能力					
						对环境保护的评估能力					
						三维可视的质量					
						钻、测、录井数据传输与在线处理的能力					
						模拟推演的准确性					
						与其他系统交换数据的能力					

续表

一级指标	权重	二级指标	权重	三级指标	权重	四级指标	A	B	C	D	权重
信息工程建设评估		勘探开发一体化工程		油气井下作业处理系统		井下作业现场数据采集的能力					
						数据智能预处理的能力					
						作业方案与施工设计辅助决策的能力					
						智能评价油气层的准确性					
						三维模拟推演的能力					
						与其他系统交换数据的能力					
		经营管理一体化		集输监控管理系统		管道设计智能化的水平					
						储油/气站自动化管理水平					
						油车 GPS 跟踪调度的能力					
						输油/气管道数据采集、实时监控的功效					
						与其他系统交换数据的能力					
				营销财务管理系统		财务日常业务处理分析的能力					
						对企业财务进行全面管理的能力					
						营销策略的评估能力					
						利用财务数据进行市场决策的能力					
						利用财务数据进行企业经营质量判断的能力					
						对审计系统的支持能力					
				企业门户		网站内容的及时性与准确性					
						网站的牢固性					
						网站的易维护性					
						网站的可读性					
				电子商务		客户进行交易的信心和满意程度					
						客户和企业之间的信赖程度					
						在 Internet 商务的自我调节能力					
						处理各种销售行为的能力					
						降低流通成本的效果					
						安全与牢固性					
						与其他系统交换数据的能力					

续表

一级指标	权重	二级指标	权重	三级指标	权重	四级指标	A	B	C	D	权重
信息工程建设评估		办公自动化工程		少纸办公系统		系统的实际效果					
						领导与员工的认同率					
						取代日常办公中的比例					
						与其他系统交换数据的能力					
				视频会议系统		系统覆盖范围					
						音/视频质量					
						系统的稳定性与可操作性					
				人力资源系统		人力资源管理的实用性					
						人力资源合理调配的能力					
						人力资源评估能力					
						干部选配的辅助决策能力					

C2.2 数字油田评估方法

最底层指标可按A（75～100）、B（50～74）、C（25～49）、D（0～24）四个档次打分。显然，各项指标在“数字油田”建设中影响力是不同的。所以，从顶级指标到底层指标分别设有不同的权重，每一指标的权重ρ应满足：$0<\rho<1$，且每一指标下的权重之和应为1。例如，如果设“基础信息工程建设评估”的权重为0.3，而其下又分“网络建设”、“源头数据采集”和“音/视频应用”三个二级分项，“网络建设”、“源头数据采集”和“音/视频应用”也各具有相应的权重，但这三项指标的权重之和应为1。其他各项指标权重以此类推。

在评估中尽可能力求详尽地占有信息，作出较为客观地观察与了解。在对指标应用的过程中，为了便于打分，每项指标在备注中分别给出了打分的依据。限于篇幅，在上面的表中已将备注略去，如油田基本情况部分见表C.2。

表 C. 2 油田基本情况评估表

一级指标	权重	二级指标	权重	三级指标	权重	四级指标	A	权重	备注
油田基本情况评估		油田周边情况		交通状况					有关交通情况的四项指标用来衡量油田所在地的交通情况，按非常畅通、畅通、不畅通、很不畅通来评分
				文化科技水平					有关文化科技的指标用来衡量油田所在地的科学、文化、教育事业的状况，可按很发达、发达、不发达、很不发达来评分
				经济发展水平					按在全省同类地区的排名区分，前 10 名、前 100 名、前 150 名、150 名以后
									包括税收、专项收入、其他收入、国有企业计划亏损补贴等情况，可按非常好、好、较好、不好来区分
									按 80%以上、70%以上、50%以上或 50%以下来区分
		油田本身情况		组织机构					按非常重视、重视、不重视、很不重视来区别
									按 CIO 是一把手、二把手、信息化部门领导或无来区别
									按处级、副处级、科级或无来区别
									按上级、本级、下级机构非常健全、健全、不健全、很不健全来区别
				油田信息化总况					按已建成并发挥重要作用、已建成并初见成效、已有规划或没建设来打分

注：此表中四级指标与评分 A、B、C、D 由于版面受限，被略。

数字油田评估也是数字油田建设的组成部分，通过评估方知数字油田建设的程度，发现问题、总结经验、修正错误。数字油田评估体系的建立将为数字油田建设作出贡献。

C3 结论与建议

(1) 这是我们对外公布的初步成果，也是部分成果，这个评估体系共分为五个部分，包括基础工程建设评估、数字工程建设评估、数据建设评估、信息建设评估和知识、智慧建设的评估，每个大项中又包含三级小项。共四级标准。

（2）评分办法总共为四级，也就是按A（75～100）、B（50～74）、C（25～49）、D（0～24）四个档次打分。在评估时主要还是需要专家打分完成量化过程，这样才有数据输入计算机进行优化评估。

（3）数字油田评估体系建设是我们首次尝试建设，因为数字油田是一个新生事物，同时数字油田建设仅为初级阶段，我们还没有得到哪一个油田公司的许诺进行试验评估，所以，这个评估体系的指标等还需要检验。